钢结构原理

陈树华　张建华　主编

 哈尔滨工程大学出版社

内容简介

本书主要介绍了钢结构设计的基本原理和方法,是结合《建筑结构荷载规范》(GB 50009—2012)、《钢结构设计规范》(GB 50017—2003)和作者多年的教学经验而编写的。

全书共分七章,主要包括:绪论、钢结构材料、钢结构的连接、轴心受力构件、受弯构件、拉弯和压弯构件、普通钢屋架设计。各章附有内容提要、规范参阅、学习指南、习题(包括单项选择题、简答题和计算题),书后附有相关附表。

本书可作为高等院校土木工程、船舶与海洋工程、水利水电工程等专业本科生教材或参考书,也可供从事上述专业的工程技术人员参考。

图书在版编目(CIP)数据

钢结构原理/陈树华,张建华主编. —哈尔滨:哈尔滨
工程大学出版社,2015.5(2021.7 重印)
ISBN 978 – 7 – 5661 – 1018 – 3

Ⅰ.①钢… Ⅱ.①陈… ②张… Ⅲ.①钢结构 – 理论
Ⅳ.①TU391

中国版本图书馆 CIP 数据核字(2015)第 074998 号

出版发行　哈尔滨工程大学出版社
社　　址　哈尔滨市南岗区南通大街 145 号
邮政编码　150001
发行电话　0451 – 82519328
传　　真　0451 – 82519699
经　　销　新华书店
印　　刷　北京中石油彩色印刷有限责任公司
开　　本　787 mm × 1 092 mm　1/16
印　　张　24.75
插　　页　1
字　　数　654 千字
版　　次　2015 年 7 月第 1 版
印　　次　2021 年 7 月第 4 次印刷
定　　价　57.00 元

http://www.hrbeupress.com
E-mail:heupress@ hrbeu.edu.cn

前　言

本书根据全国高校土木工程学科专业指导委员会制定的教学大纲和应用型土木工程专业的培养目标编写,结合作者多年的教学经验,全面参照我国现行最新规范《建筑结构荷载规范》(GB 50009—2012)、《钢结构设计规范》(GB 50017—2003)对全书内容进行梳理,突出核心知识单元体系,强调理论与实践并重,各章以知识点为主线列出内容提要、学习指南,和相关规范的条款规定,使本教材更具有新颖性、专业性和实用性。

全书共分为七章,包括:绪论、钢结构材料、钢结构的连接、轴心受力构件、受弯构件、拉弯和压弯构件、普通钢屋架设计。主要讲述了钢结构的特点和设计方法、钢结构材料的工作性能、钢结构连接的计算和构造,以及钢结构的基本构件(轴心受力构件、受弯构件和拉压弯构件)的工作性能、计算方法和设计要点。为了利于读者对基本概念的理解、设计原理和方法掌握,书中各章均有大量的计算和设计例题,并给出详细的分析;为了强化学生对知识点的理解,各章附有多样类型的习题(包括单项选择题、简答题和计算题),书后附有相关附表,便于读者查阅。

本书是高等院校土木工程专业的本科教材,也可以供桥梁、水利、港口、地下和建筑工程等专业人员参考使用。

本书由陈树华、张建华共同主编,陈树华负责编写本书的第1,2,4,5章,张建华负责编写第3,6,7章和附录。

感谢本书所引用和参考资料的作者,感谢研究生王启宇、谢逸群、木标为本书插图和校对所做的工作。

感谢工业与信息化部、哈尔滨工程大学、哈尔滨工程大学出版社领导和有关人员对本书出版的鼎力支持。

限于编者水平,书中不当之处,希望读者给予批评指正。

编　者
于哈尔滨工程大学
2014 年 8 月

目　　录

第1章 绪 论

【内容提要】

本章论述了钢结构的特点和钢结构应用范围,介绍了钢结构的主要发展方向,和钢结构设计方法及其设计表达式的应用。

【规范参阅】

◆《工程结构可靠度设计统一标准》(GB 50153—2008);

◆《建筑结构可靠度设计统一标准》(GB 50068—2001);

◆《钢结构设计规范》(GB 50017—2003)中第3.1.1~3.1.6条、3.2.1条;

◆《建筑抗震设计规范》(GB 50011—2010)中第3.9.2条;

◆《建筑结构荷载规范》(GB 50009—2012)中第3.2.2条~3.2.10条。

【学习指南】

知识要点	能力要求	相关知识
钢结构优点	掌握钢结构优点	高强轻质、塑性韧性好、良好可焊性、良好装配性、钢材不渗漏性、钢材重复使用
钢结构缺点	掌握钢结构缺点	耐腐蚀性差、耐火性差
钢结构分类	了解钢结构的分类	按应用领域分、按结构工作特点分
极限状态	熟练掌握承载能力极限状态和正常使用极限状态的适用计算表达式	承载能力极限状态、正常使用极限状态、失效概率、可靠指标、结构重要性系数、荷载分项系数、永久荷载分项系数取值、可变荷载分项系数取值
钢结构发展方向	了解钢结构发展的主要方向	高性能钢材研究、结构计算方法、结构形式创新、预应力钢结构、空间结构、钢-砼组合结构、高层钢结构、新型节点应用

钢结构是以钢板、钢管、热轧型钢或冷加工成型的型钢通过焊接、铆钉或螺栓连接而成的结构。

1.1 钢结构的特点

钢结构与其他结构相比具有下列特点:

1. 钢材强度高而质量小

钢的容重较大,但强度高,结构需要的构件截面小,因此钢结构自重轻。与其他材料相比,钢的容重与屈服点的比值最小。在相同的荷载和约束条件下,若采用钢材建造时,结构的自重通常较小。一般而言,当跨度和荷载相同时,钢屋架的质量仅有钢筋混凝土屋架质量的 1/4~1/3,若采用薄壁型钢屋架或空间结构则更轻。由于质量较小,便于运输和安装,因此钢结构特别适用于跨度大、高度高、荷载大的结构。

2. 钢材材质均匀,塑性韧性好

钢材的内部组织比较均匀,非常接近匀质体,其各个方向的物理力学性能基本相同,接近各向同性体。在使用应力阶段,钢材的弹性模量高达 206 GPa,在正常使用情况下具有良好的延性,可简化为理想弹塑性体,符合一般工程力学基本假定。因此,钢结构的实际受力情况和工程力学计算结果比较符合,可靠性高。钢材塑性、韧性好,塑性是指承受静力荷载时,材料吸收变形能的能力;韧性是指承受动力荷载时,材料吸收能量的多少。由于钢材的塑性好,钢结构一般情况下不会由于偶然超载而突然断裂,而是在事先有较大的变形作为预兆;韧性好,说明钢材具有良好的动力工作性能,使得钢结构具有优越的抗震性能。

3. 建筑用钢材具有良好的焊接性能

建筑用钢材具有良好的焊接性能,使得钢结构的连接大为简化,可满足制造各种复杂结构形状的需求,但钢材焊接时产生很高的温度,且温度分布很不均匀,结构各部位的冷却速度也不同。因此,在高温区(焊缝附近)不但材料性质有变坏的可能,而且还会产生较高的焊接残余应力,使结构中的应力状态复杂化。

4. 钢结构制造简便、施工方便,具有良好的装配性

钢结构由各种型材制作,采用机械加工,在专业化的金属结构厂制造,制造简便,成品的精确度高。制成的构件可运到现场拼装,采用螺栓连接。因结构较轻,故施工方便,建成的钢结构也易于拆卸、加固或改建。

钢结构的制造虽需较复杂的机械设备和严格的工艺要求,但与其他建筑结构比较,钢结构工业化生产程度最高,能批量生产。采用厂制造、工地安装的施工方法,可缩短工期、降低造价、提高经济效益。

5. 钢材可重复使用

钢结构加工制造过程中产生的余料和碎屑,以及废弃和破坏的钢结构或构件,均可回炉重新冶炼成钢材重新使用。因此,钢材被称为绿色建筑材料或可持续发展的材料。

6. 钢材的密闭性好

钢材本身因组织非常致密,当采用焊接连接,甚至铆钉或螺栓连接时,都易做到紧密不渗漏。因此钢材是制造容器,特别是高压容器、大型油库、气柜、输油管道的良好材料。

7. 钢材耐腐蚀性差,应采取防护措施

钢材在潮湿环境中,特别是处于有腐蚀性介质的环境中容易腐蚀,必须用油漆或镀锌加以保护,而且在使用期间还应定期维护。

8. 钢结构的耐热性好,但耐火性差

钢材耐热而不耐火,随着温度的升高,强度降低。温度在 250 ℃ 以内时,钢的性质变化很小;温度达到 300 ℃ 以后,其强度逐渐下降;温度达到 450 ℃~650 ℃ 时,其强度为零。因此,钢结构的耐火性较钢筋混凝土差。当周围环境存在辐射热,温度在 150 ℃ 以上时,就需采取遮挡措施。

1.2 钢结构的分类和应用

1.2.1 按应用领域分类

1. 民用建筑钢结构

建设部于 1997 年颁布的《1996—2010 年建筑技术政策》首次提出了"发展钢结构、加速推广轻钢结构,研究推广组合结构的应用以及研究开发膜结构、张拉结构与空间结构体系"等技术与措施,明确了我国建筑技术政策的导向,即由多年来的限制钢结构使用转变为发展、推广钢结构的应用。近年来我国钢结构行业快速发展,产量、产值成倍增加的同时,工程质量不断提高,钢结构相关技术和管理水平也有了显著的进步,在诸如制造、安装、钢材供应等方面达到了国内外先进水平,为国民经济发展做出了贡献。

民用建筑钢结构以房屋钢结构为主要对象。按传统的耗钢量大小来区分,大致可分为普通钢结构、重型钢结构和轻型钢结构。其中重型钢结构指采用大截面和厚板的结构,如高层钢结构、重型厂房和某些公共建筑等;轻型钢结构指采用轻型屋面和墙面的门式钢架房屋、某些多层建筑、薄壁压型钢板拱壳屋盖等,网架、网壳等空间结构也可属于轻型钢结构范畴。除上述钢结构主要类型外,另外还有索膜结构、玻璃幕墙支承结构、组合和复合结构等。

我国在"十二五"期间,建筑钢结构发展已取得巨大成绩,"十三五"期间仍将继续坚持鼓励发展钢结构的相关政策措施,保持其连续性和稳定性。推广和扩大钢结构的应用,要加强科技导向的规划和措施指导作用,促使钢结构整体的持续发展。高层和超高层建筑优先采用合理的钢结构或钢-混凝土组合结构体系,大跨度建筑积极采用空间网格结构、立体桁架结构、索膜结构以及施加预应力的结构体系,结合市场需求,积极开发钢结构的住宅建筑体系,并逐步实现产业化。在以后相当长的一段时间内,钢结构的需求将保持持续增长的趋势。

按照中国钢结构协会的分类标准,民用建筑结构分为高层钢结构、大跨度空间钢结构、钢-混凝土组合结构、索膜钢结构、钢结构住宅、幕墙钢结构等。

2. 一般工业建筑钢结构

一般工业建筑钢结构主要包括单层厂房、多层厂房等,用于重型车间的承重骨架,例如冶金工厂的平炉车间、初轧车间、混凝土炉车间,重型机械厂的铸钢车间、水压机车间、锻压车间,造船厂的船体车间,电厂的锅炉框架,飞机制造厂的装配车间,以及其他工厂跨度较大的车间屋架、吊车梁等。我国鞍钢、武钢、包钢和上海宝钢等几个著名的冶金联合企业的许多车间都采用了各种规模的钢结构厂房,上海重型机器厂、上海江南造船厂中也都有高大的钢结构厂房。

3. 桥梁钢结构

钢桥建造简便、迅速、易于修复,因此钢结构广泛应用于中等跨度和大跨度桥梁,著名的杭州钱塘江大桥(1934—1937 年)是我国最早的自行设计的钢桥。此后的武汉长江大桥(1957 年)、南京长江大桥(1968 年)均为钢结构桥梁,其规模和难度都举世闻名,标志着我国钢结构桥梁事业已步入世界先进行列。20 世纪 90 年代以来,我国连续刷新桥梁跨度的纪录,现在建设的钢桥已不再是原来意义上的全钢结构,而是包含了钢－混凝土组合结构、钢管混凝土结构及钢骨混凝土结构。现在我国钢桥的建设正处于迅速发展的阶段,不管是铁路钢桥、公路桥梁还是市政桥梁,从材料的开发应用、科研成果的应用,到设计水平、制造水平、施工技术水平的提高,都取得了长足发展,并与钢桥建设的规模相适应。我国新建和在建的钢桥,其建筑跨度、建筑规模、建筑难度和建筑水平都达到了一个新的高度,如苏通长江大桥、上海长江大桥、南京第二长江大桥、九江长江大桥等。

4. 密闭压力容器钢结构

密闭压力容器钢结构主要用于要求密闭的容器,如大型储液库、煤气库等炉壳,要求能承受很大内力,另外温度急剧变化的高炉结构、大直径高压输油管和煤气管道等均采用钢结构。上海在1958年就建成了容积为 54 000 m^3 的湿式储气柜。上海金山及吴泽等石油、化工基地有众多的容器结构。一些容器、管道、锅炉、油罐等的支架也都采用钢结构。锅炉行业近几年来得到了迅猛的发展,特别是由于经济发展的需要,发电厂的锅炉都向着大型化的方向发展。

5. 塔桅钢结构

塔桅钢结构是指高度较大的无线电桅杆、微波塔、广播和电视发射塔架、高压输电线路塔架、化工排气塔、石油钻井架、大气监测塔、火箭发射塔等。

6. 船舶海洋钢结构

人类在开发和利用海洋活动中,形成了海洋产业,发展了种类繁多的海洋工程结构物。人们一般将江、河、湖、海中的结构物统称为海洋钢结构,海洋钢结构主要用于资源勘测、采油作业、海上施工、海上运输、海上潜水作业、生活服务、海上抢险救助以及海洋调查等。

船舶海洋钢结构基本上可分为舰船和海洋工程装置两大类。近些年,我国研制了高技术、高附加值的大型与超大型新型船舶,以及具有先进技术的战斗舰船和具有高风险、高投入、高回报、高科技、高附加值的海洋工程装置等。

7. 水利钢结构

我国近年来大力加快基础建设,在建和拟建相当数量的水利枢纽,钢结构在水利工程中占有相当大的比重。

钢结构在水利工程中用于以下方面:①钢闸门,用来关闭、开启或局部开启水工建筑物中过水孔口的活动结构;②拦污栅,主要包括拦污栅栅叶和栅槽两部分,栅叶结构是由栅面和支承框架所组成的;③升船机,是不同于船闸的船舶通航设施;④压力管,是从水库、压力前池或调压室向水轮机输送水流的水管。

8. 煤炭电力钢结构

发电厂中的钢结构主要应用在以下方面:干煤棚、运煤系统皮带机支架(输煤栈桥)、火电厂主厂房、管道、烟风道及钢支架、烟气脱硫系统、粉煤灰料仓、输电塔,风力发电中的风力机支撑结构,垃圾发电厂中的焚烧炉,核电站中的压力容器、钢烟囱、水泵房、安全壳等。

9. 钎具和钎钢

钎具也可称为钻具,由钎头、钎杆、连接套、钎尾组成。它是钻凿、采掘、开挖用的工具,有近千个品种规格,用于矿山、隧道、涵洞、采石、城建等工程中。钎钢是制作钎具的原材料,也有近百个品种规格。钎具按照凿岩工作的方式分为冲击式钎具、旋转式钎具、刮削式钎具等。随着经济建设的进一步发展,以及多处铁路、公路、水利水电、输气工程、市政基础工程的修建和开工,对钎钢、钎具产品提出了更高、更多、更新的要求。

10. 地下钢结构

地下钢结构主要用于桩基础、基坑支护等,如钢管桩、钢板桩等。

11. 货架、脚手架钢结构

超市中的货架和展览时用的临时设施多采用钢结构,还有建筑施工中大量使用的脚手架都采用钢结构。

12. 雕塑和小品钢结构

钢结构因其轻盈简洁的外观而备受景观师的青睐,不仅很多雕塑是以钢结构作为骨架,而且很多城市小品和标志物的造型都是直接用钢结构完成的。

1.2.2 按结构体系工作特点分类

1. 梁状结构
梁状结构是由受弯曲工作的梁组成的结构。

2. 刚架结构
刚架结构是由受压、弯曲工作的梁和柱组成的框形结构。

3. 拱架结构
拱架结构是由单向弯曲形构件组成的平面结构。

4. 桁架结构
桁架结构主要是由受拉或受压的杆件组成的结构。

5. 网架结构
网架结构是由受拉或受压的杆件组成的空间平板形网格结构。

6. 网壳结构
网壳结构主要是受拉或受压的杆件组成的空间曲面形网格结构。

7. 预应力钢结构
预应力钢结构是由张力索或链杆和受压杆件组成的结构。

8. 悬索结构
悬索结构是以张拉索为主组成的结构。

9. 复合结构
复合结构是由上述八种类型中的两种及两种以上结构构件组成的新型结构。

1.3　钢结构的设计方法

钢结构设计中必须贯彻执行国家的技术经济政策,做到技术先进、经济合理、安全适用、确保质量。结构计算的一般过程是根据拟定的结构方案和构造,按所承受的荷载进行内力计算,确定出各杆件的内力,再根据所用材料的特性,对整个结构和构件及其连接进行核算,看其是否符合经济、安全、适用等方面的要求。但从一些现场记录、调查数据和试验资料看来,计算中所采用的标准荷载和结构实际承受的荷载之间、钢材力学性能的取值和材料实际数值之间、计算截面和钢材实际尺寸之间、计算所得的应力值和实际应力数值之间,以及估计的施工质量与实际质量之间,都存在着一定的差异,所以计算的结果不一定安全可靠。为了保证安全,结构设计时的计算结果必须留有余量,使之具有一定的安全度。

1.3.1　钢结构计算方法

我国钢结构的计算方法,自新中国成立以来有过四次变化,即建国初期到1957年,采用总安全系数的容许应力计算法;1957至1974年采用三个系数的极限状态计算方法;1974至1988年采用以结构的极限状态为依据,进行多系数分析,用单一安全系数的容许应力计算法;1988至2003年采用以概率论为基础的一次二阶矩极限状态设计法。

1957年前,钢结构采用容许应力的安全系数法进行设计。安全系数为定值且都凭经验选定,因而设计的结构和不同构件的安全度不可能相等,这种设计方法显然是不合理的。

20世纪50年代,出现了极限状态设计法,即根据结构或构件能否满足功能要求来确定它们的极限状态。一般规定有两种极限状态。第一种是结构或构件的承载力极限,包括静力强度、动力强度和稳定等计算。达到此极限状态时,结构或构件达到了最大承载能力而发生破坏,或达到了不适应继续承受荷载的巨大变形。第二种是结构或构件的变形极限状态,或称为正常使用极限状态。达到此极限状态时,结构或构件虽仍保持承载能力,但在正常荷载作用下产生的变形使结构或构件已不能满足正常使用的要求(静力作用产生的过大变形和动力作用产生的剧烈振动等),或不能满足耐久性的要求。各种承重结构都应按照上述两种极限状态进行设计。

极限状态设计法比安全系数设计法要合理些,也先进些。它把有变异性的设计参数采用概率分析引入了结构设计中。根据应用概率分析的程度可分为三种水准类型:

水准Ⅰ——即半概率极限状态设计法。只有少量设计参数,如钢材的设计强度、风雪荷载等,采用概率分析确定其设计采用值,大多数荷载及其他不定性参数由于缺乏统计资料而仍采用经验值;同时结构构件的抗力(承载力)和作用效应之间并未进行综合的概率分析,因而仍然不能使所设计的各种构件得到相同的安全度。

水准Ⅱ——近似概率极限状态设计法。对结构可靠性赋予概率定义,以结构的失效概率或可靠指标来度量结构的可靠性,并建立了结构可靠度与结构极限状态方程之间的数学关系,在计算可靠指标时考虑了基本变量的概率分布型,并采用了线性化的近似手段,在设计截面时一般采用分项系数的适用设计表达式。

水准Ⅲ——全概率极限状态设计法。这是完全基于概率论的结构整体优化设计方法,要求对整个结构采用精确的概率分析,求得结构最优失效概率作为可靠度的直接度量,由于这种方法无论在基础数据的统计方面还是在可靠度计算方面都不成熟,目前尚处于研究探索阶段。

1.3.2　承载力极限状态

承载能力极限状态包括:构件或连接的强度破坏、疲劳破坏、脆性断裂、因过度变形而不适用于继续承载,结构或构件丧失稳定、结构转变为机动体系和结构倾覆。计算结构或构件的强度、稳定性以及连接的强度时,应采用荷载设计值(荷载标准值乘以荷载分项系数);计算疲劳时,应采用荷载标准值。

1. 近似概率极限状态设计法

结构或构件的承载力极限状态方程可表达为

$$Z = g(x_1, x_2, \cdots, x_i, \cdots, x_n) = 0 \qquad (1-1)$$

式中,x_i 为影响结构或构件可靠性的物理量。

式中各量都是相互独立的随机变量,例如材料抗力、几何参数和各种作用产生的效应(内力)。其中各种作用包括恒载、各种可变荷载、地震、温度变化和支座沉陷等。

如将各因素概括为两个综合随机变量,即结构或构件的抗力值和各种作用对结构或构件产生的效应 S,式(1-1)可写成

$$Z = g(R, S) = R - S = 0 \qquad (1-2)$$

结构或构件的失效概率可表示为

$$p_i = g(R - S) < 0 \qquad (1-3)$$

设 R 和 S 的概率统计值均服从正态分布(设计基准期取 50 年),可分别算出它们的平均值 μ_R,μ_S 和标准差 σ_R,σ_S,则极限状态函数 $Z = R - S$ 也服从正态分布,它的平均值和标准差分别为

$$\mu_Z = \mu_R - \mu_S \qquad (1-4)$$

$$\sigma_Z = \sqrt{\sigma_R^2 + \sigma_S^2} \qquad (1-5)$$

图 1.1 表示极限状态函数 $Z = R - S$ 的正态分布,图中由 $-\infty$ 到 0 的阴影面积表示 $g(R - S) < 0$ 的概率,即失效概率 p_f 需采用积分法求得。由图 1.1 可见,平均值 μ_Z 等于 $\beta\sigma_Z$,显然 β 值和失效概率 p_f 存在对应关系:$p_f = \varphi(-\beta)$ $\qquad (1-6)$

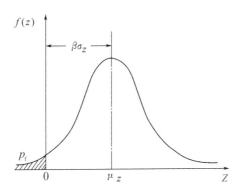

图 1.1　Z = R − S 的正态分布

这样,只要计算出 β 值就能获得对应的失效概率 p_f(见表 1.1)。β 称为可靠指标,由式(1-7)计算

$$\beta = \frac{\mu_Z}{\sigma_Z} = \frac{\mu_R - \mu_S}{\sqrt{\sigma_R^2 + \sigma_S^2}} \qquad (1-7)$$

表 1.1　失效概率与可靠指标的对应

β	2.5	2.7	3.2	3.7	4.2
p_f	5×10^{-3}	3.5×10^{-3}	6.9×10^{-4}	1.1×10^{-4}	1.3×10^{-5}

当 R 和 S 的统计值不按正态分布时,结构构件的可靠指标应以它们的当量正态分布的平均值和标准差代入式(1-7)来计算。

由于 R 和 S 的实际分布规律相当复杂,采用典型的正态分布,因而算得的 β 和 p_f 值是近似的,故称为近似概率极限状态设计法。在推导 β 公式时,只采用了 R 和 S 的二阶中心矩,同时还做了线性化的近似处理,故此设计法又称"一次二阶矩法"。

这种设计方法只需知道 R 和 S 的平均值和标准差或变异系数,就可以计算构件的安全指标 β 值,再使 β 值满足规定值即可。我国采用的安全指标为 Q235 钢 $\beta = 3 \sim 3.1$,对应的失效概率 $p_f = 0.001$;Q345 钢 $\beta = 3.2 \sim 3.3$,对应的失效概率 $p_f = 0.0005$。

由式(1-1)~(1-7)可见,此法将构件的抗力(承载力)和作用效应的概率分析联系在一起,以安全指标作为度量结构构件安全度的尺度,可以较合理地对各类构件的安全度做定量分析比较,以达到等安全度的设计目的。但是这种设计方法比较复杂,较难掌握,很多人也不习惯,因而仍宜采用广大设计人员所熟悉的分项系数设计公式。

2. 分项系数表达式

因为 $S = G + Q_1 + \sum_{i=2}^{n} \varphi_{c_i} Q_i$,取 $G = \gamma_G C_G G_K$,$Q_1 = \gamma_{Q_1} C_{Q_1} G_{1K}$,$Q_i = \gamma_{Q_i} C_Q G_{iK}$,引入结构重要系数,则

$$S = \gamma_0 (\gamma_G C_G G_K + \gamma_{Q_1} C_{Q_1} Q_{1K} + \sum_{i=2}^{n} \varphi_{c_i} \gamma_{Q_i} C_{Q_i} Q_{iK}) \qquad (1-8)$$

式中　γ_0——结构重要性系数,结构安全等级分为一级、二级、三级,结构重要系数分别采用 1.1,1.0 和 0.9;

C——荷载效应系数,即单位荷载引起的结构构件截面或连接中的内力,按一般力学方法确定(其角标 G 指永久荷载,Q_i 指各可变荷载);

G_K, Q_{iK}——永久荷载、各可变荷载标准值,参阅《建筑结构荷载规范》(GB 50009—2012);

φ_{c_i}——第 i 个可变荷载的组合系数,一般取 0.6,当只有一个可变荷载时取 1.0;

γ_G——永久荷载分项系数,一般采用 1.2,当永久荷载效应对结构构件的承载力有利时,宜采用 1.0;

γ_Q, γ_{Q_i}——第 1 个和其他第 i 个可变荷载分项系数,一般情况可采用 1.4。

一般而言,式中 Q 是引起构件或连接最大荷载效应的可变荷载效应。对于一般排架和框架结构,由于很难区分产生最大效应的可变荷载,可采用简化计算公式

$$S = \gamma_0 (\gamma_G C_G G_K + \varphi \sum_{i=1}^{n} \gamma_{Q_i} C_{Q_i} Q_{iK}) \qquad (1-9)$$

式中,荷载组合系数 φ 取 0.85。

构件本身的承载能力(抗力)只是材料性能和构件几何因素等的函数,即

$$R = f_k A / \gamma_R = f_d A \qquad (1-10)$$

式中 γ_R——抗力分项系数,Q235 钢和 Q345 钢取 1.087,Q390 钢取 1.111;

f_k——材料强度的标准值,Q235 钢第一组为 235 MPa,Q345 钢第一组为 345 MPa,Q390 钢第一组为 390 MPa;

f_d——结构所用材料和连接的设计强度;

A——构件或连接的几何因素(如截面面积和截面抵抗矩等)。

考虑到一些结构构件和连接构件的特殊条件,构件承载力有时还应乘以调整系数。例如施工条件较差的高空安装焊缝和铆钉连接,应乘 0.9;单面连接的单个角钢按轴心受力计算强度和连接时,应乘 0.85 等。

将式(1-8),(1-9),(1-10)带入式(1-2),得

$$\gamma_0\left(\gamma_G C_G G_K + \gamma_{Q_1} C_{Q_1} Q_{1_K} + \sum_{i=2}^{n} \varphi_{c_i} \gamma_{Q_i} C_{Q_i} Q_{i_K}\right) \leqslant f_d A \qquad (1-11)$$

及

$$\gamma_0\left(\gamma_G C_G G_K + \varphi \sum_{i=1}^{n} \gamma_{Q_i} C_{Q_i} Q_{i_K}\right) \leqslant f_d A \qquad (1-12)$$

考虑到设计工作者的习惯,将以上公式改写为应力表达式

$$\gamma_0\left(\sigma_{G_d} + \sigma_{Q_{1d}} + \sum_{i=2}^{n} \varphi_{ci} \sigma_{Q_{id}}\right) \leqslant f_d \qquad (1-13)$$

及

$$\gamma_0\left(\sigma_{G_d} + \varphi \sum_{i=1}^{n} \sigma_{Q_{id}}\right) \leqslant f_d \qquad (1-14)$$

式中 σ_{G_d}——永久荷载设计值($G_d = \gamma_G G_K$)在结构构件的截面或连接中产生的应力;

$\sigma_{Q_{1d}}$——第 1 个可变荷载的设计值($Q_{1d} = \gamma_{Q_1} Q_{1_K}$)在结构构件的截面或连接中产生的应力(该应力大于其他任意第 i 个可变荷载设计值产生的应力);

$\sigma_{Q_{id}}$——第 i 个可变荷载设计值($Q_{id} = \gamma_{Q_i} Q_{i_K}$)在结构构件的截面或连接中产生的应力;

其余符号同前。

式(1-13)和(1-14)就是现行钢结构设计规范中采用的公式。

各分项系数值是经过校准法确定的。所谓校准法,是使按式(1-11)计算的结果基本符合式(1-6)要求的可靠指标。不过当荷载组合不同时,应采用不同的各分项系数,才能符合 β 值的要求,这给设计带来困难。因此用优选法对各分项系数采用定值,从而使各不同荷载组合计算结果的 β 值相差为最小。

当考虑地震荷载的偶然荷载组合时,应按《建筑抗震设计规范》(GB 50011—2010)的规定进行。

对于结构构件或连接的疲劳强度计算,由于疲劳极限状态的概念还不够确切,只能暂时沿用容许应力设计法,还不能采用上述的极限状态设计法。式(1-13)和式(1-14)虽然是用应力计算式表达的,但和过去的容许应力设计方法根本不同,是比较先进的一种设计方法。不过由于有些因素尚缺乏统计数据,暂时只能根据以往设计经验来确定。还有待于继续研究和积累有关统计资料,才能进而采用更为科学的全概率极限状态设计法(水准三)。

1.3.3 正常使用极限状态

结构构件的第二种极限状态是正常使用极限状态。正常使用极限状态包括:影响结

构、构件或非结构构件正常使用或外观的变形;影响正常使用的振动;影响正常使用或耐久性能的局部损坏(包括混凝土裂缝)。按正常使用极限状态设计钢结构时,应考虑荷载效应的标准组合,对钢与混凝土组合梁,尚应考虑准永久组合。

钢结构设计主要控制变形和挠度,仅考虑短期效应组合,不考虑荷载分项系数。

$$\upsilon = \upsilon_{G_K} + \upsilon_{Q_{1K}} + \sum_{i=2}^{n} \varphi_{ci} \upsilon_{Q_{iK}} \leqslant [\upsilon] \tag{1-15}$$

式中　υ_{G_K}——永久荷载标准值在结构或构件中产生的变形值;

　　　$\upsilon_{Q_{1K}}$——第 1 个可变荷载的标准值在结构或构件中产生的变形值(该值大于其他任意第 i 个可变荷载标准值产生的变形值);

　　　$\upsilon_{Q_{iK}}$——第 i 个可变荷载标准值在结构或构件中产生的变形值;

　　　$[\upsilon]$——结构或构件的容许变形值,按钢结构设计规范的规定采用。

当只需要保证结构和构件在可变荷载作用下产生的变形能够满足正常使用的要求时,式(1-15)中的 υ_{G_K} 可不计入。

1.4　钢结构发展历史及发展方向

1.4.1　我国房屋钢结构的发展

我国房屋钢结构的发展主要经历了以下阶段:

1. 初盛阶段(20 世纪 50~60 年代)

1949 年新中国刚成立,百废待兴,当时钢产量很低,每年仅 135 万吨(现已达 8 亿吨以上)。钢结构建设只有依靠苏联经济及技术援助,当时苏联援建 156 项重型工业工厂,包括冶金、重型机械、飞机汽车等工业,如鞍山钢铁厂,武汉钢铁厂、大连造船厂、哈尔滨飞机制造厂等。在短短几年里,建设了不少钢结构工业厂房(钢柱、钢屋架、吊车梁),培养了一大批设计、制造、安装方面的人才,为国家的发展打下坚实的基础。

2. 低潮阶段(20 世纪 60 年代中后期及 70 年代)

这个时期国家各部门钢结构需求量增加,但钢产量仍然不多,每年也只有 2 000 万吨,国家提出节约钢材的政策,当时有人片面理解为不用钢结构,于是钢结构数量减少。从国家整体上,也建造了一些大型的钢结构工程。由于节约钢材政策,平板网架工程得到推广应用,特别是焊接空心球节点研究成功,全国各地中小跨度的焊接球节点平板网架比比皆是,与此同时螺栓球节点网架也同样推广起来了。

3. 发展阶段(20 世纪 80~90 年代)

这 20 年应当是钢结构发展的兴盛期,由于钢结构具备一些独特优点,已成为建设工程中的主要结构,特别是钢产量持续上升,1997 年 1 亿吨,给我们发展钢结构创造了有利条件。1998 年我们国家已能生产轧制 H 型钢,为钢结构提供了新的型钢系列,这时期钢结构工程发展主要有下列几个方面。

(1)单层厂房框架结构　规模较大的有钢铁厂、无缝钢管厂、火力发电厂等。其特点有面积大(20 万平方米)、柱高度大(50 米)、柱距大(48 米)、连跨多(8 跨)、吊车起重量大(450 吨)等。

（2）空间结构　平板网架已广泛应用于大型体育场馆、会展中心、商场、航站楼、车站、仓库、工厂等。尤其是1990年亚运会场馆中大多数采用了焊接空心球节点平板网架。1996年北京首都机库（153米×153米，进深90米），焊接球节点四角锥三层网架。同年厦门太古机库150米×70米建成，大门口采用无黏结手动索拉杆拱。

（3）网壳结构　1994年天津体育馆（$D = 108$米）双层球面网壳；1997年长春体育馆（146米×191.8米）双层方钢管网壳、1995年黑龙江滑冰馆（86.2米×191.2米）中央柱面网壳两端半球壳。1995年四川攀枝花体育馆采用八边花瓣型双层网南宁，跨度60米，采用多次预应力。这是国内首次采用多次预应力工程。1998年还建成上海国际体操中心主馆，采用铝合金球面网壳，直径68米。网架与网壳都有相应的设计规程。

（4）悬索结构　该结构发展较慢，只有少数工程采用，如山东淄博体育馆（54米）、安徽体育馆（53米×72米），无锡体育馆（40米×43米）、吉林冰球馆等采用不同的索网体系。

（5）空间结构与拱、刚架组成的混合体系　亚运会的北京石景山体育馆（正三角形，边长99.7米）等，都是混合结构体系。

（6）膜及索膜结构　20世纪90年代后期得到一定的发展，现仍在不断地扩大作用，很有发展前景。如1998年建成的上海八万人体育馆看台等都是规模较大的索膜结构。

（7）高层建筑钢结构　高层建筑钢结构起步比较晚，1987年第一幢为165米高的深圳发展中心大厦，后来208米高的京广中心，1996年325米深圳地王大厦，1999年420米高的上海金茂大厦。

（8）轻钢结构　轻钢结构发展非常快，特别是门式刚架，如工业厂房、仓库、冷藏库、温室、旅馆、别墅等得到大量应用。轻钢结构住宅也开始研究并建造一些实验工程，很有发展前景。

4. 强盛时期（21世纪）

我国1996年粗钢产量突破1亿吨，2003年粗钢产量突破2亿吨，2005年粗钢产量突破3亿吨，2006年粗钢产量突破4亿吨，2008年粗钢产量突破5亿吨，而2009年粗钢产量达到5.678亿吨，占全球总产量的47%，2011年粗钢产量达到8.5亿吨，我国钢产量已跃居世界第一。这也给我们发展钢结构工程创造了有利条件。

传统的空间结构如网架、网壳等继续得到大力推广。新型空间结构开始得到广泛的应用，如张弦梁、张弦桁架、弦支穹顶等。上海浦东机场、哈尔滨会展中心、上海会展中心、广东会展中心等都采用超过100米的张弦桁架，这在世界上也极少见。特别是以2008年北京奥运行、2009年山东济南全运会、2010年上海世博会、2011年深圳大运会为契机，空间结构在我国得到了空间的发展。值得一提的是2008年北京奥运会新建十一个场馆，它代表我国钢结构的技术水平：国家体育场（鸟巢）（296米×332.3米），由一系列超大跨度的门式刚架沿内环编制而成的空间结构，耗钢4.2万吨；国家游泳中心（水立方）（170米×70米×30米，异形多面体网格结构）；国家体育馆（114米×144.5米双向张弦桁架结构）；老山自行车馆（133米双层球面网壳）；五棵松体育馆（120米×120米双向正交正放桁架组成的网架）；北京工业大学体育馆（羽毛球馆）（105米弦支穹顶）；中国农业大学体育馆（摔跤馆）（90米×90米门式刚架结构）；北京大学体育馆（乒乓球馆）（64米×80米由32榀辐射桁架组成的张弦网壳）等工程。

2009年山东济南全运会场馆主要有体育场、体育馆、游泳馆和网球中心，整个建筑群采用"东荷西柳"建筑造型，体现了济南地方特色，特别指出的有体育馆采用了122米直径弦支穹顶，成为全国乃至世界跨度最大的弦支穹顶结构。

2010 年上海世博会场馆更是雄伟壮观。其中一轴四馆(中国馆、世博中心、主题馆、演艺中心)都是很有特色的永久性建筑。另外数以百计的代表不同创意的各国的国家馆、企业馆等建筑也很值得参观。

当然除几个运动会及博览会场馆外,值得提出的还有上海环球金融中心,北京首都国际机场新航站楼,北京南站,国家大剧院,中央电视台新台址,上海铁路南站,北京新保利大厦,郑州国际会展中心,南通体育场,广州的电视塔、西塔、新剧院、博物馆等。这些特色工程也产生了多项钢结构制造、安装的新技术。同时涌现出大批先进钢结构企业,这对今后的钢结构产业的发展是非常有利的。

关于钢结构的住宅,在这段时期由于政策的支持,工程技术人员的努力,已做出很大的成绩,试点工程的兴建,《轻型钢结构住宅技术规程》(JGJ 209—2010)的出版和实施,具备进一步推广和发展的条件。

1.4.2　钢结构发展方向

通过对国内外的现状分析可知,钢结构发展方向有以下几点。

1. 高效能钢材的研究和应用

高效能钢材的含义是:采用各种可能的技术措施,使钢材的承载力效能提高。H 型钢的应用已有了长足的发展,现正在赶超世界水平。压型钢板在我国的应用也趋于成熟。

冷弯薄壁型钢的经济性是人们熟知的,但目前产量还不够多,有待进一步提高产量,供生产设计中采用。近来冷弯方钢管的应用发展较快。

由于 Q345 钢强度高,可节约大量钢材,我国目前已较普遍采用 Q345 钢。现在更高强度的 Q390 钢材已开始应用,在 2008 年北京奥运会国家体育场"鸟巢"工程中使用了 Q460 钢材。其他高强度钢如 30 硅钛钢(屈服强度≥400 MPa)、15 锰钒氮钢(屈服强度为 450 MPa)也有应用,但未列入钢结构设计规范。国外高强度钢发展很快,1969 年美国规范列入屈服强度为 685 MPa 的钢材,1975 年苏联规范列入屈服强度为 735 MPa 的钢材。今后,随着冶金工业的发展,研究强度更高的钢材及其合理使用将是重要的课题。

用于连接材料的高强度钢已有 45 号钢和 40 硼钢,这两种材料制成的高强度螺栓广泛用于各种工程。40 硼钢屈服强度为 635 MPa,抗拉强度为 785 MPa,经热处理后屈服强度不低于 970 MPa,抗拉强度 1 080 MPa。现推荐采用 20 锰钛硼钢作为高强度螺栓专用钢材,其强度级别与 40 硼钢相同。

2. 结构和构件计算的研究和改进

现在已广泛应用新的计算技术和测试技术,对结构和构件进行深入计算和测试,为了解结构和构件的实际性能提供了有利条件。计算和测试手段愈先进,就愈能反映结构和构件的实际工作情况,从而合理使用材料,发挥其经济效益,保证结构的安全。例如钢材塑性的充分利用问题经过多年研究,已将成果反映于现行的钢结构设计规范中;其他如动力荷载作用下的结构响应问题、残余应力对压杆稳定的影响问题、板件屈曲后的承载能力利用问题等,都已用新计算技术和测试手段取得了新的进展。

最近,在应用概率理论来考虑结构安全度方面也取得了新的进展。现行钢结构设计规范采用以概率理论为基础的极限状态设计方法,用可靠指标度量结构的可靠度,以分项系数的设计表达式进行计算,也是改进计算方法的一个重要方面。

自从欧拉提出轴心受压柱的弹性稳定理论的临界力计算公式以来,很多学者对各类构件的稳定问题做了不少理论分析和实验研究工作,但是在结构的稳定理论计算方面还存在不少问题。例如各种压弯构件的弯扭屈曲、薄板屈曲后强度的利用、各种刚架体系的稳定以及空间结构的稳定等,所有这些方面的问题都有待深入研究。

3. 结构形式的创新

新的结构形式有薄壁型钢结构、悬索结构、膜结构、树状结构、开合结构、折叠结构、悬挂结构等。这些结构适用于轻型、大跨屋盖结构、高层建筑和高耸结构等,对减少耗钢量有重要意义。我国应用新结构的数量逐年增长,特别是新型的空间结构发展更快。

4. 预应力钢结构的应用

在一般钢结构中增加一些高强度钢构件,并对结构施加预应力,这是预应力钢结构中采用的最普遍的形式之一。它的实质是以高强度钢材代替部分普通钢材,从而达到节约钢材、提高结构效能和经济效益的目的。但是,两种强度不相同的钢材用于同一构件中共同受力,必须采取施加预应力的方法才能使高强度钢材充分发挥作用。我国从 20 世纪 50 年代开始对预应力钢结构进行了理论和试验研究,并在一些实际工程中采用。20 世纪 90 年代预应力结构又有一个飞跃,弦支穹顶(图 1.2)、张弦梁(图 1.3)等复合结构,开始应用于很多大型体育场馆和会展中心等结构中,预应力桁架、预应力网架也在很多工程中得到了广泛应用。

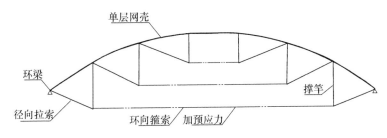

图 1.2 弦支穹顶示意图

5. 空间结构的发展

以空间体系的空间网格结构代替平面结构可以节约钢材,尤其是结构跨度较大时,经济效果更为显著。空间网格结构对各种平面形式的建筑物的适应性很强,近年来在我国发展很快,特别是空间结构分析程序的研发后,已建成诸如天津博物馆、国家大剧院、上海文化广场、哈尔滨歌剧院以及遍布全国各地的体育馆和展览馆等已不下数千座工程,包括2008 年北京奥运会新建的 11 个场馆均采用空间结构。

悬索结构也属于空间结构体系,它最大限度地利用了高强度钢材,因而节省了用钢量。它对各种平面形式建筑物的适应性很强,极易满足各种建筑平面和立面的要求。但由于施工较复杂,应用受到一定的限制。今后应进一步研究各种形式的悬索结构的计算和推广应用问题。

6. 钢 – 混凝土组合结构的应用

钢材受压时常受稳定条件的控制,往往不能发挥它的强度承载力,而混凝土则宜承受压力。钢的强度高,宜受拉,混凝土则宜受压,因此将二者组合在一起,可以发挥各自的长处,取得最大的经济效果,是一种合理的结构形式。图1.4所示为钢梁和钢筋混凝土板组成的组合梁,混凝土位于受压区,钢梁则位于受拉区。但梁板之间必须设置抗剪连接件,以保证二者的共同工作。由钢筋混凝土板作为受压翼缘与钢梁组合可节约钢材。这种结构已经较多地用于桥梁结构中,也可推广于荷载较大的平台和楼层结构中去,专用规范也已出台。

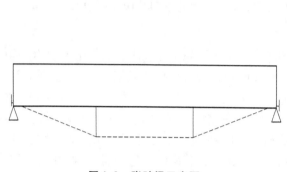

图1.3 张弦梁示意图

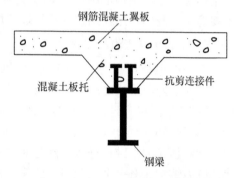

图1.4 钢梁和钢筋混凝土板的组合梁

在钢管中填素混凝土的钢管混凝土结构。这种结构最宜用作轴心受压构件,对于大偏心受压构件则可采用格构式组合柱。这种构件的特点是在压力作用下,钢管和混凝土之间产生相互作用的紧箍力,使混凝土处于三向受压的应力状态下工作,大大提高了它的抗压强度,还改善了它的塑性,提高抗震性能。对于薄钢管,因得到了混凝土的支持,提高了稳定性,使钢材强度得以充分发挥。这一结构已在国内得到广泛应用,在厂房柱、高层建筑框架柱中很多采用钢-混凝土组合结构,如广州中信广场(80层,高391.1 m)、深圳赛格广场(72层,高355.8 m)、深圳地王大厦(69层,高383.95 m)等。

7. 高层钢结构的研究和应用

随着我国对外开放政策的实施、城市人口的不断增多和大城市的不断扩大,城市用地的矛盾不断上升。为了节约用地,减少城市公共设施的投资,近年来在北京、上海、深圳和广州等地,相继修建了一些高层和超高层建筑物。例如:上海金茂大厦(88层,高420.5 m)等。这些超高层钢结构的建成,标志着我国高层钢结构的技术水平已有了长足的进步。于2009年落成的上海环球金融中心(101层,492 m),中央电视台新台址(52层,234 m)以其独特的造型和超高的施工难度均成为钢结构的代表作之一。

8. 优化原理的应用

结构优化设计包括确定优化的结构形式和截面尺寸。由于电子计算机的逐步普及,促使结构优化设计得到相应的发展。我国编制的钢吊车梁标准图集,就是把耗钢量最小的条件作为目标函数,把强度、稳定性、刚度等一系列设计要求作为约束条件,用计算机解得优化的截面尺寸,比过去的标准设计节省钢材5%~10%。目前优化设计已逐步推广到塔桅结构、空间结构设计等各个方面。

9. 新型节点的应用

节点除螺栓球节点(图1.5)、焊接球节点(图1.6)等常用节点外,还有近年来正在推广应用的铸钢节点(图1.7)、树状结构节点(图1.8)及相贯节点(图1.9)等新型节点。

图1.5 螺栓球节点

图1.6 焊接球节点

图1.7 铸钢节点

图1.8 树状节点

图1.9 相贯节点

【例题1.1】

结构重要性系数 γ_0,对安全等级为一级、二级、三级的结构构件,应分别取为( )。

A. 一级1.3,二级1.2,三级1.1

　　B. 一级 1.2,二级 1.1,三级 1.0

　　C. 一级 1.1,二级 1.0,三级 0.9

　　D. 一级 1.0,二级 0.9,三级 0.8

解:正确答案为 C。

评析:建筑结构设计时,根据结构破坏可能产生的后果(危及人的生命、造成经济损失、产生社会影响)的严重性,采用不同的安全等级。重要的工业与民用建筑物为一级;一般的工业与民用建筑物为二级;次要的建筑物为三级。结构重要性系数 γ_0,对安全等级为一级、二级、三级的结构构件,应分别取为 1.1,1.0,0.9,建筑物中各类结构构件的安全等级,宜与整个结构安全等级相同,对其中部分结构构件的安全等级可以进行调整,但不得低于三级。结构重要性系数 γ_0 应按结构的安全等级确定,参阅《建筑结构可靠度设计统一标准》(GB 50068—2001)中第 7.0.3 条。

【例题 1.2】

　　某屋架,采用的钢材为 Q235 - BF,型钢及节点板厚度均不超过 16 mm,钢材的抗压强度设计值是(　　)。

　　A. 200 N/mm² 　　　B. 205 N/mm² 　　　C. 215 N/mm² 　　　D. 235 N/mm²

解:正确答案为 C。

评析:钢材的强度设计值 f 应为材料强度的标准值 f_y 除以抗力分项系数 γ_R,同时要考虑钢材厚度或直径对标准值的影响。参阅《建筑结构可靠度设计统一标准》(GB 50068—2001)中第 2.1.21 条和第 2.1.22 条,《钢结构设计规范》GB 50017—2003)中表 3.4.1 - 1。对于厚度不超过 16 mm,Q235 - BF 钢的 f_y = 235 N/mm²,Q235 - BF 钢的 γ_R = 1.087,故 $f = f_y/\gamma_R = 235/1.087 \approx 215$ N/mm²。钢材强度设计值受厚度或直径的影响,随厚度或直径的增大,钢材的抗拉、抗压、抗弯、抗剪强度均降低,同时钢材的抗拉、抗压及抗弯的强度设计值是相同的,均为 f。仅抗剪强度设计值 f_v = 0.58f,是根据能量强度理论推导而得。

【习题一】

1. 单选题

　　1.1 钢结构的实际受力情况和工程力学计算结果(　　)。

　　　　A. 完全相同 　　　B. 完全不同 　　　C. 比较符合 　　　D. 相差较大

　　1.2 钢材内部组织比较接近于(　　)。

　　　　A. 各向异性体 　　B. 匀质同性体 　　C. 完全弹性体 　　D. 完全塑性体

　　1.3 钢结构在大跨度中得到广泛应用主要是由于(　　)。

　　　　A. 结构的计算模型与实际结构接近 　　B. 钢材为各向同性体

　　　　C. 钢材质量密度与屈服点比值较小 　　D. 钢材为理想的弹塑性体

　　1.4 关于钢结构的特点叙述错误的是(　　)。

　　　　A. 建筑钢材的塑性和韧性好 　　　　B. 钢材的耐腐蚀性很差

　　　　C. 钢材具有良好的耐热性和防火性 　　D. 钢结构更适合于建造高层和大跨结构

　　1.5 我国现行钢结构设计规范采用的是(　　)极限状态设计法。

　　　　A. 半概率 　　　B. 全概率 　　　C. 近似概率 　　　D. 容许应力法

　　1.6 在结构设计中,失效概率 p_f 与可靠指标 β 的关系为(　　)。

　　　　A. p_f 越大,β 越大,结构可靠性越差

B. p_f 越大,β 越小,结构可靠性越差

C. p_f 越大,β 越小,结构越可靠

D. p_f 越大,β 越大,结构越可靠

1.7 一简支梁受均布荷载作用,其中永久荷载标准值为 15 kN/m,仅一个可变荷载,其标准值为 20 kN/m,则强度计算时的设计荷载为( )。

A. $q = 1.2 \times 15 + 1.4 \times 20$ B. $q = 15 + 20$

C. $q = 1.2 \times 15 + 0.85 \times 1.4 \times 20$ D. $q = 1.2 \times 15 + 0.6 \times 1.4 \times 20$

1.8 已知某一结构在 $\beta = 3$ 时,失效概率为 $p_f = 0.001$,若 β 改变,准确的结论是( )。

A. $\beta = 2.5$,$p_f < 0.001$,结构可靠性降低

B. $\beta = 2.5$,$p_f > 0.001$,结构可靠性降低

C. $\beta = 3.5$,$p_f > 0.001$,结构可靠性提高

D. $\beta = 3.5$,$p_f < 0.001$,结构可靠性降低

1.9 在对结构或构件进行正常使用极限状态计算时,永久荷载和可变荷载应采用( )。

A. 设计值   B. 永久荷载为设计值,可变荷载为标准值

C. 标准值   D. 永久荷载为标准值,可变荷载为设计值

1.10 计算钢结构( )时应采用荷载的标准值。

A. 构件静力强度   B. 构件整体稳定

C. 构件变形   D. 连接强度

2. 多选题

2.1 钢结构具有( )优点。

A. 不会发生脆性破坏   B. 结构自重轻   C. 抗震性能好

D. 耐久性好   E. 具有可焊性

2.2 ( )不利于钢结构的应用和发展。

A. 钢材重力密度大   B. 耐火性差   C. 需要焊接或螺栓连接

D. 维护成本高   E. 工厂化制作

2.3 钢结构适用于( )。

A. 重型工业厂房   B. 电视塔   C. 烟囱

D. 体育馆屋盖   E. 处于腐蚀性环境的建筑物

2.4 钢结构与钢筋混凝土结构相比( )。

A. 自重轻   B. 塑性好   C. 稳定性好

D. 施工周期短   E. 刚度大

2.5 计算钢结构( )时应采用荷载的设计值。

A. 构件静力强度   B. 构件整体稳定   C. 连接强度

D. 构件变形   E. 疲劳强度

3. 简答题

3.1 钢结构与其他结构相比有哪些特点?

3.2 如何理解"钢结构质量小"的含义?

3.3 为什么说"钢结构耐热不耐火"?

3.4 承载能力极限状态设计表达式 $\gamma_0\left(\gamma_G S_{G_k}+\psi\sum\limits_{i=1}^{n}\gamma_{Q_i}S_{Q_{ik}}\right)\leqslant R$ 中参数 γ_0，γ_G，γ_{Q_i}，在一般情况下如何取值？

3.5 按结构体系工作特点可以将钢结构分为哪几类？

第 2 章　钢结构材料

【内容提要】

本章着重论述了钢结构对钢材的要求及其破坏形式,讨论了钢材的主要性能及设计指标、影响钢材性能的因素、钢结构的脆断和防止脆断的设计要求、选择钢材的原则。

钢材是钢结构的主要材料,其性能对钢结构的工作特性有着内在影响,它不仅密切关系到钢结构的计算理论,同时与钢结构的制造、安装和经济合理、保证安全地应用均有着直接关系。因此,学习钢结构时,切不可偏重计算、轻视构造、忽略材料,必须三者并重。钢材性能有些是可以用力学指标定量地表示,有些只能定性地了解其基本特性、优缺点、危害性等。凡能定量表示或可以通过公式计算的内容,总是比较容易掌握,而有关钢材的材性和连接的构造形式等不定量表示的内容都不易掌握,这就要仔细思考,逐步理解,由浅入深,反复实践,积累经验。

【规范参阅】

◆《厚度方向性能钢板》(CB/T 5313—2010);

◆《建筑钢结构焊接技术规程》(JGJ 81—2002)中第 2.0.1 条;

◆《建筑钢结构防火技术规范》(CECS200:2006)中第 1.0.4 条、3.0.1 条~3.0.10 条;

◆《钢结构设计规范》(GB 50017—2003)中第 3.3.1 条~3.3.8 条、3.4.1 条~3.4.3 条;

◆《碳素结构钢》(GB/T 700—2006)中第 3.1 节、3.2 节和 5.1.1 条;

◆《低合金高强度结构钢》(GB/T 1591—2008);

◆《优质碳素结构钢》(GB/T 699—1999);

◆《焊接结构用耐候钢》(GB/T 4171—2008);

◆《一般工程用铸造碳钢件》(GB/T11352—2009);

◆《热轧钢板和钢带的尺寸、外形、重量及允许偏差》(GB/T 709—2006)。

【学习指南】

知识要点	能力要求	相关知识
钢材破坏形式和钢材生产	了解钢材破坏形式的特点	塑性破坏、脆性破坏、钢材浇筑和脱氧、钢材热加工和冷加工及热处理
钢材主要性能	掌握钢材的主要力学性能	抗拉强度、伸长率、屈服强度、冷弯性能、冲击韧性、复杂应力状态下的屈服条件
影响钢材性能的主要因素	熟练掌握各种因素对钢材性能的影响	化学成分、焊接性能、硬化、应力集中、加荷速度、温度、循环荷载

（续）

知识要点	能力要求	相关知识
建筑用钢种类、规格	了解建筑用钢的种类和规格	碳素结构钢、低合金高强度结构钢、优质碳素结构钢；钢板、热轧型钢、冷弯薄壁型钢
钢材选用原则	熟练掌握钢结构的钢材选用原则	选用基本原则、选用主要考虑因素

　　钢是以铁和碳为主要成分的合金，其中铁是最基本的元素，碳和其他元素所占比例甚少，但却左右着钢材的物理和化学性能。钢材的种类繁多，性能差别很大，适用于钢结构的钢材只是其中的一小部分。为了确保质量和安全，这些钢材应具有较高的强度、塑性和韧性，以及良好的加工性能。

　　钢材的性能与其化学成分、组织构造、冶炼和成型方法等内在因素密切相关，同时也受到荷载类型、结构形式、连接方法和工作环境等外界因素的影响。

2.1　钢材的破坏形式

　　钢材的破坏形式分为塑性破坏与脆性破坏两类。

　　塑性破坏的特征是钢材在断裂破坏时产生很大的塑性变形，又称为延性破坏，其断口呈纤维状，色泽发暗，有时能看到滑移的痕迹。钢材的塑性破坏可通过采用一种标准圆棒试件进行拉伸破坏试验加以验证。钢材在发生塑性破坏时变形特征明显，很容易被发现并及时采取补救措施，因而不致引起严重后果。而且适度的塑性变形能起到调整结构内力分布的作用，使原先结构应力不均匀的部分趋于均匀，从而提高结构的承载能力。

　　脆性破坏的特征是钢材在断裂破坏时没有明显的变形征兆，其断口平齐，呈有光泽的晶粒状。钢材的脆性破坏可通过采用一种比标准圆棒试件更粗，并在其中部位置车有小凹槽（凹槽处的净截面积与标准圆棒相同）的试件进行拉伸破坏试验加以验证。由于脆性破坏具有突然性，无法预测，故比塑性破坏要危险得多，在钢结构工程设计、施工与安装中应采取适当措施尽力避免。

2.2　钢材的生产

2.2.1　钢材的冶炼

　　除了天外来客——陨石中可能存在少量的天然铁之外，地球上的铁都蕴藏在铁矿中。从铁矿石开始到最终产品的钢材为止，钢材的生产大致可分为炼铁、炼钢和轧制三道工序。

　　1. 炼铁

　　矿石中的铁是以氧化物的形态存在的，因此要从矿石中得到铁，就要用与氧的亲和力比铁更大的物质——一氧化碳与碳等还原剂，通过还原作用从矿石中除去氧，还原出铁。

同时,为了使砂质和黏土质的杂质(矿石中的废石)易于熔化为熔渣,常用石灰石作为熔剂。所有这些作用只有在足够的温度下才会发生,因此铁的冶炼都是在可以鼓入热风的高炉内进行。装入炉膛内的铁矿石、焦炭、石灰石和少量的锰矿石,在鼓入的热风中发生反应,在高温下成为熔融的生铁(含碳量超过 2.06% 的铁碳合金称为生铁或铸铁)和漂浮其上的熔渣。常温下的生铁质坚而脆,但由于其熔化温度低,在熔融状态下具有足够的流动性,且价格低廉,故在机械制造业的铸件生产中有广泛的应用。铸铁管是土木建筑业中少数应用生铁的例子之一。

2. 炼钢

含碳量在 2.06% 以下的铁碳合金称为碳素钢。因此,当用生铁制钢时,必须通过氧化作用除去生铁中多余的碳和其他杂质,使它们转变为氧化物进入渣中或成气体逸出。这一作用也要在高温下进行,称为炼钢。常用的炼钢炉有三种形式:电炉、转炉和平炉。

电炉炼钢是利用电热原理,以废钢和生铁等为主要原料,在电弧炉内冶炼。由于不与空气接触,易于清除杂质和严格控制化学成分,炼成的钢质量好。但因耗电量大,成本高,一般只用来冶炼特种用途的钢材。

转炉炼钢是利用高压空气或氧气使炉内生铁熔液中的碳和其他杂质氧化,在高温下使铁液变为钢液。氧气顶吹转炉冶炼的钢中有害元素和杂质少,质量和加工性能优良,且可根据需要添加不同的元素冶炼碳素钢和合金钢。由于氧气顶吹转炉可以利用高炉炼出的生铁熔液直接炼钢,生产周期短、效率高、质量好、成本低,已成为国内外发展最快的炼钢方法。

平炉炼钢是利用煤气或其他燃料供应热能,把废钢、生铁熔液或铸铁块和不同的合金元素等冶炼成各种用途的钢。平炉的原料广泛、容积大、产量高、冶炼工艺简单,化学成分易于控制,炼出的钢质量优良。但平炉炼钢周期长、效率低、成本高,现已逐渐被氧气顶吹转炉炼钢所取代。

3. 钢材的浇注和脱氧

按钢液在炼钢炉中或盛钢桶中进行脱氧的方法和程度的不同,碳素结构钢可分为沸腾钢、半镇静钢、镇静钢和特殊镇静钢四类。沸腾钢采用脱氧能力较弱的锰作为脱氧剂,脱氧不完全,在将钢液浇注入钢锭模时,会有气体逸出,出现钢液的沸腾现象。沸腾钢在铸模中冷却很快,钢液中的氧化铁和碳发生反应生成的一氧化碳气体不能全部逸出,凝固后在钢材中留有较多的氧化铁杂质和气孔,钢的质量较差。镇静钢采用锰加硅作脱氧剂,脱氧较完全,硅在还原氧化铁的过程中还会产生热量,使钢液冷却缓慢,使气体充分逸出,浇注时不会出现沸腾现象,这种钢质量好,但成本高。半镇静钢的脱氧程度介于上述二者之间。特殊镇静钢是在锰硅脱氧后,再用铝补充脱氧,其脱氧程度高于镇静钢。低合金高强度结构钢一般都是镇静钢。

随着冶炼技术的不断发展,用连续铸造法生产钢坯(用作轧制钢材的半成品)的工艺和设备已逐渐取代了笨重而复杂的铸锭—开坯—初轧的工艺流程和设备。连铸法的特点是钢液由钢包经过中间包连续注入被水冷却的铜制铸模中,冷却后的坯材被切割成半成品。连铸法的机械化、自动化程度高,可采用电磁感应搅拌装置等先进设施提高产品质量,生产的钢坯控体质量均匀,但只有镇静钢才适合连铸工艺。因此国内大钢厂已很少生产沸腾钢,若采用沸腾钢,不但质量差,而且供货困难,价格并不便宜。

2.2.2 钢材的组织构造和缺陷

1. 钢材的组织构造

碳素结构钢是通过在强度较低而塑性较好的纯铁中加适量的碳来提高强度的,一般常用的低碳钢含碳量不超过 0.25%。低合金结构钢则是在碳素结构钢的基础上,适当添加总量不超过 5% 的其他合金元素,来改善钢材的性能。

碳素结构钢在常温下主要由铁素体和渗碳体(Pe3C)所组成。铁素体是碳溶入体心立方晶体的 α 铁(纯铁在不同温度下有同素异构现象,在铁液凝固点 1 538 ~ 1 394 ℃ 之间为高温体心立方晶格的 δ 铁,在 912 ℃ 以下为 α 铁,而在 1 394 ~ 912 ℃ 之间为面心立方晶格的 γ铁)中的固溶体,常温下溶碳仅 0.000 8%,与纯铁的显微组织没有明显的区别,其强度、硬度较低,而塑性、韧性良好。铁素体在钢中形成不同取向的结晶群(晶粒),是钢的主要成分,约占质量的 99%。渗碳体是铁碳化合物,含碳 6.67%,其熔点高,硬度大,几乎没有塑性,在钢中其与铁素体晶粒形成机械混合物——珠光体,填充在铁素体晶粒的空隙中,形成网状间层(图 2.1)。珠光体强度很高,坚硬而富有弹性。另外,还有少量的锰、硅、硫、磷及其化合物溶解于铁素体和珠光体中。碳素钢的力学性能在很大程度上与铁素体和珠光体这两种成分的比例有关。同时,铁素体的晶粒越细小,珠光体的分布越均匀,钢的性能也就越好。

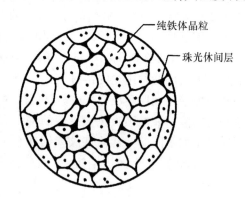

图 2.1　碳素钢多晶体示意图

低合金结构钢是在低碳钢中加入少量的锰、硅、钒、铌、钛、铝、铬、镍、铜、氮、稀土等合金元素炼成的钢材,其组织结构与碳素钢类似。合金元素及其化合物溶解于铁素体和珠光体中,形成新的固溶体——合金铁素体和新的合金渗碳体组成的珠光体类网状间层,使钢材的强度得到提高,而塑性、韧性和焊接性能并不降低。

2. 钢材的铸造缺陷

当采用铸模浇注钢锭时,与连续铸造生产的钢坯质量均匀相反,由于冷却过程中向周边散热,各部分冷却速度不同,在钢锭内形成了不同的结晶带(图 2.2)。靠近铸模外壳区形成了细小的等轴晶带,靠近中部形成了粗大的等轴晶带,在这两部分之间形成了柱状晶带。这种组织结构的不均匀性,会给钢材的性能带来差异。

钢在冶炼和浇注过程中还会产生其他的冶金缺陷,如偏析、非金属夹杂、气孔、缩孔和裂纹等。偏析是指化学成分在钢内的分布不均匀,特别是有害元素如硫、磷等在钢锭中的积聚现象;非金属夹杂是指钢中含有硫化物与氧化物等杂质;气孔是指由氧化铁与碳作用生成的一氧化碳气体,在浇注时不能充分逸出而留在钢锭中的微小孔洞;缩孔是因钢液在钢锭模中由外向内、自下而上凝固时体积收缩,因液面下降,最后凝固部位得不到钢液补充而形成;钢液在凝固中因先后次序的不同会引起内应力,拉力较大的部位可能出现裂纹。

钢材的组织构造和缺陷,均会对钢材的力学性能产生重要的影响。

2.2.3 钢材的加工

钢材的加工分为热加工、冷加工和热处理三种。将钢坯加热至塑性状态,依靠外力改变其形状,产生出各种厚度的钢板和型钢,称为热加工。在常温下对钢材进行加工称为冷加工。通过加热、保温、冷却的操作方法,使钢的组织结构发生变化,以获得所需性能的加工工艺称为热处理。

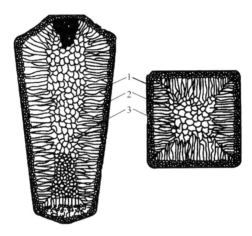

图 2.2 钢锭组织示意图

1—表面细晶粒层;2—柱状晶粒区;3—心部等轴晶粒区

1. 热加工

将钢锭或钢坯加热至一定温度时,钢的组织将完全转变为奥氏体状态,奥氏体是碳溶入面心立方晶格的 γ 铁的固溶体,虽然含碳量很高,但其强度较低,塑性较好,便于塑性变形。因此钢材的轧制或锻压等热加工,经常选择在形成奥氏体时的适当温度范围内进行。选择原则是开始热加工时的温度不得过高,以免钢材氧化严重,而终止热加工时的温度也不能过低,以免钢材塑性差,产生裂纹。一般开轧和锻压温度控制在 $1\ 150\ ℃ \sim 1\ 300\ ℃$。

钢材的轧制是通过一系列轧辊,使钢坯逐渐辊轧成所需厚度的钢板或型钢,图 2.3 是宽翼缘 H 型钢的轧制示意图。钢材的锻压是将加热了的钢坯用锤击或模压的方法加工成所需的形状,钢结构中的某些连接零件常采用此种方法制造。

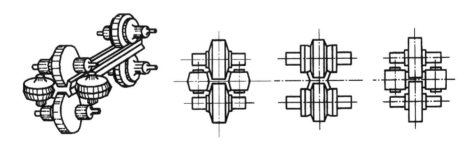

图 2.3 宽翼缘 H 型钢轧制示意图

热加工可破坏钢锭的铸造组织,使金属的晶粒变细,还可在高温和压力下压合钢坯中的气孔、裂纹等缺陷,改善钢材的力学性能。热轧薄板和壁厚较薄的热轧型钢,因辊轧次数较多,轧制的压缩比大,钢材的性能改善明显,其强度、塑性、韧性和焊接性能均优于厚板和厚壁型钢。钢材的强度按板厚分组就是这个缘故。

热加工使金属晶粒沿变形方向形成纤维组织,使钢材沿轧制方向(纵向)的性能优于垂直轧制方向(横向)的性能,即使其各向异性增大。因此对于钢板部件应沿其横向切取试件进行拉伸和冷弯试验。钢中的硫化物和氧化物等非金属夹杂,经轧制之后被压成薄片,对轧制压缩比较小的厚钢板来说,该薄片无法被焊合,会出现分层现象。分层使钢板沿厚度方向受拉的性能恶化,在焊接连接处沿板厚方向有拉力作用(包括焊接产生的约束拉应力作用)时,可能出现层状撕裂现象(图2.4),应引起重视。

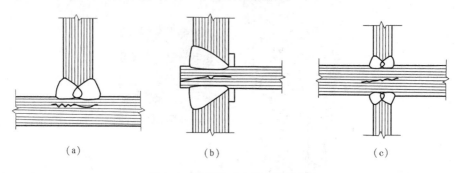

（a）　　　　　　　（b）　　　　　　　（c）

图 2.4　因焊接产生的层状撕裂

2. 冷加工

在常温或低于再结晶温度(当温度超过再结晶温度时,由于冷加工而破碎拉长的晶粒会转变成新的等轴晶粒,但晶格的类型不变。碳素结构钢及合金钢的再结晶温度一般为680 ℃~720 ℃)情况下,通过机械的力量,使钢材产生所需要的永久塑性变形,获得需要的薄板或型钢的工艺称为冷加工。冷加工包括冷轧、冷弯、冷拔等延伸性加工,也包括剪、冲、钻、刨等切削性加工。冷轧卷板和冷轧钢板就是将热轧卷板或热轧薄板经带钢冷轧机进一步加工得到的产品。在轻钢结构中广泛应用的冷弯薄壁型钢和压型钢板也是经辊轧或模压冷弯所制成。组成平行钢丝束、钢绞线或钢丝绳等的基本材料——高强钢丝,就是由热处理的优质碳素结构钢盘条经多次连续冷拔而成的。

经过冷加工的钢材均产生了不同程度的塑性变形,金属晶粒沿变形方向被拉长,局部晶粒破碎,位错密度增加,并使残余应力增加。钢材经冷加工后,会产生局部或整体硬化,即在局部或整体上提高了钢材的强度和硬度,但却降低了塑性和韧性,这种现象称为冷作硬化(或应变硬化)。冷拔高强度钢丝充分利用了冷作硬化现象,在悬索结构中有广泛的应用。冷弯薄壁型钢结构在强度验算时,可有条件地利用因冷弯效应而产生的强度提高现象。但对于截面复杂的钢构件来说,这种情况是无法利用的。相反,钢材由于冷硬变脆,常成为钢结构脆性断裂的起因。因此,对于比较重要的结构,要尽量避免局部冷加工硬化现象的发生。

3. 热处理

钢的热处理是将钢在固态范围内,施以不同的加热、保温和冷却措施,改变其内部组织构造,达到改善钢材性能的一种加工工艺。钢材的普通热处理包括退火、正火、淬火和回火四种基本工艺。

退火和正火是应用非常广泛的热处理工艺,主要用以消除加工硬化、软化钢材、细化晶粒、改善组织以提高钢的机械性能,消除残余应力,以防钢件的变形和开裂,为进一步的热处理做好准备。对一般低碳钢和低合金钢而言,其操作方法为在炉中将钢材加热至850 ℃~900 ℃,保温一段时间后,若随炉温冷却至500 ℃以下,再放至空气中冷却的工艺称为完全退火;若保温后从炉中取出在空气中冷却的工艺称为正火。正火的冷却速度比退火快,正火后的钢材组织比退火细,强度和硬度有所提高。如果钢材在终止热轧时的温度正好控制在上述范围内,可得到正火的效果,称为控轧。如果热轧卷板的成卷温度正好在上述范围内,则卷板内部的钢材可得到退火的效果,钢材会变软。

还有一种去应力退火,又称低温退火,主要用来消除铸件、热轧件、锻件、焊接件和冷加工件中的残余应力。去应力退火的操作是将钢件随炉缓慢加热至500 ℃~600 ℃,经一段时间后,随炉缓慢冷却至300 ℃~200 ℃以下出炉。钢在去应力退火过程中并无组织变化,残余应力是在加热、保温和冷却过程中消除的。

淬火工艺是将钢件加热到900 ℃以上,保温后快速在水中或油中冷却。在极大的冷却速度下原子来不及扩散,因此含有较多碳原子的面心立方晶格的奥氏体,以无扩散方式转变为碳原子过饱和的 α 铁固溶体,称为马氏体。由于 α 铁的含碳量是过饱和状态,从而使体心立方晶格被撑长为歪曲的体心正方晶格。晶格的畸变增加了钢材的强度和硬度,同时使塑性和韧性降低。马氏体是一种不稳定的组织,不宜用于建筑结构。

回火工艺是将淬火后的钢材加热到某一温度进行保温,而后在空气中冷却。其目的是消除残余应力,调整强度和硬度,减少脆性,增加塑性和韧性,形成较稳定的组织。将淬火后的钢材加热至500 ℃~650 ℃,保温后在空气中冷却,称为高温回火。高温回火后的马氏体转化为铁索体和粒状渗碳体的机械混合物,称为索氏体。索氏体钢具有强度、塑性、韧性都较好的综合机械性能。通常称淬火加高温回火的工艺为调质处理。强度较高的钢材,如Q420 中的 C,D,E 级钢和高强度螺栓的钢材都要经过调质处理。

2.3　钢材的主要性能

2.3.1　钢材在单向一次拉伸下的工作性能

钢材的多项性能指标可通过单向一次拉伸试验获得。试验一般都是在标准条件下进行的,即试件的尺寸符合国家标准,表面光滑,没有孔洞、刻槽等缺陷;荷载分级逐次增加,直到试件破坏;室温为20 ℃左右。图 2.5 给出了相应钢材的单调拉伸应力 – 应变曲线。由低碳钢和低合金钢的试验曲线看出,在比例极限 σ_p 以前钢材的工作是弹性的;比例极限以后,进入了弹塑性阶段;达到了屈服点 f_y 后,出现了一段纯塑性变形,也称为塑性平台;此后强度又有所提高,出现所谓自强阶段,直至产生颈缩而破坏。破坏时的残余延伸率表示钢材的塑性性能。调质处理的低合金钢没有明显的屈服点和塑性平台。这类钢的屈服点是以卸载后试件中残余应变为 0.2% 所对应的应力人为定义的,称为名义屈服点(图2.5)。

钢材的单调拉伸应力 – 应变曲线提供了三个重要的力学性能指标:抗拉强度 f_u、伸长率 δ 和屈服点 f_y。抗拉强度 f_u 是一项重要的钢材强度指标,它反映钢材受拉时所能承受的极限应力。伸长率 δ 是衡量钢材断裂前所具有的塑性变形能力的指标,以试件破坏后在标定长度内的残余应变表示。取圆试件直径的 5 倍或 10 倍为标定长度,其相应伸长率分别用 δ_5

或 δ_{10} 表示。屈服点 f_y 是钢结构设计中应力允许达到的最大限值,因为当构件中的应力达到屈服点时,结构会因过度的塑性变形而不适于继续承载。承重结构的钢材应满足相应国家标准对上述三项力学性能指标的要求。

断面收缩率 ψ 是试样拉断后,颈缩处横断面积的最大缩减量与原始横断面积的百分比,也是单调拉伸试验提供的一个塑性指标。ψ 越大,塑性越好。在国家标准《厚度方向性能钢板》CB/T 5313—2010 中,使用沿厚度方向的标准拉伸试件的断面收缩率来定义 Z 向钢的种类,如 ψ 分别大于或等于 15%,25%,35% 时,为 Z15,Z25,Z35 钢。由单调拉伸试验还可以看出钢材的韧性好坏。韧性可以用材料破坏过程中单位体积吸收的总能量来衡量,包括弹性能和非弹性能两部分,其数值等于应力 – 应变曲线(图 2.5)下的总面积。当钢材有脆性破坏的趋势时,裂纹扩展释放出来的弹性能往往成为裂纹继续扩展的驱动力,而扩展前所消耗的非弹性能量则属于裂纹扩展的阻力。因此,上述的静力韧性中非弹性能所占的比例越大,材料抵抗脆性破坏的能力越高。

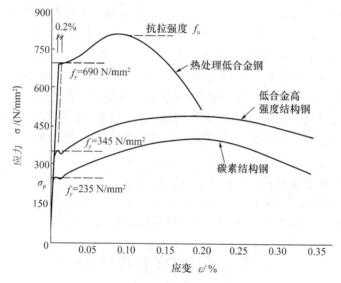

图 2.5　钢材的单向拉伸应力 – 应变曲线

由图 2.5 可以看到,屈服点以前的应变很小,如把钢材的弹性工作阶段提高到屈服点,且不考虑自强阶段,则可把应力 – 应变曲线简化为图 2.6 所示的两条直线,称为理想弹塑性体的工作曲线。它表示钢材在屈服点以前应力与应变关系符合虎克定律,接近理想弹性体工作;屈服点以后塑性平台阶段又近似于理想的塑性体工作。这一简化,与实际误差不大,却大大简便了计算,成为钢结构弹性设计和塑性设计的理论基础。

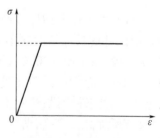

图 2.6　理想弹塑性体
应力 – 应变曲线

2.3.2　钢材的其他性能

1. 冷弯性能

钢材的冷弯性能由冷弯试验确定。试验时,根据钢材的牌号和不同的板厚,按国家相关标准规定的弯心直径,在试验机上把试件弯曲180°(图2.7),以试件表面和侧面不出现裂纹和分层为合格。冷弯试验不仅能检验材料承受规定的弯曲变形能力的大小,还能显示其内部的冶金缺陷,因此是判断钢材塑性变形能力和冶金质量的综合指标。焊接承重结构以及重要的非焊接承重结构采用的钢材,均应具有冷弯试验的合格保证。

2. 冲击韧性

由单调拉伸试验获得的韧性没有考虑应力集中和动载作用的影响,只能用来比较不同钢材在正常情况下的韧性好坏。冲击韧性也称缺口韧性,是评定带有缺口的钢材在冲击荷载作用下抵抗脆性破坏能力的指标,通常用带有夏比 V 型缺口的标准试件做冲击试验(图2.8),以击断试件所消耗的冲击功大小来衡量钢材抵抗脆性破坏的能力。冲击韧性也叫冲击功,用 w,W_{KV} 或 C_V 表示,单位为焦耳(J)。

试验表明,钢材的冲击韧性值随温度的降低而降低,但不同牌号和质量等级钢材的降低规律又有很大的不同。因此,在寒冷地区承受动力作用的重要承重结构,应根据其工作温度和所用钢材牌号,对钢材提出相当温度下的冲击韧性指标的要求,以防脆性破坏发生。

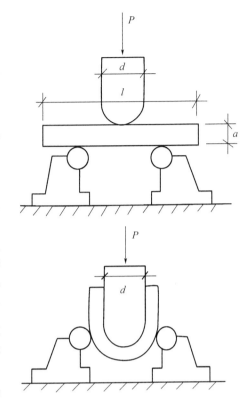

图2.7 冷弯试验示意

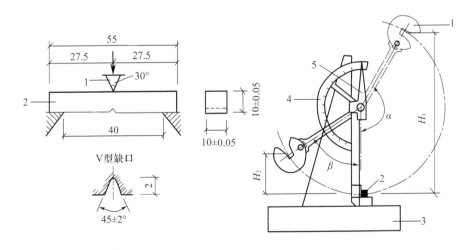

图2.8 夏比 V 型缺口标准试件和冲击试验

1—摆锤;2—试件;3—试验机台座;4—刻度盘;5—指针

2.3.3 钢材在复杂应力状态下的屈服条件

单调拉伸试验得到的屈服点是钢材在单向应力作用下的屈服条件,实际结构中,钢材常常受到平面或三向应力作用。根据形状改变比能理论(或称切应变能量理论),钢在复杂应力状态由弹性过渡到塑性的条件,也称米泽斯屈服条件(Mises yield condition)为

$$\sigma_{zs} = \sqrt{\sigma_x^2 + \sigma_y^2 + \sigma_z^2 + (\sigma_x\sigma_y + \sigma_y\sigma_z + \sigma_z\sigma_x) + 3(\tau_{xy}^2 + \tau_{yz}^2 + \tau_{zx}^2)} = f_y \quad (2-1)$$

或以主应力表示为

$$\sigma_{zs} = \sqrt{\frac{1}{2}\left[(\sigma_1 - \sigma_2)^2 + (\sigma_2 - \sigma_3)^2 + (\sigma_3 - \sigma_1)^2\right]} = f_y \quad (2-2)$$

$\sigma_{zs} \geq f_y$ 时,为塑性状态;$\sigma_{zs} < f_y$ 时,为弹性状态。

式中　σ_{zs}——折算应力;

　　　f_y——单向应力作用下的屈服点。

由式(2-2)可以明显看出,当 $\sigma_1,\sigma_2,\sigma_3$ 为同号应力且数值接近时,即使它们各自都远大于 f_y,折算应力 σ_{zs} 仍小于 f_y,说明钢材很难进入塑性状态。当为三向拉应力作用时,甚至直到破坏也没有明显的塑性变形产生,破坏表现为脆性。这是因为钢材的塑性变形主要是铁素体沿剪切面滑动产生的,同号应力场剪应力很小,钢材转变为脆性。相反,在异号应力场下,切应变增大,钢材会较早地进入塑性状态,提高了钢材的塑性性能。

在平面应力状态下(如钢材厚度较薄时,厚度方向应力很小,常可忽略不计),式(2-1)成为

$$\sigma_{zs} = \sqrt{\sigma_x^2 + \sigma_y^2 - \sigma_x\sigma_y + 3\tau_{xy}^2} = f_y \quad (2-3)$$

当只有正应力和剪应力时,为

$$\sigma_{zs} = \sqrt{\sigma^2 + 3\tau^2} = f_y \quad (2-4)$$

当承受纯剪时,变为 $\sigma_{zs} = \sqrt{3\tau^2} = f_y$,或 $\tau = f_y/\sqrt{3} = \tau_y$,则有

$$\tau_y = 0.58 f_y \quad (2-5)$$

式中,τ_y 为钢材的屈服剪应力或剪切屈服强度。

2.4 影响钢材性能的主要因素

2.4.1 化学成分的影响

钢是以铁和碳为主要成分的合金,虽然碳和其他元素所占比例甚少,但却影响着钢材的性能。

碳是各种钢中的重要元素之一,在碳素结构钢中则是铁以外的最主要元素。碳是形成钢材强度的主要成分,随着含碳量的提高,钢的强度逐渐增高,而塑性和韧性下降,冷弯性能、焊接性能和抗锈蚀性能等也变劣。碳素钢按碳的含量区分,小于0.25%的为低碳钢,介于0.25%和0.6%之间的为中碳钢,大于0.6%的为高碳钢。含碳量超过0.3%时,钢材的抗拉强度很高,但却没有明显的屈服点,且塑性很小。含碳量超过0.2%时,钢材的焊接性能将开始恶化。因此,规范推荐的钢材,含碳量均不超过0.22%,对于焊接结构则严格控制在0.2%以内。

硫是有害元素,常以硫化铁形式夹杂于钢中。当温度达 800 ~1 000 ℃时,硫化铁会熔化使钢材变脆,因而在进行焊接或热加工时,有可能引发热裂纹,称为热脆。此外,硫还会降低钢材的冲击韧性、疲劳强度、抗锈蚀性能和焊接性能等。非金属硫化物夹杂经热轧加工后还会在厚钢板中形成局部分层,在采用焊接连接的节点中,沿板厚方向承受拉力时,会发生层状撕裂破坏。因而应严格限制钢材中的含硫量,随着钢材牌号和质量等级的提高,含硫量的限值由 0.05% 依次降至 0.025%,厚度方向性能钢板(抗层状撕裂钢板)的含硫量更限制在 0.01% 以下。

磷可提高钢的强度和抗锈蚀能力,但却严重地降低钢的塑性、韧性、冷弯性能和焊接性能,特别是在温度较低时促使钢材变脆,称为冷脆。因此,磷的含量也要严格控制,随着钢材牌号和质量等级的提高,含磷量的限值由 0.045% 依次降至 0.025%。但是当采取特殊的冶炼工艺时,磷可作为一种合金元素来制造含磷的低合金钢,此时其含量可达0.12% ~0.13%。

锰是有益元素,在普通碳素钢中,它是一种弱脱氧剂,可提高钢材强度,消除硫对钢的热脆影响,改善钢的冷脆倾向,同时不显著降低塑性和韧性。锰还是我国低合金钢的主要合金元素,其含量为0.8% ~1.8%。但锰对焊接性能不利,因此含量也不宜过多。

硅是有益元素,在普通碳素钢中,它是一种强脱氧剂,常与锰共同除氧,生产镇静钢。适量的硅,可以细化晶粒,提高钢的强度,而对塑性、韧性、冷弯性能和焊接性能无显著不良影响。硅的含量在一般镇静钢中为0.12% ~0.30%,在低合金钢中为0.2% ~0.55%。过量的硅会恶化焊接性能和抗锈蚀性能。

钒、铌、钛等元素在钢中形成微细碳化物,加入适量,能起细化晶粒和弥散强化作用,从而提高钢材的强度和韧性,又可保持良好的塑性。

铝是强脱氧剂,还能细化晶粒,可提高钢的强度和低温韧性,在要求低温冲击韧性合格保证的低合金钢中,其含量不小于 0.015%。

铬、镍是提高钢材强度的合金元素,用于 Q390 及以上牌号的钢材中,但其含量应受限制,以免影响钢材的其他性能。

铜和铬、镍、钼等其他合金元素,可在金属基体表面形成保护层,提高钢对大气的抗腐蚀能力,同时保持钢材具有良好的焊接性能。在我国的焊接结构用耐候钢中,铜的含量为0.20% ~0.40%。

镧、铈等稀土元素(RE)可提高钢的抗氧化性,并改善其他性能,在低合金钢中其含量按0.02% ~0.20%控制。

氧和氮属于有害元素。氧与硫类似,使钢热脆,氮的影响和磷类似,因此其含量均应严格控制。但当采用特殊的合金组分匹配时,氮可作为一种合金元素来提高低合金钢的强度和抗腐蚀性,如在九江长江大桥中已成功使用的 15 MnVN 钢,就是 Q420 中的一种含氮钢,氮含量控制在0.010% ~0.020%。

氢是有害元素,呈极不稳定的原子状态溶解在钢中,其溶解度随温度的降低而降低,常在结构疏松区域、孔洞、晶格错位和晶界处富集,生成氢分子,产生巨大的内压力,使钢材开裂,称为氢脆。氢脆属于延迟性破坏,在有拉应力作用下,常需要经过一定孕育发展期才会发生。在破裂面上常可见到白点,称为氢白点。含碳量较低且硫、磷含量较少的钢,氢脆敏感性低。钢的强度等级越高,对氢脆越敏感。

2.4.2 钢材的焊接性能

钢材的焊接性能受含碳量和合金元素含量的影响。当含碳量在0.12%～0.20%范围内时,碳素钢的焊接性能最好;含碳量超过上述范围时,焊缝及热影响区容易变脆。一般Q235A的含碳量较高,且含碳量不作为交货条件,因此这一牌号通常不能用于焊接构件。而Q235B,C,D的含碳量控制在上述的适宜范围之内,是适合焊接使用的普通碳素钢牌号。在高强度低合金钢中,低合金元素大多对可焊性有不利影响,我国规范《钢结构焊接规范》GB 50661—2011推荐使用碳当量来衡量低合金钢的可焊性,其计算公式如下

$$C_E = C + \frac{Mn}{6} + \frac{Cr + Mo + V}{5} + \frac{Ni + Cu}{15} \tag{2-6}$$

式中,C,Mn,Cr,Mo,V,Ni,Cu 分别为碳、锰、铬、钼、钒、镍和铜的百分含量。当 C_E 不超过0.38%时,钢材的可焊性很好,可以不用采取措施直接施焊;当 C_E 在0.38%～0.45%范围内时,钢材呈现淬硬倾向,施焊时需要控制焊接工艺、采用预热措施并使热影响区缓慢冷却,以免发生淬硬开裂;当 C_E 大于0.45%时,钢材的淬硬倾向更加明显,需严格控制焊接工艺和预热温度才能获得合格的焊缝。

钢材焊接性能的优劣除了与钢材的碳当量有直接关系之外,还与母材厚度、焊接方法、焊接工艺参数以及结构形式等条件有关。目前,国内外都采用可焊性试验的方法来检验钢材的焊接性能,从而制定出重要结构和构件的焊接制度和工艺。

2.4.3 钢材的硬化

钢材的硬化有三种情况:时效硬化、冷作硬化(或应变硬化)和应变时效硬化。在高温时溶于铁中的少量氮和碳,随着时间的增长逐渐由固溶体中析出,生成氮化物和碳化物,散存在铁素体晶粒的滑动界面上,对晶粒的塑性滑移起到遏制作用,从而使钢材的强度提高,塑性和韧性下降(图2.9),这种现象称为时效硬化(也称老化)。产生时效硬化的过程一般较长,但在振动荷载、反复荷载及温度变化等情况下,会加速发展。

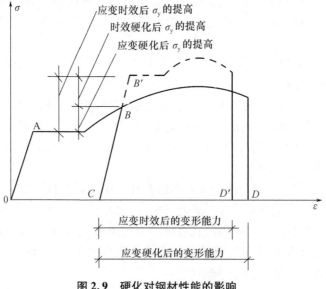

图2.9 硬化对钢材性能的影响

在冷加工(或一次加载)使钢材产生较大的塑性变形的情况下,卸荷后再重新加载,钢材的屈服点提高,塑性和韧性降低的现象称为冷作硬化。

在钢材产生一定数量的塑性变形后,铁素体晶体中的固溶氮和碳将更容易析出,从而使已经冷作硬化的钢材又发生时效硬化现象(图2.9),称为应变时效硬化。这种硬化在高温作用下会快速发展,人工时效就是据此提出来的,方法是先使钢材产生10%左右的塑性变形,卸载后再加热至250 ℃,保温一小时后在空气中冷却。用人工时效后的钢材进行冲击韧性试验,可以判断钢材的应变时效硬化倾向,确保结构具有足够的抗脆性破坏能力。

对于比较重要的钢结构,要尽量避免局部冷作硬化现象的发生。如钢材的剪切和冲孔,会使切口和孔壁发生分离式的塑性破坏,在剪断的边缘和冲出的孔壁处产生严重的冷作硬化,甚至出现微细的裂纹,促使钢材局部变脆。此时,可将剪切处刨边;冲孔用较小的冲头,冲完后再行扩钻或完全改为钻孔的办法来除掉硬化部分。

2.4.4　应力集中的影响

由单调拉伸试验所获得的钢材性能,只能反映钢材在标准试验条件下的性能,即应力均匀分布且是单向的。实际结构中不可避免地存在孔洞、槽口、截面突然改变以及钢材内部缺陷等,此时截面中的应力分布不再保持均匀,由于主应力线在绕过孔口等缺陷时发生弯转,不仅在孔口边缘处会产生沿力作用方向的应力高峰,而且会在孔口附近产生垂直于力的作用方向的横向应力,甚至会产生三向拉应力(图2.10),而且厚度越厚的钢板,在其缺口中心部位的三向拉应力也越大,这是因为在轴向拉力作用下,缺口中心沿板厚方向的收缩变形受到较大的限制,形成所谓平面应变状态所致。应力集中的严重程度用应力集中系数衡量,缺口边缘沿受力方向的最大应力 σ_{max} 和按净截面的平均应力 $\sigma_0 = N/A_n$(A_n 为净截面面积)的比值称为应力集中系数,即 $k = \sigma_{max}/\sigma_0$。

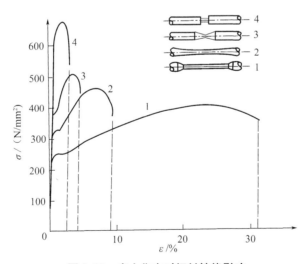

图2.10　应力集中对钢材性能影响

由公式(2-1)或(2-2)可知,当出现同号力场或同号三向力场时,钢材将变脆,而且应力集中越严重,出现的同号三向力场的应力水平越接近,钢材越趋于脆性。具有不同缺口形状的钢材拉伸试验结果也表明(如图2.10,其中第1种试件为标准试件,2,3,4为不同应力集中水平的对比试件),截面改变的尖锐程度越大的试件,其应力集中现象就越严重,引起钢材脆性破坏的危险性就越大。第4种试件已无明显屈服点,表现出高强钢的脆性破坏特征。

应力集中现象还可能由内应力产生。内应力的特点是力系在钢材内自相平衡,而与外力无关,其在浇注、轧制和焊接加工过程中,因不同部位钢材的冷却速度不同,或因不均匀加热和冷却而产生。其中焊接残余应力的量值往往很高,在焊缝附近的残余拉应力常达到屈服点,而且在焊缝交叉处经常出现双向、甚至三向残余拉应力场,使钢材局部变脆。当外力引起的应力与内应力处于不利组合时,会引发脆性破坏。

因此,在进行钢结构设计时,应尽量使构件和连接节点的形状和构造合理,防止截面的突然改变。在进行钢结构的焊接构造设计和施工时,应尽量减少焊接残余应力。

2.4.5 加载速度的影响

荷载可分为静力荷载和动力荷载两大类。静力荷载中的永久荷载属于一次加载,活荷载可看作重复加载。动力荷载中的冲击荷载属于一次快速加载,吊车梁所受的吊车荷载以及建筑结构所承受的地震作用则属于连续交变荷载,或称循环荷载。

在冲击荷载作用下,加载速度很高,由于钢材的塑性滑移在加载瞬间跟不上应变速率,因而反映出屈服点提高的倾向。但是,试验研究表明,在20 ℃左右的室温环境下,虽然钢材的屈服点和抗拉强度随应变速率的增加而提高,塑性变形能力却没有下降,反而有所提高,即处于常温下的钢材在冲击荷载作用下仍保持良好的强度和塑性变形能力。

应变速率在温度较低时对钢材性能的影响要比常温下大得多。图2.11给出了三条不同应变速率下的钢材断裂吸收能量与温度的关系曲线,图中中等加载速率相当于应变速率$\varepsilon = 10^{-3}\,\mathrm{s}^{-1}$,即每秒施加应变$\varepsilon = 0.1\%$,若以100 mm为标定长度,其加载速度相当于0.1 mm/s。由图中可以看出,随着加载速率的减小,曲线向温度较低侧移动。在温度较高和较低两侧,三条曲线趋于接近,应变速率的影响变得不十分明显,但在常用温度范围内其对应变速率的影响十分敏感,即在此温度范围内,加载速率越高,缺口试件断裂时吸收的能量越低,变得越脆。因此在钢结构防止低温脆性破坏设计中,应考虑加载速率的影响。

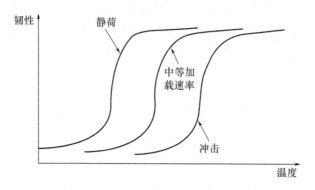

图2.11 不同应变速率下钢材断裂吸收能量随温度的变化

2.4.6 温度的影响

钢材的性能受温度的影响十分明显,图2.12给出了低碳钢在不同正温下的单调拉伸试验结果。由图中可以看出,在150 ℃以内,钢材的强度、弹性模量和塑性均与常温相近,变化不大。但在250 ℃左右,抗拉强度有局部性提高,伸长率和断面收缩率均降至最低,出现了所谓的蓝脆现象(钢材表面氧化膜呈蓝色)。显然钢材的热加工应避开这一温度区段。在300 ℃以后,强度和弹性模量均开始显著下降,塑性显著上升,达到600 ℃时,强度几乎为零,塑性急剧上升,钢材处于热塑性状态。

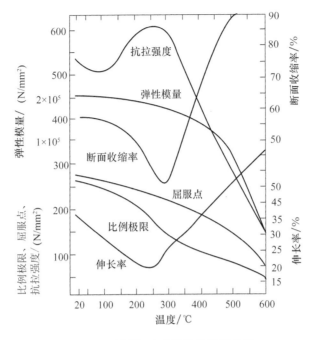

图2.12 低碳钢在高温下的性能曲线

由上述可以看出,钢材具有一定的抗热性能,但不耐火,一旦钢结构的温度达600 ℃及以上时,会在瞬间因热塑而倒塌。因此受高温作用的钢结构,应根据不同情况采取防护措施:当结构可能受到炽热熔化金属的侵害时,应采用砖或耐热材料做成的隔热层加以保护;当结构表面长期受辐射热达150 ℃以上或在短时间内可能受到火焰作用时,应采取有效的防护措施(如加隔热层或水套等)。防火是钢结构设计中应考虑的一个重要问题,应按《建筑钢结构防火技术规范》(CECS200:2006)根据建筑物的防火等级对不同构件所要求的耐火极限进行设计,选择合适的防火保护层(包括防火涂料等的种类、涂层或防火层的厚度及质量要求等)。

当温度低于常温时,随着温度的降低,钢材的强度提高,而塑性和韧性降低,逐渐变脆,称为钢材的低温冷脆。钢材的冲击韧性对温度十分敏感,图2.13给出了冲击韧性与工作温度的关系。图中实线为冲击功随温度的变化曲线,虚线为试件断口中晶粒状区所占面积随温度的变化曲线,温度 T_1 也称为NDT(Nil Ductility Temperature),为脆性转变温度或零塑性转变温度,在该温度以下,冲击试件断口由100%晶粒状组成,表现为完全的脆性破坏。温度 T_2 也称FTP(Fracture Transition Plastic),为全塑性转变温度,在该温度以上,冲击试件的断口由100%纤维状组成,表现为完全的塑性破坏。温度由 T_2 向 T_1 降低的过程中,钢材的冲击功急剧下降,试件的破坏性质也从韧性变为脆性,故称该温度区间为脆性转变温度区。冲击功曲线的反弯点(或最陡点)对应的温度 T_0 称为转变温度。不同牌号和等级的钢材具有不同的转变温度区和转变温度,均应通过试验来确定。

在直接承受动力作用的钢结构设计中,为了防止脆性破坏,结构的工作温度应大于 T_1 接近 T_0,可小于 T_2。但是 T_1,T_2 和 T_0 的测量是非常复杂的,对每一炉钢材,都要在不同的温度下做大量的冲击试验并进行统计分析才能得到。为了工程实用,根据大量的使用经验和试验资料的统计分析,我国有关标准对不同牌号和等级的钢材,规定了在不同温度下的冲击韧性指标,例如对 Q235 钢,除 A 级不要求外,其他各级钢均取 Cv = 27 J;对低合金高强度钢,除 A 级不要求外,E 级钢采用 Cv = 27 J,其他各级钢均取 Cv = 34 J。只要钢材在规定的温度下满足这些指标,那么就可按《钢结构设计规范》(GB 50017—2003)的有关规定,根据结构所处的工作温度,选择相应的钢材作为防脆断措施。

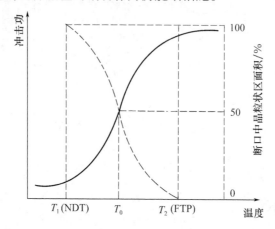

图 2.13　冲击韧性与工作温度的关系

2.4.7　循环荷载的影响

1. 疲劳的定义

钢材在连续交变荷载作用下,会逐渐累积损伤、产生裂纹及裂纹逐渐扩展,直到最后破坏,这种现象称为疲劳。按照断裂寿命和应力高低的不同,疲劳可分为高周疲劳和低周疲劳两类。高周疲劳的断裂寿命较长,断裂前的应力循环次数 $n > 5 \times 10^4$,断裂应力水平较低, $\sigma < f_y$,因此也称低应力疲劳或疲劳,一般常见的疲劳多属于这类。低周疲劳的断裂寿命较短,破坏前的循环次数 $n = 10^2 \sim 5 \times 10^4$,断裂应力水平较高, $\sigma \geqslant f_y$,伴有塑性应变发生,因此也称为应变疲劳或高应力疲劳。

试验研究发现,当钢材承受拉力至产生塑性变形,卸载后,再使其受拉,其受拉的屈服强度将提高至卸载点(冷作硬化现象);而当卸载后使其受压,其受压的屈服强度将低于一次受压时所获得的值。这种经预拉后抗拉强度提高,抗压强度降低的现象称为包辛格效应(Bauschinger effect),如图 2.14(a)所示。在交变荷载作用下,随着应变幅值的增加,钢材的应力 - 应变曲线将形成滞回环线,如图 2.14(b)所示。低碳钢的滞回环丰满而稳定,滞回环所围的面积代表荷载循环一次单位体积的钢材所吸收的能量,在多次循环荷载下,将吸收大量的能量,十分有利于抗震。

2. 疲劳的特征

引起疲劳破坏的交变荷载有两种类型:一种为常幅交变荷载,引起的应力称为常幅循环应力,简称循环应力,常幅是指所有应力循环内的应力幅保持不变;一种为变幅交变荷载,引起的应力称为变幅循环应力,简称变幅应力,变幅是指所有循环应力内的应力幅随机变化,如图 2.15 所示。由这两种荷载引起的疲劳分别称为常幅疲劳和变幅疲劳。转动的机械零件常发生常幅疲劳破坏,吊车桥、钢桥等则主要是变幅疲劳破坏。

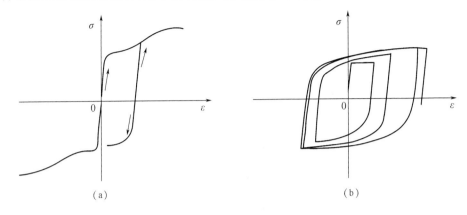

图 2.14 钢材包辛格效应和滞回曲线

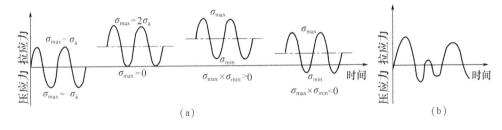

图 2.15 循环应力和变幅应力
（a） 常幅循环应力；（b）变幅应力

上述两种疲劳破坏均具有以下特征:

(1)疲劳破坏具有突然性,破坏前没有明显的宏观塑性变形,属于脆性断裂。但与一般脆断的瞬间断裂不同,疲劳是在名义应力低于屈服点的低应力循环下,经历了长期的累积损伤过程后才突然发生的。其破坏过程一般经历三个阶段,即裂纹的萌生、裂纹的缓慢扩展和最后迅速断裂,因此疲劳破坏是有寿命的破坏,是延时断裂。

(2)疲劳破坏的断口与一般脆性断口不同,可分为三个区域:裂纹源、裂纹扩展区和断裂区(图 2.16)。裂纹扩展区表面较光滑,常可见到放射和年轮状花纹,这是疲劳断裂的主

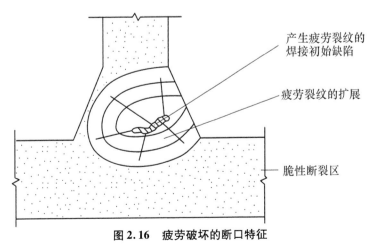

图 2.16 疲劳破坏的断口特征

要断口特征。根据断裂力学的解释,只有当裂纹扩展到临界尺寸,发生失稳扩展后才形成瞬间断裂区,出现人字纹或晶粒状脆性断口。

(3)疲劳对缺陷(包括缺口、裂纹及组织缺陷等)十分敏感。缺陷部位应力集中严重,会加快疲劳破坏的裂纹萌生和扩展。

3.疲劳计算

直接承受动力荷载重复作用的钢结构构件及其连接,当应力变化的循环次数 n 等于或大于 5×10^4 次时,应进行疲劳计算。

疲劳计算采用容许应力幅法,应力按弹性状态计算,容许应力幅按构件和连接类别以及应力循环次数确定。在应力循环中不出现拉应力的部位可以不计算疲劳。

(1)常幅疲劳计算公式

$$\Delta \sigma \leqslant [\Delta \sigma] \tag{2-7}$$

式中　$\Delta \sigma$——对焊接部位为应力幅,$\Delta \sigma = \sigma_{max} - \sigma_{min}$;对非焊接部位为折算应力幅;

　　　　$\Delta \sigma = \sigma_{max} - 0.7\sigma_{min}$;

　　　　σ_{max}——计算部位每次应力循环中的最大拉应力(取正值);

　　　　σ_{min}——计算部位每次应力循环中的最小拉应力或压应力(拉应力取正值,压应力取负值);

　　　　$[\Delta \sigma]$——常幅疲劳的容许应力幅(N/mm^2),应按(2-8)计算:

$$[\Delta \sigma] = \left(\frac{C}{n}\right)^{\frac{1}{\beta}} \tag{2-8}$$

式中　n——应力循环次数;

　　　　C,β——参数,根据附录A(钢结构设计规范附录E)中的构件和连接类别按表2.1采用。

表 2.1　参数 C,β

构件和连接类别	1	2	3	4	5	6	7	8
C	$1\,940 \times 10^{12}$	861×10^{12}	3.26×10^{12}	2.18×10^{12}	1.47×10^{12}	0.96×10^{12}	0.65×10^{12}	0.41×10^{12}
β	4	4	3	3	3	3	3	3

注:公式(2-7)也适用于剪应力情况。

(2)变幅疲劳计算公式

若能预测结构在使用寿命期间各种荷载的频率分布、应力幅水平以及频次分布总和构成的设计应力谱,则可将其折算为等效常幅疲劳,按式(2-9)进行计算:

$$\Delta \sigma_e \leqslant [\Delta \sigma] \tag{2-9}$$

式中　$\Delta \sigma_e$——变幅疲劳的等效应力幅,按式(2-10)确定:

$$\Delta \sigma_e = \left[\frac{\sum n_i (\Delta \sigma_i)^{\beta}}{\sum n_i}\right]^{\frac{1}{\beta}} \tag{2-10}$$

式中　$\sum n_i$——以应力循环次数表示的结构预期使用寿命;

n_i——预期寿命内应力幅水平达到 $\Delta\sigma_i$ 的应力循环次数。

(3)重级工作制吊车梁和重级、中级工作制吊车桁架的疲劳可作为常幅疲劳,按式(2-11)计算:

$$\alpha_f \cdot \Delta\sigma \leqslant \left[\Delta\sigma\right]_{2\times10^6} \qquad (2-11)$$

式中 α_f——欠载效应的等效系数。按表2.2采用;

$\left[\Delta\sigma\right]_{2\times10^6}$——循环次数 n 为 2×10^6 次的容许应力幅。按表2.3采用。

表2.2 吊车梁和吊车桁架欠载效应等效系数 α_f

吊车类别	α_f
重级工作制硬钩吊车(如热炉车间夹钳吊车)	1.0
重级工作制软钩吊车	0.8
中级工作制吊车	0.5

表2.3 循环次数 n 为 2×10^6 次的容许应力幅(N/mm^2)

构件和连接类别	1	2	3	4	5	6	7	8
$\left[\Delta\sigma\right]_{2\times10^6}$	176	144	118	103	90	78	69	59

注:表中的容许应力幅是按公式(2-8)计算的。

2.5 建筑用钢的种类、规格和选用

2.5.1 建筑用钢的种类

我国的建筑用钢主要为碳素结构钢和低合金高强度结构钢两种,优质碳素结构钢在冷拔碳素钢丝和连接用紧固件中也有应用。另外,厚度方向性能钢板、焊接结构用耐候钢、铸钢等在某些情况下也有应用。

1. 碳素结构钢

按国家标准《碳素结构钢》GB/T 700—2006 生产的钢材共有 Q195,Q215,Q235,Q255 和 Q275 等5种品牌,板材厚度不大于16 mm 的相应牌号钢材的屈服点分别为195 N/mm^2,215 N/mm^2,235 N/mm^2,255 N/mm^2 和275 N/mm^2。其中 Q235 含碳量在0.22%以下,属于低碳钢,钢材的强度适中,塑性、韧性均较好。该牌号钢材又根据化学成分和冲击韧性的不同划分为 A,B,C,D 共4个质量等级,按字母顺序由 A 到 D,表示质量等级由低到高。除 A 级外,其他三个级别的含碳量均在0.20%以下,焊接性能也很好。因此,钢结构设计规范将 Q235 牌号的钢材选为承重结构用钢。Q235 钢的化学成分和脱氧方法、拉伸和冲击试验以及冷弯试验结果均应符合表2.4,表2.5 和表2.6 的规定。

碳素结构钢的钢号由代表屈服点的字母 Q、屈服点数值(单位为 N/mm^2)、质量等级符号、脱氧方法符号等四个部分组成。符号"F"代表沸腾钢,"b"代表半镇静钢,符号"Z"和"TZ"分别代表镇静钢和特种镇静钢。在具体标注时"Z"和"TZ"可以省略。例如 Q235B 代表屈服点为235 N/mm^2 的 B 级镇静钢。

在冷弯薄壁型钢结构的压型钢板设计中,如由刚度条件而非强度条件起控制作用时,也允许采用 Q215 牌号的钢材。

2. 低合金高强度结构钢

按国家标准《低合金高强度结构钢》GB/T 1591—2008 生产的钢材共有 Q295,Q345,Q390,Q420 和 Q460 等 5 种牌号,板材厚度不大于 16 mm 的相应牌号钢材的屈服点分别为 295 MPa,345 MPa,390 MPa,420 MPa 和 460 MPa。这些钢的含碳量均不大于 0.20%,强度的提高主要依靠添加少量几种合金元素来达到,合金元素的总量低于 5%,故称为低合金高强度钢。其中 Q345,Q390 和 Q420 均按化学成分和冲击韧性各划分为 A,B,C,D,E 共 5 个质量等级,字母顺序越靠后的钢材质量越高。这三种牌号的钢材均有较高的强度和较好的塑性、韧性、焊接性能,被规范选为承重结构用钢。这三种低合金高强度钢的牌号命名与碳素结构钢的类似,只是前者的 A,B 级为镇静钢,C,D,E 级为特种镇静钢,故可不加脱氧方法的符号。这三种牌号钢材的化学成分和拉伸、冲击、冷弯试验结果应符合 GB/T 1591—2008 的规定。

表 2.4　Q235 钢的化学成分和脱氧方法(GB/T 700)

牌号	等级	化学成分/%					脱氧方法
		C	Mn	Si	S	P	
				不大于			
Q235	A	0.14~0.22	0.30~0.55	0.30	0.050	0.045	F,b,Z
	B	0.12~0.20	0.30~0.70		0.045		
	C	≤0.18	0.35~0.80		0.040	0.040	T
	D	≤0.17			0.035	0.035	TZ

表 2.5　Q235 钢的拉伸试验和冲击试验结果要求(GB/T 700)

牌号	等级	拉伸试验													冲击试验	
		屈服点 σ_s/MPa						抗拉强度 σ_b/MPa	伸长率 δ_s/%						温度/℃	V 型冲击功(纵向)/J
		钢板厚度(直径)/mm							钢板厚度(直径)/mm							
		≤16	>16~40	>40~60	>60~100	>100~150	>150		≤16	>16~40	>40~60	>60~100	>100~150	>150		
		不小于							不小于							不小于
Q235	A	235	225	215	205	195	185	375~460	26	25	24	23	22	21	—	—
	B														20	27
	C														0	
	D														20	

表 2.6　Q235 钢的冷弯试验结果要求(GB/T 700)

牌号	试样方向	冷弯试验 $B = 2a$, 180°		
		钢材厚度(直径)a/mm		
		60	>60~100	>100~200
		弯心直径 d_a		
Q235	纵向	a	$2a$	$3a$
	横向	$1.5a$	$2.5a$	$2.5a$

3. 优质碳素结构钢

优质碳素结构钢与碳素结构钢的主要区别在于钢中含杂质元素较少,磷、硫等有害元素的含量均不大于 0.035%,其他缺陷的限制也较严格,具有较好的综合性能。按照国家标准《优质碳素结构钢》GB/T 699—1999 生产的钢材共有两大类,一类为普通含锰量的钢,另一类为较高含锰量的钢,两类的钢号均用两位数字表示,它表示钢中的平均含碳量的万分数,前者数字后不加 Mn,后者数字后加 Mn,如 45 号钢,表示平均含碳量为 0.45% 的优质碳素钢;45Mn 号钢,则表示同样含碳量、但锰的含量也较高的优质碳素钢。可按不热处理和热处理(正火、淬火、回火)状态交货,用作压力加工用钢(热压力加工、顶锻及冷拔坯料)和切削加工用钢。由于价格较高,钢结构中使用较少,仅用经热处理的优质碳素结构钢冷拔高强钢丝或制作高强螺栓、自攻螺钉等。

4. 其他建筑用钢

在某些情况下,要采用一些有别于上述牌号的钢材时,其材质应符合国家的相关标准。例如,当焊接承重结构为防止钢材的层状撕裂而采用 Z 向钢时,应符合《厚度方向性能钢板》GB/T 5313—2010 的规定;处于外露环境对耐腐蚀有特殊要求或在腐蚀性气、固态介质作用下的承重结构采用耐候钢时,应满足《焊接结构用耐候钢》GB/T 4171—2008 的规定;当在钢结构中采用铸钢件时,应满足《一般工程用铸造碳钢件》GB/T 11352—2009 的规定等。

2.5.2　钢材规格

钢结构所用钢材主要为热轧成型的钢板和型钢,以及冷加工成型的冷轧薄钢板和冷弯薄壁型钢等。为了减少制作工作量和降低造价,钢结构的设计和制作者应对钢材的规格有较全面的了解。

1. 钢板

钢板有厚钢板、薄钢板、扁钢(或带钢)之分。厚钢板常用作大型梁、柱等实腹式构件的翼缘和腹板,以及节点板等;薄钢板主要用来制造冷弯薄壁型钢;扁钢可用作焊接组合梁、柱的翼缘板、各种连接板、加劲肋等。钢板截面的表示方法为在符号"—"后加"宽度×厚度",如 −200×20 等。钢板的供应规格如下:

厚钢板:厚度 4.5~60 mm,宽度 600~3 000 mm,长度 4~12 m;

薄钢板:厚度 0.35~4 mm,宽度 500~1 500 mm,长度 0.5~4 m;

扁钢:厚度 4~60 mm,宽度 12~200 mm,长度 3~9 m。

2. 热轧型钢

常用的有角钢、工字钢、槽钢等,见图 2.17。

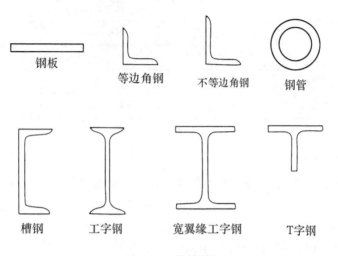

图 2.17　热轧型钢

角钢分为等边(也叫等肢)的和不等边(也叫不等肢)的两种,主要用来制作桁架等格构式结构的杆件和支撑等连接杆件。角钢型号的表示方法:对不等边角钢为符号"∟"后加"长边宽×短边宽×厚度",如∟125×80×8,对等边角钢"∟"后加"边长×厚度",如∟125×8。

工字钢有普通工字钢、轻型工字钢和 H 型钢三种。普通工字钢和轻型工字钢的两个主轴方向的惯性矩相差较大,不宜单独用作受压构件,而宜用作腹板平面内受弯的构件,或由工字钢和其他型钢组成的组合构件或格构式构件。宽翼缘 H 型钢平面内外的回转半径较接近,可单独用作受压构件。

普通工字钢的型号用符号"工"后加截面高度的厘米数来表示,20 号以上的工字钢,又按腹板的厚度不同,分为 a、b 或 a,b,c 等类别,例如 I20a 表示高度为 200 mm,腹板厚度为 a 类的工字钢。轻型工字钢的翼缘要比普通工字钢的翼缘宽而薄,回转半径较大。普通工字钢的型号为 10~63 号,轻型工字钢为 10~70 号,供应长度均为 5~19 m。

H 型钢与普通工字钢相比,其翼缘板的内外表面平行,便于与其他构件连接。H 型钢的基本类型可分为宽翼缘(HW)、中翼缘(HM)及窄翼缘(HN)三类。还可剖分成 T 型钢供应,代号分别为 TW,TM,TN。H 型钢和相应的 T 型钢的型号分别为代号后加"高度 H×宽度 B×腹板厚度 t_1×翼缘厚度 t_2",例如 HW400×400×13×21 和 TW200×400×13×21 等。宽翼缘和中翼缘 H 型钢可用于钢柱等受压构件,窄翼缘 H 型钢则适用于钢梁等受弯构件。目前国内生产的最大型号 H 型钢为 HN700×300×13×24。

槽钢有普通槽钢和轻型槽钢两种。适于做檩条等双向受弯的构件,也可用其组成组合或格构式构件。槽钢的型号与工字钢相似,例如[32a 指截面高度 320 mm,腹板较薄的槽钢。目前国内生产的最大型号为[40c。供货长度为 5~19 m。

钢管有无缝钢管和焊接钢管两种。由于回转半径较大,常用作桁架、网架、网壳等平面和空间格构式结构的杆件;在钢管混凝土柱中也有广泛的应用。型号可用代号"Φ"后加

"外径 d × 壁厚 t"表示,如 Φ180 × 8 等。国产热轧无缝钢管的最大外径可达1 016 mm。

3. 冷弯薄壁型钢

采用 1.5 ~ 6 mm 厚的钢板经冷弯和辊压成型的型材,和采用 0.4 ~ 1.6 mm 的薄钢板经辊压成型的压型钢板(见图 2.18),其截面形式和尺寸均可按受力特点合理设计,能充分利用钢材的强度、节约钢材,在国内外轻钢建筑结构中被广泛地应用。近年来,冷弯高频焊接圆管和方、矩形管的生产和应用在国内有了很大的进展,冷弯型钢的壁厚已达 12.5 mm(部分生产厂的可达 22 mm,国外为 25.4 mm)。

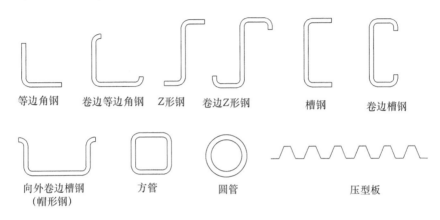

等边角钢 卷边等边角钢 Z形钢 卷边Z形钢 槽钢 卷边槽钢

向外卷边槽钢 方管 圆管 压型板
(帽形钢)

图 2.18 冷弯薄壁型钢

2.5.3 钢材的选择

钢结构选材应遵循技术可靠、经济合理的原则,综合考虑结构的重要性、荷载特征、结构形式、应力状态、连接方法、钢材厚度、价格和工作环境等因素,选用合适的钢材牌号和材性。

承重结构采用的钢材应具有屈服强度、伸长率、抗拉强度、冲击韧性和硫、磷含量的合格保证,对焊接结构尚应具有碳含量(或碳当量)的合格保证。焊接承重结构以及重要的非焊接承重结构采用的钢材还应具有冷弯试验的合格保证。当选用 Q235 钢时,其脱氧方法应选用镇静钢。

钢材的质量等级,应按下列规定选用:

1. 对不需要验算疲劳的焊接结构,应符合下列规定:

(1)不应采用 Q235A(镇静钢);

(2)当结构工作温度大于 20 ℃时,可采用 Q235B,Q345A,Q390A,Q420A,Q460 钢;

(3)当结构工作温度不高于 20 ℃但高于 0 ℃时,应采用 B 级钢;

(4)当结构工作温度不高于 0 ℃但高于 −20 ℃时,应采用 C 级钢;

(5)当结构工作温度不高于 −20 ℃时,应采用 D 级钢。

2. 对不需要验算疲劳的非焊接结构,应符合下列规定:

(1)当结构工作温度高于 20 ℃时,可采用 A 级钢;

(2)当结构工作温度不高于 20 ℃但高于 0 ℃时,宜采用 B 级钢;

（3）当结构工作温度不高于 0 ℃但高于 -20 ℃时,应采用 C 级钢;

（4）当结构工作温度不高于 -20 ℃时,对 Q235 钢和 Q345 钢应采用 C 级钢;对 Q390 钢、Q420 钢和 Q460 钢应采用 D 级钢。

3. 对于需要验算疲劳的非焊接结构,应符合下列规定:

（1）钢材至少应采用 B 级钢;

（2）当结构工作温度不高于 0 ℃但高于 -20 ℃时,应采用 C 级钢;

（3）当结构工作温度不高于 -20 ℃时,对 Q235 钢和 Q345 钢应采用 C 级钢;对 Q390 钢、Q420 钢和 Q460 钢应采用 D 级钢。

4. 对于需要验算疲劳的焊接结构,应符合下列规定:

（1）钢材至少应采用 B 级钢;

（2）当结构工作温度不高于 0 ℃但高于 -20 ℃时,对 Q235 钢和 Q345 钢应采用 C 级钢;对 Q390 钢、Q420 钢和 Q460 钢应采用 D 级钢。

（3）当结构工作温度不高于 -20 ℃时,对 Q235 钢和 Q345 钢应采用 D 级钢;对 Q390 钢、Q420 钢和 Q460 钢应采用 E 级钢。

5. 承重结构在低于 -30 ℃环境下工作时,其选材还应符合下列规定:

（1）不宜采用过厚的钢板;

（2）严格控制钢材的硫、磷、氮含量;

（3）重要承重结构的受拉板件,当板厚大于等于 40 mm 时,宜选用细化晶粒的 GJ 钢板。

按照上述原则,钢结构设计规范结合我国多年来的工程实践和钢材生产情况,对承重结构的钢材推荐采用 Q235,Q345,Q390,Q420 钢。

【例题 2.1】

在碳素结构钢中,(　　)不能用于焊接承重结构。

　　A. Q235A　　　　B. Q235B　　　　　　C. Q235C　　　　　　D. Q235D

解:正确答案为 A。

评析:在碳素结构钢中,碳仅次于纯铁的主要元素,它直接影响钢材强度、塑性、韧性和可焊性。碳含量增加,钢的强度提高,而塑性、韧性和疲劳强度下降,同时恶化钢的可焊性和抗腐性。因此,不能用含碳量高的钢材,以便保持它的优良性能。当焊接结构的板厚较大时($t > 25$ mm),如果含碳量高,连接内部有约束作用,焊缝外形不适当,或冷却过快。都有可能在焊后出现裂纹。承重结构的钢材应具有抗拉强度,伸长率、屈服强度和硫、磷含量的合格保证,对焊接结构尚应具有含碳量的合格保证。而在碳素结构钢 Q235 中的 A 级钢的含碳量不作为交货条件,所以 Q235A 钢材就不能用于焊接承重结构。

【例题 2.2】

随着钢材厚度增加,下列说法正确的是(　　)。

　　A. 钢材的抗拉、抗压、抗弯、抗剪强度均下降

　　B. 钢材的抗拉、抗压、抗弯、抗剪强度均有所提高

　　C. 钢材的抗拉、抗压、抗弯强度提高,抗剪强度有所下降

　　D. 钢材的抗拉、抗压、抗弯、抗剪强度均不变化

解:正确答案为 A。

评析:钢材的轧制能使金属的晶粒变细,并消除显微组织的缺陷。也可使浇筑时形成的气孔、裂纹和疏松,在高温和压力作用下焊合。因而经过热轧后,钢材组织密实,改善了钢材的力学性能。薄板因辊轧次数多,其强度比厚板略高。厚度大的钢材不但强度较低,而且塑性、冲击韧性和可焊性能也较差。因此,尽量选用较薄的钢材少用较厚的钢材,厚度大的焊接结构应采用材质较好的钢材。

【例题 2.3】

设计某地区的钢结构厂房,冬季计算温度为 − 26 ℃,焊接承重结构,宜采用的钢号为( )。

A. Q235A　　　　　B. Q235B　　　　　C. Q235C　　　　　D. Q235D

解:正确答案为 D。

评析:当结构工作温度不高于 − 20 ℃的焊接结构,应采用 D 级钢。

【习题二】

1. 单选题

1.1 钢材中( )元素会使钢材产生冷脆。

　　A. 硅　　　　　　B. 锰　　　　　　C. 硫　　　　　　D. 磷

1.2 当温度低于常温时,随着温度降低钢材( )。

　　A. 强度提高韧性增大　　　　　　B. 强度降低韧性减小

　　C. 强度降低韧性增大　　　　　　D. 强度提高韧性减小

1.3 在钢中适当增加( )元素,可提高钢材的强度和抗锈蚀能力。

　　A. 碳　　　　　　B. 硅　　　　　　C. 磷　　　　　　D. 硫

1.4 钢材抗拉强度与屈服点之比($\frac{f_u}{f_y}$)表示钢材的( )指标。

　　A. 承载能力　　B. 强度储备　　C. 塑性变形能力　D. 弹性变形能力

1.5 钢结构静力设计时,是以钢材的( )作为设计依据。

　　A. 抗拉强度　　B. 疲劳强度　　C. 屈服点　　　　D. 比例极限

1.6 钢材是比较理想的( )材料。

　　A. 弹性　　　　B. 塑性　　　　C. 弹塑性　　　　D. 各向异性

1.7 钢材处于三向应力状态,当三个主应力为( )时,易产生脆性破坏。

　　A. 同号且绝对值相近　　　　　　B. 异号且绝对值相近

　　C. 同号且绝对值相差较大　　　　D. 异号且绝对值相差很大

1.8 在钢材所含化学成分中,( )组元素为有害杂质,需严格控制其含量。

　　A. 碳、磷、硅　　B. 硫、氧、氮　　C. 硫、磷、锰　　D. 碳、硫、氧

1.9 金属锰可提高钢材的强度,对钢材的塑性( ),是一种有益的成分。

　　A. 提高不多　　B. 提高较多　　C. 降低不多　　D. 降低很多

1.10 钢材在多向应力作用下,进入塑性的条件为( )大于等于f_y。

　　A. 设计应力　　B. 计算应力　　C. 容许应力　　D. 折算应力

1.11 应力集中越严重,则钢材( )。

　　A. 变形越大　　B. 强度越低　　C. 脆性越大　　D. 刚度越大

1.12 广东地区某工厂一起质量为 50 吨的中级工作制的钢吊车梁,宜用( )钢。

A. Q235A   B. Q235B · F   C. Q235C   D. Q235D

1.13 北方某严寒地区(温度低于 − 20 ℃)一露天仓库起质量大于 50 t 的中级工作制吊车梁,其钢材应选择( )钢。

     A. Q235A   B. Q235B   C. Q235C   D. Q345D

1.14 对于承受静荷常温工作环境下的钢屋架,下列说法不正确的是( )。

     A. 可选择 Q235 钢   B. 可选 Q345 钢

     C. 钢材应有冲击韧性的保证   D. 钢材应有三项基本保证

1.15 承重用钢材应保证的基本力学性能是( )

     A. 抗拉强度、伸长率   B. 抗拉强度、屈服强度、冷弯性能

     C. 抗拉强度、屈服强度、伸长率   D. 屈服强度、伸长率、冷弯性能

2. 多选题

2.1 承重用钢材应保证的基本力学性能是( )。

     A. 抗拉强度   B. 冷弯性能   C. 伸长率

     D. 冲击韧性   E. 屈服强度

2.2 对于承受静荷常温工作环境下的焊接钢屋架,下列说法正确的是( )。

     A. 可选 Q235A   B. 可选 Q345B

     C. 可选 Q235BF   D. 钢材应有伸长率的保证

     E. 钢材应有冲击韧性的保证

2.3 在钢材所含化学成分中,( )元素为有害杂质,需严格控制其含量。

     A. 碳   B. 硫   C. 锰   D. 氧   E. 磷

2.4 钢材质量等级不同,则其( )。

     A. 含碳量要求不同   B. 抗拉强度不同

     C. 冲击韧性要求不同   D. 冷弯性能要求不同

     E. 伸长率要求不同

2.5 下列说法正确的是( )。

     A. Q235 钢有特殊镇静钢   B. Q345 钢有沸腾钢

     C. Q235 钢有半镇静钢   D. Q345 钢有半镇静钢

     E. Q345 钢有镇静钢

2.6 Q235A 钢材出厂时,有( )合格保证。

     A. 含磷量   B. 冷弯性能   C. 伸长率   D. 含硫量

     E. 屈服强度

2.7 影响钢材疲劳强度的因素有( )。

     A. 应力幅   B. 应力集中程度

     C. 反复荷载的循环次数   D. 钢材种类

     E. 荷载作用方式

2.8 下列情况不需进行疲劳验算( )。

     A. 反复荷载作用的次数小于 10^5 B. 仅受反复压应力作用

     C. 仅受反复剪应力作用   D. 非焊接结构

     E. 受反复拉应力作用

2.9 疲劳计算的容许应力幅与( )无关。

A. 应力集中程度

B. 构件应力大小

C. 钢材强度

D. 应力循环次数

E. 应力比 $\rho = \sigma_{min}/\sigma_{max}$

2.10 疲劳计算应力幅,说法正确的是(　　)。

A. 焊接部位为 $\Delta\sigma = \sigma_{max} - \sigma_{min}$

B. 焊接部位为 $\Delta\sigma = \sigma_{max} - 0.7\sigma_{min}$

C. 非焊接部位为 $\Delta\sigma = \sigma_{max} - \sigma_{min}$

D. 非焊接部位为 $\Delta\sigma = \sigma_{max} - 0.7\sigma_{min}$

E. 所有部位均为 $\Delta\sigma = \sigma_{max} - \sigma_{min}$

3. 简答题

3.1 通过钢材的单向拉伸试验可以获得哪些力学性能指标?

3.2 钢材在复杂应力状态下的屈服条件是什么?

3.3 何谓钢材的"冷弯合格"?

3.4 钢材的冲击韧性指标有哪些?

3.5 影响钢材性能的主要因素有哪些?

3.6 影响钢材性能的主要化学元素有哪些?

3.7 何谓钢材的冷脆?何谓钢材的热脆?何谓钢材的蓝脆?

3.8 影响钢材焊接性能的化学元素有哪些?

3.9 碳元素是如何影响钢材性能的?

3.10 硫元素是如何影响钢材性能的?

3.11 磷元素是如何影响钢材性能的?

3.12 引起钢材脆性破坏的主要因素有哪些?

3.13 钢材在高温下力学性能如何?

3.14 应力集中对钢材的性能有什么影响?

3.15 何谓时效硬化?何谓冷作硬化?何谓应变时效硬化?

3.16 何谓钢材疲劳?

3.17 影响钢材疲劳的主要因素有哪些?

3.18 钢材疲劳破坏有什么特征?

3.19 钢结构选材通常应综合考虑哪些因素?

3.20 Q235 表示什么意思?

第3章 钢结构的连接

【学习提要】

本章阐述了钢结构的连接形式及方法。介绍了焊接、普通螺栓和高强螺栓的材料性能及选用原则；分析了钢结构中各种连接的受力特点、可能的破坏方式；论述了连接的计算方法和构造要求；讨论了钢结构中焊缝缺陷、焊缝的质量检验及焊缝质量等级选用原则，焊接残余应力和焊接残余变形的产生及其对焊接结构工作性能的影响，及相应的防止措施和方法。

【规范参阅】

◆《钢结构设计规范》(GB 50017—2003)中第3.3.8条、7.1.1条~7.1.5条、7.2.1条~7.2.6条、8.2.1条~8.2.13条、8.3.1条~8.3.9条；

◆《钢结构工程施工质量验收规范》(GB 50205—2001)中第5.2.1条~5.2.11条、7.6.1条~7.6.3条；

◆《焊缝符号表示法》GB/T 324—2008；

◆《钢结构高强度螺栓连接技术规程》JGJ 82—2011。

【学习指南】

知识要点	能力要求	相关知识
连接方法	了解钢结构的连接方法	焊缝连接、螺栓连接、铆钉连接
焊接方法	了解焊接方法和焊缝符号的表示方法	手工电弧焊、埋弧焊、气体保护焊、电阻焊、焊缝连接形式、焊缝形式、焊缝缺陷、焊缝质量检验、焊缝符号
对接焊缝构造	掌握对接焊缝的构造要求	坡口形式、引弧板、不同宽度和厚度板的拼接
角焊缝构造	熟练掌握角焊缝的构造要求	角焊缝形式、最小角焊缝尺寸、最大角焊缝尺寸、最小计算长度、侧焊缝最大计算长度、构造要求
角焊缝计算	熟练掌握角焊缝在各种受力状态下的计算	直角角焊缝计算公式、轴心受力角焊缝计算、弯矩作用下角焊缝计算、扭矩作用下角焊缝计算、弯矩、轴力和剪力共同工作下的焊缝计算、扭矩和剪力共同作用下的焊缝计算
焊接应力和焊接变形	了解焊接应力和焊接变形的概念	焊接应力、焊接变形、焊接应力对结构影响因素、焊接变形对结构影响因素、减少焊接应力和变形的措施

（续）

知识要点	能力要求	相关知识
普通螺栓构造要求	掌握普通螺栓构造要求	螺栓的规格和排列要求
普通螺栓受剪连接	熟练掌握普通螺栓受剪连接工作性能和计算	受剪连接工作性能、受剪螺栓破坏形式、单个螺栓受剪承载力计算、单个螺栓承压承载力计算、螺栓群受剪计算、螺栓群偏心受剪计算
普通螺栓受拉连接	熟练掌握普通螺栓受拉连接工作性能和计算	受拉连接工作性能、受拉螺栓破坏形式、单个螺栓受拉承载力计算、螺栓群受拉计算、螺栓群偏心受拉计算
普通螺栓受拉和受剪共同工作作用	熟练掌握普通螺栓受拉受剪共同工作作用计算	普通螺栓受拉和受剪共同工作作用的计算公式
高强螺栓连接性能和构造	熟练掌握高强螺栓工作性能和构造要求	预应力、抗滑系数、预应力控制法
高强螺栓抗剪连接	熟练掌握高强螺栓受剪连接工作性能和计算	摩擦型高强螺栓受剪承载力计算、摩擦型高强螺栓群抗剪计算、承压型高强螺栓群抗剪计算
高强螺栓抗拉连接	熟练掌握高强螺栓受拉连接工作性能和计算	摩擦型高强螺栓抗拉承载力计算、摩擦型高强螺栓群抗拉计算、承压型高强螺栓群抗拉计算
高强螺栓受拉和受剪共同作用	熟练掌握高强螺栓受拉和受剪共同作用的计算	摩擦型高强螺栓群拉剪共同作用下计算、承压型高强螺栓群拉剪共同作用下计算

3.1 钢结构的连接方法

钢结构是由若干构件经工地现场安装连接架构而成的整体结构,而构件是由型钢、钢板等通过连接构成的。连接往往是传力的关键部位,连接构造不合理,将使结构的计算简图与真实情况相差很远;连接强度不足,将使连接破坏,导致整个结构迅速破坏。因此连接在钢结构中占有很重要的地位,连接设计是钢结构设计的重要环节。

钢结构的连接方法关系着结构的传力和使用要求,同时对结构的加工方法、造价有直接影响。因此,应该对钢结构的连接方法进行合理选择,既要做到强度可靠、传力明确、简捷,还要连接构造简单、施工方便、节约钢材、降低造价。

钢结构工程中常用的连接方法主要有焊接、螺栓和铆接连接三种(图3.1)。

3.1.1 焊接连接

焊接连接通过电弧产生的热量使焊条和焊件局部熔化,经冷却凝结成焊缝,从而将焊件连接成为一体,是现代钢结构连接中最常采用的方法。其优点是构造简单,任何形式的

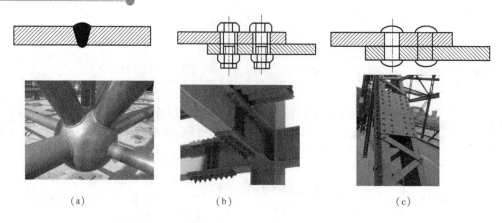

(a)　　　　　　　　(b)　　　　　　　　(c)

图 3.1　钢结构的连接方法及实际工程照片

(a)焊缝连接;(b)螺栓连接;(c)铆钉连接

构件或型材都可以直接相连;用料经济,不削弱构件的截面;制造方便节约钢材,自动化作业,生产效率高;连接刚度大,密闭性好。其缺点是焊缝附近形成热影响区,钢材的金相组织发生改变,导致材质变脆;不均匀温度场使结构产生残余应力和残余变形,从而降低受压结构的承载力;焊接结构对裂纹很敏感,局部裂纹一旦发生很容易扩散到整体,低温冷脆问题较为突出。

3.1.2　螺栓连接

螺栓连接分为普通螺栓连接和高强螺栓连接两种。

1.普通螺栓连接

普通螺栓连接分为 A,B,C 三级。A 级和 B 级为精制螺栓,C 级为粗制螺栓。A,B 级精制螺栓材料性能等级则为5.6级和8.8级,小数点前的数字表示螺栓成品的抗拉强度分别不小于500 N/mm² 和800 N/mm²,小数点及小数点后的数字表示屈强比(屈服点与抗拉强度之比)分别为 0.6 和 0.8。精制螺栓是由毛坯在车床上经过切削加工精制而成,其表面光滑,尺寸准确,螺杆直径与螺栓孔径(I 类孔)相同。为了满足安装要求,螺栓孔直径仅允许正公差,螺栓杆直径仅允许负公差,一般情况下,螺杆和螺孔之间的最大空隙在0.3 ~ 0.5 mm,为紧密配合,所以,精制螺栓受剪性能好,但其成孔质量要求较高,制作和安装复杂,价格较高,加之现在高强螺栓已可替代用于受剪连接,所以目前很少在钢结构中采用。

C 级螺栓材料性能等级为 4.6 级或 4.8 级。抗拉强度不小于 400 N/mm²,其屈强比(屈服点与抗拉强度之比)为 0.6 或 0.8。C 级螺栓由未经加工的圆钢压制而成。由于螺栓表面粗糙,一般采用在单个零件上一次冲成或不用钻模钻成的孔(Ⅱ 类孔)。螺栓孔的直径比螺栓杆的直径大1.5 ~ 3 mm。C 级螺栓连接由于螺杆与栓孔之间有较大的间隙,受剪力作用时,将会产生较大的剪切滑移,连接的变形大。但安装方便,且能有效地传递拉力,故一般可用于沿螺栓杆轴受拉的连接中,以及次要结构的抗剪连接或安装时临时固定。

2.高强度螺栓连接

高强度螺栓材料性能等级分别为8.8级和10.9级,抗拉强度应分别不低于800 N/mm² 和1 000 N/mm²,屈强比分别为0.8 和0.9。一般采用45 号钢,40B 钢和20 MnTiB 钢加工制作，经热处理后制成。

高强度螺栓分高强度螺栓摩擦型连接、高强度螺栓承压型连接两种。安装时通过特制的扳手，以较大的扭矩上紧螺母，使螺杆产生很大的预应力，预应力把被连接的部件夹紧，使部件的接触面间产生很大的摩擦力，外力可通过摩擦力来传递。当仅考虑以部件接触面间的摩擦力传递外力，并以剪力不超过接触面摩擦力作为设计准则，这种连接称为高强度螺栓摩擦型连接；另一种是允许接触面滑移，依靠螺栓杆和螺栓孔之间的承压来传力，以连接达到破坏的极限承载力作为设计准则，这种连接称为高强度螺栓承压型连接。

摩擦型连接的孔径比螺杆的公称直径 d 大1.5～2.0 mm；承压型连接的栓孔直径比螺杆的公称直径 d 大1.0～1.5 mm。摩擦型连接施工方便，剪切变形小，韧性和塑性好，耐疲劳，特别适用于承受动荷载的结构，包含了普通螺栓和铆钉连接的各自优点，目前已成为代替铆接的优良连接形式。承压型连接的承载力高于摩擦型，连接紧凑，但剪切变形大，不得用于承受动力荷载的结构中。

3. 螺栓连接图例

在钢结构施工图中螺栓连接需要将螺栓及其孔眼的施工要求用图形表示清楚，以免引起混淆，螺栓及其孔眼图例见表 3.1。

表 3.1　螺栓及其孔眼图例

名称	永久螺栓	高强螺栓	安装螺栓	圆形螺栓孔	长圆形螺栓孔
图例		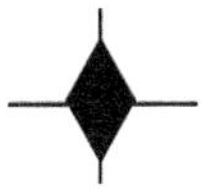		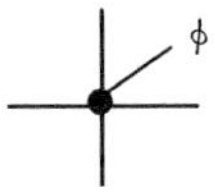	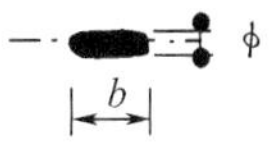

3.1.3　铆钉连接

铆钉连接分为有热铆和冷铆两种方法。热铆是由烧红的钉坯插入构件的钉孔中，用铆钉枪或压铆机铆合而成。冷铆是在常温下铆合而成。在建筑结构中一般采用热铆。制作铆钉的材料采用塑性较好的铆螺 2 号钢（ML2）和铆螺 3 号钢（ML3）。

铆钉连接需要先在构件上开孔，铆孔比铆钉直径大1 mm，加热至 900 ℃～1 000 ℃，并用铆钉枪打铆。连接刚度大，传力可靠，韧性和塑性较好，质量易于检查，对经常受动力荷载作用，荷载较大和跨度较大的结构，可采用铆接结构。但是，由于铆钉连接对施工技术的要求高，劳动强度大，施工条件恶劣，施工速度慢，已逐步被高强螺栓连接所取代。

除上述常用连接外，在薄钢结构中还经常采用射钉、自攻螺钉和焊钉等连接方式。

3.2　焊接连接的方法与形式

3.2.1　钢结构常用的焊接方法

钢结构的焊接方法最常用的有三种：电弧焊、电阻焊和气体保护焊。

1. 电弧焊

电弧焊是利用通电后焊条和焊件之间产生的强大电弧提供热源，熔化焊条，使其滴落在焊件上被电弧吹成的小凹槽状的熔池中,并与焊件熔化部分结成焊缝,将两焊件连接成一整体。电弧焊的焊缝质量比较可靠,是最常用的一种焊接方法。

电弧焊分为手工电弧焊(图 3.2(a))和自动或半自动电弧焊(图 3.2(b))。

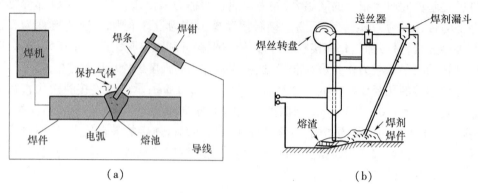

图 3.2　电弧焊原理示意图

(a)手工电弧焊;(b)埋弧自动电弧焊

手工电弧焊的通电后,在涂有药皮的焊条和焊件间产生电弧。电弧的温度高达 3 000 ℃,使焊条中的焊丝溶化,滴落在焊件上被电弧所吹成的小凹槽状的熔池中,与焊件的熔融金属相互结合。同时,由焊条药皮形成的熔渣和气体覆盖着熔池,防止空气中的氧、氮等气体与熔化的液体金属接触,避免形成脆性易裂的化合物。随着熔池中金属的冷却,形成焊缝,并将焊件连成一体。

手工电弧焊所用的焊条应与焊接钢材(或主体金属)相适应,一般对 Q235 钢采用 E43 型焊条(E4300～E4328);对 Q345 钢采用 E50 型焊条(E5001～E5048);对 Q390 钢和 Q420 钢采用 E55 型焊条(E5500～E5518)。焊条型号中字母 E 表示焊条(Electrode),前两位数字为熔敷金属的最小抗拉强度(单位为 kgf/mm^2),第三、四位数字表示适用焊接位置、电流以及药皮类型等。不同钢种的钢材相焊接时,宜采用与低强度钢相适应的焊条。

手工电弧焊设备简单,操作灵活方便,适于任意空间位置的焊接,特别适于焊接短焊缝。但生产效率低,劳动强度大,焊接质量与焊工的技术水平有很大的关系。

自动或半自动埋弧焊采用没有涂层的焊丝,插入从漏斗中流出的覆盖在被焊金属上面的焊剂中,通电后由于电弧作用熔化焊剂,熔化后的焊剂浮在熔化金属表面保护熔化金属,使之不与外界空气接触,并供给必要的合金元素以改善焊缝质量。焊接进行时,焊接设备或焊体自行移动,焊剂不断由漏斗漏下,绕在转盘上的焊丝也不断地自动熔化和下降以进行焊接。当全部焊接过程自动进行时,称为自动埋弧焊,焊接由人工操作时,称为半自动埋弧焊。焊剂应与焊丝应该配套:对于 Q235 的焊件,可采用 H08,H08A,H08MnA 等焊丝配合高锰、高硅型焊剂;对 Q345 和 Q390 焊件,可采用 H08A,H08E 焊丝配合高锰型焊剂,也可采用 H08Mn,H08MnA 焊丝配合中锰型焊剂或高锰型焊剂,或采用 H10Mn2 配合无锰型或低锰型焊剂。

自动焊的焊缝质量均匀,塑性好,冲击韧性高,抗腐蚀性强。但埋弧焊对焊件边缘的装配精度(如间隙)要求比手工焊高。

2.电阻焊

电阻焊是利用电流通过焊件接触点表面电阻所产生的热来熔化金属,再通过加压使其焊合。电阻焊只适用于板叠厚度不大于 12 mm 的焊件。对冷弯薄壁型钢构件,电阻焊可用来缀合壁厚不超过3.5 mm的构件,如将两个冷弯槽钢或 C 型钢组合成工字形界面构件等。

3. 气体保护焊

气体保护焊是利用二氧化碳气体或其他惰性气体作为保护介质的一种电弧熔焊方法。它直接依靠保护气体在电弧周围形成局部的保护层,以防止有害气体的侵入并保证了焊接过程的稳定性。气体保护焊用于薄钢板或小型结构中。

3.2.2　焊接连接形式及焊缝形式

1. 焊接连接形式

根据按被连接钢材的相互位置,焊接连接形式可分为对接、搭接、T 形连接和角部连接四种,见图 3.3。在具体应用中,应该根据连接的受力情况,同时考虑制造、安装条件进行选择。下面结合图 3.3,介绍这四种连接的特点和适用范围。

图 3.3(a)所示为对接连接,采用对接焊缝。对接连接主要用于厚度相同或相近的两构件的相互连接。由于被连接构件在同一平面内,因而传力均匀平缓,没有明显应力集中,且用料经济,焊件边缘需要加工,对被连接两板的间隙和坡口尺寸有严格的要求,制造费工。

图 3.3(b)所示为双层盖板连接的对接连接,采用角焊缝。这种连接传力不均匀、费料,易产生应力集中,但对板间间隙要求不高,施工简单方便。

图 3.3(c)所示为搭接连接,采用角焊缝,此种连接特别适用于不同厚度板间的连接。这种连接传力不均匀、费料,但构造简单,施工方便,目前还广泛应用。

图 3.3(d)(e) 所示为 T 形连接,采用角焊缝。T 形连接省工省料,常用于制作组合截面。但图 3.3(d)所示连接焊件间存在缝隙,存在截面突变,应力集中现象严重,疲劳强度较低,可用于不直接承受动力荷载的结构的连接中。对于直接承受动荷载的结构,如重级工作制吊车梁,其上翼缘与腹板的连接应采用图 3.3(e)所示 K 形坡口焊透焊缝进行连接。

图 3.3(f)(g)所示为角部连接,采用角焊缝。这种连接主要用于制作箱形截面。

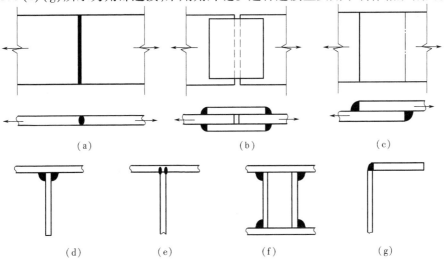

(a)　　　　　　　(b)　　　　　　　(c)

(d)　　　(e)　　　(f)　　　(g)

图 3.3　焊接连接形式

(a)对接连接;(b)用盖板拼接的对接连接;(c)搭接连接;(d)(e)T 形连接;(f)(g)角部连接

2.焊缝截面形式

根据焊缝的截面形式又可分为对接焊缝和角焊缝两种。可根据受力方向、焊缝长度、施焊位置等多种分类方式划分为多种形式。

对接焊缝按照受力方向可分为正对接焊缝和斜对接焊缝,见图3.4。与作用力方向正交的对接焊缝称为正对接焊缝,如图3.4(a)所示;与作用力方向斜交的对接焊缝称为斜对接焊缝,见图3.4(b)。

角焊缝分为正面角焊缝、侧面角焊缝和斜焊缝三种,见图3.5。轴线与力作用方向垂直的角焊缝称为正面角焊缝,如图3.5(a)所示;轴线与力作用方向平行的角焊缝称为侧面角焊缝,见图3.5(b);轴线与力作用方向斜交的角焊缝称为斜焊缝,见图3.5(c)。

图3.4 对接焊缝形式

(a)正对接连接;(b)斜对接连接

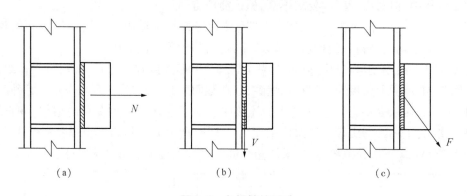

图3.5 角焊缝的形式

(a)正面角焊缝;(b)侧面角焊缝;(c)斜焊缝

焊缝沿长度方向的布置分为连续角焊缝和间断角焊缝两种(图3.6)。连续角焊缝是基本形式,受力性能好,应用广泛。间断角焊缝在起、灭弧处容易引起应力集中,一般用在一些次要构件的连接或受力很小的连接中,重要结构应避免采用。间断角焊缝的间断距离 l 不宜过大,以免连接不紧密,潮气侵入引起构件锈蚀。一般在受压构件中应满足 $l \leqslant 15t$;在受拉构件中 $l \leqslant 30t$,t 为较薄焊件的厚度。断续角焊缝焊段的长度不小于 $10h_f$ 或 50 mm,h_f 为角焊缝的焊角高度。

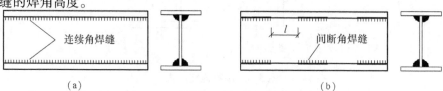

图3.6 连续角焊缝和间断角焊缝

焊缝按施焊位置分为平焊(又称俯焊)、横焊、立焊及仰焊,见图3.7。平焊施焊方便、质量好,应尽量采用;横焊和立焊对焊工的操作水平要求比较高;仰焊的操作条件最差,焊缝制量不宜保证,因此在焊接中应尽量避免采用。

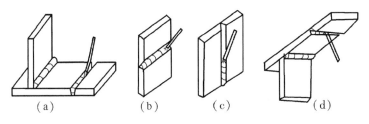

图 3.7　焊缝施焊位置

(a)平焊;(b)横焊;(c)立焊;(d)仰焊

3.2.3　焊缝缺陷及焊缝质量检验

1.焊缝常见缺陷

焊缝在焊接过程中会在焊缝金属或附近热影响区钢材表面或内部产生缺陷。常见的缺陷有裂纹、焊瘤、烧穿、弧坑、气孔、夹渣、咬边、未熔合、未焊透等,见图3.8。此外还有焊缝尺寸不符合要求、焊缝成型不良等。其中,裂纹是焊缝连接中最危险的缺陷,产生裂纹的原因很多,如钢材的化学成分不当、焊接工艺条件(如电流、电压、焊速、施焊次序等)选择不合适、焊件表面油污未清除干净等。

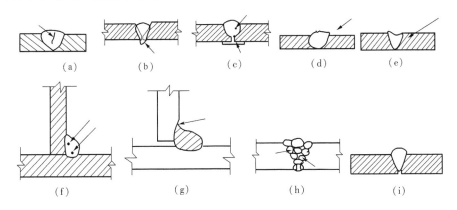

图 3.8　焊缝缺陷

(a)裂纹;(b)烧穿;(c)气孔;(d)焊瘤;(e)弧坑;(f)夹渣;
(g)咬边;(h)未熔合;(i)未焊透

2.焊缝质量检验

焊缝缺陷的存在将削弱焊缝的受力面积,在缺陷处引起应力集中,对焊接连接的强度、冲击韧性及冷弯性能等均有不利影响。因此,焊缝质量检验极为重要。

焊缝质量检验方法一般可用外观检查和内部无损检验。所有焊缝均应做外观检验,不允许有可见裂纹缺陷,其他缺陷如咬边、表面气孔、夹渣等须满足规范要求。内部无损检验目前广泛采用超声波检查。该方法使用灵活、经济,对内部缺陷反应灵敏,但不易识别缺陷性质;有时还用磁粉检验、荧光检验等较简单的方法作为辅助。此外还可采用 X 射线或 γ 射线透照或拍片。

《钢结构工程施工质量验收规范》(GB 50205—2001)规定焊缝按其检验方法和质量要求分为一级、二级和三级。三级焊缝只要求对全部焊缝做外观检查且符合三级质量标准;一、二级焊缝除了外观检查还要求进行超声波探伤或射线探伤等内部缺陷检验,并符合国家相应质量标准的要求。一级焊缝要求对每条焊缝进行内部无损检验,二级焊缝要求用超声波探伤焊缝长度的 20%。

3. 焊缝质量等级的选用

《钢结构设计规范》(GB 50017—2003)中第 7.1 条规定,焊缝应根据结构的重要性、荷载特性、焊缝形式、工作环境以及应力状态等情况,按下述原则分别选用不同的质量等级:

①在需要进行疲劳计算的构件中,凡对接焊缝均应焊透,其质量等级如下:

a. 作用力垂直于焊缝长度方向的横向对接焊缝或 T 形对接与角接组合焊缝,受拉时应为一级,受压时应为二级;

b. 作用力平行于焊缝长度方向的纵向对接焊缝应为二级。

②不需要计算疲劳的构件中,凡要求与母材等强的对接焊缝应予焊透,其质量等级当受拉时应不低于二级,受压时宜为二级。

③重级工作制和起质量 Q≥50 t 的中级工作制吊车梁腹板与上翼缘之间以及吊车桁架上弦杆与节点板之间的 T 型接头焊缝均要求焊透。焊缝形式一般为对接与角接的组合焊缝,其质量等级不应低于二级。

④不要求焊透的 T 形接头采用的角焊缝或部分焊透的对接与角接组合焊缝,以及搭接连接采用的角焊缝,其质量等级如下:

a. 接承受动力荷载且需要验算疲劳的结构和吊车起质量等于或大于 50 t 的中级工作制吊车梁,焊缝的外观质量标准应符合二级;

b. 对其他结构,焊缝的外观质量标准可为三级。

3.2.4　焊缝符号表示法

在钢结构施工图上应将焊缝的形式、尺寸和辅助要求用焊缝符号标注出来。按照现行国际标准《焊缝符号表示法》GB/T 324—2008 规定:焊缝代号由引出线、图形符号和辅助符号三部分组成。表 3.2 列出了一些常用焊缝代号,可供设计时参考。

引出线由横线和带箭头的斜线组成。箭头指到图形上的相应焊缝处,横线的上面和下面用来标注图形符号和焊缝尺寸。当引出线的箭头指向焊缝所在的一面时,应将图形符号和焊缝尺寸等标注在水平横线的上面;当引出线的箭头指向焊缝所在的另一面时,则应将图形符号和焊缝尺寸等标注在水平横线的下面。必要时,可在水平线的末端加一尾部作为其他说明之用。图形符号表示焊缝的基本形式,如用 ◣ 表示角焊缝,用 V 表示 V 形坡口的对接焊缝。辅助符号表示辅助要求,如用三角旗 ◣ 表示现场安装焊缝等。当焊缝分布较复杂或用上述标注方法不能表达清楚时,在标注焊缝代号的同时,可在图形上加栅线表示,见图 3.9,加 × 号表示工地安装焊缝。

表 3.2　焊缝代号

	角焊缝				对接焊缝	塞焊缝	三面围焊
	单面焊缝	双面焊缝	安装焊缝	相同焊缝			
形式	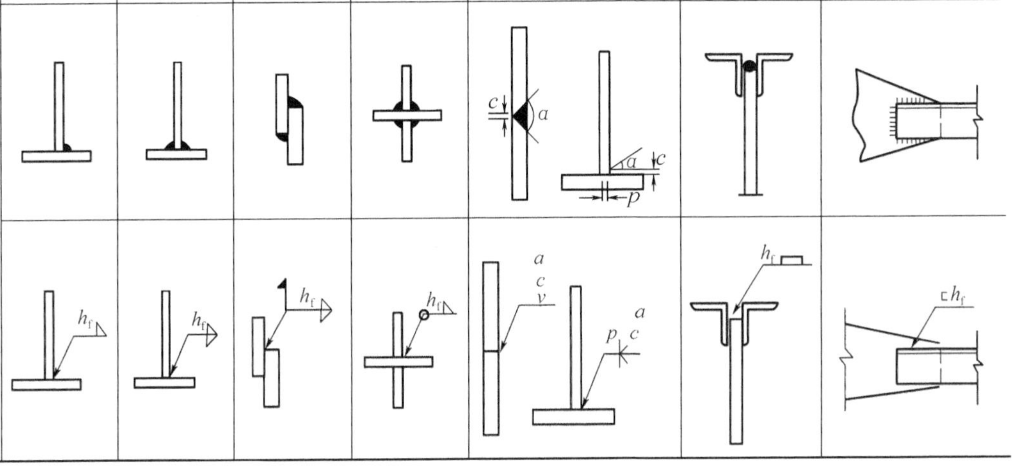						

（a）　　　　　　　　　（b）　　　　　　　　　（c）

图 3.9　用栅线表示焊缝

（a）正面焊缝；（b）背面焊缝；（c）安装焊缝

【例 3.1】

在焊接结构中,对(　　　)焊缝,当无特殊要求时,可不在设计图中注明。

A. 一级　　　　　　B. 二级　　　　　　C. 三级　　　　　　D. 四级

分析:现行规范将焊缝质量检验级别根据检验项目、检验数量和检验方法的不同,分为一级、二级、三级。一级焊缝质量检验标准对缺陷要求很严,焊缝除全部通过外观检查及超声波检验外,还需做一定数量的 X 射线检查;二级焊缝质量检验标准要求全部外观检查,再抽取一定数量的焊缝进行超声波检验;三级焊缝质量检验标准只要求通过外观检验。

解:正确答案为 C。

评注:焊缝的质量等级应根据结构的重要性、荷载特性、焊缝形式、工作环境以及应力状态等不同情况采用一级、二级、三级。

3.3　对接焊缝的构造和计算

3.3.1　对接焊缝的构造

为了保证对接焊缝能焊透以确保焊缝质量,对接焊件常需做成坡口。坡口的形式与焊件厚度和施焊工艺有关,坡口形式可分为 I 形、单边 V 形、V 形、U 形、K 形、X 形等。当焊件厚度很小(手工焊 6 mm,埋弧焊 10 mm)时,可不开坡口,即直边缘(I 形坡口,见图 3.10(a))。对于一般厚度的焊件可采用具有斜坡口的单边 V 形或 V 形焊缝,见图 3.10(b)(c)。斜坡口和根部间隙 c 共同组成一个焊条能够运转的施焊空间,使焊缝易于焊透;钝边 p 有托住熔化金属的作用。p 取大了或角度取小了,将导致焊不透,p 取小了或角度取大了,将导致焊条和工时的浪费,手工焊时 p 取 0~3 mm,埋弧焊时 p 取 2~6 mm。对于较厚的焊件($t > 20$ mm),则采用 U 形、K 形和 X 形坡口,见图 3.10(d)(e)(f)。

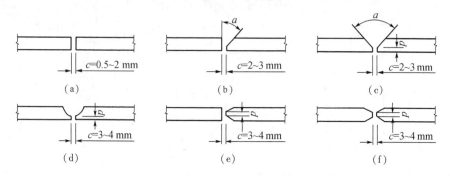

图 3.10 对接焊缝的坡口形式

(a)直边缘;(b)单边 V 形坡口;(c)V 形坡口;(d)U 形坡口;(e)K 形坡口;(f)X 形坡口

在焊缝的起弧灭弧处,常因不能熔透而出现凹形的焊口,在受力后易出现裂缝及应力集中。为此,施焊时常采用引弧板(图 3.11),焊后将它割除。对受静力荷载的结构设置引弧板或引出板有困难时,允许不设置,但进行焊缝受力计算时,需将焊缝实际长度减掉 $2t$(此处 t 为较薄焊件厚度)作为焊缝的计算长度。

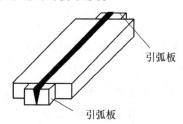

图 3.11 用引弧板焊接

在对接焊缝的拼接处,当焊件的宽度不同或厚度相差 4 mm 以上时,为了保证平缓过渡避免应力集中,焊件宽度或厚度方向应做成斜坡。承静力荷载时,坡度不大于 1:2.5,直接承受动力荷载且需要计算疲劳的结构,坡度应不大于 1:4,见图 3.12。

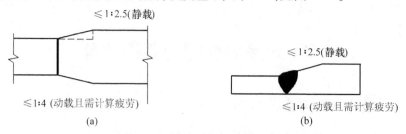

图 3.12 不同宽度或厚度钢板的拼接

(a)不同宽度;(b)不同厚度

3.3.2　对接焊缝的计算

对接焊缝的强度与所用钢材的牌号、焊条型号及焊缝质量检验标准等因素有关。

如果焊缝中不存在任何缺陷,焊缝金属的强度高于母材的强度。但是由于焊接技术问题,焊缝中有可能存在一切缺陷,如气孔、夹渣、咬边和未焊透等。实验证明,焊缝缺陷对对接焊缝的受压、受剪力学性能影响不大,可忽略不计;但对对接焊缝受拉的力学性能影响明显,当缺陷面积与焊件焊接面积之比超过5%时,对接焊缝的抗拉强度将明显下降。因此,在对接焊缝计算中当对接焊缝受压、受剪时,其强度值与母材强度相等;对接焊缝受拉时,由于三级检验的焊缝允许存在的缺陷较多,故其抗拉强度为母材强度的85%,而一、二级检验的焊缝的抗拉强度可认为与母材强度相等。因此,所有受压、受剪的对接焊缝以及受拉的一、二级焊缝,均与母材等强,不用计算,只有受拉的三级焊缝才需要进行计算。

由于对接焊缝是焊件截面的组成部分,焊缝中的应力分布情况基本上与焊件原来的情况相同,故可利用《材料力学》中的各种状态下构件强度的计算公式。

1. 轴心力作用时对接焊缝计算

轴心拉力和轴心压力作用下的对接焊缝,见图3.13,可按式(3-1)计算

$$\sigma = \frac{N}{l_w t} \leqslant f_c^w \text{ 或 } f_t^w \tag{3-1}$$

式中　N——轴心拉力或压力;

　　　l_w——焊缝的计算长度。无引弧板时,取实长减去$2t$,有引弧板时,取实长;

　　　t——对接接头中为焊件的较小厚度,T形接头中为腹板厚度;

　　　f_c^w, f_t^w——对接焊缝的抗拉、抗压强度设计值。

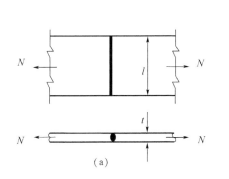 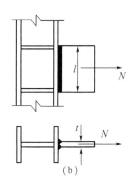

图3.13　直对接焊缝

(a)对接接头;(b)T形接头

当直焊缝不能满足强度要求时,可采用斜对接焊缝,见图3.14。图中所示的受轴心拉力作用的斜对接焊缝可按式(3-2)(3-3)计算

$$\sigma = \frac{N \cdot \sin\theta}{l_w t} \leqslant f_t^w \tag{3-2}$$

$$\tau = \frac{N \cdot \cos\theta}{l_w t} \leqslant f_v^w \tag{3-3}$$

式中　N——轴心拉力或压力;

　　　l_w——焊缝的计算长度。无引弧板时,$l_w = b/\sin\theta - 2t$;有引弧板时,$l_w = b/\sin\theta$;

f_v^w——对接焊缝抗剪强度设计值。

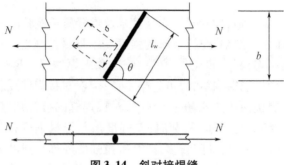

图 3.14　斜对接焊缝

当斜对接焊缝长度方向与轴力的夹角 $\theta \leqslant 56.3°$ 时，即 $\tan\theta \leqslant 1.5$ 时，可认为焊缝强度与母材等强，不用计算。

【例 3.2】

试设计如图 3.15 所示的对接焊缝。已知 $a = 550$ mm，$t = 22$ mm，$N = 2\,500$ kN。钢材 Q235B，手工焊，焊条为 E43 型，三级检验标准焊缝，加引弧板。

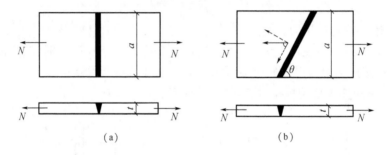

（a）　　　　　　　　　　（b）

图 3.15　【例 3.2】图

解：

（1）采用直缝，见图 3.15（a）。

由于焊接时采用了引弧板，直缝计算长度 $l_w = 550$ mm，查附表 B-3 得厚度 $t = 22$ 的对接焊缝抗拉强度值 $f_t^w = 175$ N/mm²，$f_v^w = 120$ N/mm²，焊缝正应力为

$$\sigma = \frac{N}{l_w t} = \frac{2\,500 \times 10^3}{550 \times 22} = 206.6 \text{ N/mm}^2 > f_t^w = 175 \text{ N/mm}^2$$

抗拉强度不满足要求。

（2）采用斜对接焊缝，见图 3.15（b）。取截割斜度为 1.5:1，即 $\theta = 56.3°$，焊缝计算长度 $l_w = \dfrac{550}{\sin 56.3°} = 661.1$ mm。故此时焊缝的正应力和剪应力分别为

$$\sigma = \frac{N\sin\theta}{a/\sin\theta \cdot t} = \frac{2\,500 \times 10^3 \times \sin 56.3°}{661.1 \times 22} = 143 \text{ N/mm}^2 < f_t^w = 175 \text{ N/mm}^2$$

$$\tau = \frac{N\cos\theta}{a/\sin\theta \cdot t} = \frac{2\,500 \times 10^3 \times \cos 56.3°}{661.1 \times 22} = 95.3 \text{ N/mm}^2 < f_v^w = 120 \text{ N/mm}^2$$

强度满足要求，这就说明当 $\tan\theta \leqslant 1.5$ 时，焊缝强度能满足要求，可不必计算。

2. 弯矩和剪力共同作用时对接焊缝计算

图 3.16 所示为对接焊缝受弯矩和剪力共同作用。图 3.16(a)焊接截面为矩形,根据力学分析,弯矩在截面上产生正应力,应力图形为三角形,边缘正应力最大;剪力在截面上产生剪应力,应力图形为抛物线形,截面中心处剪应力最大。焊缝应力最大值应分别满足式(3-4)、式(3-5)强度条件

$$\sigma_{max} = \frac{M}{W_w} = \frac{6M}{l_w^2 t} \leqslant f_t^w \qquad (3-4)$$

$$\tau_{max} = \frac{VS_w}{I_w t} = 1.5\frac{V}{l_w t} \leqslant f_v^w \qquad (3-5)$$

式中　W_w——焊缝截面模量;

　　　　S_w——焊缝计算剪应力处以上部分对中和轴的面积矩;

　　　　I_w——焊缝截面惯性矩;

　　　　t——板厚。

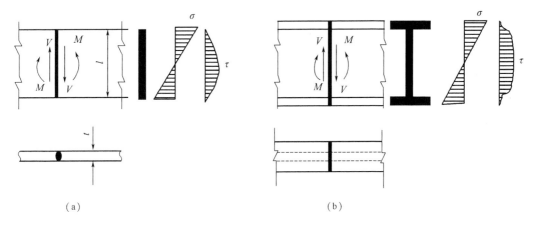

图 3.16　弯矩和剪力共同作用时对接焊缝应力分布

(a)矩形截面对接焊缝;(b)工字形截面对接焊缝

图 3.16(b)焊缝截面为工字形截面,弯矩在截面上产生正应力,应力图形为三角形,边缘正应力最大;剪力在截面上产生剪应力,边缘为零,腹板与翼缘交接处剪应力较大,截面中心处剪应力最大。对于工字形截面$\frac{I}{S} \approx \frac{h}{(1.1 \sim 1.2)}$,可得最大剪应力 $\tau_{max} = (1.1 \sim 1.2)$ $\frac{V}{ht_w} \leqslant f_v$,故可偏安全地取系数 1.2 估算最大剪应力。焊缝应力最大值应分别满足式(3-6)、式(3-7)强度条件

$$\sigma_{max} = \frac{M}{W_n} \leqslant f_t^w \qquad (3-6)$$

$$\tau_{max} = \frac{VS_w}{I_w t} = 1.2\frac{V}{A_f} \leqslant f_v^w \qquad (3-7)$$

除此之外,对于同时受有较大正应力和剪应力处,例如腹板与翼缘交接处,还应按式(3-8)验算折算应力

$$\sigma_{eq} = \sqrt{\sigma_1^2 + 3\tau_1^2} \leqslant 1.1f_t^w \qquad (3-8)$$

式中 σ_1, τ_1——验算点处的焊缝正应力和剪应力;

    1.1   ——考虑到最大折算应力只在局部出现,而将强度设计值适当提高的系数。

3. 轴力、弯矩和剪力共同作用时对接焊缝计算

当轴心力与弯矩、剪力联合作用时(图3.17),轴心力和弯矩在焊缝中引起的正应力进行叠加,剪应力仍按式(3-7)验算,折算应力按式(3-9)验算

$$\sigma_{eq} = \sqrt{(\sigma_1^N + \sigma_1^M)^2 + 3\tau_1^2} \leq 1.1 f_t^w \qquad (3-9)$$

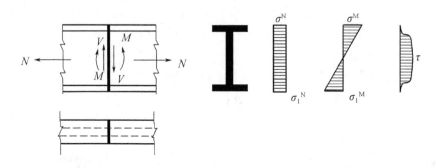

图3.17   轴心力、弯矩和剪力共同作用时工字形截面对接焊缝应力分布

【例3.3】

验算如图3.18所示牛腿与柱连接的对接焊缝。已知:$F = 300$ kN(设计值),钢材 Q235,焊条 E43,焊缝为三级检验标准,施焊时无引弧板。

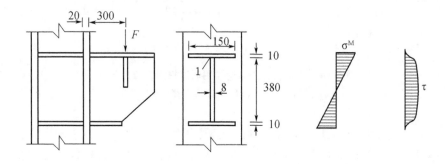

图3.18   【例3.3】图

解:牛腿与柱的连接焊缝承受偏心力 F 产生的弯矩 M 与剪力 V 共同作用

将竖向力 F 向焊缝截面形心简化

$$M = F \cdot e = 300 \text{ kN} \times 300 \text{ mm} = 90 \times 10^6 \text{ N} \cdot \text{mm}$$

$$V = F = 300 \text{ kN} = 300 \times 10^3 \text{ N}$$

2. 计算焊缝截面几何特征

$$I_w = \frac{1}{12} \times 150 \times 400^3 - \frac{1}{12} \times (150 - 8) \times 380^3 = 150.7 \times 10^6 \text{ mm}^4$$

$$W_w = \frac{2I_w}{h} = \frac{2 \times 150.7 \times 10^6}{400} = 753.5 \times 10^3 \text{ mm}^3$$

截面形心处 $S_w = 150 \times 10 \times 195 + 190 \times 8 \times 95 = 436\,900 \text{ mm}^3$

翼缘和腹板连接处 $S_1 = 150 \times 10 \times 195 = 292\,500 \text{ mm}^3$

3. 焊缝强度计算

翼缘处：$\sigma_{max} = \dfrac{M}{W_w} = \dfrac{90 \times 10^6 \text{N} \cdot \text{mm}}{753.5 \times 10^3 \text{ mm}^3} = 119.4 \text{ N/mm}^2 < f_t^w = 185 \text{ N/mm}^2$

截面形心处：$\tau_{max} = \dfrac{V \cdot S}{I_w \cdot t} = \dfrac{300 \times 10^3 \text{N} \times 436\,900 \text{ mm}^3}{150.7 \times 10^6 \text{ mm}^4 \times 8 \text{ mm}} = 108.7 \text{ N/mm}^2 < f_v^w =$

125 N/mm^2

翼缘和腹板连接处

$$\sigma_1 = \sigma_{max} \cdot \frac{h_0}{h} = 119.4 \times \frac{380}{400} = 113.4 \text{ N/mm}^2$$

$$\tau_1 = \frac{V S_1}{I_w t} = \frac{300 \times 10^3 \times 292\,500}{150.7 \times 10^6 \times 8} = 72.8 \text{ N/mm}^2$$

折算应力

$$\sigma_{eq} = \sqrt{\sigma_1^2 + 3\tau_1^2} = \sqrt{113.4^2 + 3 \times 72.8^2} = 169.6 \text{ N/mm}^2 < 1.1 f_t^w = 203.5 \text{ N/mm}^2$$

此连接满足强度要求。

3.4　角焊缝的构造和计算

3.4.1　角焊缝的构造

1. 角焊缝的形式和强度

角焊缝是最常用的焊缝,角焊缝按其与作用力的关系可分为正面角焊缝、侧面角焊缝以及斜焊缝。正面角焊缝的焊缝与作用力垂直;侧面角焊缝的焊缝长度方向与作用力平行;斜焊缝的焊缝长度方向与作用力方向斜交。焊缝按其截面形式又可分为直角角焊缝和斜角角焊缝。

当角焊缝的两焊脚边夹角为90°时,称为直角角焊缝,直角边边长 h_f 称为角焊缝的焊脚尺寸,$h_e = 0.7 h_f$ 为直角焊缝横截面的内接等腰三角形的最短距离,称为焊缝的有效厚度,见图 3.19。图 3.19(a)为表面微凸的等腰直角三角形,施焊方便,是最常用的一种角焊缝形式,但是不能用于直接承受动荷载的结构中。在直接承受动力荷载的结构中,正面角焊

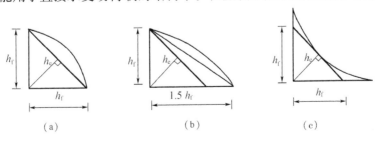

图 3.19　直角角焊缝截面

(a)普通型;(b)平坦型;(c)凹面式(深熔型)

缝宜采用图 3.19(b)所示的两焊脚尺寸比例为 1∶1.5 的平坦型,且长边沿内力方向;侧面角焊缝则采用图 3.19(c)所示的凹面式直角角焊缝。

两焊脚边的夹角 $\alpha > 90°$ 或 $\alpha < 90°$ 的焊缝称为斜角角焊缝,见图 3.20。斜角角焊缝常用于钢漏斗和钢管结构中。对于夹角 $\alpha > 135°$ 或 $\alpha < 60°$ 的斜角角焊缝,除钢管结构外不宜用作受力焊缝。

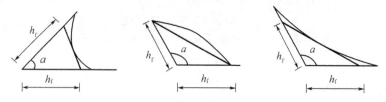

图 3.20　斜角角焊缝截面

2.角焊缝构造要求

(1)最小焊脚尺寸

角焊缝的焊脚尺寸不能过小,否则焊接时产生的热量较小,而焊件厚度较大,致使施焊时冷却速度过快,产生淬硬组织,容易形成裂纹。因此《钢结构设计规范》(GB 50017—2003)规定:角焊缝的焊脚尺寸 h_f 不得小于 $1.5\sqrt{t}$,t 为较厚焊件的厚度(当采用低氢型碱性焊条施焊时,t 可采用较薄焊件的厚度)。焊脚尺寸取毫米的整数,小数点以后都进 1 mm。

如采用埋弧自动焊,熔深大,最小焊脚尺寸可减小 1 mm;对 T 形连接的单面角焊缝,应增加 1 mm。当焊件厚度 $t \le 4$ mm 时,最小焊脚尺寸应与焊件厚度相同。

(2)最大焊脚尺寸

角焊缝的焊脚不宜过大,过大会使焊件产生较大焊接应力和焊接变形,而且容易烧穿较薄焊件,因此《钢结构设计规范》(GB 50017—2003)规定:焊脚尺寸 $h_f \le 1.2 t_{min}$,t_{min} 为较薄焊件的厚度(钢管结构除外)如图 3.21(a)所示。

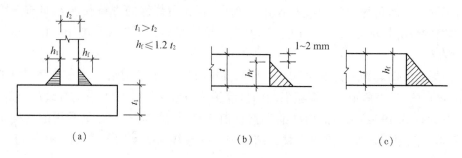

图 3.21　最大焊角尺寸

对于板件厚度为 t 的边缘角焊缝,为了避免咬边现象,最大焊脚尺寸尚应符合下列要求:

①当板件厚度 $t > 6$ mm 时,$h_f \le t - (1 \sim 2)$ mm,见图 3.21(b);

②当板件厚度 $t \le 6$ mm 时,$h_f \le t$(图 3.21(c))。

圆孔或槽孔内的角焊缝尺寸尚不宜大于圆孔直径或槽孔短径的 1/3。

在进行钢结构焊接连接设计时,可根据最大焊脚尺寸和最小焊脚尺寸的要求选定合适的焊脚尺寸进行施焊,一般角焊缝的两焊脚尺寸是相等的,但当焊件的厚度相差较大且等焊脚尺寸不能满足最大和最小焊脚尺寸的规定时,可采用不等焊脚尺寸,见图3.22。

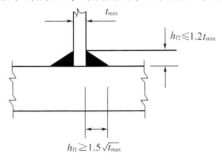

图3.22　不等焊脚尺寸

3.角焊缝的最小计算长度

侧面角焊缝的焊脚尺寸大而长度过小时,见图3.23(a),焊件局部加热严重,焊缝起灭弧所引起的缺陷相距太近,加上焊缝中可能产生的其他缺陷(气孔、加渣等),使焊缝不够可靠。此外,侧面角焊缝多用于搭接连接,作用力对焊缝有偏心,图3.23(b),在水平方向产生偏心弯矩 Ne_1;在竖直方向产生偏心弯矩 Ne_2。如果焊缝长度过小,这些偏心弯矩影响较大,降低焊缝承载能力。因此,为了使焊缝能够有一定的承载能力,规范规定,侧面角焊缝或正面角焊缝的计算长度 $l_w \geqslant 8h_f$ 及 40 mm,考虑焊缝两端的缺陷,其最小实际焊接长度为 $8h_f + 2h_f$。

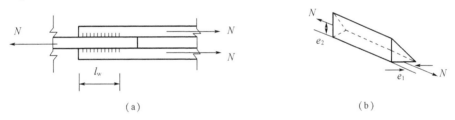

图3.23　侧面角焊缝的最小计算长度

4.侧面角焊缝的最大计算长度

侧面角焊缝在弹性阶段沿长度方向受力不均匀,两端大而中间小。焊缝越长差别越大,应力集中越明显,见图3.24(a)。当焊缝长度达到一定的长度后,可能破坏首先发生在焊缝两端,此时焊缝中部还没有充分发挥其承载力。故一般规定侧面角焊缝的计算长度 $l_w \leqslant 60h_f$。当实际长度大于上述限值时,其超过部分在计算中不予考虑。若内力沿侧面角焊缝全长分布(图3.24(b)),例如焊接梁翼缘板与腹板的连接焊缝,计算长度可不受上述限制。

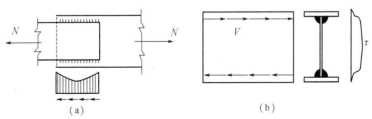

图3.24　侧面角焊缝应力状态

5. 搭接连接的构造要求

当板件端部仅采用两侧面角焊缝连接时,见图 3.25,试验结果表明,连接的承载力与 b/l_w 有关。b 为两侧焊缝的距离,l_w 为侧焊缝长度。当 $b/l_w>1$ 时,连接的承载力随着 b/l_w 比值的增大而明显下降。这主要是因为应力传递的过分弯折使构件中应力分布不均匀造成的。为使连接强度不致过分降低,应使每条侧焊缝的长度不宜小于两侧面角焊缝之间的距离,即 $b/l_w \leqslant 1$。为了避免因焊缝横向收缩引起板件发生较大拱曲,两侧面角焊缝之间的距离 b 也不宜大于 $16\,t\,(t>12\ \text{mm})$ 或 $190\ \text{mm}\,(t \leqslant 12\ \text{mm})$,$t$ 为较薄焊件的厚度。

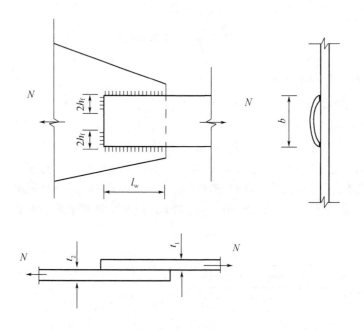

图 3.25　焊缝长度及两侧焊缝间距

在搭接连接中,当仅采用正面角焊缝时(图3.26),其搭接长度不得小于焊件较小厚度的 5 倍,也不得小于25 mm,以免焊缝受偏心弯矩影响太大而破坏。

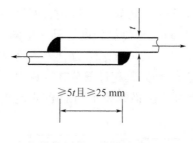

图 3.26　搭接连接

杆件端部搭接采用三面围焊时,在转角处截面突变,会产生应力集中,如在此处起灭弧,可能出现弧坑或咬肉等缺陷,从而加大应力集中的影响。故所有围焊的转角处必须连续施焊。对于非围焊情况,当角焊缝的端部在构件转角处时,可连续地作长度为 $2h_f$ 的绕角焊,见图3.27。

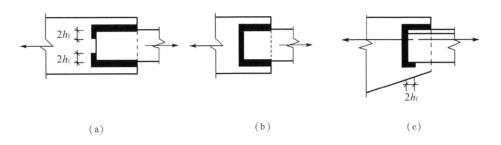

(a)　　　　　　　　　　(b)　　　　　　　　　　(c)

图 3.27　杆件与节点板的焊缝连接

　　杆件与节点板的连接焊缝宜采用两侧焊缝（图 3.27(a)），也可采用三面围焊（图 3.27(b)），对角钢杆件可采用 L 型围焊（图 3.27(c)），所有围焊的转角处也必须连续施焊。

3.4.2　直角角焊缝的基本计算公式

1. 角焊缝的应力状态

　　在图 3.28(a)所示的侧面角焊缝在轴心力 N 作用下，主要承受剪力，因构件的内力传递集中到侧面，力线发生弯折，剪应力沿焊缝长度分布不均匀，两端大中间小，l_w/h_f 越大剪应力分布越不均匀，如图 3.28(b)所示。因此，侧面角焊缝破坏常常是由两端开始，在出现裂纹后，通常沿着 45°喉部截面迅速断裂。侧面角焊缝强度相对较低，但塑性性能较好。

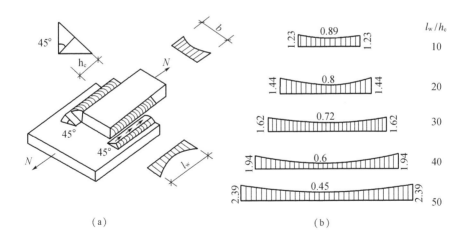

(a)　　　　　　　　　　　　　　　(b)

图 3.28　侧面角焊缝应力分布

　　正面角焊缝受力复杂，见图 3.29(a)，截面的各面均存在正应力和剪应力，在根部应力集中严重，故裂缝首先在此产生，随即整条焊缝断裂，破坏面不规则，除了沿着 45°喉部截面外（图 3.29(b)），也可能沿焊缝的两熔合边破坏（图 3.29(c)）。正面角焊缝刚度大，塑性较差，但强度较高，与侧面角焊缝相比可高出 35% ～55% 以上。

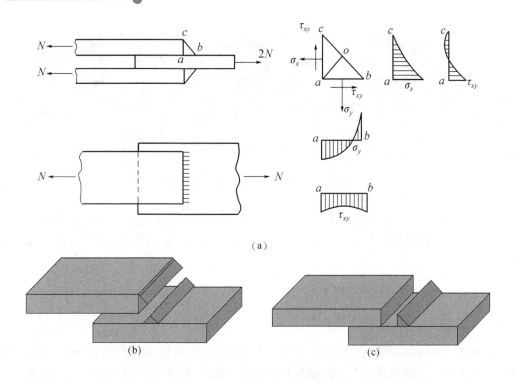

图 3.29 正面角焊缝应力分布及破坏形式

(a)正面角焊缝应力状态;(b)喉部截面破坏;(c)熔合边破坏

由图 3.30 可以看出,斜焊缝的受力性能介于正面角焊缝和侧面角焊缝之间。

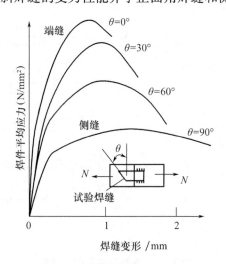

图 3.30 角焊缝强度与变形关系

2. 直角角焊缝的基本计算公式推导

图 3.31 所示为直角角焊缝的截面。试验表明,直角角焊缝的破坏面通常发生在 45°方向的最小截面,此截面称为直角角焊缝的有效截面或计算截面。其宽度 $h_e = h_f \cos 45° \approx 0.7 h_f$。作用于焊缝有效截面上的应力如图 3.32 所示,这些应力包括:垂直于焊缝有效截面

的正应力 $\sigma_\perp$，垂直于焊缝长度方向的剪应力 $\tau_\perp$，以及沿焊缝长度方向的剪应力 $\tau_{/\!/}$。

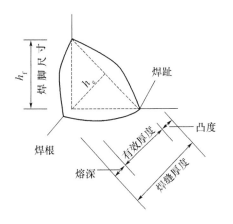

图 3.31　直角角焊缝截面

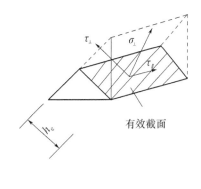

图 3.32　角焊缝有效截面上的应力

在 $\sigma_\perp$，$\tau_\perp$ 和 $\tau_{/\!/}$ 作用下角焊缝处于复杂应力状态，按照强度理论进行折算应力，得角焊缝的计算公式：

$$\sqrt{\sigma_\perp^2 + 3(\tau_\perp^2 + \tau_{/\!/}^2)} \leqslant \sqrt{3} f_f^w \qquad (3-9)$$

式中 f_f^w 为规范规定的角焊缝强度设计值。由于 f_f^w 是由角焊缝的抗剪条件确定的，所以乘以 $\sqrt{3}$ 换成角焊缝的抗拉强度设计值。

采用公式(3-9)进行计算，即使是简单的外力作用下，都要花费时间求出有效截面上的应力分量 $\sigma_\perp$，$\tau_\perp$，$\tau_{/\!/}$，所以我国规范采用了下述方法进行了简化。

以图 3.33(a)的受力情况为例。焊缝承受互相垂直的 N_y 和 N_x 两个轴心力作用。N_y 在焊缝有效截面上产生垂直于焊缝一个直角边的应力 σ_f，该应力对于有效截截面既不是正应力也不是剪应力，而是 $\sigma_\perp$ 和 $\tau_\perp$ 的合应力。

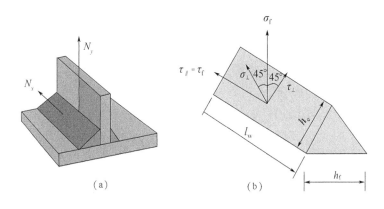

(a)　　　　　　　　　　　(b)

图 3.33　直角角焊缝的计算

其中，$\sigma_f = \dfrac{N_y}{h_e l_w}$

由图 3.33(b)知，对于直角角焊缝：

$$\sigma_\perp = \tau_\perp = \frac{\sigma_f}{\sqrt{2}}$$

沿焊缝长度方向的分力 N_x 在焊缝有效截面上产生平行于焊缝长度方向的剪应力

$$\tau_f = \tau_\parallel = \frac{N_x}{h_e l_w}$$

代入(3-9)得

$$\sqrt{\left(\frac{\sigma_f}{\sqrt{2}}\right)^2 + 3\left(\frac{\sigma_f}{\sqrt{2}}\right)^2 + 3\tau_f^2} \leqslant \sqrt{3} f_f^w$$

令 $\beta_f = \sqrt{3/2} = 1.22$，整理得角焊缝基本计算公式

$$\sqrt{\left(\frac{\sigma_f}{\beta_f}\right)^2 + \tau_f^2} \leqslant f_f^w \qquad (3-10)$$

式中 β_f——正面角焊缝的强度增大系数；对承受静力荷载和间接承受动力荷载的结构，$\beta_f = 1.22$；对于直接承受动荷载结构中的焊缝，由于正面角焊缝的刚度大，韧性差，应将其强度降低使用，取 $\beta_f = 1.0$。

公式(3-10)是角焊缝的基本计算公式，可适用于任何受力状态的角焊缝计算。当焊缝有效截面上不与焊缝长度方向垂直或者平行时，只要将焊缝应力分解为垂直于焊缝长度方向的应力 σ_f 和平行于焊缝长度方向的应力 τ_f，即可进行计算。

对正面角焊缝，相当于图 3.33(a)中 $N_x = 0$，即 $\tau_f = 0$，其计算式为

$$\sigma_f = \frac{N}{h_e l_w} = \frac{N}{0.7 h_f l_w} \leqslant \beta_f f_f^w \qquad (3-11)$$

对侧面角焊缝，相当于图 3.33(a)中 $N_y = 0$，即 $\sigma_f = 0$，其计算式为

$$\tau_f = \frac{N}{h_e l_w} = \frac{N}{0.7 h_f l_w} \leqslant f_f^w \qquad (3-12)$$

3.4.3　各种受力状态下角焊缝连接的计算

1. 轴心力作用下角焊缝连接的计算

(1)用盖板的对接连接

图 3.34 所示用盖板的对接连接中，当焊件受轴心力作用，且轴心力通过连接焊缝中心时，可认为焊缝应力是均匀分布的。

当只采用侧面角焊缝①连接时，按式(3-12)计算

$$\tau_f = \frac{N}{h_e l_w} = \frac{N}{0.7 h_{f1} l_{w1}} \leqslant f_f^w$$

当只采用正面角焊缝②连接时，按式(3-11)计算

$$\sigma_f = \frac{N}{h_e l_w} = \frac{N}{0.7 h_{f2} l_{w2}} \leqslant \beta_f f_f^w$$

当采用三面围焊时，可假定认为焊缝破坏时全截面达到承载力极限状态，所以先求出正面角焊缝②承担的极限内力

$$N_2 = \beta_f f_f^w \sum 0.7 h_{f2} l_{w2}$$

式中：$\sum l_{w2}$——连接一侧正面角焊缝计算长度的总和；

再求出需侧面角焊缝①的内力:$N_1 = N - N_2$,从而计算出侧面角焊缝①的强度

$$\tau_f = \frac{N - N_2}{\sum 0.7 h_{f1} l_{w1}} \leqslant f_f^w$$

式中,$\sum l_{w1}$ 为侧面角焊缝计算长度的总和。

若求侧面角焊缝①所需焊缝长度,可用下式计算

$$\sum l_{w1} \geqslant \frac{N - N_2}{0.7 h_{f1} f_f^w} \tag{3-13}$$

(2)承受斜向轴心力的角焊缝连接计算

图 3.35 所示受斜向轴心力的角焊缝连接,有两种计算办法。

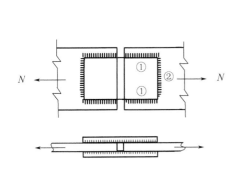

图 3.34　受轴心力的盖板连接

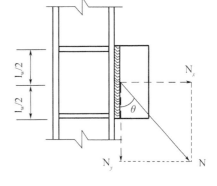

图 3.35　斜向轴心力作用

①分力法

将 N 力分解为垂直于焊缝长度的分力 $N_x = N \cdot \sin\theta$ 和沿焊缝长度的分力 $N_y = N \cdot \cos\theta$,则

$$\sigma_f = \frac{N \cdot \sin\theta}{\sum h_e l_w},\ \tau_f = \frac{N \cdot \cos\theta}{\sum h_e l_w} \tag{3-14}$$

代入公式(3-10)中进行计算。

②直接法

不将 N 力分解,按下列方法导出的计算式直接进行计算,将公式(3-14)的 σ_f 和 τ_f 代入公式(3-10)中,得到

$$\sqrt{\left(\frac{N \cdot \sin\theta}{\beta_f \sum h_e l_w}\right)^2 + \left(\frac{N \cdot \cos\theta}{\sum h_e l_w}\right)^2} \leqslant f_f^w$$

$\beta_f^2 = 1.22^2 \approx 1.5$,得:$\dfrac{N}{\sum h_e l_w} \sqrt{\dfrac{\sin^2\theta}{1.5} + \cos^2\theta} = \dfrac{N}{\sum h_e l_w} \sqrt{1 - \dfrac{\sin^2\theta}{3}} \leqslant f_f^w$

令 $\beta_{f\theta} = \dfrac{1}{\sqrt{1 - \dfrac{\sin^2\theta}{3}}}$,则斜焊缝的计算公式为

$$\frac{N}{\beta_{f\theta} \sum h_e l_w} \leqslant f_f^w \tag{3-15}$$

式中 θ ——为作用力与焊缝长度方向的夹角;

$\beta_{f\theta}$ ——为斜焊缝强度增大系数(或有效截面增大系数),其值介于1.0~1.22之间。

讨论:当 $\theta = 0°$ 时,即为侧面角焊缝受轴力作用情况,$\beta_{f\theta} = 0$;

当 $\theta = 90°$ 时,即为正面角焊缝受轴力作用情况,$\beta_{f\theta} = 1.22$;

当 $\theta = 0° \sim 90°$ 时,即为斜焊缝受轴力作用情况,$\beta_{f\theta} = 0 \sim 1.22$。

(3)承受轴心力的角钢角焊缝计算

在钢桁架中,弦杆和腹杆一般采用双角钢组成的T形截面,由节点板采用角焊缝连接,如图3.36。

在节点板与角钢的连接中,连接焊缝可采用两侧焊缝,见图3.36(a),也可采用三面围焊,见图3.36(b),特殊情况也允许采用L形围焊,图3.36(c)。对承受轴心力的连接,为了避免偏心受力,焊缝所传递内力的合力作用线应与角钢轴线重合。

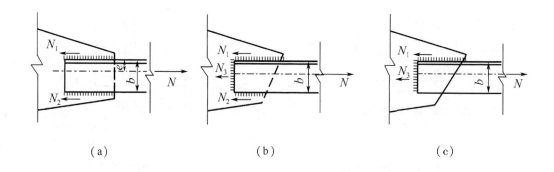

(a)   (b)   (c)

图 3.36 桁架腹杆节点板的连接

(a)两侧焊;(b)三面围焊;(c)L形围焊

①对于三面围焊,图3.36(b),认为焊缝破坏时全截面达到极限状态,因此先求出端部正面角焊缝的极限承载力

$$N_3 = 2 \times 0.7h_{f3}b\beta_f f_f^w \tag{3-16}$$

由平衡条件($\sum M = 0$)得

$$N_1 = \frac{N(b-e)}{b} - \frac{N_3}{2} = k_1 N - \frac{N_3}{2} \tag{3-17}$$

$$N_2 = \frac{Ne}{b} - \frac{N_3}{2} = k_2 N - \frac{N_3}{2} \tag{3-18}$$

式中 N_1, N_2 ——角钢肢背和肢尖的侧面角焊缝所分担的轴力;

e ——角钢的形心距;

k_1, k_2 ——角钢肢背和肢尖焊缝的内力分配系数,可按表3.3近似值采用。

②对于两侧焊缝,图3.36(a),因 $N_3 = 0$,故:

$$N_1 = k_1 N \tag{3-19}$$

$$N_2 = k_2 N \tag{3-20}$$

表 3.3 角钢角焊缝的内力分配系数表

角钢种类	连接情况	角钢肢背 k_1	角钢肢尖 k_2
等边角钢		0.70	0.30
不等边角钢(短边连接)	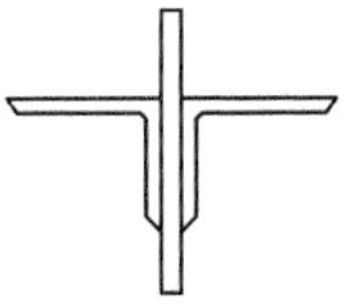	0.75	0.25
不等边角钢(长边连接)		0.65	0.35

根据公式(3-19)、(3-20)求出角钢肢背、肢尖焊缝所受内力后,按构造要求假定肢背和肢尖焊缝的焊脚尺寸,即可求出焊缝所需的计算长度

$$l_{w1} \geqslant \frac{N_1}{2 \times 0.7 h_{f1} f_f^w} \qquad (3-21)$$

$$l_{w2} \geqslant \frac{N_2}{2 \times 0.7 h_{f2} f_f^w} \qquad (3-22)$$

式中 h_{f1}, l_{w1}——一个角钢肢背上的侧面角焊缝的焊脚尺寸及计算长度;

h_{f2}, l_{w2}——一个角钢肢尖上的侧面角焊缝的焊脚尺寸及计算长度。

考虑到每条焊缝两端的起灭弧缺陷,焊缝实际长度应为计算长度加 $2h_f$;对于三面围焊,每条侧面角焊缝只有一个缺陷,故侧面角焊缝实际长度为计算长度加 h_f;对于采用绕角焊的正面角焊缝实际长度等于计算长度。

③对 L 形围焊,图 3.36(c),由于只有正面角焊缝和角钢肢背上的侧面角焊缝,可令公式(3-18)中 $N_2 = 0$,得

$$N_3 = 2k_2 N \qquad (3-23)$$

$$N_1 = N - N_3 \qquad (3-24)$$

角钢肢背上的角焊缝计算长度可按式(3-21)计算,角钢端部正面角焊缝的长度已知,可按下式计算其焊脚尺寸

$$h_{f3} \geqslant \frac{N_3}{2 \times 0.7 \times l_{w3} \beta_f f_f^w} \qquad (3-25)$$

【例 3.4】

设计图 3.37 盖板的对接连接。板宽度 $B = 270$ mm,厚度 28 mm,盖板厚度 16 mm。钢材 Q235B,手工焊,焊条 E43,承受静态轴力设计值 $N = 1\,400$ kN。

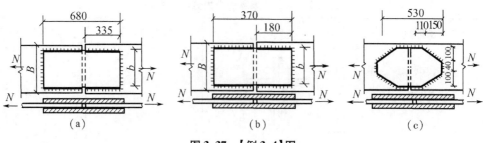

图 3.37 【例 3.4】图

解:

1. 焊缝的焊脚尺寸 h_f 的确定

由于此处的焊缝在板件边缘施焊,且拼接盖板厚度 $t_2 = 16\ mm > 6\ mm$,则

$$h_{fmax} = t - (1 \sim 2)mm = 16 - (1 \sim 2)mm = 15\ mm\ \text{或}\ 14\ mm$$

$$h_{fmin} = 1.5\sqrt{t_{max}} = 1.5\sqrt{28} = 7.9\ mm$$

取 $h_f = 10\ mm$,查附表 B-3 得角焊缝强度设计值 $f_f^w = 160\ N/mm^2$

方案 A. 采用两面侧焊缝,连接一侧所需焊缝总计算长度为 $\sum l_w = \dfrac{N}{h_e f_f^w} = \dfrac{1400 \times 10^3}{0.7 \times 10 \times 160} = 1\ 250\ mm$

此对接连接上下两块拼接盖板,共有 4 条焊缝,一条焊缝的计算长度为

$$l_{w1} = \frac{\sum l_w}{4} = \frac{1\ 250}{4} = 313\ mm < 60h_f = \ mm$$

$$l = l_{w1} + 2h_f = 333\ mm$$

实际长度取 335 mm。

所需盖板长度 $L = 2l + 10 = 2 \times 335 + 10 = 680\ mm$(10 mm 为两盖板连接钢板的间隙)

查附录 B 得,盖板强度设计值 $f' = 215\ N/mm^2$($t = 16\ mm$),钢板强度 $f = 250\ N/mnm^2$($t = 28\ mm$)。

根据强度要求,盖板面积 A' 需满足

$$A'f' = 2 \times b \times 16 \times 215 \geqslant 270 \times 28 \times 205,\text{得}\ b \geqslant 225\ mm。$$

根据焊缝构造要求,$b < 16t = 256\ mm$ 且 $b \leqslant l_w = 313\ mm$,实际盖板宽度 B 取 240 mm。

故选盖板尺寸为 $-680 \times 240 \times 16$。

方案 B. 采用三面围焊,如图 3.37(b),盖板宽度和厚度分别为 240 mm,16 mm。

正面焊缝承担的轴心力为 $N_3 = 0.7h_f \sum l_{w3}\beta_f f_f^w = 0.7 \times 10 \times 2 \times 240 \times 1.22 \times 160 = 655.872\ kN$

侧面焊缝的计算长度为

$l_{w1} = (N - N_3)/(4 \times 0.7h_f f_f^w) = (1\ 400\ 000 - 655\ 872)/(2.8 \times 10 \times 160) = 166\ mm$

取实际长度为 180 mm,盖板长度为 370 mm。

可见围焊方案盖板尺寸较小,受力也好。

方案 C. 采用菱形盖板

为了减少矩形盖板四角处的应力集中,改成如图 3.37(c)中所示的菱形盖板。

正面焊缝能承受的内力

$$N_1 = 2 \times 0.7 h_f l_{w1} \beta_f f_f^w = 2 \times 0.7 \times 10 \times 40 \times 1.22 \times 160 = 109.31 \text{ kN}$$

侧面焊缝正面焊缝能承受的内力

$$N_2 = 4 \times 0.7 h_f l_{w2} f_f^w = 4 \times 0.7 \times 10 \times (110 - 10) \times 160 = 448.0 \text{ kN}$$

斜焊缝承受的内力

$$\theta = \arctan \frac{100}{150} = 33.7, \beta_{f\theta} = 1 / \sqrt{1 - \sin^2 \theta / 3} = 1.06$$

$$N_3 = 4 \times 0.7 h_f l_{w3} \beta_{f\theta} f_f^w = 4 \times 0.7 \times 10 \times 180 \times 1.06 \times 160 = 854.8 \text{ kN}$$

$$\sum N = 109.3 + 448.0 + 854.8 = 1\,412 \text{ kN} > 1\,400 \text{ kN}$$

菱形盖板方案的盖板长度比三面围焊方案有所增加,但焊缝受力情况有较大改善。

【例3.5】

试设计如图3.38(a)所示角钢与连接板的连接。已知:轴心力设计值 $N = 1200$ kN,角钢为 $2 \llcorner 125 \times 80 \times 10$,节点板厚度为 8 mm,钢材 Q235,焊条 E43 型,手工焊。

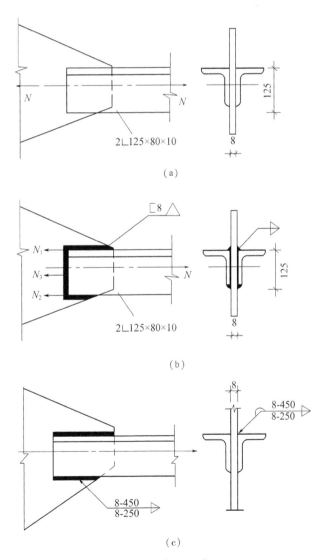

图3.38　【例3.5】图

【解】

方案 1. 采用三面围焊缝,如图 3.38(b)。

①确定焊脚尺寸

$$h_{fmin} = 1.5\sqrt{t} = 1.5 \times \sqrt{10} = 4.7 \text{ mm}$$

$$h_{fmax} = 1.2t = 1.2 \times 8 = 9.6 \text{ mm}$$

肢尖贴边焊,属于边缘角焊缝

$$h_{fmax} = t - (1 \sim 2) \text{ mm} = 10 - (1 \sim 2) \text{ mm} = 8 \text{ mm 或 } 9 \text{ mm}$$

取焊脚高度 $h_f = 8$ mm(肢背、肢尖相同)

②计算焊缝承受内力

正面角焊缝能承受的内力

$$N_3 = 2h_e l_{w3}\beta_f f_f^w = 2 \times 0.7 \times 8 \times 125 \times 1.22 \times 160 = 273.3 \text{ kN}$$

肢背焊缝承受内力

$$N_1 = k_1 N - N_3/2 = 0.65 \times 1\,200 - 273.3/2 = 643.35 \text{ kN}$$

肢尖焊缝承受内力

$$N_2 = k_2 N - N_3/2 = 0.35 \times 1\,200 - 273.3/2 = 283.35 \text{ kN}$$

③计算焊缝长度

肢背肢尖焊缝计算长度

$$l_{w1} = N_1/2h_e f_f^w = 643.35 \times 10^3/(2 \times 0.7 \times 8 \times 160) = 359.01 \text{ mm}$$

$$l_{w2} = N_2/2h_e f_f^w = 283.35 \times 10^3/(2 \times 0.7 \times 8 \times 160) = 158.12 \text{ mm}$$

焊缝实际长度取

$$l_1 = 359 + h_f = 367 \text{ mm},\text{取 } 370 \text{ mm}$$

$$l_2 = 158 + h_f = 166 \text{ mm},\text{取 } 170 \text{ mm}$$

方案 2. 采用两侧焊缝,如图 3.38(c),取焊脚高度 $h_f = 8$ mm

①肢背受力:$N_1 = 0.65N = 0.65 \times 1\,200$ kN $= 780$ kN

肢尖受力:$N_2 = 0.35N = 0.35 \times 1\,200$ kN $= 420$ kN

②计算焊缝长度:

肢背:$l_{w1} = N_1/2h_e f_f^w = 780 \times 10^3/(2 \times 0.7 \times 8 \times 160) = 435.27$ mm

$8h_f = 64$ mm $< l_{w1} = 435.27$ mm $< 60h_f = 480$ mm,满足构造要求。

肢尖:$l_{w2} = N_2/2h_e f_f^w = 420 \times 10^3/(2 \times 0.7 \times 8 \times 160) = 234.38$ mm

$8h_f = 64$ mm $< l_{w2} = 234.38$ mm $< 60h_f = 480$ mm,满足构造要求。

如焊缝端部采用 $2h_f$ 的绕角焊(如图 3.27(a)所示)

肢背焊缝长度:$l_1 = l_{w1} = 435.27$ mm,取 440 mm

肢尖焊缝长度:$l_2 = l_{w2} = 234.38$ mm,取 240 mm

如焊缝端部未采用绕角焊

肢背焊缝长度:$l_1 = l_{w1} + 2h_f = 435.27$ mm $+ 2 \times 8$ mm $= 451.27$ mm,取 450 mm

肢尖焊缝长度:$l_2 = l_{w2} + 2h_f = 234.38$ mm $+ 2 \times 8$ mm $= 250.38$ mm,取 250 mm

3. 采用 L 型焊缝

$$N_2 = 0$$

$$N_3 = 2 \times k_2 N = 2 \times 0.35 \times 1200 = 840 \text{ kN}$$

$$h_{f3} \geqslant \frac{N_3}{2 \times 0.7\beta_f bf_f^w} = \frac{840 \text{ kN}}{2 \times 0.7 \times 1.22 \times 80 \text{ mm} \times 160 \text{ N/mm}^2} = 38.42 \text{ mm} > h_{fmax} = 9 \text{ mm}$$

因此,不能采用 L 形焊。

L 形焊的尺寸一般较难符合构造要求,实用意义不大。

2. 弯矩、轴力和剪力共同作用下角焊缝连接计算

弯矩、剪力和轴力作用下角焊缝的计算,根据焊缝所处位置和刚度等因素确定。计算步骤:①首先将作用力分解为轴力、剪力、弯矩;②求出单独外力作用下角焊缝的应力,并判断该应力对焊缝产生端缝受力(垂直于焊缝长度方向),还是侧缝受力(平行于焊缝长度方向)。③ 采用叠加原理,将各种外力作用下的焊缝应力进行叠加。叠加时注意应取焊缝截面上同一点的应力进行叠加,而不能用各种外力作用下产生的最大应力进行叠加。因此,应根据单独外力作用下产生的应力分布情况判断最危险点进行计算。

图 3.39 所示柱间支撑上端与柱的连接,节点板与柱采用角焊缝连接,双面角焊缝承受偏心斜拉力作用。

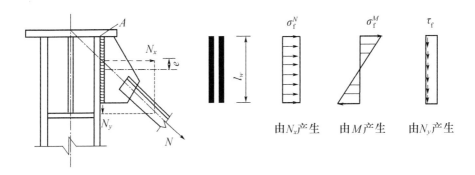

图 3.39　柱间支撑上端与柱的连接

计算时首先将作用力 N 分解为 N_x 和 N_y 两个分力。角焊缝同时承受轴心力 N_x、剪力 N_y 和弯矩 $M = N_x \cdot e$ 的共同作用。分别计算出各种外力单独作用时焊缝计算截面上的应力分布,如图 3.39 所示。

轴心 N_x 拉力产生的应力

$$\sigma_f^N = \frac{N_x}{A_e} = \frac{N_x}{2 \times 0.7h_f l_w}$$

由弯矩 M 产生的应力:

$$\sigma_f^M = \frac{M}{W_e} = \frac{6M}{2 \times 0.7h_f l_w^2}$$

剪力 N_y 在 A 点处产生平行于焊缝长度方向的应力

$$\tau_f = \frac{N_y}{A_e} = \frac{N_y}{2 \times 0.7h_f l_w}$$

式中　l_w——焊缝的计算长度,为实际长度减去 $2h_f$。

可以判断出图中 A 点应力最大为控制设计点。该点处垂直于焊缝长度方向的应力有两部分组成,即由轴力和弯矩作用时应力在 A 点处的方向相同,可直接叠加,故 A 点垂直于焊缝长度方向的应力为

$$\sigma_{\mathrm{f}} = \frac{N_x}{2 \times 0.7 h_{\mathrm{f}} l_{\mathrm{w}}} + \frac{6M}{2 \times 0.7 h_{\mathrm{f}} l_{\mathrm{w}}^2}$$

则焊缝的强度验算公式为

$$\sqrt{\left(\frac{\sigma_{\mathrm{f}}}{\beta_{\mathrm{f}}}\right)^2 + (\tau_{\mathrm{f}})^2} \leqslant f_{\mathrm{f}}^{\mathrm{w}}$$

当连接直接承受动力荷载时,取 $\beta_{\mathrm{f}} = 1.0$。

图 3.40 为工字形或 H 形截面梁(或牛腿)与柱翼缘角焊缝的连接,承受弯矩 M 和剪力 V 的联合作用。由于翼缘板的竖向刚度较差,在剪力作用下,如果没有腹板焊缝存在,翼缘将发生明显挠曲。这就说明,翼缘板的抗剪能力极差。因此,计算时通常假设腹板焊缝承受全部剪力,而弯矩由全部焊缝承受。

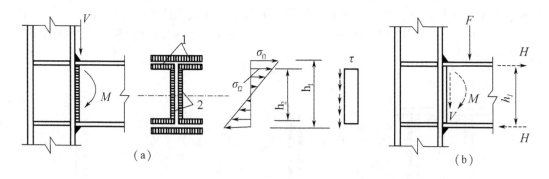

图 3.40　工字形或 H 形梁(或牛腿)的角焊缝连接

为了焊缝分布较合理,宜在每个翼缘的上下两侧均匀布置焊缝,弯曲应力沿梁高度呈三角形分布(图 3.40(a)),最大应力发生在翼缘焊缝的最外纤维处,由于翼缘焊缝只承受垂直于长度方向的弯曲应力,为了保证此焊缝的正常工作,应使翼缘焊缝最外处的应力满足角焊缝的强度条件,即

$$\sigma_{\mathrm{f1}} = \frac{M}{I_{\mathrm{w}}} \cdot \frac{h_1}{2} \leqslant \beta f_{\mathrm{f}}^{\mathrm{w}}$$

式中　M——全部焊缝所承受的弯矩;

　　　I_{w}——全部焊缝有效截面对其中和轴的惯性矩;

　　　h_1——上下翼缘焊缝有效截面最外纤维之间的距离。

翼缘与腹板焊缝的交点处也为设计控制点,此处的弯曲应力和剪应力分别按下式计算

$$\sigma_{\mathrm{f2}} = \frac{M}{I_{\mathrm{w}}} \cdot \frac{h_2}{2}$$

$$\tau_{\mathrm{f}} = \frac{V}{\sum (h_{e2} l_{\mathrm{w2}})}$$

式中　$\sum (h_{e2} l_{\mathrm{w2}})$——腹板焊缝有效截面积之和;

　　　h_2——腹板焊缝的实际长度。

则翼缘与腹板焊缝的交点处强度验算公式为

$$\sqrt{\left(\frac{\sigma_{\mathrm{f}}}{\beta_{\mathrm{f}}}\right)^2 + (\tau_{\mathrm{f}})^2} \leqslant f_{\mathrm{f}}^{\mathrm{w}}$$

当连接直接承受动力荷载时,取 $\beta_f = 1.0$。

另外,工字梁(或牛腿)与钢柱翼缘角焊缝的连接的另一种计算方法是使焊缝应力与母材所承受应力相协调,即假设腹板焊缝只承受剪力;翼缘焊缝承担全部弯矩,并将弯矩 M 化为一对水平力 $H = M/h_1$,如图 3.40(b)。则翼缘焊缝的强度计算式为

$$\sigma_f = \frac{H}{\sum h_{e1} l_{w1}}$$

腹板焊缝的强度计算式为 $\tau_f = \dfrac{V}{2h_{e2} l_{w2}}$

式中　　$\sum h_{e1} l_{w1}$——一个翼缘上角焊缝的有效截面积之和;

　　　　$2h_{e2} l_{w2}$——两条腹板焊缝的有效截面积。

【例 3.6】

试验算图 3.41 所示牛腿与钢柱连接角焊缝的强度。已知:钢材为 Q235,焊条为 E43 型,手工焊。静荷载设计值 $F = 320$ kN,偏心距 $e = 300$ mm,焊脚尺寸 $h_{f1} = 8$ mm,$h_{f2} = 6$ mm,图 3.41(a)为焊缝有效截面。

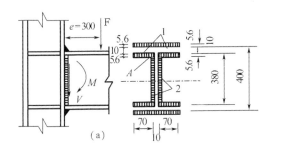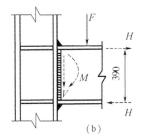

图 3.41 【例 3.6】图

解: F 力在角焊缝形心处引起剪力 $V = F = 320$ kN,弯矩 $M = Fe = 320$ kN × 300 mm = 96 kN·m

(1)考虑腹板焊缝承受弯矩的计算方法

全部焊缝有效截面对中和轴的惯性矩为

$$I_w = 2 \times \frac{4.2 \times (380 - 11.2)^3}{12} + 2 \times 5.6 \times 150 \times 202.8^2 + 4 \times 70 \times 5.6 \times (190 - 2.8)^2$$

$$= 159.16 \times 10^6 \text{ mm}^4$$

翼缘焊缝的最大应力

$$\sigma_{f1} = \frac{M}{I_w} \cdot \frac{h}{2} = \frac{96 \times 10^6 \text{ N·mm}}{159.16 \times 10^6 \text{ mm}^4} \times 205.6 \text{ mm}$$

$$= 124.01 \text{ N/mm}^2 < \beta_f f_f^w = 1.22 \times 160 \text{ N/mm}^2 = 195 \text{ N/mm}^2$$

腹板焊缝中由于弯矩 M 引起的最大应力

$$\sigma_{f2} = 124.01 \text{ N/mm}^2 \times \frac{184.4 \text{ mm}}{205.6 \text{ mm}} = 111.22 \text{ Nm}^2$$

由于 V 在腹板焊缝中产生的平均剪应力

$$\tau_f = \frac{V}{\sum h_{e2} l_{w2}} = \frac{320 \times 10^3 \text{N}}{2 \times 4.2 \text{ mm} \times 368.8 \text{ mm}} = 103.3 \text{ N/mm}^2$$

则腹板焊缝的强度(A 点为设计控制点)为

$$\sqrt{\left(\frac{\sigma_{f2}}{\beta_f}\right)^2 + \tau_f^2} = \sqrt{\left(\frac{111.22}{1.22}\right)^2 + 103.3^2} = 137.78 \text{ N/mm}^2 < f_f^w = 160 \text{ N/mm}^2$$

故均满足强度要求。

(2)按不考虑腹板焊缝承受弯矩的计算方法

翼缘焊缝所承受的水平力

$$H = \frac{M}{h} = \frac{96 \times 10^6 \text{ N} \cdot \text{mm}}{390 \text{ mm}} = 246.15 \times 10^3 \text{N}$$

翼缘焊缝的强度

$$\sigma_f = \frac{H}{h_{e1} l_{w1}} = \frac{246.15 \times 10^3 \text{N}}{5.6 \text{ mm} \times (150 + 2 \times 70) \text{mm}}$$

$$= 151.57 \text{ N/mm}^2 < \beta_f f_f^w = 1.22 \times 160 \text{ N/mm}^2 = 195 \text{ N/mm}^2$$

腹板焊缝的强度:

$$\tau_f = \frac{V}{\sum h_{e2} l_{w2}} = \frac{320 \times 10^3 \text{N}}{2 \times 4.2 \text{ mm} \times 368.8 \text{ mm}} = 103.3 \text{ N/m}^2 < f_f^w = 160 \text{ N/mm}^2$$

故均满足强度要求。

3. 扭矩或扭矩与剪力共同作用下角焊缝连接计算

图 3.42 为三面围焊承受偏心力 F。此偏心力产生轴心力 F 和扭矩 $T = F \cdot e$。计算扭矩和剪力作用下的焊缝应力时,一般假定:①被连接件绝对刚性,焊缝为弹性,即 T 作用下被连接件有绕焊缝形心旋转的趋势;②T 作用下焊缝群上任意点的应力方向垂直于该点与焊缝形心的连线,且大小与 r 成正比;③在 V 作用下,焊缝群上的应力均匀分布于全截面。图中 A 点和 A' 点距形心 O 点最远,故 A 点和 A' 点由扭矩 T 引起的应力 σ_T 最大,该两点为设计控制点。

扭矩 $T = F \cdot e$ 在 A 点产生的应力为 σ_T,其水平分应力为 τ_T、垂直分应力为 σ_f:

$$\tau_T = \frac{T r_y}{I_P}; \sigma_f = \frac{T r_x}{I_P}$$

I_p——焊缝有效截面的极惯性矩,$I_p = I_x + I_y$

剪力 F 产生的应力按均匀分布于全截面计算

$$\sigma_F = \frac{F}{\sum (h_e l_w)}$$

在 A 点,由于 τ_T 沿焊缝长度方向,而 σ_f 和 σ_F 垂直于焊缝长度方向,故验算式为

$$\sqrt{\left(\frac{\sigma_f + \sigma_F}{\beta_f}\right)^2 + \tau_T^2} \leqslant f_f^w$$

此种焊缝也可采用近似计算方法,见图 3.42,即将偏心力移至竖焊缝处,则产生扭矩为:

$$T' = F(e + a)$$

两水平焊缝能承担的扭矩为

$$T_1 = Hh = h_{e1} l_{w1} f_f^w h$$

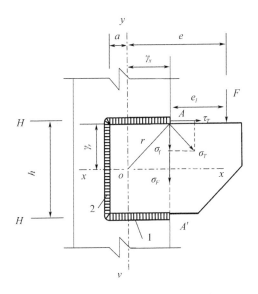

图 3.42　承受偏心力的三面围焊

式中　H——一根水平焊缝传递的水平剪力；

　　　$h_{e1}l_{w1}$——一根水平焊缝的有效截面；

　　　h——水平焊缝的距离。

当 $T_2 = T' - T_1 \leqslant 0$ 时，表示水平焊缝已足以承担全部扭矩，竖直焊缝只承受竖向力 F，按下式计算

$$\frac{F}{h_{e2}l_{w2}} \leqslant f_f^w$$

式中　$h_{e2}l_{w2}$——竖直焊缝的有效截面。

当 $T_2 = T' - T_1 > 0$ 时，表示水平焊缝不足以承担全部扭矩，此不足部分应由竖直焊缝承担。此时，竖直焊缝承受竖向力 F 和弯矩 T_2 共同作用，按下式计算

$$\sqrt{\left(\frac{6T_2}{\beta_f h_{e2}l_{w2}^2}\right)^2 + \left(\frac{F}{h_{e2}l_{w2}}\right)^2} \leqslant f_f^w$$

【例 3.7】

图 3.42 中所示钢板与柱子搭接连接，采用三面围焊。已知：钢板高度 $h = 400$ mm，搭接长度 $l = a + r_x = 300$ mm，钢板厚度 $t_2 = 12$ mm，柱子翼缘厚度 $t_1 = 20$ mm，荷载设计值 $F = 200$ kN（静载），作用力距柱边缘的距离 $e_1 = 300$ mm，钢材 Q235B，焊条 E43 型，手工焊，试确定焊脚尺寸，并验算该焊缝的强度。

解：

（1）确定焊缝的焊脚高度

$$h_{f\max} = 1.2t_{\min} = 1.2 \times 12 \text{ mm} = 14.4 \text{ mm}$$

钢板贴边焊

$$h_{f\max} = t - (1 \sim 2)\text{mm} = 12 - (1 \sim 2)\text{mm} = 10 \text{ mm 或 } 11 \text{ mm}$$

$$h_{f\min} = 1.5\sqrt{t_{\max}} = 1.5\sqrt{20}\text{mm} = 6.7 \text{ mm}$$

取焊脚高度 $h_f = 8$ mm

（2）计算焊缝有效截面的几何特性

焊缝截面如图 3.43 所示,围焊缝共同承受剪力 V 和扭矩 T 的作用。

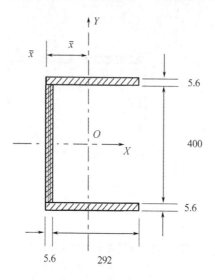

图 3.43　焊缝截面尺寸【例 3.7】

计算焊缝截面的重心位置 $\bar{x} = \dfrac{5.6 \times 292 \times \left(\dfrac{292}{2} + 2.8\right) \times 2}{5.6 \times 292 \times 2 + 5.6 \times (400 + 5.6 \times 2)} + 2.8 = 90$ mm

焊缝截面的极惯性矩

$$I_x = \frac{1}{12} \times 5.6 \times 411.2^3 + 2 \times 5.6 \times 292 \times 202.8^2 = 166.95 \times 10^6 \text{ mm}^4$$

$$I_y = 2 \times \left[\frac{1}{12} \times 5.6 \times (292 + 5.6)^3 + (292 + 5.6) \times 5.6 \times \left(\frac{292 + 5.6}{2} - 90\right)^2\right] +$$

$$5.6 \times 400 \times (90 - 2.8)^2 = 53.16 \times 10^6 \text{ mm}^4$$

$$I_p = I_x + I_y = 166.95 \times 10^6 \text{mm}^4 + 53.16 \times 10^6 \text{mm}^4 = 220.11 \times 10^6 \text{ mm}^4$$

（3）验算焊缝强度（图 3.42 中 A 点）

$$r_x = 300 - 90 = 210 \text{ mm} \quad r_y = 200 \text{ mm}$$

扭矩：$T = F \cdot (e_1 + r_x) = 200 \times (300 + 210) = 102$ kN·m

扭矩 T 在 A 点产生的应力为

$$\sigma_f = \frac{T \cdot r_x}{I_p} = \frac{102 \times 10^6 \times 210}{220.11 \times 10^6} = 97.3 \text{ N/mm}^2$$

$$\tau_f = \frac{T \cdot r_y}{I_p} = \frac{102 \times 10^6 \times 200}{220.11 \times 10^6} = 92.7 \text{ N/mm}^2$$

剪力 V 在焊缝产生的应力为

$$\sigma_F = \frac{F}{\sum h_e l_w} = \frac{200 \times 10^3}{5.6 \times 292 \times 2 + 5.6 \times 411.2} = 35.9 \text{ N/mm}^2$$

焊缝 A 点的强度：

$$\sqrt{\left(\frac{\sigma_f + \sigma_F}{\beta_f}\right)^2 + \tau_f^2} = \sqrt{\left(\frac{97.3 + 35.9}{1.22}\right)^2 + 92.7^2} = 143.22 \text{ N/mm}^2 < f_f^w = 160 \text{ N/mm}^2$$

满足强度要求。

讨论：也可采用近似计算方法，将偏心力移至竖焊缝处，则产生扭矩为

$$T' = F(e_1 + l) = 200 \times 10^3 \times (300 + 300) = 120 \text{ kN} \cdot \text{m}$$

两水平焊缝能承担的扭矩为

$$T_1 = Hh = h_{e1} l_{w1} f_f^w h = 5.6 \times 292 \times 160 \times 400 = 104.7 \text{ kN} \cdot \text{m}$$

$$T_2 = T' - T_1 = 120 - 104.7 = 15.3 \text{ kNm} > 0$$

竖直焊缝承受竖向力 F 和弯矩 T_2 共同作用，焊缝强度

$$\sqrt{\left(\frac{6T_2}{\beta_f h_{e2} l_{w2}^2}\right)^2 + \left(\frac{F}{h_{e2} l_{w2}}\right)^2} = \sqrt{\left(\frac{6 \times 15.3 \times 10^6}{1.22 \times 5.6 \times 400^2}\right)^2 + \left(\frac{200 \times 10^3}{5.6 \times 400}\right)}$$

$$= 122.6 \text{ N/mm}^2 \leqslant f_f^w = 160 \text{ N/mm}^2$$

满足强度要求。

【例3.8】

某工字形截面牛腿与工字形柱的翼缘焊接如图3.44所示，牛腿翼缘与柱用对接焊缝连接；腹板用角焊缝连接，$h_f = 8$ mm。已知牛腿与柱的连接截面承受的静荷载设计值：剪力 $V = 470$ kN，弯矩 $M = 235$ kN·m。钢材为 Q235B。手工焊，E4315 型焊条，焊缝质量检验二级。求解：

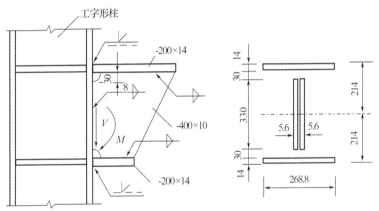

图3.44　【例3.8】图

①对接焊缝的宽度 $b = 200$ mm，按强度设计值换算成角焊缝等效宽度为（　　　）mm。

  A. 240   B. 258   C. 268.8   D. 276.4

②腹板角焊缝的有效面积为（　　　）cm^2。

  A. 18.48   B. 24.62   C. 36.96   D. 42.84

③如果全部焊缝的有效截面的惯性矩为 35 604 cm^4，则焊缝强度验算时牛腿顶面对接焊缝的弯曲拉应力为（　　　）。

  A. 141.2 N/mm^2 B. 148.6 N/mm^2 C. 150.4 N/mm^2 D. 153.8 N/mm^2

④剪力全部由腹板承受，腹板角焊缝的有效面积为 36.96 cm^2 时，腹板焊缝强度验算时的焊缝剪应力 τ_f^v 为（　　　）。

A. 100. 4 N/mm²　　　B. 114. 6 N/mm²　　C. 120. 8 N/mm²　　　D. 127. 2 N/mm²

⑤如果全部焊缝的有效截面的惯性矩为 35 604 cm⁴,腹板焊缝强度验算时的垂直焊缝方向应力 σ_f^M 为(　　)。

A. 100. 4 N/mm²　　　B. 108. 9 N/mm²　　C. 125. 8 N/mm²　　　D. 134. 2 N/mm²

⑥如果腹板角焊缝 τ_f^v 和 σ_f^M 分别为 114. 6 N/mm²,108. 9 N/mm²,则角焊缝的应力为
(　　)。

A. 145. 3 N/mm²　　　B. 149. 8 N/mm²　　C. 155. 8 N/mm²　　　D. 159. 4 N/mm²

解:①正确答案 C

$$b' = b \times \frac{f_t^w}{f_f^w} = 200 \times \frac{215}{160} = 200 \times 1.344 = 268.8 \text{ mm}$$

②正确答案 C

腹板角焊缝尺寸为 $l_w = 400 - 2 \times 30 - 10 = 330$ mm 腹板角焊缝的有效面积为:

$$A_{fw} = 2 \times 0.7 \times 0.8 \times 33 = 36.96 \text{ cm}^2$$

③正确答案 A

$$\sigma^M = \frac{My_{max}}{I_{fx}} = \frac{235 \times 10^6 \times 214}{35\ 604 \times 10^4} = 141.2 \text{ N/mm}^2$$

④正确答案 D

$$\tau_f^v = \frac{V}{A_{fw}} = \frac{470\ 000}{3\ 696} = 127.2 \text{ N/mm}^2$$

⑤正确答案 B

$$\sigma_f^M = \frac{M}{I_{fx}} \cdot \frac{l_w}{2} = \frac{235 \times 10^6 \times 340}{35\ 604 \times 10^4 \times 2} = 108.9 \text{ N/mm}^2$$

⑥正确答案 A

$$\sqrt{\left(\frac{\sigma_f^M}{\beta_f}\right)^2 + (\tau_f^v)^2} = \sqrt{\left(\frac{108.9}{1.22}\right)^2 + (114.6)^2} = 145.3 \text{ N/mm}^2$$

3.4.4　部分焊透的对接焊缝和斜角角焊缝和的计算

1. 部分焊透的对接焊缝的计算

对接焊缝用于受力较大或者承受动力荷载作用的连接时,一般采用全焊透。对于一些板件较厚,而板件间连接受力较小,且要求焊接结构的外观齐平美观时,可采用不焊透的对接焊缝。部分焊透的对接焊缝常用于外部需要平整的箱形柱和 T 形连接,以及其他不需要焊透之处。

部分焊透的对接焊缝的具体应用部位,一般以较厚钢板($t > 20$ mm)焊接的大型箱型截面轴心受压柱的组合焊缝、构件支座焊缝和 T 形接头焊缝等。如图 3.45 所示。如箱形柱的纵向焊缝通常只承受剪力,采用对接焊缝时往往不需要焊透全厚度。但在与横梁刚性连接处有可能要求焊透。

板厚和受力大的 T 形连接,当采用焊缝的焊脚步尺寸很大时,可将竖直板开坡口做成带坡口的角焊缝(图 3.45(d)),与普通角焊缝相比,在相同的 h_e 情况下,可以大大节约焊条。

坡口形式有 V 形(全 V 形和单边 V 形)、U 形和 J 形三种。在转角处采用单边 V 形和 J 形坡

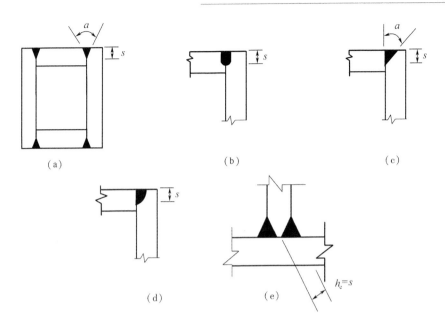

图 3.45　部分焊透的对接焊缝

(a)V 形坡口;(b)U 形口;(c)单边 V 形口;(d)J 形坡口;(e)K 形坡口

口时,宜在板的厚度上开坡口(图 3.45b,e),这样可避免焊缝收缩的板厚度方向产生裂纹。

部分焊透的对接焊缝,在焊件之间存在缝隙,焊根处有较大的应力集中,受力性能接近于角焊缝。故宜按角焊缝的计算公式进行计算;当部分焊透的对接焊缝作为正面角焊缝受压时,可取 $\beta_f = 1.22$,其他情况取 $\beta_f = 1.0$。其计算厚度 h_e 应取坡口深度 s,即根部至焊缝表面(不考虑余高)的最短距离,《钢结构设计规范》GB 50017 - 2003 规定:

V 形坡口(3.45(a)):当 $\alpha \geqslant 60°$时,$h_e = s$;当 $\alpha < 60°$时,$h_e = 0.75\ s$。

单边 V 形和 K 形坡口(3.45c,e):当 $\alpha = 45° \pm 5°$时,$h_e = s - 3\ mm$。

U 形和 J 形坡口(3.45(b)(d)):$h_e = s$。

α 为 V 形、单边 V 形或 K 形坡口角度。

当熔合线处焊缝截面边长等于或接近于最短距离 s 时(图 3.45(c)(d)(e)),抗剪强度设计值应按角焊缝的强度设计值乘以 0.9。

2. 斜角角焊缝的计算

一般情况下,钢结构多采用直角角焊缝,但在某些特殊情况下也会采用斜焊缝,斜焊缝指的是两焊脚边的夹角不是 90°的角焊缝,如图 3.46 所示。斜焊缝往往用于料仓壁板、管形构件等的端部 T 形接头连接中。

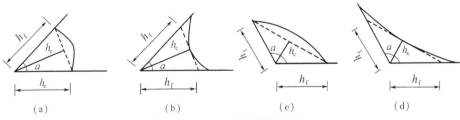

(a)　　　　　　　(b)　　　　　　　(c)　　　　　　　(d)

图 3.46　斜角角焊缝截面

斜角角焊缝的截面形式按两脚边的夹角 α 可分为锐角式(图3.46(a)(b))和钝角式(图3.46(c)(d)),钝角式可分为凸面(图3.46(c))和凹面(图3.46(d))两种形式。在实际工程中,锐角角焊缝两焊脚边夹角 $\alpha \geqslant 60°$,因为夹角太小,施焊条件差,不易焊透,焊接质量差。钝角角焊缝 $\alpha \leqslant 135°$,如果夹角过大,焊缝表面很难成型,受力情况不良。

斜角角焊缝的计算方法与直角焊缝相同,但焊缝计算厚度做了如下调整:

当根部间隙(b,b_1,b_2)不大于1.5 mm时,见图3.47,焊缝有效厚度为

$$h_e = h_f \cos \frac{\alpha}{2}$$

当根部间隙大于1.5 mm时,焊缝有效厚度为

$$h_e = \left[h_f - \frac{b(\text{或}\, b_1, b_2)}{\sin \alpha} \right] \cos \frac{\alpha}{2}$$

式中　h_e——焊缝有效高度,α_1 侧为 h_{e1},α_2 侧为 h_{e2};

　　　α——焊脚边夹角,α_1 为钝角,α_2 为锐角;

　　　b,b_1,b_2——根部间隙,α_1 侧为 b_1,α_2 侧为 b_2,焊件端部斜切时为 b。

任何根部间隙不得大于5 mm,否则焊缝质量难以保证。当图3.47(a)中的 $b_1 > 5$ mm 时,可将板端切割成图3.47(b)的形式,并使 $b \leqslant 5$ mm。

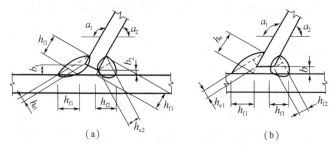

(a) 　　　　　　　　　　　　(b)

图3.47　T形接头的根部间隙和焊接截面

3.5　焊接残余应力和焊接变形

钢结构在焊接过程中,焊件局部区域加热熔化,随后又冷却凝固。不均匀的加热和冷却,使构件产生焊接变形。同时,高温部分钢材在高温时的体积膨胀以及在冷却时的体积收缩均受到周围低温部分钢材的约束而不能自由变形,从而产生焊接应力。焊接残余变形和焊接残余应力是焊接结构的主要问题之一,它将影响结构的实际工作。

3.5.1　焊接残余应力

焊接残余应力简称焊接应力,焊接应力根据应力方向与钢板长度方向以及钢板表面的关系可分为纵向应力、横向应力和厚度方向应力。其中纵向应力是沿焊缝长度方向的应力,横向应力是垂直于焊缝长度方向且平行于构件表面的应力,厚度方向应力则是垂直于焊缝长度方向且垂直于构件表面的应力。

1.纵向焊接残余应力

在施焊时,焊件上产生不均匀的温度场,焊缝及其附近温度较高,可达1 600 ℃以上,而

邻近区域温度骤降,如图 3.48(a)(b)所示。不均匀的温度场产生不均匀的膨胀。焊缝及其附近区域温度高,钢材膨胀最大,稍远区域温度稍低,膨胀较小。膨胀大的区域受到周围膨胀小的区域的限制,产生了热塑性压缩。冷却时的过程与加热时刚好相反,即焊缝区钢材的收缩受到两侧钢材的限制。相互约束作用的结果是焊缝中央部分产生纵向拉力,两侧则产生纵向压力,这就是纵向收缩引起的纵向应力。焊缝及其附近区域内为拉应力,距焊缝稍远区段内产生压应力,如图 3.48(c)所示。焊接应力是一种构件无荷载作用下的内应力,因而是自相平衡的内应力体系,即在任何截面上残余应力均为有拉有压,内力和内力矩平衡。

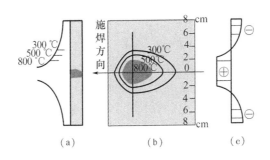

图 3.48　施焊时焊缝及附近的温度场和焊接残余应力

(a)(b)施焊时焊缝及附近的温度场;(c)钢板上的纵向焊接应力

2. 横向焊接应力

焊接结构的横向(垂直于焊缝长度方向)焊接残余应力由两部分组成。其一是由于焊缝及其附近塑性变形区纵向收缩所引起的。焊接纵向收缩使两块钢板趋向于形成反方向的弯曲变形,但实际上焊缝将两块钢板连成整体,不能分开,于是两块板的中间产生横向拉应力,而两端则产生压应力如图 3.49(b)所示。其二是由于焊缝在施焊过程中冷却时间的不同,先焊的焊缝凝固后具有一定强度,阻止后焊的焊缝进行横向自由膨胀,使之发生横向塑性压缩变形。随后冷却焊缝的收缩受到已凝固的焊缝限制而产生横向拉应力,而先焊部分则产生横向压应力,因应力自相平衡,更远处的焊缝则受拉应力(图 3.49(c))。这两种横向应力叠加成最后的横向应力(图 3.49 (d))。且应力分布与施焊方向有关,图 3.50 为不同施焊方向下,焊缝横向收缩时产生的横向残余应力。

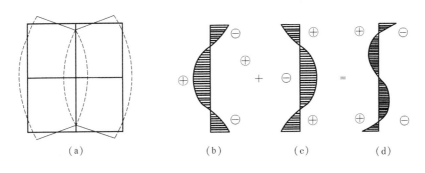

图 3.49　焊缝的横向焊接应力

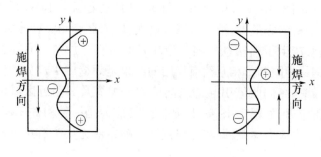

图3.50　不同施焊方向下焊缝的横向焊接应力分布

3.厚度方向的焊接应力

在厚钢板的焊接连接中,焊缝需要多层施焊,焊接时沿厚度方向已凝固的先焊焊缝,阻止后焊焊缝的膨胀,产生塑性压缩变形。焊缝冷却时,后焊焊缝的收缩受先焊焊缝的限制而产生拉应力,而先焊焊缝产生压应力,因应力自相平衡,更远处焊缝则产生拉应力。因此,除了横向和纵向焊接残余应力 σ_x,σ_y 外,还存在沿厚度方向的焊接残余应力 σ_z(图3.51),这三种应力形成同号(受拉)三向应力,大大降低连接的塑性。

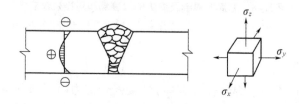

图3.51　厚度方向残余应力

3.5.2　焊接残余变形

在焊接过程中,由于不均匀的加热,焊件中除产生焊接残余应力外,还将产生局部鼓曲、弯曲、歪曲和扭转等残余变形。焊接残余变形主要包括尺寸收缩,如纵向收缩和横向收缩,以及构件变形,如弯曲变形、角变形和扭曲变形等(图3.52),且通常是几种变形的组合。任一焊接变形超过验收规范的规定时,必须进行校正,以免影响构件在正常使用条件下的承载能力。

3.5.3　焊接应力和变形对结构性能的影响

1.焊接应力对结构性能的影响

(1)对结构静力强度的影响

常温下承受静力荷载的焊接结构,当没有严重应力集中,且钢材具有一定的塑性,焊接应力是不会影响结构强度。因为焊接应力加上外力引起的应力达到屈服点后,应力不再增大,外力由两侧弹性区承担,直到全截面达到屈服点为止。以图3.53所示一轴心受拉构件焊接板为例进行简要说明,设在受荷前($N=0$)截面上就存在纵向焊接应力,并假设其分布如图3.53(a)所示。在轴心力 N 作用下,拉应力 $\sigma = N/A$ 将叠加于截面残余应力;当总应力

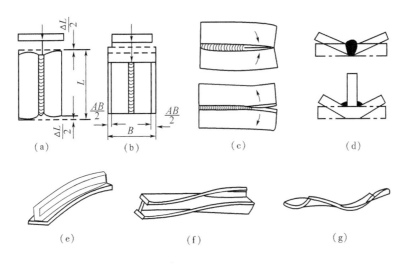

图3.52　焊接残余变形类别示意图

(a)(b)纵横向收缩;(c)面向弯曲变形;(d)角变形;

(e)弯曲变形;(f)扭曲变形;(g)薄板翘曲变形

达到屈服点 f_y 时,钢板中部就会提前进入塑性;此后塑性区逐渐发展,其应力保持 f_y 不变;最后破坏时仍是全截面达到屈服。由于截面残余应力为自相平衡应力,故静力破坏荷载 $N = f_y A$ 不变。

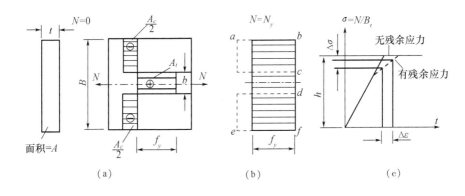

图3.53　具有焊接残余应力的轴心受拉杆受荷过程

(2)对结构刚度的影响

构件上的焊接应力会降低结构的刚度,如图3.53所示,由于截面的 b_t 部分的拉应力已达 f_y,这部分的刚度为零,则具有图3.53(a)所示残余应力的拉杆的抗拉刚度为 $(B-b)tE$,而无残余应力的相同截面的拉杆的抗拉刚度为 BtE,显然 $BtE > (B-b)tE$,即有焊接残余应力的杆件的抗拉刚度降低了,在外力作用下其变形将会较无残余应力的大,对结构工作不利。另外,对于轴心受压构件,焊接残余应力使其挠曲刚度减小,降低压杆的稳定承载力,详见第4章。

(3)对低温冷脆的影响

在厚板和具有严重缺陷的焊缝中,以及在交叉焊缝(图3.54)的情况下,产生了阻碍塑性变形的三轴拉应力,使裂纹容易发生和发展,加速构件的脆性破坏。所以,降低或消除焊接残余应力是改善结构低温冷脆性能的重要措施。

(4)对疲劳强度的影响

荷载引起的应力将与残余应力相叠加。如荷载作用下的构件拉应力部位或其应力集中部位正好是残余拉应力较大的部位,则叠加后的实际应力循环的最大和最小拉应力比无残余应力时的大。并且在焊缝及其附近的主体金属残余拉应力通常达到钢材屈服点,此部位正是形成和发展疲劳裂纹最为敏感的区域。因此,焊接残余应力对结构的疲劳强度有明显不利影响。

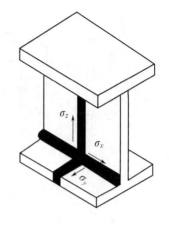

图 3.54　三向交叉焊缝的残余应力

2.焊接变形对结构的影响

焊接变形不但影响结构的尺寸和外形美观,使其安装困难,而且可使结构产生初始偏心和初弯曲等缺陷,受荷时产生附加弯矩,降低结构的承载能力,引发事故。

3.5.4　减少焊接残余应力和残余变形的措施

构件产生过大的焊接残余应力和焊接残余变形多数是由于构造不当或焊接工艺欠妥。而焊接应力和焊接变形的存在将造成构件局部应力集中,以及使构件处于复杂应力状态下,影响钢材的工作性能。故应从设计和焊接工艺两方面采取适当措施来控制焊接结构焊接应力和变形。

1.设计方面

(1)合理地安排焊缝的位置。安排焊缝时尽可能对称于截面中性轴,或者使焊缝接近中性轴如图 3.55(a)(c),这对减少梁、柱等构件的焊接变形有良好的效果。图 3.55 中的(b)(d)是不正确的。

(2)尽可能地减少不必要的焊缝。在设计焊接结构时,常常采用加劲肋来提高板结构的稳定性和刚度。但是为了减轻自重采用薄板,不适当地大量采用加劲肋,反而不经济。因为这样做不但增加了装配和焊接的工作量,而且易引起较大的焊接变形,增加校正工时。

(3)合理地选择焊缝的尺寸和形式,在保证结构的承载能力的条件下,设计时应该尽量采用较小的焊脚尺寸。因为焊缝尺寸大,焊缝的焊接变形和焊接应力也大,焊缝过厚还可能引起施焊时烧穿、过热等现象。

(4)尽量避免焊缝的过分集中和交叉。如几块钢板交汇一处进行连接时,应采用图 3.55(e)的方式,避免采用图 3.55(f)的方式,以免热量集中,引起过大的焊接变形和应力,恶化母材的组织构造。又如图 3.55(g)中,为了让腹板与翼缘的纵向连接焊缝连续通过,加劲肋进行切角,其与翼缘和腹板的连接焊缝均在切角处中断,避免了三条焊缝的交叉。

(5)尽量避免在母材厚度方向的收缩应力。如图 3.55(i)所示的构造措施是正确的,而图 3.55(j)的构造常引起厚板的层状撕裂(由约束收缩焊接应力引起的)。

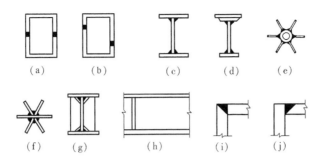

图 3.55 焊缝布置

2. 工艺方面

（1）采用合理的焊接顺序和方向。尽量使焊缝能自由收缩,先焊工作时受力较大的焊缝或收缩量较大的焊缝。如图 3.56 所示,在工地焊接工字梁的接头时,应留出一段翼缘角焊缝最后焊接,先焊受力最大的翼缘对接焊缝 1,再焊腹板对接缝 2。又如图 3.57 所示的拼接板的施焊顺序:先焊短焊缝 1,2,3,最后焊长焊缝 4,5,可使各长条板自由收缩后再连成整体。上述措施均可有效地降低焊接应力。

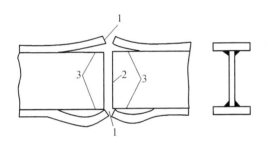

图 3.56 按受力大小确定焊接顺序

1,2—对接焊缝;3—角焊缝

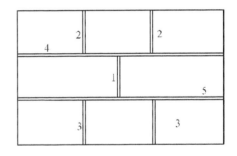

图 3.57 按焊缝布置确定施焊次序

（2）采用反变形法减小焊接变形或焊接应力。事先估计好结构变形的大小和方向。然后在装配时给予一个相反方向的预变形,使构件在焊后产生的焊接变形与之正好抵消,使构件保持设计的要求,例如图 3.58 所示为焊前反变形的设置。

（3）对于小尺寸焊件,焊前预热,或焊后回火加热至 600 ℃左右,然后缓慢冷却,可以消除焊接应力和焊接变形。焊接后对焊件进行锤击,也可减少焊接应力与焊接变形。当焊接焊接变形过大,可采用机械法预压进行冷校正或局部加热后冷缩进行热校正(图 3.59)。

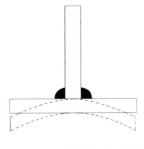

图 3.58 焊接前反变形图

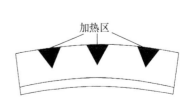

图 3.59 局部加热法

3.6 普通螺栓的构造和计算

3.6.1 螺栓的排列和构造要求

1. 螺栓的排列

螺栓在构件上排列应简单、统一、整齐而紧凑,通常分为并列和错列两种形式(图3.60)。并列比较简单整齐,所用连接板尺寸小,但由于螺栓孔的存在,对构件截面削弱较大。错列可以减小螺栓孔对截面的削弱,但螺栓孔排列不如并列紧凑,连接板尺寸较大。无论哪种布置或排列方式,螺栓的边距(垂直内力方向螺栓中心到构件边缘距离)、端距(顺力方向螺栓中心到构件边缘距离)和中距(螺栓中心距离)都应满足以下要求:

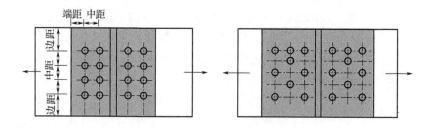

图 3.60 螺栓的并列和错列

(1)受力要求:在受力方向螺栓的端距过小时,钢材有剪断或撕裂的可能。各排螺栓距和线距太小时,构件有沿折线或直线破坏的可能。对受压构件,当顺力作用方向螺栓的中距过大时,螺栓间的钢板可能失稳形成鼓曲。

(2)构造要求:螺栓的中矩及边距不宜过大,否则钢板间不能紧密贴合,潮气侵入缝隙使钢材锈蚀。

(3)施工要求:要保证一定的空间,便于转动螺栓扳手拧紧螺帽。

根据上述要求,规定了螺栓(或铆钉)的最大、最小容许距离,见表3.3。螺栓沿型钢长度方向上排列的间距,除应满足表3.3的要求外,还应满足螺栓线距的要求。

表 3.3 螺栓或铆钉的最大、最小容许距离

名称	位置和方向			最大容许距离 (取两者的较小值)	最小容许距离
中心间距	外排(垂直内力方向或顺内力方向)			$8d_o$ 或 $12t$	$3d_0$
	中间排	垂直内力方向		$16d_o$ 或 $24t$	
		顺内力方向	构件受压力	$12d_o$ 或 $18t$	
			构件受拉力	$16d_o$ 或 $24t$	
	沿对角线方向			—	

表 3.3(续)

名称	位置和方向			最大容许距离 (取两者的较小值)	最小容许距离
中心至构件边缘 距离	顺内力方向				$2d_0$
	垂直内力方向	剪切边或手工气割焊		$4d_0$ 或 $8t$	$1.5d_0$
		轧制边、自动气割 或锯割边	高强度螺栓		
			其他螺栓或铆钉		$1.2d_0$

注:(1)d_0 为螺栓或铆钉的孔径,t 为外层较薄板件的厚度。
    (2)钢板边缘与刚性构件(如角钢、槽钢等)相连的螺栓或铆钉的最大间距,可按中间排的数值采用。

角钢、普通工字钢和槽钢上螺栓的排列,除了满足表 3.3 的要求外,还应符合各自线距和最大孔径的要求,线距应满足图 3.61 及表 3.4~表 3.6 的要求。在 H 型钢截面上排列螺栓的线距,如图 3.61(d)所示,腹板上的 c 值可参照普通工字钢;翼缘上的 e 值或 e_1,e_2 值可根据其外伸宽度参照角钢。

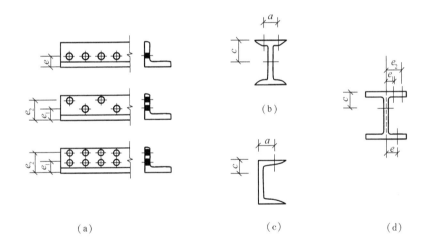

（a）   （c）   （d）
（b）

图 3.61 螺栓在角钢、工字钢、槽钢、H 型钢上的排列

表 3.4 角钢上螺栓或铆钉线距表   单位:mm

单行排列	角钢肢宽	40	45	50	56	63	70	75	80	90	100	110	125
	线距 e	25	25	30	30	35	40	40	45	50	55	60	70
	钉孔最大直径	11.5	13.5	13.5	15.5	17.5	20	22	22	24	24	26	26

表3.4(续)　　　　　　　　　　　　单位:mm

双行错排	角钢肢宽	125	140	160	180	200		双行排列	角钢肢宽	160	180	200
	e_2	55	60	70	70	80			e_1	60	40	80
	e_2	90	100	120	140	160			e_2	130	140	160
	钉孔最大直径	24	24	26	26	26			钉孔最大直径	24	24	26

表3.5　工字钢和槽钢腹板上螺栓线距表　　　　　　　单位:mm

工字钢型号	12	14	16	18	20	22	25	28	32	36	40	45	50	56	63
线距 c_{min}	40	45	45	45	50	50	55	60	60	65	70	75	75	75	75
槽钢型号	12	14	16	18	20	22	25	28	32	36	40	—	—	—	—
线距 c_{min}	40	45	50	50	55	55	55	60	65	70	75	—	—	—	—

表3.6　工字钢和槽钢翼缘上螺栓线距表　　　　　　　单位:mm

工字钢型号	12	14	16	18	20	22	25	28	32	36	40	45	50	56	63
线距 a_{min}	40	40	40	55	60	65	65	70	75	80	80	85	90	95	95
槽钢型号	12	14	16	18	20	22	25	28	32	36	40	—	—	—	—
线距 a_{min}	30	35	35	40	40	45	45	45	50	56	60	—	—	—	—

2. 螺栓的构造要求

螺栓连接除了满足上述螺栓排列的容许距离外,根据不同情况应满足下列构造要求:

(1)为了使连接可靠,每一杆件在节点上以及拼接接头的一端,永久性螺栓数不宜少于两个。但根据实践经验,对于组合构件的缀条,其端部连接可采用一个螺栓。

(2)对直接承受动力荷载的普通螺栓连接应采用双螺帽或其他防止螺帽松动的有效措施。例如,采用弹簧垫圈,或将螺帽或螺杆焊死等方法。

(3)由于C级螺栓与孔壁有较大间隙,只宜用于沿其杆轴方向受拉的连接。承受静力荷载结构的次要连接、可拆卸结构的连接和临时固定构件用的安装连接中,也可用C级螺栓受剪。但在重要的连接中,例如:制动梁或吊车梁上翼缘与柱的连接,由于传递制动梁的水平支承反力,同时受到反复动力荷载作用,不得采用C级螺栓。柱间支撑与柱的连接,以及在柱间支撑处吊车梁下翼缘的连接,因承受着反复的水平制动力和卡轨力,应优先采用高强度螺栓。

(4)沿杆轴方向受拉的螺栓连接中的端板(法兰板),应适当加强其刚度(如加设加劲肋),以减少撬力对螺栓抗拉承载力的不利影响。

3.6.2　普通受剪连接螺栓的工作性能和计算

普通螺栓连接按受力情况可分为三类:受剪连接螺栓(图3.62(a));受拉连接螺栓(b);拉剪螺栓连接三种(c),见图3.63。

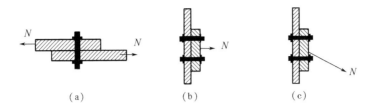

图3.62 螺栓按受力情况分类

(a)受剪螺栓;(b)受拉螺栓;(c)拉剪螺栓

1.受剪连接螺栓的传力机理

抗剪连接是最常见的螺栓连接。如果以图3.63(a)所示的螺栓连接试件做抗剪试验,可得出试件上 a,b 两点之间的相对位移 δ 与作用力 N 的关系曲线(图3.63(b))。该曲线给出了试件由零载一直加载至连接破坏的全过程,经历了以下四个阶段。

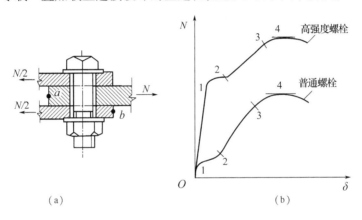

图3.63 单个螺栓抗剪试验结果

(1)摩擦传力的弹性阶段。在施加荷载之初,荷载较小,荷载靠构件间接触面的摩擦力传递,螺栓杆与孔壁之间的间隙保持不变,连接工作处于弹性阶段,在 $N-\delta$ 图上呈现出 0,1 斜直线段。但由于板件间摩擦力的大小取决于拧紧螺帽时在螺杆中的初始拉力,一般说来,普通螺栓的初拉力很小,故此阶段很短。

(2)滑移阶段。当荷载增大,连接中的剪力达到构件间摩擦力的最大值,板件间产生相对滑移,其最大滑移量为螺栓杆与孔壁之间的间隙,直至螺栓与孔壁接触,相应于 $N-\delta$ 曲线上的1,2水平段。

(3)栓杆传力的弹性阶段。荷载继续增加,连接所承受的外力主要靠栓杆与孔壁接触传递。栓杆除主要受剪力外,还有弯矩和轴向拉力,而孔壁则受到挤压。由于栓杆的伸长受到螺帽的约束,增大了板件间的压紧力,使板件间的摩擦力也随之增大,所以 $N-\delta$ 曲线呈上升状态。达到"3"点时,曲线开始明显弯曲,表明螺栓或连接板达到弹性极限,此阶段结束。

因此,螺栓靠栓杆承剪和孔壁承压传力,以栓杆被剪断或孔壁被挤压破坏为承载力的极限状态。

2. 受剪连接螺栓的破坏形式

受剪螺栓连接栓连接达到极限承载力时,可能的破坏形式有 5 种,具体原因及措施见表 3.7。表 3.7 中前三种破坏通过计算可以避免,后两种破坏形式可以通过构造措施来保证不发生破坏。

表 3.7　受剪螺栓破坏形式

序号	破坏形式	图示	原　因	措　施
1	栓杆被剪断	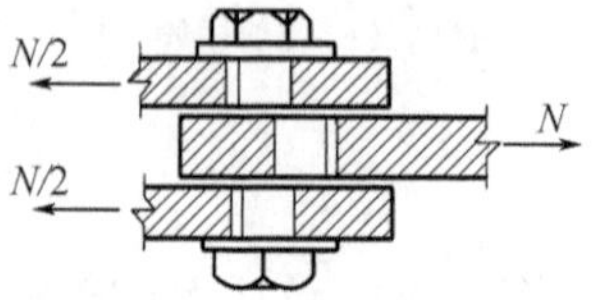	栓杆直径较小,板件较厚	计算螺栓抗剪承载力 $N \leqslant N_v^b$
2	孔壁被承压破坏	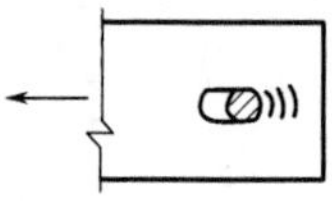	栓杆直径较大,板件较薄	计算板承压承载力 $N \leqslant N_c^b$
3	板件净截面破坏	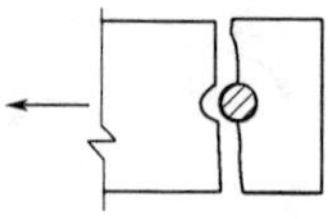	螺栓孔对板件截面削弱太多	验算板的净截面强度 $\sigma = \dfrac{N}{A_n} \geqslant f$
4	端部板件被剪破	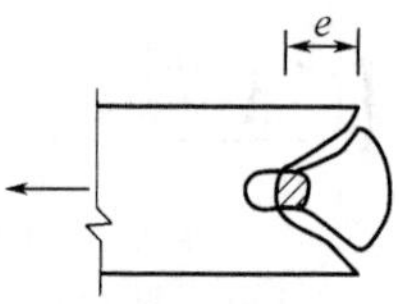	端距太小	端距 $e \geqslant 2d_0$
5	栓杆弯曲破坏	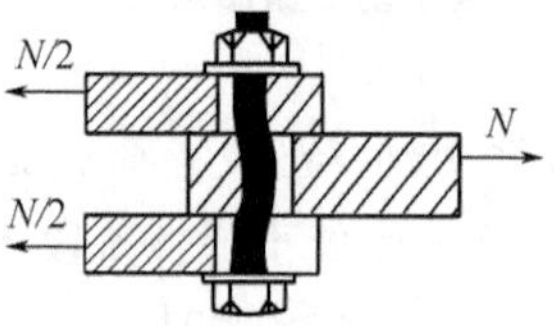	螺栓杆过长	栓杆长度不应大于 $5d$

3. 单个普通螺栓的受剪计算

通过上述受剪连接螺栓的传力机理分析可知,普通螺栓的受剪承载力主要由栓杆受剪和孔壁承压两种破坏模式控制,因此应分别计算,取其小值进行设计。计算时做了如下假定:①栓杆受剪计算时,假定螺栓受剪面上的剪应力是均匀分布的;②孔壁承压计算时,假定挤压力沿栓杆直径平面(实际上是相应于栓杆直径平面的孔壁部分)均匀分布。

单个螺栓的抗剪承载力设计值

$$N_v^b = n_v \frac{\pi d^2}{4} f_v^b \tag{3 - 34}$$

承压承载力设计值

$$N_c^b = d \sum t \cdot f_c^b \tag{3 - 35}$$

式中　n_v——受剪面数目,单剪 $n_v = 1$,双剪 $n_v = 2$,四剪 $n_v = 4$;

$\qquad d$——螺栓杆直径;

$\qquad \sum t$——在不同受力方向中一个受力方向承压构件总厚度的较小值;

$\qquad f_v^b, f_c^b$——螺栓的抗剪和承压强度设计值,由附表 B-4 查用。

4.普通螺栓群受剪连接计算

(1)普通螺栓群轴心力作用时的抗剪计算

①确定螺栓数目

试验证明,螺栓群的受剪连接承受轴心力时,与侧焊缝的受力相似,在长度方向各螺栓受力是不均匀的(图 3.64),两端受力大,中间受力小。当连接长度 $l_1 \leqslant 15d_0$(d_0 为螺孔直径)时,由于连接工作进入弹塑性阶段后,内力发生重分布,螺栓群中各螺栓受力逐渐接近,故可认为轴心力 N 由每个螺栓平均分担,即螺栓数 n 为

$$n = \frac{N}{N_{\min}^b} \qquad (3-36)$$

式中,$N_{\min}^b$ 为一个螺栓受剪承载力设计值与承压承载力设计值的较小者。

A.长连接调整

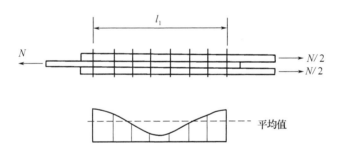

图 3.64　长接头螺栓的内力分析

当 $l_1 > 15d_0$ 时,连接进入弹塑性阶段后,各螺杆所受内力仍不易均匀,端部螺栓首先达到极限强度而破坏,随后由外向里依次破坏。因此,规范规定,当 $l_1 > 15d_0$ 时,应将承载力设计值乘以折减系数

$$l_1 > 15d_0 \text{ 时}$$

$$\eta = 1.1 - \frac{l_1}{150d_0} \geqslant 0.7 \qquad (3-37)$$

当 $l_1 \geqslant 60d_0$ 时

$$\eta = 0.7$$

式中 d_0 为螺栓孔径。

因此,对长连接,所需抗剪螺栓数为

$$n = \frac{N}{\eta N_{\min}^b} \qquad (3-38)$$

B.其他构造调整

在下列情况下的连接中,螺栓的数目应该予以增加。

a.一个构件借助填板或其他中间板与另一构件连接的螺栓(摩擦型高强螺栓除外),应

按计算增加 10% ,见图 3.65(a)。

b. 当采用搭接或拼接板(盖板)的单面连接传递轴心力,因偏心引起连接部位发生弯曲时,螺栓(摩擦型高强螺栓除外)数目应按计算增加 10% ,见图 3.65(b)。

c. 在构件的端部连接中,当利用短角钢连接型钢(角钢或槽钢)的外伸肢以缩短连接长度时,在短角钢两肢中的一肢上,所用的螺栓数目应按计算增加 50% ,见图 3.65(c)。

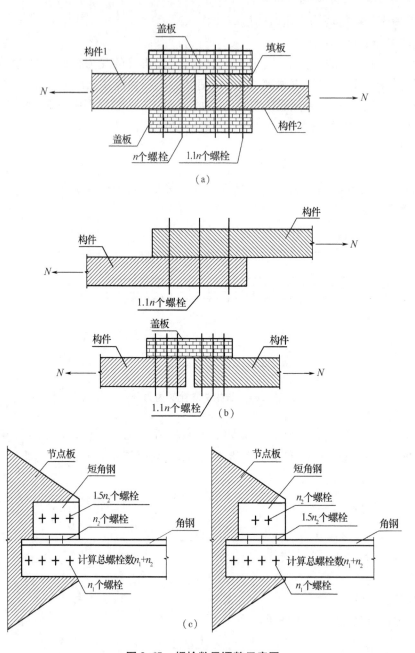

图 3.65　螺栓数目调整示意图

②验算净截面强度

由于螺栓孔削弱了构件的截面,因此在排列好所需的螺栓后,还需验算构件净截面强度。

$$\sigma = \frac{N}{A_n} \le f \tag{3-39}$$

式中,A_n 为构件净截面面积,根据螺栓排列形式最不利截面进行计算。

A. 螺栓采用并列排列时(图 3.66(a))

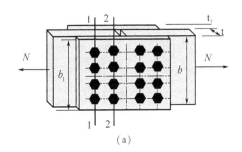 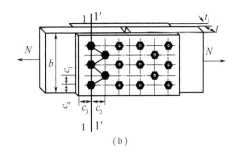

图 3.66　轴心力作用下的并行和错行排列的受剪螺栓群

构件的最不利截面为 1-1 截面
$$A_{n,1} = (b - m \cdot d_0) \cdot t$$
连接板最不利截面为 2-2 截面
$$A_{n,2} = 2(b_1 - m \cdot d_0)t_1$$

B. 螺栓采用错列排列时(图 3.66(b))

构件的最不利截面为 1-1 截面和 1'-1' 截面(锯齿截面)

对于 1-1 截面:$A_n = (b - m \cdot d_0) \cdot t$

对于 1'-1' 截面:$A_n = \left[2c_4 + (m-1)\sqrt{c_1^2 + c_2^2} - m \cdot d_0 \right] \cdot t_1$

连接板最不利截面为 2-2 截面和 2'-2' 截面

对于 2-2 截面:$A_n = 2(b_1 - m \cdot d_0) \cdot t_1$

对于 2'-2' 截面:$A_n = 2\left[2c_4 + (m-1)\sqrt{c_1^2 + c_2^2} - m \cdot d_0 \right] \cdot t_1$

式中　d_0——螺栓孔直径;

　　　m——危险截面上的螺栓数;

　　　b, b_1——分别为构件、连接板的宽度;

　　　t, t_1——分别为构件、连接板的厚度。

【例3.9】

设计两角钢采用 M20 普通螺栓拼接,一直角钢∟ 90×8,轴力设计值 N = 200 kN,材料 Q235,孔径 $d_0 = 21.5$ mm。

解:

(1)计算单个螺栓的承载能力设计值

$$N_v^b = n_v \frac{\pi d^2}{4} f_v^b = 1 \times \frac{\pi \times 20^2}{4} \times 140 = 44\,000 \text{ N}$$

$$N_c^b = d \sum t f_c^b = 20 \times 8 \times 305 = 48\,800 \text{ N}$$

单个螺栓的最大承载力 $N_{\max}^b = \min\{ N_v^b, N_c^b \} = 44\,000$ N

（2）确定螺栓数目

$$n = \frac{N}{\eta N_{\min}^b} = \frac{200\,000}{44\,000} = 4.5,\text{取 } n = 5,\text{螺栓布置按照错列布置,布置如图 3.67 所示。}$$

（3）验算净截面强度

∟ 90×8 查附表得 $A = 13.9 \text{ cm}^2$，将角钢按中线展开如图 3.67（b）所示。

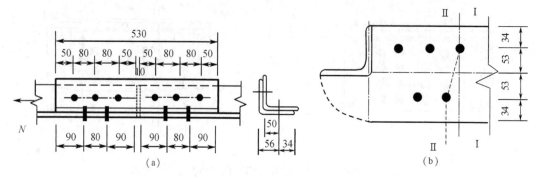

图 3.67　【例 3.9】图

Ⅰ－Ⅰ截面的净面积

$$A_{n\text{Ⅰ-Ⅰ}} = A - md_0t = 1\,390 - 1 \times 21.5 \times 8 = 1\,218 \text{ mm}^2$$

Ⅱ－Ⅱ截面的净面积

$$A_{n\text{Ⅱ-Ⅱ}} = \left[2c_4 + (m-1)\sqrt{c_1^2 + c_2^2} - m \cdot d_0\right] \cdot t$$

$$= \left[2 \times 34 + (2-1)\sqrt{40^2 + 106^2} - 2 \times 21.5\right] \times 8 = 1\,106.4 \text{ mm}^2$$

$A_{n\text{Ⅱ-Ⅱ}} < A_{n\text{Ⅰ-Ⅰ}}$，所以最不利截面为Ⅱ－Ⅱ截面

$$\sigma = \frac{N}{A_n} = \frac{200 \times 10^3}{1\,106.4} = 180.7 \text{ N/mm}^2 < f = 215 \text{ N/mm}^2$$

满足要求。

5. 普通螺栓群在剪力、扭矩作用下的抗剪计算

图 3.68 所示螺栓群承受偏心剪力的情形，剪力 F 的作用线至螺栓群中心线的距离为 e，故螺栓群同时受到轴心力 F 和扭矩 $T = F \cdot e$ 的联合作用。

在轴心力作用下可认为每个螺栓平均受力，即

$$N_{1F} = \frac{F}{n} \tag{3-40}$$

在扭矩 $T = F \cdot e$ 作用下，通常采用弹性分析，假定：①连接板件绝对刚性，螺栓为弹性；②T 作用下连接板件绕栓群形心转动，各螺栓剪力与其至形心距离 r_1 成正比，方向与 r_i 垂直。

根据力矩平衡得，

$$N_{1T}r_1 + N_{2T}r_2 + \cdots + N_{iT}r_i + \cdots = T$$

因

$$\frac{N_{1T}}{r_1} = \frac{N_{2T}}{r_2} = \cdots = \frac{N_{iT}}{r_i}$$

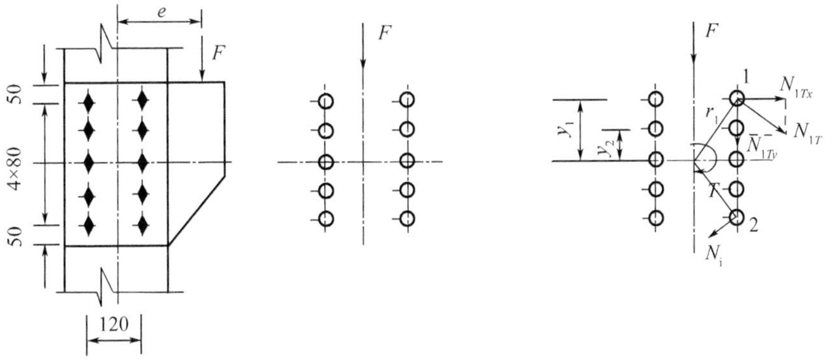

图 3.68 偏心受剪的螺栓群

得:

$$\frac{N_{1T}}{r_1}(r_1^2 + r_2^2 + \cdots + r_i^2 + \cdots) = \frac{N_{1T}}{r_1}\sum r_i^2 = T$$

螺栓 1 距形心最远,其所受剪力最大

$$N_{1T} = \frac{Tr_1}{\sum r_i^2} = \frac{Tr_1}{\sum x_i^2 + \sum y_i^2}$$

将 N_{1T} 分解为水平分力和垂直分力

$$N_{1Tx} = N_{1T}\frac{y_1}{r_1} = \frac{Ty_1}{\sum x_i^2 + \sum y_i^2} \tag{3-41}$$

$$N_{1Ty} = N_{1T}\frac{x_1}{r_1} = \frac{Tx_1}{\sum x_i^2 + \sum y_i^2} \tag{3-42}$$

由此可得受力最大螺栓所承受的合力 N_1 的计算式

$$N_1 = \sqrt{N_{1Tx}^2 + (N_{1Ty} + N_{1F})^2} \leqslant N_{\min}^b \tag{3-43}$$

为了简化计算,当螺栓布置在一个狭长带,即 $y_1 \geqslant 3x_1$ 时,可假定公式(3-41)和(3-42)中的 $x_i = 0$,由此得: $N_{1Ty} = 0$, $N_{1Tx} = \dfrac{Ty_1}{\sum y_i^2}$

则上计算式简化为

$$N_1 = \sqrt{\left(\frac{Ty_1}{\sum y_i^2}\right)^2 + \left(\frac{F}{n}\right)^2} \leqslant N_{\min}^b \tag{3-44}$$

【例 3.10】

设计图 3.68 所示的普通螺栓连接。柱子翼缘厚度为 10 mm,连接板厚度为 8 mm,钢材为 Q235B,荷载设计值 $F = 150$ kN,偏心距 $e = 200$ mm,粗制螺栓 M20,螺栓竖向中距为 80 mm。

解:

单个螺栓抗剪承载力

$$N_v^b = n_v\frac{\pi d^2}{4}f_v^b = \frac{3.14 \times 20^2 \text{mm}^2}{4} \times 140 \text{ N/mm}^2 = 43.9 \text{ kN}$$

$$N_c^b = d \sum t f_c^b = 20 \text{ mm} \times 8 \text{ mm} \times 305 \text{ N/mm}^2 = 48.8 \text{ kN}$$

故单个螺栓承载力设计值：$N_{\min}^b = 43.9 \text{ kN}$

螺栓群中受力最大的为 1,2 两点螺栓，1 点螺栓受力如下

$$\sum x_i^2 + \sum y_i^2 = 10 \times 60^2 \text{ mm}^2 + (4 \times 80^2 + 4 \times 160^2)\text{ mm}^2 = 164\ 000 \text{ mm}^2$$

$$T = F \cdot e = 150 \text{ kN} \times 200 \text{ mm} = 30 \text{ kN} \cdot \text{m}$$

$$N_{1Tx} = N_{1T} \frac{y_1}{r_1} = \frac{30 \text{ kN} \cdot \text{m} \times 160 \text{ mm}}{164\ 000 \text{ mm}^2} = 29.3 \text{ kN}$$

$$N_{1Ty} = N_{1T} \frac{x_1}{r_1} = \frac{30 \text{ kN} \cdot \text{m} \times 60 \text{ mm}}{164\ 000 \text{ mm}^2} = 11 \text{ kN}$$

$$N_{1F} = \frac{F}{n} = \frac{150 \text{ kN}}{10} = 15 \text{ kN}$$

$$N_1 = \sqrt{N_{1Tx}^2 + (N_{1Ty} + N_{1F})^2} = \sqrt{29.3^2 + (11 + 15)^2} = 39.2 \text{ kN} < N_{\min}^b = 43.9 \text{ kN}$$

满足要求。

3.6.3 普通受拉连接螺栓工作性能和计算

1. 普通螺栓受拉的工作性能

在受拉螺栓连接中，一般很难做到拉力正好作用在螺杆轴线上，而是通过水平板件传递，外力将被连接构件的接触面互相脱开而使螺栓受拉，如图 3.69 所示，最后螺栓被拉断而破坏。若与螺栓直接相连的翼缘板的刚度不是很大，由于翼缘的弯曲，使螺栓受到撬力的附加作用，杆力增加到

$$N_t = N + Q$$

式中 Q 称为撬力。撬力的大小与翼缘板厚度、螺杆直径、螺栓位置、连接总厚度等因素有关，准确求值非常困难。

为了简化计算，《钢结构设计规范》（GB 50017—2003）将螺栓的抗拉强度设计值降低 20% 来考虑撬力影响。例如 4.6 级普通螺栓，取抗拉强度设计值为

$$f_t^b = 0.8f = 0.8 \times 215 \text{ N/mm}^2 = 170 \text{ N/mm}^2$$

一般来说，只要按构造要求取翼缘板厚度 $t \geqslant 20 \text{ mm}$，而且螺栓距离 b 不要过大，这样简化处理是可靠的。如果翼缘板太薄时，可采用加劲肋加强翼缘，如图 3.70 所示。

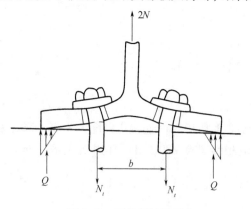

图 3.69　受拉螺栓的撬力

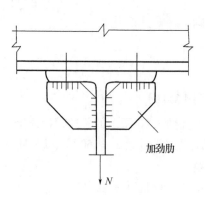

图 3.70　翼缘加强措施

2. 单个普通螺栓的受拉承载力

采用上述方法考虑撬力之后,单个螺栓的受拉承载力的设计值为

$$N_t^b = A_e f_t^b = \frac{\pi d_e^2}{4} f_t^b \qquad (3-45)$$

式中　A_e——螺栓的有效面积;

　　　d_e——螺纹处的有效直径;

　　　f_t^b——螺栓的抗拉强度设计值。

3. 普通螺栓群受拉

(1)螺栓群受轴心力作用下的螺栓计算

图 3.71 示栓群轴心受拉,由于垂直于连接板的肋板刚度很大,通常假定各个螺栓平均受拉,则连接所需的螺栓数为

$$n = \frac{N}{N_t^b} \qquad (3-46)$$

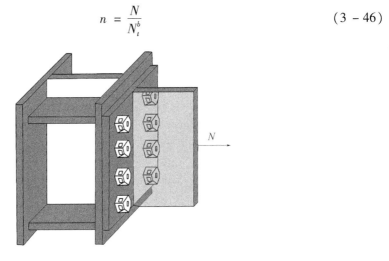

图 3.71　螺栓群承受轴心力

(2)螺栓群在弯矩作用下的螺栓计算

如图 3.72 所示为螺栓群在弯矩作用下的受拉连接(图中的剪力 V 通过承托板传递)。按弹性设计法,在弯矩作用下,离中和轴越远的螺栓所受拉力越大,而压力则由部分受压的端板承受,设中和轴至端板受压边缘的距离为 c(图 3.72(a))。这种连接的受力有如下特点:受拉螺栓截面只是孤立的几个螺栓点;而端板受压区则是宽度较大的实体矩形截面(图 3.72(b))。当计算其形心位置作为中和轴时,所求得的端板受压区高度 c 总是很小,中和轴通常在弯矩指向一侧最外排螺栓附近的某个位置。因此,实际计算时可近似地取中和轴位于弯矩所指向的最外排螺栓处,即认为连接变形为绕 O 处水平轴转动,假设螺栓拉力与 O 点算起的纵坐标 y 成正比。在对 O 点水平轴列弯矩平衡方程时,偏安全地忽略了压力提供的弯矩。

公式推导如下:

由假设得

$$\frac{N_1}{y_1} = \frac{N_2}{y_2} = \cdots = \frac{N_i}{y_i} = \frac{N_n}{y_n}$$

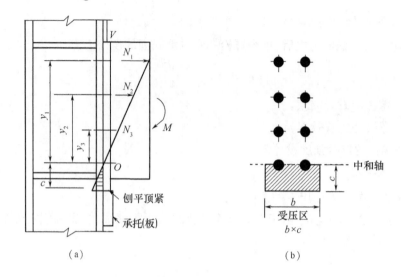

图 3.72 普通螺栓偏心力作用下受拉螺栓

由平衡条件得

$$M = N_1 y_1 + N_2 y_2 + \cdots + N_i y_i + N_n y_n$$

$$= \frac{N_1}{y_1} y_1^2 + \frac{N_2}{y_2} y_2^2 + \cdots + \frac{N_i}{y_i} y_i^2 + \frac{N_n}{y_n} y_n^2$$

$$= \frac{N_i}{y_i} \sum y_i^2$$

则螺栓 i 的拉力为

$$N_i = \frac{M y_i}{\sum y_i^2}$$

设计时要求受力最大的最外排螺栓 1 的拉力不超过一个螺栓的抗拉承载力设计值,即

$$N_1 = \frac{M y_1}{\sum y_i^2} \leqslant N_t^b \tag{3-47}$$

【例 3.11】

如图 3.73 所示梁与柱子的连接,采用 C 级普通螺栓,直径 20 mm,钢材为 Q235B,弯矩设计值 $M = 100 \text{ kN} \cdot \text{m}$,剪力设计值 $V = 600 \text{ kN}$(由支托承受)。验算螺栓强度是否满足要求。

解:

剪力由支托承担,弯矩由螺栓承担,弯矩使螺栓受拉。

M20 螺栓抗拉承载力设计值为

$$N_t^b = A_e f_t^b = 245 \text{ mm}^2 \times 170 \text{ N/mm}^2 = 41\ 650 \text{ N} = 41.65 \text{ kN}$$

最大受力螺栓(最上排 1)的拉力为

$$N_1 = \frac{M y_1}{\sum y_i^2} = \frac{100 \text{ kN} \cdot \text{m} \times 10^3 \times 600 \text{ mm}}{2 \times (100^2 + 200^2 + 300^2 + 500^2 + 600^2) \text{ mm}^2} = 40 \text{ kN} \leqslant N_t^b = 41.65 \text{ kN}$$

螺栓连接满足设计要求。

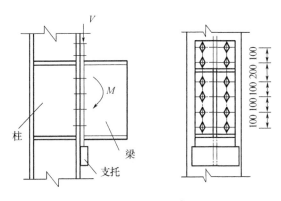

图 3.73　【例 3.11】图

（3）螺栓群在偏心力作用下的螺栓计算

螺栓群受偏心受拉相当于连接承受轴心拉力 N 和弯矩 $M = N \cdot e$ 的联合作用。按弹性设计法，根据偏心距的大小可能出现小偏心受拉和大偏心受拉两种情况。

①小偏心受拉

当偏心距 e 较小时，M 不大，连接以承受轴心拉力 N 为主时，这种情况下，所有螺栓均承受拉力作用，端板不出现受压区，故在计算时轴心拉力 N 由各螺栓均匀承受；弯矩 M 则引起以螺栓群形心 O 为中和轴的三角形内力分布（图 3.74（a）（b）），使上部螺栓受拉，下部螺栓受压；叠加后全部螺栓均受拉。可推出最大、最小受力螺栓的拉力和满足设计要求的公式如下（y_i 均自 O 点算起）

$$N_{\max} = \frac{N}{n} + \frac{Ney_1}{\sum y_i^2} \leqslant N_t^b \tag{3-48a}$$

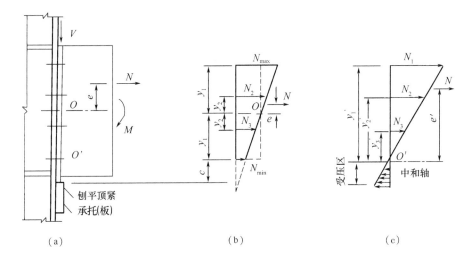

图 3.74　螺栓群偏心受拉

$$N_{\min} = \frac{N}{n} - \frac{Ney_1}{\sum y_i^2} \geqslant 0 \tag{3-48b}$$

式中　y_1——螺栓群形心轴至螺栓的最大距离；

$\sum y_i^2$ ——形心轴上、下各螺栓至形心距离的平方和。

式(3-48a)表示最大受力螺栓的拉力不超过一个螺栓的抗拉承载力设计值;式(3-48b)则表示全部螺栓受拉,不存在受压区。由 $N_{\min} = \dfrac{N}{n} - \dfrac{Ney_1}{\sum y_i^2} \geqslant 0$ 推得偏心距 $e \leqslant \dfrac{\sum y_i^2}{ny_1}$。令 $\rho = \dfrac{W_e}{nA_e} = \dfrac{\sum y_i^2}{ny_1}$ 为螺栓有效截面组成的核心距,即 $e \leqslant \rho$ 时为小偏心受拉,否则为大偏心受拉。

②大偏心受拉

当 $e > \rho$ 时,即偏心距较大,弯矩 M 较大时,在这种情况下,端板底部将出现受压区(图3.74(c)),中和轴位置下移,为了简化计算,近似并偏安全取中和轴位于最下排螺栓处,则:

$$\frac{N_1}{y'_1} = \frac{N_2}{y'_2} = \cdots = \frac{N_i}{y'_i} = \cdots = \frac{N_n}{y'_n}$$

$$Ne' = N_1 y'_1 + N_2 y'_2 + \cdots + N_i y'_i + \cdots + N_n y'_n$$

$$= \frac{N_1}{y'_1} y'^2_1 + \frac{N_2}{y'_2} y'^2_2 + \cdots + \frac{N_i}{y'_i} y'^2_i + \cdots + \frac{N_n}{y'_n} y'^2_n$$

$$= \frac{N_i}{y'_i} \sum y'^2_i$$

螺栓 i 的拉力为 $\qquad N_i = \dfrac{Ne'y'_i}{\sum y'^2_i}$

受力最大的最外排螺栓 1 的拉力

$$N_1 = \frac{My'_1}{\sum y'^2_i} \leqslant N_t^b \tag{3-49}$$

【例3.12】

图3.75为一屋架端部与柱翼缘连接节点,竖向力由支托承受。螺栓为 C 级,只承受偏心拉力。已知:$N_1 = 450$ kN,$N_2 = 300$ kN(设计值),偏心距 $e = 50$ mm。螺栓布置如图所示,试求所需 C 级螺栓的规格。

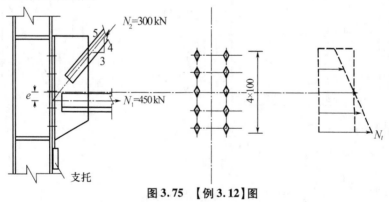

图3.75 【例3.12】图

解:

螺栓所受拉力为

$$N = N_1 - N_2 \times \frac{3}{5} = 450 - 300 \times \frac{3}{5} = 270 \text{ kN}$$

判断大小偏心,螺栓有效截面的核心距

$$\rho = \frac{\sum y_i^2}{ny_1} = \frac{4 \times (100^2 + 200^2)\,\mathrm{mm}^2}{10 \times 200\,\mathrm{mm}} = 100\,\mathrm{mm} > e = 50\,\mathrm{mm}$$

偏心力作用在核心距以内,属于小偏心受拉。由(3-48a)计算

$$N_{\max} = \frac{N}{n} + \frac{Ney_1}{\sum y_i^2} = \frac{270\,\mathrm{kN}}{10} + \frac{270\,\mathrm{kN} \times 50\,\mathrm{mm} \times 200\,\mathrm{mm}}{4 \times (100^2 + 200^2)\,\mathrm{mm}^2} = 40.5\,\mathrm{kN}$$

需要的有效截面面积:

$$A_e \geqslant \frac{N}{f_t^b} = \frac{40.5 \times 10^3\,\mathrm{N}}{170\,\mathrm{N/mm}^2} = 238\,\mathrm{mm}^2$$

由附表 C-1 查得 M20 螺栓的有效截面面积 $A_e = 245\,\mathrm{mm}^2 > 238\,\mathrm{mm}^2$,故采用 C 级 M20 螺栓连接。具体布置如图 3.75 所示,螺栓布置满足构造要求。

3.6.4　普通拉剪连接螺栓的计算

大量的试验研究结果表明,同时承受剪力和拉力作用的普通螺栓有两种可能破坏形式:一是螺栓杆受剪受拉破坏;二是孔壁承压破坏。

大量的试验结果表明,当将拉剪连接螺栓杆处于极限承载力时的拉力和剪力分别除以各自单独作用时的承载力,所得到的关于 $\frac{N_t}{N_t^b}$ 和 $\frac{N_v}{N_v^b}$ 的相关曲线,近似为半径是 1.0 的 $\frac{1}{4}$ 圆曲线,如图 3.76 所示。

《钢结构设计规范》(GB 50017—2003)规定:同时承受剪力和杆轴方向拉力的普通螺栓,应满足下列圆曲线相关方程。

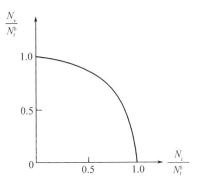

$$\sqrt{\left(\frac{N_v}{N_v^b}\right)^2 + \left(\frac{N_t}{N_t^b}\right)^2} \leqslant 1 \qquad (3-50)$$

为了防止当板件较薄时,螺栓孔壁可能因承压强度不足而产生破坏,还应满足

$$N_v \leqslant N_c^b \qquad (3-51)$$

式中　N_v,N_t——一个螺栓所承受的剪力和拉力设计值;

N_v^b,N_t^b——一个螺栓的螺栓杆抗剪和抗拉承载力设计值;

N_c^b——一个螺栓的孔壁承压承载力设计值。

图 3.76　剪力和拉力的相关曲线

【例 3.13】

图 3.75 中所示连接,如果去掉支托,剪力也由连接螺栓承担,试求所需 C 级螺栓的规格。

解:

根据【例 3.12】得:受力最大螺栓拉力 $N_t = 40.5$ kN

去掉支托后螺栓所承担的剪力为

$$V = 300 \times \frac{4}{5} = 240\,\mathrm{kN}$$

$$N_v = \frac{V}{n} = \frac{240}{10} = 24 \text{ kN}$$

试选用 M22 螺栓,查附表 C - 1 得:M22 螺栓的有效截面面积 $A_e = 303 \text{ mm}^2$,查附表 B - 4 得 $f_t^b = 170 \text{ N/mm}^2$,$f_v^b = 140 \text{ N/mm}^2$,$f_c^b = 305 \text{ N/mm}^2$。

单个螺栓抗拉承载力 $N_t^b = A_e f_t^b = 303 \text{ mm}^2 \times 170 \text{ N/mm}^2 = 51.5 \text{ kN}$

单个螺栓抗剪承载力 $N_v^b = n_v \frac{\pi d^2}{4} f_v^b = \frac{3.14 \times 22^2 \text{ mm}^2}{4} \times 140 \text{ N/mm}^2 = 53.2 \text{ kN}$

单个螺栓抗压承载力 $N_c^b = d \sum t f_c^b = 22 \text{ mm} \times 20 \text{ mm} \times 305 \text{ N/mm}^2 = 134.2 \text{ kN}$

螺栓强度验算

$$\sqrt{\left(\frac{N_v}{N_v^b}\right)^2 + \left(\frac{N_t}{N_t^b}\right)^2} = \sqrt{\left(\frac{24}{53.2}\right)^2 + \left(\frac{40.5}{51.5}\right)^2} = 0.91 < 1$$

$$N_v = 24 \text{ kN} < N_c^b = 134.2 \text{ kN}$$

故所选螺栓满足强度要求。

3.7 高强度螺栓连接的构造和计算

3.7.1 高强度螺栓连接的工作性能

高强度螺栓连接按照受力特征可分为摩擦型和承压型两种,螺栓采用高强度钢经热处理做成,安装时施加强大的预拉力,使构件接触面间产生与预拉力相同值的压紧力。摩擦型高强度螺栓就只利用接触面间摩擦阻力传递剪力,其整体性能好、抗疲劳能力强,适用于承受动力荷载和重要的连接。承压型高强度螺栓连接允许外力超过构件接触面间的摩擦力,利用螺栓杆与孔壁直接接触传递剪力,承载能力比摩擦型提高较多。承压型高强度螺栓可用于不直接承受动力荷载或静力荷载结构的连接。

高强螺栓的预拉力 P 和接触面的摩擦系数 μ 是明确规定并予以控制的两个重要指标。

1. 高强螺栓中的预拉力 P

高强度螺栓的预拉力是通过拧紧螺母实现的。一般采用扭矩法和扭剪法。扭矩法是采用可直接显示扭矩的特制扳手,根据事先测定的扭矩和螺栓拉力之间的关系施加扭矩,使之达到预定预拉力。扭剪法是采用扭剪型高强度螺栓,该螺栓端部设有梅花头,拧紧螺母时,靠拧断螺栓梅花头切口处截面来控制预拉力值。

高强度螺栓的预拉力计算时应该考虑:(1)在拧紧螺栓时扭矩使螺栓产生剪力将降低螺栓的抗拉承载力;(2)施加预拉力时补偿预应力损失的超张拉;(3)材料的不均匀性。《钢结构设计规范》规定预拉力设计值 P 由式(3 - 52)计算得到

$$P = \frac{0.9 \times 0.9 \times 0.9}{1.2} A_e f_u \tag{3 - 52}$$

式中 A_e——螺栓的有效截面面积;

   f_u——螺栓材料经热处理后的最低抗拉强度,8.8 级,取 $f_u = 830 \text{ N/mm}^2$,10.9 级取
    $f_u = 1\,040 \text{ N/mm}^2$

各种规格高强度螺栓预拉力的取值见表3.8。

表 3.8　高强度螺栓的预拉力 P（GB 50017 规范）　　　　　　单位：kN

螺栓的性能等级	螺栓公称直径/mm					
	M16	M20	M22	M24	M27	M30
8.8 级	80	125	150	175	230	280
10.9 级	100	155	190	225	290	355

2. 高强度螺栓摩擦面抗滑移系数 μ

高强度螺栓摩擦面抗滑移系数的大小与连接处构件接触面的处理方法和构件的钢号有关。我国规范推荐采用的接触面处理方法有喷砂、喷砂后涂无机富锌漆、喷砂后生赤锈和钢丝刷消除浮锈或对干净轧制表面不做处理等，各种处理方法相应的 μ 值详见表 3.9。

表 3.9　摩擦面的抗滑移系数 μ 值

在连接处构件接触面的处理方法	构 件 的 钢 号		
	Q235 钢	Q345，Q390 钢	Q420 钢
喷砂	0.45	0.50	0.50
喷砂后涂无机富锌漆	0.35	0.40	0.40
喷砂后生赤锈	0.45	0.50	0.50
钢丝刷清除浮锈或未经处理的干净轧制表面	0.30	0.35	0.40

试验证明，摩擦面涂红丹后 $\mu < 0.15$，即使经处理后仍然很低，故严禁在摩擦面上涂刷红丹。另外，连接在潮湿或淋雨条件下拼装，也会降低 μ 值，故应采取有效措施保证连接处表面的干燥。

3.7.2　高强度螺栓抗剪连接计算

1. 高强度螺栓连接受剪承载力

（1）高强度螺栓摩擦型连接

摩擦型连接的承载力取决于构件接触面的摩擦力，摩擦力的大小与螺栓所受的预拉力和摩擦面的抗滑移系数以及连接的传力摩擦面数有关。因此，一个摩擦型连接高强度螺栓的受剪承载力设计值为

$$N_v^b = 0.9 n_f \mu P \qquad (3-54)$$

式中　0.9——抗力分项系数 γ_R 的倒数，即取 $\gamma_R = 1/0.9 = 1.111$；

n_f——传力摩擦面数：单剪时，$n_f = 1$，双剪时，$n_f = 2$；

P——一个高强度螺栓的设计预拉力，按表 3.8 采用；

μ——摩擦面抗滑移系数，按表 3.9 采用。

（2）高强度螺栓承压型连接

高强度螺栓承压型连接的计算方法与普通螺栓连接相同，仍可用式（3-34）和式（3-35）计算单个螺栓的抗剪承载力设计值，只是应采用承压型连接高强度螺栓的强度设计值。

当剪切面在螺纹处时,承压型连接高强度螺栓的抗剪承载力应按螺纹处的有效截面计算。但对于普通螺栓,其抗剪强度设计值是根据连接的试验数据统计而定的,试验时不分剪切面是否在螺纹处,计算抗剪强度设计值时均用公称直径。

2.高强度螺栓群的抗剪计算

(1)轴心受剪

此时,高强度螺栓连接所需螺栓数目应由式(3-55)确定

$$n \geqslant \frac{N}{N_{\min}^b} \qquad (3-55)$$

式中 $N_{\min}^b$——相应连接类型的单个高强度螺栓受剪承载力设计值的最小值。对摩擦型连接 $N_{\min}^b = N_v^b = 0.9 n_f \mu P$;对承压型连接 $N_{\min}^b$ 为 $N_v^b = n_v \frac{\pi d_e^2}{4} f_v^b$ 和 $N_c^b = d \sum t \cdot f_c^b$ 较小值。其中 f_v^b, f_c^b 分别为一个承压型高强度螺栓的抗剪和承压强度设计值。

(2)高强度螺栓群的偏心受剪

高强度螺栓群在扭矩或扭矩、剪力共同作用时的抗剪计算方法与普通螺栓群相同,但应采用高强度螺栓承载力设计值进行计算。

【例3.14】

图3.77所示连接,构件钢材为Q345钢,承受的轴心拉力设计值 $N = 600$ kN。试分别按下列情况验算连接螺栓是否安全。

①采用普通螺栓的临时性连接,C级螺栓M20,孔径 = 21.5 mm;

②采用高强螺栓M16(10.9级)摩擦型连接,孔径17.5 mm,构件接触面喷砂处理;

③采用高强螺栓M16(10.9级)承压型连接,有效面积 $Ae = 157$ mm²。

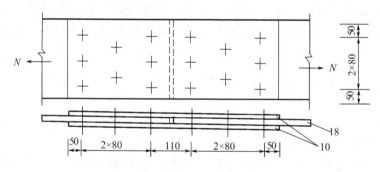

图3.77 【例3.14】图

解:

①采用普通螺栓连接

单个螺栓抗剪承载力设计值

$$N_v^b = n_v \frac{\pi d^2}{4} f_v^b = 2 \times \frac{3.14 \times 20^2 \text{ mm}^2}{4} \times 140 \text{ N/mm}^2 = 87.92 \text{ kN}$$

单个螺栓承压承载力设计值

$$N_c^b = d \sum t f_c^b = 20 \text{ mm} \times 18 \text{ mm} \times 385 \text{ N/mm}^2 = 138.6 \text{ kN}$$

单个螺栓强度验算

$N_v = \dfrac{N}{n} = \dfrac{600 \text{ kN}}{8} = 75 \text{ kN} < N_{\min}^b = 87.92 \text{ kN}$,螺栓强度满足要求。

②采用摩擦型连接

由表 3.8 查得 10.9 级的 M16 高强度螺栓的预拉力 $P = 100$ kN,表 3.9 查得 $\mu = 0.5$。

单个螺栓的抗剪承载力设计值

$N_v^b = 0.9 n_f \mu P = 0.9 \times 2 \times 0.5 \times 100 \text{ kN} = 90 \text{ kN}$

单个螺栓强度验算

$N_v = \dfrac{600}{8} = 75 \text{ kN} < N_v^b = 90 \text{ kN}$,螺栓强度满足要求。

③采用承压型连接

单个螺栓抗剪承载力设计值

$$N_v^b = n_v \frac{\pi d_e^2}{4} f_v^b = 2 \times 157 \times 310 \text{ N/mm}^2 = 97.3 \text{ kN}$$

单个螺栓承压承载力设计值

$$N_c^b = d \sum t f_c^b = 16 \text{ mm} \times 18 \text{ mm} \times 590 \text{ N/mm}^2 = 169.9 \text{ kN}$$

单个螺栓强度验算

$N_v = \dfrac{N}{n} = \dfrac{600 \text{ kN}}{8} = 75 \text{ kN} < N_{\min}^b = 97.3 \text{ kN}$,螺栓强度满足要求。

3.7.3 高强度螺栓抗拉连接计算

1. 高强度螺栓抗拉连接的工作性能

高强度螺栓连接由于预拉力作用,构件间在承受外力作用前已经有较大的挤压力,高强度螺栓受到外拉力作用时,首先要抵消这种挤压力,在克服挤压力之前,螺杆的预拉力基本不变。

如图 3.78(a)所示,高强度螺栓在承受外拉前,螺杆中已有很高的预拉力 P,板层之间则有压力 C,而 P 与 C 维持平衡(图 3.78(a))。当对螺栓施加外拉力 N_t,则螺栓杆在板层之间的压力未完全消失前被拉长,此时螺杆中拉力增量为 ΔP,同时把压紧的板件拉松,使压力 C 减少 ΔC(图 3.78(b))。计算表明,当加于螺杆上的外拉力 N_t 为预拉力 P 的 80% 时,螺杆内的拉力增加很少,因此可认为此时螺杆的预拉力基本不变。同时由实验得知,当外加拉力大于螺杆的预拉力时,卸荷后螺杆中的预拉力会变小,即发生松弛现象。但当外加拉力小于螺杆预拉力的 80% 时,即无松弛现象发生。也就是说,被连接板件接触面间仍能保持一定的压紧力,可以假定整个板面始终处于紧密接触状态。但上述取值没有考虑杠杆作用而引起的撬力影响。实际上这种杠杆作用存在于所有螺栓的抗拉连接中。研究表明,当外拉力 $N_t \le 0.5P$ 时,不出现撬力,如图 3.78(c)所示,撬力 Q 大约在 N_t 达到 $0.5P$ 时开始出现,起初增加缓慢,以后逐渐加快,到临近破坏时因螺栓开始屈服而又有所下降。

由于撬力 Q 的存在,外拉力的极限值由 N_u 下降到 N'_u。因此,如果在设计中不计算撬力 Q,应使 $N_t \le 0.5P$;或者增大 T 形连接件翼缘板的刚度。分析表明,当翼缘板的厚度 t_1 不小于 2 倍螺栓直径时,螺栓中可完全不产生撬力。实际上很难满足这一条件,可采用图3.70所示的加劲肋代替。

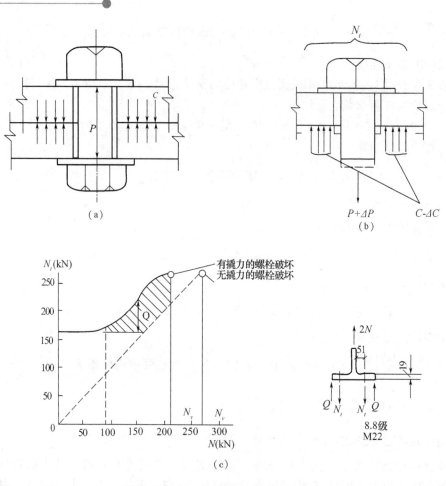

图 3.78　高强度螺栓受拉和撬力的影响

在直接承受动力荷载的结构中,由于高强度螺栓连接受拉时的疲劳强度较低,每个高强度螺栓的外拉力不宜超过 0.5P。当需考虑撬力影响时,外拉力还得降低。

2.高强度螺栓受拉连接承载力

(1)摩擦型连接高强度螺栓

如前所述,为使高强度螺栓连接在承受拉力作用时板件间能保持一定的压紧力,我国规范规定在杆轴向承受拉力的高强度螺栓摩擦型连接中,单个高强度螺栓受拉承载力设计值为

$$N_t^b = 0.8P \qquad (3-56)$$

(2)承压型连接高强度螺栓

承压型连接高强度螺栓,N_t^b 按普通螺栓的公式计算,但强度设计值取值不同。

3. 高强度螺栓群的受拉计算

(1)轴心受拉

高强度螺栓群连接所需螺栓数目 $n \geqslant N/N_t^b$,其中 N_t^b——在杆轴方向受拉力时,单个摩擦型高强度螺栓的承载力设计值,按式(3-56)计算,单个承压型高强度螺栓的承载力设计值,按式(3-45)计算。

（2）高强度螺栓群受弯矩作用

高强度螺栓（摩擦型和承压型）的外拉力总是小于预拉力 P，在连接受弯矩而使螺栓沿栓杆方向受力时，被连接构件的接触面一直保持紧密贴合；因此，可认为中和轴在螺栓群的形心轴上（图 3.79），最外排螺栓受力最大。最大拉力及其验算式为

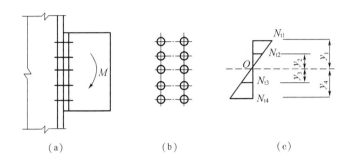

$$（a）\qquad（b）\qquad（c）$$

图 3.79　承受弯矩的高强度螺栓连接

$$N_1 = \frac{My_1}{\sum y_i^2} \leqslant N_t^b \qquad\qquad (3-57)$$

式中　y_1——螺栓群形心轴至螺栓的最大距离；

　　　$\sum y_i^2$——形心轴上、下各螺栓至形心轴距离的平方和。

（3）高强度螺栓群偏心受拉

由于高强度螺栓偏心受拉时，螺栓的最大拉力不得超过 $0.8P$，能够保证板层之间始终保持紧密贴合，端板不会拉开，故摩擦型连接高强度螺栓和承压型连接高强度螺栓均可按普通螺栓小偏心受拉计算，即

$$N_1 = \frac{N}{n} + \frac{Ney_1}{\sum y_i^2} \leqslant N_t^b \qquad\qquad (3-58)$$

3.7.4　高强度螺栓连接同时承受剪力和拉力作用的计算

1. 工作性能及承载力设计值

（1）摩擦型连接高强度螺栓

如前所述，当螺栓所受外拉力时，虽然螺杆中的预拉力 P 基本不变，但板层间压力将减少到 $P-N_t$。试验研究表明，这时接触面的抗滑移系数值也有所降低，而且值随 N_t 的增大而减小，试验结果表明，外加剪力 N_v 和拉力 N_t 与高强螺栓的受拉、受剪承载力设计值之间具有线性相关关系，故规范规定，当高强度螺栓摩擦型连接同时承受摩擦面间的剪力和螺栓杆轴方向的外拉力时，其承载力应按下式计算

$$\frac{N_v}{N_v^b} + \frac{N_t}{N_t^b} \leqslant 1 \qquad\qquad (3-59)$$

式中　N_v, N_t——单个高强度螺栓所承受的剪力和拉力设计值；

　　　N_v^b, N_t^b——单个高强度螺栓的螺栓杆抗剪和抗拉承载力设计值。

（2）承压型连接高强度螺栓

同时承受剪力和杆轴方向拉力的承压型连接高强度螺栓的计算方法与普通螺栓相同，即

$$\sqrt{\left(\frac{N_v}{N_v^b}\right)^2 + \left(\frac{N_t}{N_t^b}\right)^2} \leqslant 1 \tag{3-60}$$

$$N_v \leqslant N_c^b/1.2 \tag{3-61}$$

式中，N_c^b 为单个高强度螺栓的孔壁承压承载力设计值。

由于在剪应力单独作用下，高强度螺栓对板层间产生强大压紧力。当板层间的摩擦力被克服，螺杆与孔壁接触时，板件孔前区形成三向应力场，因而承压型连接高强度螺栓的承压强度比普通螺栓高得多，两者相差约50%。当承压型连接高强度螺栓受有杆轴拉力时，板层间的压紧力随外拉力的增加而减小，因而其承压强度设计值也随之降低。为了计算简便，我国现行钢结构设计规范规定，只要有外拉力存在，就将承压强度除以1.2予以降低，而未考虑承压强度设计值变化幅度随外拉力大小而变化这一因素。因为所有高强度螺栓的外拉力一般均不大于0.8P。此时，可以为整个板层间始终处于紧密接触状态，采用统一除以1.2的做法来降低承压强度，一般能保证安全。

2. 高强度螺栓群承受拉力、弯矩和剪力的共同作用

（1）摩擦型连接的计算

图3.80所示为摩擦型连接高强度螺栓承受拉力、弯矩和剪力共同作用时的情况。

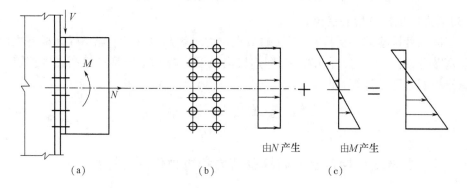

（a）　　　　　　　（b）　　　　　　　（c）

图3.80　摩擦型连接高强度螺栓的内力分布

由于螺栓连接板层间的压紧力和接触面的抗滑移系数，随外拉力的增加而减小。已知摩擦型连接高强度螺栓承受剪力和拉力联合作用时，螺栓的承载力设计值应符合相关方程

$$\frac{N_v}{N_v^b} + \frac{N_t}{N_t^b} \leqslant 1 \tag{3-62}$$

式（3-62）可改写为

$$N_v = N_v^b \left(1 - \frac{N_t}{N_t^b}\right)$$

将 $N_v^b = 0.9n_f\mu P$，$N_t^b = 0.8P$ 代入上式得

$$N_v = 0.9n_f\mu(P - 1.25N_t) \tag{3-63}$$

式中 N_v 是同时作用剪力和拉力时，单个螺栓所能承受的最大剪力设计值。

在弯矩和拉力共同作用下,高强螺栓群中的拉力各不相同,即

$$N_{ti} = \frac{N}{n} \pm \frac{My_i}{\sum y_i^2} \tag{3-64}$$

则剪力 V 的验算应满足下式:

$$V \leqslant \sum_{i=1}^{n} 0.9 n_f \mu (P - 1.25 N_{ti}) \tag{3-65}$$

或

$$V \leqslant 0.9 n_f \mu (nP - 1.25 \sum_{i=1}^{n} N_{ti}) \tag{3-66}$$

在式(3-64)中,当 $N_{ti} < 0$ 时,取 $N_{ti} = 0$。

在式(3-65)中,只考虑螺栓拉力对抗剪承载力的不利影响,未考虑受压区板层间压力增加的有利作用,故按该式计算的结果是略偏安全的。

此外,螺栓最大拉力应满足 $N_{ti} \leqslant N_t^b$。

(2)承压型连接的计算

对承压型连接高强度螺栓,应按公式(3-60)和(3-61)验算拉剪的共同作用。

【例3.15】

如图3.81为柱间支撑与柱的高强度螺栓连接,轴心拉力设计值 $F = 6.5 \times 10^5$ N。高强度摩擦型螺栓为10.9级的M20,孔径21.5 mm,接触面采用喷砂后生赤锈处理,钢材为Q235BF钢。试计算:

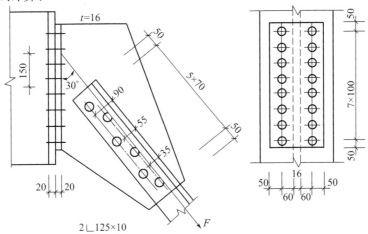

图3.81　【例3.15】图

① 如果拉力 $F = 8 \times 10^5$ N 时,则按螺栓抗剪承载力设计时,至少需(　　)个螺栓。

A. 5　　　　　　B. 6　　　　　　C. 7　　　　　　D. 8

②图3.81所示采用双行错列排列,其中线距 $e_1 = 55$ mm,$e_2 = 90$ mm,端距50 mm,栓距70 mm 时,摩擦型螺栓在该连接中的承载力设计值与下列(　　)项值接近。

A. 1.256×10^5 N　　　　　　　　B. 1.245×10^5 N

C. 1.227×10^5 N　　　　　　　　D. 1.196×10^5 N

③ 图3.81所示的竖向连接中,当 $F = 8.0 \times 10^5$ N 时,螺栓群承受的弯矩 M 与下列(　　)值接近。

A. 4.7×10^7 N·mm　　　　　　　　B. 4.88×10^7 N·mm

C. 5.4×10^7 N·mm　　　　　　　　D. 6×10^7 N·mm

④条件同题③,角钢净截面强度验算时的应力与下列(　　)项值接近。

A. 67 N/mm²　　　B. 89 N/mm²　　　C. 106.9 N/mm²　　　D. 134 N/mm²

⑤$F = 6.5 \times 10^5$ N,$M = 4.88 \times 10^7$ Nmm,图 3.81 中所示的连接中,螺栓最大拉力与下列(　　)值接近。

A. 4.07×10^4 N　　B. 4.67×10^4 N　　C. 4.96×10^4 N　　D. 5.2×10^4 N

⑥ 图 3.81 中所示,竖向连接的抗剪承载力折减系数 $\eta = 0.883$ 时,连接所能承受的最大剪力值与下列(　　)值接近。

A. 5.34×10^5 N　　B. 5.60×10^5 N　　C. 5.92×10^5 N　　D. 6.03×10^5 N

解：

① 正确答案 C

由《钢结构设计规范》(GB 50017—2003)式(7.2.2 − 1)或(3 − 54)式

$$N_v^b = 0.9 n_f \cdot \mu \cdot P = 0.9 \times 2 \times 0.45 \times 1.55 \times 10^5 = 1.256 \times 10^5 \text{ N}$$

$$n = \frac{F}{N_v^b} = \frac{8.0 \times 10^5}{1.256 \times 10^5} = 6.4, 取 7 个$$

②正确答案 B

沿受力方向的螺栓搭接长度：

$$l_1 = 5 \times 70 = 350 \text{ mm} > 15 d_0 = 15 \times 21.5 = 322.5 \text{ mm}$$

故搭接属于长接头,螺栓承载力设计值要折减,折减系数：

$$\eta = 1.1 - \frac{l_1}{150 d_0} = 1.1 - \frac{350}{150 \times 21.5} = 0.991\,4$$

故摩擦型螺栓在该连接中承载力设计值

$$N_v^b = \eta \times 0.9 \cdot n_f \cdot \mu \cdot P = 0.991\,4 \times 1.256 \times 10^5 = 1.245 \times 10^5 \text{N}$$

③正确答案 D

$$M = Ne = F\cos 60° \times 150 = 8 \times 10^5 \times 0.5 \times 150 = 6 \times 10^7 \text{ Nmm}$$

④正确答案 D

由《钢结构设计规范》(GB 50017—2013)式(5.1.1 − 2)

$$\sigma = \left(1 - 0.5 \frac{n_1}{n}\right) \frac{N}{A_n} = \left(1 - 0.5 \times \frac{1}{6}\right) \times \frac{6.5 \times 10^5}{4\,878 - 21.5 \times 10 \times 2} \times 134 \text{ N/mm}^2$$

⑤正确答案 A

$$N_t = \frac{N}{n} + \frac{M \cdot y_{max}}{m \sum y_i^2}$$

$$= \frac{6.5 \times 10^5 \times 0.5}{16} + \frac{4.88 \times 10^7 \times 350}{2 \times (50^2 + 150^2 + 250^2 + 350^2) \times 2}$$

$$= 4.10 \times 10^4 \text{N}$$

⑥正确答案 C

$$N = N_v n = \eta \times 0.9 \times n_f \mu (P - 1.25 N_t) \times 16$$

$$= 0.883 \times 0.9 \times 1 \times 0.45 \times (155 \times 10^3 - 1.25 \times 4.07 \times 10^4) \times 16$$

$$= 5.96 \times 10^5 \text{ N}$$

【习题三】

1. 单选题

1.1 钢结构连接中所使用的焊条应与被连接构件的强度相匹配,通常在被连接构件选用 Q345 时,焊条选用(　　)。

　　A. E55　　　　　B. E50　　　　　　　C. E43　　　　　　　D. 前三种均可

1.2 在承受动力荷载的结构中,垂直于受力方向的焊缝不宜采用(　　)。

　　A. 角焊缝　　　　　　　　　　B. 焊透的对接焊缝

　　C. 未焊透的对接焊缝　　　　　D. 斜对接焊缝

1.3 钢结构在搭接连接中,搭接长度不得小于焊件较小厚度的(　　)。

　　A. 4 倍,且不得小于 20 mm　　　B. 5 倍,且不得小于 25 mm

　　C. 6 倍,且不得小于 30 mm　　　D. 8 倍,且不得小于 40 mm

1.4 角钢和节点板间用侧焊缝搭接连接,角钢肢背与肢尖焊缝的尺寸和焊缝长度均相同,当拉力通过角钢的轴心线时,(　　)。

　　A. 角钢肢背侧焊缝受力等于角钢肢尖侧焊缝受力

　　B. 角钢肢背侧焊缝受力大于角钢肢尖侧焊缝受力

　　C. 角钢肢背侧焊缝受力小于角钢肢尖侧焊缝受力

　　D. 无法确定

1.5 产生焊接残余应力的主要因素之一是(　　)

　　A. 钢材的塑性太低　　　　　B. 钢材的弹性模量太高

　　C. 焊接时热量分布不均　　　D. 焊缝的厚度太小

1.6 不需要验算对接焊缝强度的条件是斜焊缝的轴线和外力 N 之间的夹角满足(　　)。

　　A. $\tan\theta \leqslant 1.5$　　　B. $\tan\theta > 1.5$　　　C. $\theta \geqslant 45°$　　　D. $\theta < 60°$

1.7 对于直接承受动力荷载的结构,计算正面直角焊缝时(　　)。

　　A. 要考虑正面角焊缝强度的提高　B. 要考虑焊缝刚度影响

　　C. 与侧面角焊缝的计算式相同　　D. 取 $\beta_f = 1.22$

1.8 承受静力荷载的构件,当所用钢材具有良好的塑性时,焊接残余应力并不影响构件的(　　)。

　　A. 静力强度　　　　B. 刚度　　　　C. 稳定承载力　　　　D. 疲劳强度

1.9 每个受剪拉作用的摩擦型高强度螺栓所受的拉力应低于其预拉力的(　　)。

　　A. 1.0 倍　　　　B. 0.5 倍　　　　C. 0.8 倍　　　　　D. 0.7 倍

1.10 一个普通剪力螺栓在抗剪连接中的承载力是(　　)。

　　A. 螺杆的抗剪承载力　　　　　B. 被连接构件(板)的承压承载力

　　C. 前两者中的较大值　　　　　D. A,B 中的较小值

1.11 摩擦型高强度螺栓在杆轴方向受拉的连接计算时,(　　)。

　　A. 与摩擦面处理方法有关　　　B. 与摩擦面的数量有关

　　C. 与螺栓直径有关　　　　　　D. 与螺栓性能等级无关

1.12 承压型高强螺栓可用于(　　)。

　　A. 直接承受动力荷载　　　　　B. 承受反复荷载作用的结构的连接

C. 高层建筑的重要结构　　　　D. 承受静力荷载或间接承受动力荷载结构的连接

1.13 一宽度为 b,厚度为 t 的钢板上有一直径为 d_0 的孔,则钢板的净截面面积为(　　)。

A. $A_n = b \times t - \dfrac{d_0}{2} \times t$　　　　　　B. $A_n = b \times t - \dfrac{\pi d_0^2}{4} \times t$

C. $A_n = b \times t - d_0 \times t$　　　　　　　　D. $A_n = b \times t - \pi d_0 \times t$

1.14 剪力螺栓在破坏时,若栓杆细而连接板较厚时易发生(　　)破坏;若栓杆粗而连接板较薄时,易发生(　　)破坏。

　　A. 栓杆受弯破坏　　　　　　　B. 构件挤压破坏

　　C. 构件受拉破坏　　　　　　　D. 构件冲剪破坏

1.15 摩擦型高强度螺栓连接受剪破坏时,作用剪力超过了(　　)。

　　A. 螺栓的抗拉强度　　　　　　B. 连接板件间的摩擦力

　　C. 连接板件间的毛截面强度　　D. 连接板件的孔壁的承压强度

2. 简答题

2.1 钢结构的连接方法有哪些?

2.2 焊缝按施焊位置可分为哪几种?

2.3 焊缝符号由哪几部分组成?

2.4 焊缝质量检验等级如何划分?

2.5 焊接应力对钢结构工作性能有哪些影响?

2.6 焊接变形对钢结构工作性能有哪些影响?

2.7 减少焊接应力和变形的合理的焊缝设计有哪些?

2.8 减少焊接应力和变形的合理的工艺措施有哪些?

2.9 对接连接的焊件坡口形式一般有哪些?

2.10 对接焊缝强度与哪些因素有关?

2.11 在对接焊缝计算中,焊缝强度设计值如何取值?

2.22 角焊缝的焊脚尺寸有哪些要求?

2.23 角焊缝的计算长度有哪些要求?

2.24 角焊缝的搭接连接的构造要求有哪些?

2.25 正面角焊缝和侧面角焊缝在受力上有什么不同?

2.26 普通螺栓和高强度螺栓的材料性能等级如何表示?

2.27 螺栓在构件上的排列应满足哪些要求?

2.28 普通螺栓受剪连接有哪几种破坏形式?

2.29 普通螺栓受剪连接的破坏过程经历了哪几个阶段?

2.30 普通螺栓的承载力计算采用的基本假定是什么?

2.31 普通螺栓群受剪连接计算时,有时为什么应将承载力设计值乘以折减系数?

2.32 普通螺栓群偏心受剪连接计算时,采用的计算假定是什么?

2.33 普通螺栓群偏心受拉连接计算时,如何判别大偏心受拉和小偏心受拉?

2.34 同时承受剪力和拉力作用的普通螺栓连接可能的破坏形式有哪些?

2.35 高强螺栓的预拉力计算公式中的系数各表示什么含义?

2.36 普通螺栓连接与承压型高强螺栓连接计算有哪些区别?

2.37 普通螺栓抗剪连接、摩擦型高强螺栓抗剪连接、承压型高强螺栓抗剪连接各是如何传递剪力的?

3. 计算题

3.1 试设计如图 3.82 所示用拼接盖板的对接连接。已知钢板宽 $B = 270\ mm$,厚度 $t = 26\ mm$,拼接盖板厚度,$t = 16\ mm$,该连接承受的静态轴向力 $N = 1\ 400\ kN$,(设计值),钢材为 Q235B,手工焊,焊条为 E43 型。

3.2 试设计如图 3.83 所示双角钢与节点板的连接。已知:轴心力设计值 $N = 500\ kN$,角钢为 $2 \llcorner 90 \times 8$,节点板厚度为 12 mm,钢材 Q235,焊条 E43 型,手工焊。连接形式分别采用两面侧焊缝和三面围焊缝。

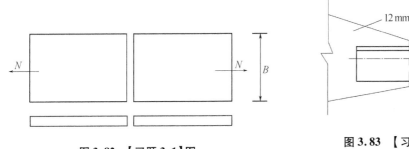

图 3.82 【习题 3.1】图   图 3.83 【习题 3.2】图

3.3 有一支托角钢,两边用角焊缝与柱相连,如图 3.84 所示,钢材为 Q345A,焊条为 E50 型,手工焊,试确定焊脚高度。已知:外力设计值 $N = 400\ kN$,偏心距 $e = 20\ mm$。

3.4 试求如图 3.85 所示连接的最大承载力。钢材为 Q235B,焊条为 E43 型,手工焊,角焊缝焊脚尺寸 $h_f = 8\ mm$,偏心距 $e_1 = 300\ mm$。

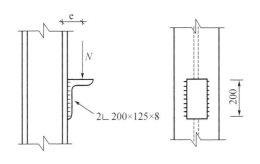

图 3.84 【习题 3.3】图

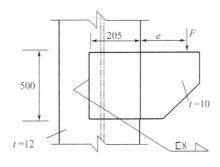

图 3.85 【习题 3.4】图

3.5 试设计如图 3.86 所示牛腿与柱的连接角焊缝。钢材 Q235,焊条 E43 型,手工焊,外力设计值 $N = 98\ kN$(静力荷载),偏心距 $e = 120\ mm$。(注意 N 对水平焊缝也有偏心)

3.6 已知两钢板截面为 -14×370,双盖板为 $2 - 8 \times 370$,钢材 Q345BF,承受的轴向拉力设计值 $N = 300\ kN$,试进行连接设计:①采用普通螺栓连接;②采用摩擦型高强螺栓连接;③采用承压型高强螺栓连接。

3.7 试验算如图 3.87 所示 C 级普通螺栓连接的强度。螺栓 M20,钢材为 Q235B。

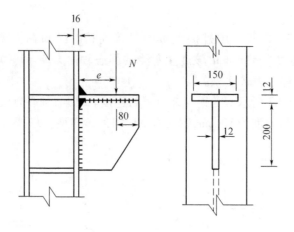

图 3.86 【习题 3.5】图

3.8 试验算如图 3.88 所示的摩擦型高强度螺栓连接,钢材为 Q235,螺栓为 10.9 级,M20,连接接触面采用喷砂处理,$P = 155$ kN,$\mu = 0.45$。

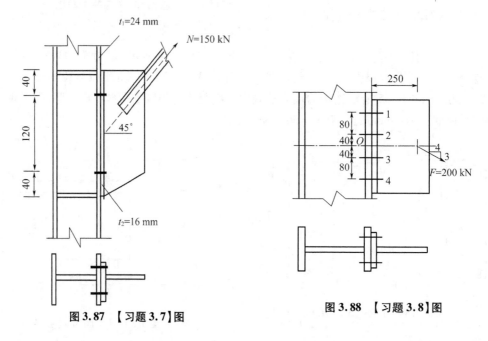

图 3.87 【习题 3.7】图

图 3.88 【习题 3.8】图

3.9 设有一横截面为四边形的格构式自立式铁架,其底节间的人字形腹杆系由两个等边角钢∟80×7 组成的 T 形截面,如图 3.89 所示。钢材为 Q235BF,其斜撑所受的轴心力设计值 $N = \pm 150$ kN。计算:

①拟采用 2 个 C 级普通螺栓与板厚为 12 mm 的节点板相连。应选用( )公称直径的螺栓。

　　A. M16　　　　B. M20　　　　　　C. M22　　　　　　　D. M24

②假定人字形腹杆与节点板的连接改用 8.8 级的摩擦型高强度螺栓,其接触面为喷砂后涂无机富锌漆。应选用( )公称的螺栓。

　　A. M16　　　　　B. M20　　　　　　　　C. M22　　　　　　　　D. M24

　　③假定人字形腹杆与节点板的连接改用8.8级的承压型高强度螺栓,其接触面为喷砂后涂无机富锌漆。应选用(　　)公称的螺栓。

　　A. M20　　　　　B. M16　　　　　　　　C. M22　　　　　　　　D. M24

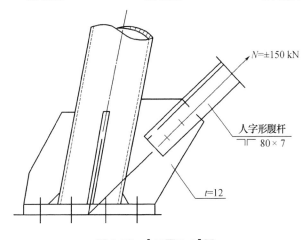

图3.89　【习题3.9】图

第4章 轴心受力构件

【内容提要】

本章阐述了轴心受力构件的特点和极限状态。介绍了轴心受压构件整体失稳的三种形式:弯曲失稳、扭转失稳、弯扭失稳。详细分析了残余应力、初弯曲、初偏心等缺陷对轴心受压构件整体稳定承载力的影响,论述了各种缺陷对临界力的影响程度与不同截面形状及不同加工方式的关系,阐明了截面分类和采用多条柱子曲线的合理性。同时,介绍了荷载作用于中面的薄板临界荷载,建立了各类轴心受压构件的不同部位板件的宽厚比限制条件。

本章阐述了实腹式轴心受压构件的截面选择和强度、刚度、整体稳定、局部稳定的验算,针对格构式轴心受压构件,论述了用换算长细比来考虑剪切变形对虚轴稳定承载力的影响,并介绍了其缀材的设计,轴心受压柱的柱头和柱脚的构造、传力路径分析和设计计算。

【规范参阅】

《钢结构设计规范》(GB 50017—2003)中第 5.1.1 条~5.1.7 条;5.3.1~5.3.9 条;5.4.1~5.4.6 条。

【学习指南】

知识要点	能力要求	相关知识
轴心受力构件应用	了解轴心受力构件应用及其截面形式	实腹式柱、格构式柱、型钢截面、组合截面
轴心受力构件强度	熟练掌握轴心受力构件强度的概念和计算	强度计算准则、强度计算公式
轴心受力构件刚度	熟练掌握轴心受力构件刚度的概念和计算	受压构件控制刚度的原因、受拉构件控制刚度的原因、容许长细比、刚度计算公式
轴心受压构件的整体稳定	熟练掌握轴心受压构件的整体稳定的概念和计算公式	弯曲屈曲、扭转屈曲、弯扭屈曲、整体稳定临界力和临界应力、残余应力和初弯曲及初偏心对整体稳定的影响,轴心受压构件的最大强度准则,轴心受压构件的柱子曲线轴心受压构件整体稳定计算公式
轴心受压构件的局部稳定	熟练掌握轴心受压构件的局部稳定的概念和计算公式	局部失稳、等稳准则、受压板件的宽厚比计算公式
实腹式轴心受压构件的设计	熟练掌握实腹式轴心受压构件的设计原则及步骤	设计原则、常用截面、具体步骤的理解

（续）

知识要点	能力要求	相关知识
格构式轴心受压构件的设计	熟练掌握格构式轴心受压构件的设计原则及步骤	常用截面、换算长细比、缀材受拉分析、设计具体步骤理解
轴心受压构件的构造	轴心受压构件的构造要求	设置横隔、横向加劲肋、焊缝设计
轴心受压构件的柱头和柱脚	熟练掌握轴心受压构件的柱头和柱脚设计	典型柱头构造图及其传力路线和计算、典型柱脚构造图及其传力路线和计算

4.1 轴心受力构件的应用

　　厂房钢结构中的桁架、大跨结构中的网架以及塔桅结构中的塔架等结构,均由杆件通过节点连接而成,如图4.1所示。这些结构中的杆件有一个共同的特点,即结构仅承受节点荷载作用时,杆件内力以轴向力为主,而其他内力形式相对很小,甚至小到可以忽略的程度。因此,在进行结构受力分析时,这类结构一般都将节点简化成铰接,当结构无节间荷载作用时,则各杆件可视为轴心受力构件。

　　轴心受力构件是指仅承受通过截面形心轴的轴向力作用的一种受力构件。当这种轴向力为拉力时,称之为轴心受拉构件,亦简称为轴心拉杆;当这种轴心力为压力时,称之为轴心受压构件,亦简称为轴心压杆。

　　工业建筑平台结构中的柱常被设计为轴心压杆,其由柱头、柱身和柱脚三部分组成,如图4.2所示。柱头用以支撑平台梁或桁架,柱脚将压力均匀地传给基础。预应力钢结构及悬挂(斜拉)结构中的钢索则是一种特殊的轴心受拉构件。

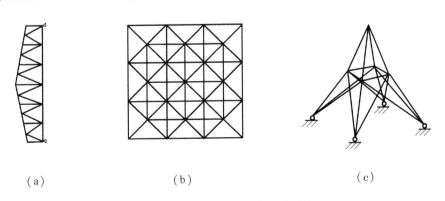

(a) (b) (c)

图4.1 轴心受力构件结构形式

（a）桁架结构；（b）网架结构；（c）塔架结构

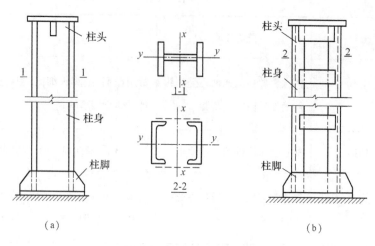

(a)   (b)

图4.2 轴心受力构件组成

(a)实腹式柱;(b)格构式柱

　　轴心受力构件的常用截面形式可分为实腹式和格构式两大类,分别如图4.3和图4.4所示。实腹式轴心受力构件具有制作简单,与其他构件连接方便等优点,其常用截面形式很多,既可直接采用如图4.3(a)所示的单个型钢,又可以采用如图4.3(b)所示的由型钢或钢板组成的组合截面。其中,圆钢和组成板件宽厚比较小的截面,材料相对于截面形心而言过于集中,抗弯刚度较小,一般较适用于轴心受拉构件;而较为开展、组成板件宽厚比较大的截面形式,由于抗弯刚度较大,较适宜于轴心受压构件。

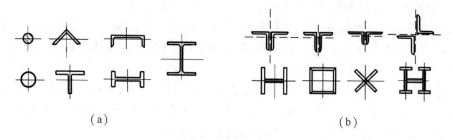

(a)   (b)

图4.3 实腹式轴心受力构件截面形式图

(a)型钢截面;(b)组合截面

　　格构式轴心受压构件具有刚度大、抗扭性能好、用料经济等优点,且很容易实现两主轴方向等稳定的要求,其截面一般由两个或多个型钢组成(每个型钢称为肢件)如图4.4所示,肢件间采用角钢(称为缀条)或钢板(称为缀板)连接成整体。当型钢规格无法满足设计要求时,肢件可以采用焊接组合截面。

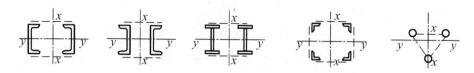

图4.4 格构式轴心受力构件截面形式

在进行轴心受力构件的设计时,应同时满足承载能力极限状态和正常使用极限状态的要求。对于轴心受拉构件,应满足强度要求和刚度要求。对于轴心受压构件,应同时满足强度、稳定以及刚度的要求。

4.2 轴心受力构件的强度和刚度

4.2.1 轴心受力构件的强度

当轴心受力构件选用塑性性能良好的钢材时,在静力荷载作用下,即使构件截面具有局部削弱,截面上的应力也会由于材料塑性的充分发展而趋于均匀分布。因此,轴心受力构件的强度承载力不考虑应力集中的影响,而是以净截面平均应力达到钢材的屈服强度为极限。《钢结构设计规范》(GB 50017 - 2003)规定,轴心受力构件的强度按式(4 - 1)计算

$$\sigma = \frac{N}{A_n} \leqslant f \tag{4-1}$$

式中　N——构件所承受的轴心拉力(或压力)设计值;

　　　A_n——构件的净截面面积;

　　　f——钢材的抗拉(或抗压)强度设计值,取值见附录 B。

当轴心受力构件采用普通螺栓(或铆钉)连接时,须判断板件产生强度破坏的截面位置,如图4.5 所示。

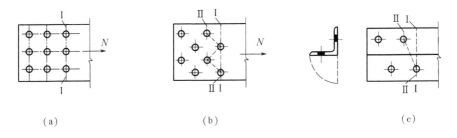

（a）　　　　　　　　　　（b）　　　　　　　　　　（c）

图 4.5　构件破坏截面

图 4.5(a)为并列布置的螺栓连接,危险截面为靠近荷载作用端的Ⅰ-Ⅰ正交截面。在图 4.5(b)(c)错列布置的螺栓连接中,构件可能的破坏截面有Ⅰ-Ⅰ正交截面和Ⅱ-Ⅱ斜交截面。在可能的破坏截面中,净截面最小的截面即为危险截面。强度验算时,A_n 取危险截面的净面积,计算公式如下

对于正交截面Ⅰ-Ⅰ

$$A_n = A_1 - n_1 d_0 t \tag{4-2}$$

对于斜交截面Ⅱ-Ⅱ

$$A_n = A_2 - n_2 d_0 t \tag{4-3}$$

式中　A_1——构件的毛截面面积,钢板取板宽与板厚的乘积,角钢可查表得到;

　　　A_2——构件的斜截面面积,取折线长度与板厚的乘积;

　　　n_1——正交截面上螺栓孔的个数;

　　　n_2——斜交截面上螺栓孔的个数;

d_0——螺栓孔的直径;

t——构件的厚度。

当轴心受力构件采用摩擦型高强度螺栓连接时,验算净截面强度则应考虑摩擦型高强度螺栓连接的工作性能,即净截面上所受的内力应扣除螺栓孔前的传力,如图 4.6 所示。因此,验算最外列螺栓处危险截面的强度时,应考虑螺栓孔前摩擦力的影响,按式(4-4)(4-5)计算

$$\sigma = \frac{N'}{A_n} \leqslant f \tag{4-4}$$

$$N' = N - 0.5 \times \frac{N}{n} \times n_1 = N\left(1 - 0.5\frac{n_1}{n}\right) \tag{4-5}$$

式中 N'——构件最外列螺栓处危险截面所受内力;

n_1——计算截面上的高强度螺栓数;

n——连接一侧高强度螺栓的总数。

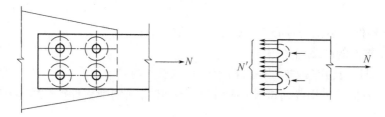

图 4.6 摩擦型高强度螺栓孔前传力

对于采用摩擦型高强度螺栓连接且有截面削弱的轴心受拉构件,除应按式(4-4)验算净截面强度外,尚应验算构件的毛截面强度。

$$\sigma = \frac{N}{A} \leqslant f \tag{4-6}$$

式中 N——构件所承受的轴心拉力设计值;

A——构件的毛截面面积。

4.2.2 轴心受力构件的刚度

钢结构中的轴心受力构件应具有足够的刚度,以保证构件不产生过大的变形,从而满足使用要求。当轴心受力构件刚度不足时,会在运输和安装过程中产生过大的弯曲变形,或在使用期间因其自重而产生明显的挠曲,或在动力荷载作用下发生较大的振动,或使得轴心压杆的稳定极限承载力显著降低。因此,应严格控制轴心受力构件的刚度。

《钢结构设计规范》(GB 50017—2003)通过控制长细比来保证构件的刚度。

$$\lambda_{\max} = \left(\frac{l_0}{i}\right)_{\max} \leqslant [\lambda] \tag{4-7}$$

式中 $\lambda_{\max}$——构件的最大长细比;

l_0——构件的计算长度,拉杆取几何长度,压杆应考虑杆端约束的影响;

i——构件的截面回转半径;

$[\lambda]$——构件的容许长细比,按《钢结构设计规范》(GB 50017—2003)确定。

在总结了钢结构长期使用经验的基础上,根据构件的重要性和荷载情况,规范对受拉构件的容许长细比进行了规定,如表4.1所示。

表4.1 受拉构件的容许长细比

项次	构件名称	承受静力荷载或间接承受动力荷载的构件		直接承受动力荷载的结构
		一般建筑结构	有重级工作制吊车的厂房	
1	桁架的杆件	350	250	250
2	吊车梁或吊车桁架以下的柱间支撑	300	200	—
3	其他拉杆、支撑、系杆等 (张紧的圆钢除外)	400	350	—

在利用表4.1进行轴心受拉构件刚度计算时,应注意以下几点:

①承受静力荷载的结构中,可仅计算受拉构件在竖向平面内的长细比;

②在直接或间接承受动力荷载的结构中,计算单角钢受拉构件的长细比时,应采用角钢的最小回转半径;但在计算交叉杆件平面外的长细比时,应采用与角钢肢边平行轴的回转半径;

③中、重级工作制吊车桁架下弦杆的长细比不宜超过200;

④在设有夹钳吊车或刚性料耙吊车的厂房中,支撑(表中第2项除外)的长细比不宜超过300;

⑤受拉构件在永久荷载与风荷载组合作用下受压时,其长细比不宜超过250;

⑥跨度等于或大于60 m的桁架,其受拉弦杆和腹杆的长细比不宜超过300(承受静力荷载或间接承受动力荷载)或250(直接承受动力荷载)。

由于受压构件对几何缺陷的影响较为敏感,因此规范对其容许长细比的限制比受拉构件严格得多,如表4.2所示。

表4.2 受压构件的容许长细比

项次	构件名称	容许长细比
1	柱、桁架和天窗架构件	150
	柱的缀条、吊车梁或吊车桁架以下的柱间支撑	
2	支撑(吊车梁或吊车桁架以下的柱间支撑除外)	200
	用以减小受压构件长细比的杆件	

在利用表4.2进行轴心受压构件刚度计算时,应注意以下几点:

①桁架(包括空间桁架)的受压腹杆,当其内力等于或小于承载能力的50%时,容许长细比值可取为200;

②计算单角钢受压构件的长细比时,应采用角钢的最小回转半径;但在计算交叉杆件平面外的长细比时,应采用与角钢肢边平行轴的回转半径;

③跨度等于或大于60 m的桁架,其受压弦杆和端压杆的容许长细比宜取为100,其他受压腹杆可取为150(承受静力荷载或间接承受动力荷载)或120(直接承受动力荷载);

④由容许长细比控制截面的杆件,在计算其长细比时,可不考虑扭转效应。

【例 4.1】

如图 4.7 所示三角形屋架的下弦杆 AB，杆长 9 m，所受拉力 550 kN。采用等边双角钢相并的 T 形截面形式，截面为 $2 \llcorner 100 \times 10$，节点板厚度为 12 mm。$AB$ 杆件中点的拼接节点采用螺栓连接，螺栓布置采用错列形式，螺栓孔径 $d_0 = 20$ mm。已知材料为 Q235 钢，且 A，B 两点处设有纵向系杆。试验算该杆件是否满足强度及刚度要求。

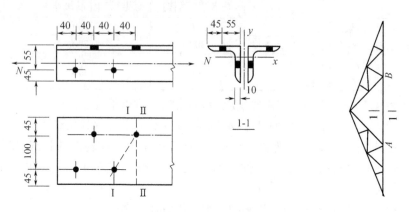

图 4.7 【例 4.1】图

解：

由附录 D – 3 查取 $\llcorner 100 \times 10$ 角钢的截面对 x，y 轴的回转半径 $i_x = 3.05$ cm，$i_y = 4.60$ cm；由附录 B 表 B – 1 查得钢材强度设计值 $f = 215$ N/mm^2。

角钢的肢厚为 10 mm，确定危险截面时应将其按中面展开，如图 4.7 所示。

Ⅰ – Ⅰ 截面的净面积

$$A_{n1} = 2 \times (45 + \sqrt{100^2 + 40^2} + 45 - 2 \times 20) \times 10 = 3\,154 \text{ mm}^2$$

Ⅱ – Ⅱ 截面的净面积

$$A_{n2} = 2 \times (45 + 100 + 45 - 20) \times 10 = 3\,400 \text{ mm}^2$$

危险截面为 Ⅰ – Ⅰ 截面，净截面强度验算

$$\sigma = \frac{N}{A_n} = \frac{550 \times 10^3 \text{N}}{3\,154 \text{ mm}^2} = 174.4 \text{ N/mm}^2 \leqslant f = 215 \text{ N/mm}^2$$

拼接处净截面强度满足要求。

下弦杆是受拉构件，由表 4 – 1 查得容许长细比 $[\lambda] = 350$，构件的长细比为

$$\lambda_x = \frac{l_{0x}}{i_x} = \frac{9\,000}{30.5} = 295 ; \lambda_y = \frac{l_{0y}}{i_y} = \frac{9\,000}{46.0} = 195.7$$

$$\lambda_{\max} = \max(\lambda_x, \lambda_y) = 295 \leqslant [\lambda] = 350$$

杆件刚度满足要求。

4.3 轴心受压构件的整体稳定

钢结构在荷载作用下外力和内力必须保持平衡状态，但平衡状态有稳定和不稳定之分。当结构处于不稳定平衡时，轻微扰动将使结构整体或其组成构件产生很大的变形而最

后丧失承载能力,这种现象称为失稳。由于钢材的强度较高,一般轴心压杆都较细长,在钢结构工程事故中,因失稳导致破坏者较为常见。因此,对于钢结构的稳定问题须加以足够的重视。

4.3.1 理想轴心受压构件的屈曲

1. 理想轴心受压构件的屈曲形式

所谓理想轴心受压构件就是杆件为等截面理想直杆,压力作用线与杆件形心轴重合,材料匀质、各向同性,无限弹性且符合虎克定律,没有初始应力的轴心受压构件。此种杆件发生失稳现象,也可以称之为屈曲。理想轴心受压构件的屈曲形式可分为弯曲屈曲、扭转屈曲和弯扭屈曲三种。

当理想轴心受压构件发生失稳时,若杆件的纵轴由直线变为曲线,发生弯曲变形,且任一截面只绕一个主轴旋转,此种失稳即为弯曲屈曲。这是双轴对称截面最常见的屈曲形式。图4.8(a)就是两端简支的工字形截面压杆发生绕弱轴(穿过翼缘的截面主轴)的弯曲屈曲情况。

当理想轴心受压构件发生失稳时,若杆件除支承端以外,任意截面均绕纵轴发生扭转,此种失稳即为扭转屈曲。这是某些双轴对称截面压杆可能发生的屈曲形式。图4.8(b)为十字形截面短杆可能发生的扭转屈曲情况。

当理想轴心受压构件发生失稳时,杆件在发生弯曲变形的同时伴随着截面的扭转,此种失稳即为弯扭屈曲。这是单轴对称截面构件或无对称轴截面构件失稳的基本形式。图4.8(c)为T形截面构件绕对称轴的弯扭屈曲情况。

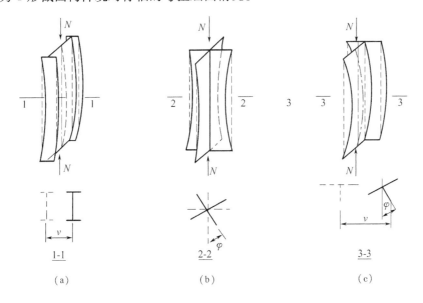

图4.8 理想轴心受压构件的屈曲形式

单轴对称截面构件或无对称轴截面构件之所以可能发生弯扭屈曲,是由于截面的形心 O 与剪切中心 S 不重合所引起的,如图4.9所示。因此,在单轴对称截面构件绕截面的对称轴弯曲的同时,必然伴随构件的扭转变形,产生弯扭屈曲。

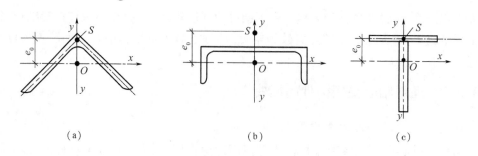

图 4.9　单轴对称截面的形心与剪切中心

在上述三种屈曲形式中,弯曲屈曲是理想轴心受压构件最基本的一种失稳形式,它是轴心受压构件整体稳定计算的基础,以下将重点介绍弯曲屈曲的相关内容。

2.理想轴心受压构件的整体稳定临界力

轴心受压构件发生屈曲时所承受的轴向力称为构件的临界承载力或临界力。理想轴心受压构件的稳定临界力应分为弹性和塑性两种状态进行讨论。

①理想轴心受压构件的弹性弯曲屈曲临界力

如图 4.10 所示两端铰接的轴心受力构件,当压力 N 较小时,构件将在平直状态保持平衡,此时即使有扰动使之微弯,当扰动消除后,构件仍然恢复直线状态,这种平衡是稳定的;当 N 增大到某数值时,如有扰动,构件将可能微弯,并在扰动消除后仍然保持微弯状态而不再恢复原有的直线状态,这种平衡是随遇的,叫做随遇平衡或中性平衡;当压力 N 超过这一数值时,微小的扰动将使构件产生很大的弯曲变形直至破坏,即此时构件的平衡处于不稳定状态,构件发生了屈曲破坏。可见,中性平衡状态是构件从稳定平衡过渡到不稳定平衡的临界状态,此时的 N 即为弯曲屈曲临界力。

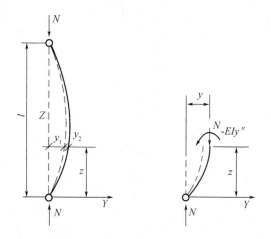

图 4.10　两端铰接轴心压杆的临界状态

若轴心受压构件屈曲破坏时材料完全处于弹性状态,则表明构件截面应力与应变呈线性关系,据此可建立此杆件微弯状态的平衡微分方程并求得临界力。

轴心受压构件发生弯曲时,截面上任意一点将产生弯矩和剪力。根据几何关系及材料力学的知识,可建立平衡微分方程如下:

$$(1 - \gamma_1 N)y'' + \frac{N}{EI}y = 0 \qquad (4-8)$$

式中　N——构件承受的轴心压力；

　　　E——材料的弹性模量；

　　　I——构件截面绕屈曲轴的惯性矩；

　　　γ_1——构件截面单位剪切角，即单位剪力作用下轴线的转角；

　　　y——构件产生的总变形 $y = y_1 + y_2$。其中，变形 y_1 由弯矩 M 产生，变形 y_2 由剪力 V 产生。

　　利用边界条件求解公式(4-8)的平衡微分方程，解得 N 即为构件的临界力 N_{cr}：

$$N_{cr} = \frac{\pi^2 EI}{l_0^2} \cdot \frac{1}{1 + \frac{\pi^2 EI}{l_0^2} \cdot \gamma_1} \qquad (4-9)$$

式中　l_0——两端铰接轴心受压杆的计算长度。

　　对于其他杆端约束条件的轴心受压构件，$l_0 = \mu \cdot l$，其中 l 为杆件的几何长度，μ 为计算长度系数，具体取值如表 4.3 所示。

　　当构件达到临界状态时，其截面的平均应力称为临界应力 σ_{cr}

$$\sigma_{cr} = \frac{N_{cr}}{A} = \frac{\pi^2 E}{\lambda^2} \cdot \frac{1}{1 + \frac{\pi^2 EA}{\lambda^2} \cdot \gamma_1} \qquad (4-10)$$

式中　A——构件的毛截面面积，即计算稳定临界力时不考虑截面削弱的影响；

　　　λ——构件的长细比，$\lambda = l_0/i$；$i = \sqrt{I/A}$，为截面对应屈曲轴的回转半径。

表 4.3　轴心受压构件的计算长度系数

构件的屈曲形式						
理论 μ 值	0.5	0.7	1.0	1.0	2.0	2.0
建议 μ 值	0.65	0.8	1.2	1.0	2.1	2.0
约束条件示意	⊤ 无转动、无侧移			▱ 无转动、自由侧移		
	⏚ 自由转动，无侧移			⭘ 自由转动、自由侧移		

　　当构件为实腹式截面时，构件总变形中剪切变形(剪力引起的变形)所占的比重很小，忽略剪切变形后，临界力只相差 3‰ 左右。若只考虑弯曲变形的影响(式中 γ_1 取为零)，则构件临界状态的临界力和临界应力分别称为欧拉临界力 N_E 和欧拉临界应力 σ_E

$$N_{cr} = N_E = \frac{\pi^2 EI}{l_0^2} = \frac{\pi^2 EA}{\lambda^2} \qquad (4-11)$$

$$\sigma_{cr} = \sigma_E = \frac{N_E}{A} = \frac{\pi^2 E}{\lambda^2} \qquad (4-12)$$

若应用以上两式进行实腹式构件的设计,应控制其临界应力 σ_{cr} 不超过材料的比例极限 f_p,因为公式的推导是建立在材料符合虎克定律(即弹性模量 E 为常量)的基础上的。即材料应满足式(4-13)要求。

$$\sigma_{cr} = \frac{\pi^2 E}{\lambda^2} \leqslant f_p \qquad (4-13)$$

上式经过变形后,得到式(4-14)

$$\lambda \geqslant \lambda_p = \pi \sqrt{\frac{E}{f_p}} \qquad (4-14)$$

通过公式(4-13)和(4-14)可以看出,只需控制截面的平均应力或构件的长细比,就可以控制构件在丧失整体稳定时材料是否完全处于弹性。

②理想轴心受压构件的弹塑性弯曲屈曲临界力

当构件的长细比 λ 小于 λ_p 时,说明临界应力超过了材料的比例极限,截面材料进入弹塑性阶段,此时截面应力与应变呈现非线性关系,确定临界力较为困难。历史上出现过两种理论来解决这一问题,一种是切线模量理论,另一种是双模量理论。经过复杂的理论分析和大量的试验研究,发现切线模量理论能较好地反应轴心受压构件在弹塑性阶段的承载能力,其临界力和临界应力的计算公式如下:

$$N_t = \frac{\pi^2 E_t I}{l_0^2} \qquad (4-15)$$

$$\sigma_{cr} = \frac{\pi^2 E_t}{\lambda^2} \qquad (4-16)$$

式中,E_t 表示弹塑性阶段材料的切线模量。

4.3.2 实际轴心受压构件的整体稳定

实际工程中所谓的轴心受压构件,都不可避免地存在着初始缺陷,即理想轴心受压构件在实际工程中是不存在的。根据初始缺陷的性质,我们把它分为力学缺陷和几何缺陷。力学缺陷主要包括残余应力和截面材料力学性能不均等;几何缺陷包括构件的初弯曲和荷载的初偏心等。其中对压杆弯曲失稳影响最大的是残余应力、初弯曲和初偏心。

1. 残余应力对轴心受压构件的影响

构件承受荷载前截面内部就存在而且自相平衡的初始应力即为残余应力。残余应力产生的主要原因有焊接时的不均匀受热和不均匀冷却、型钢热轧后的不均匀冷却、板边缘经火焰切割后的热塑性收缩、构件经冷校正产生的塑性变形。

对于轴心受力构件,残余应力有平行于杆轴方向的纵向残余应力和垂直于杆轴方向的横向残余应力。其中横向残余应力的数值一般较小,且对构件承载能力的影响有限,因此通常只考虑纵向残余应力对构件稳定的影响。

残余应力对轴心受压构件稳定性的影响与其在截面上的分布和大小有关。残余应力的分布和大小与构件截面的形状、尺寸、制造方法和加工方法有关,而与钢材的强度无关。构件截面实际的残余应力分布比较复杂,一般将其简化为直线或简单曲线的分布图。图4.11为几种不同加工方法制造的常见截面的残余应力分布。

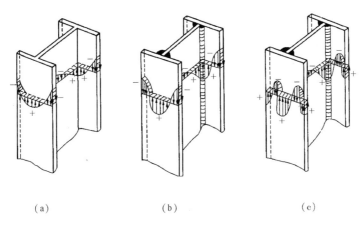

（a） （b） （c）

图 4.11 热残余应力分布形式
(a)热轧 H 型钢;(b)轧制边翼缘的焊接截面;(c)焰切边翼缘的焊接截面

现以热轧 H 型钢为例说明残余应力对轴心受压构件的影响。为了便于说明问题,截面中忽略了腹板部分(其对稳定性能影响不大),并假定纵向残余应力最大值为 $0.3f_y$,如图 4.12所示。在图 4.12(a)中,H 型钢受荷前其翼缘端部存在残余压应力(阴影部分),中部存在残余拉应力。随着荷载的增加,截面残余应力之上将叠加逐渐增大的轴心压应力,当外荷载使轴心压应力增加到 $0.7f_y$ 之前,构件全截面处于弹性,如图 4.12(b)所示;若外荷载继续增大,截面轴心压应力达到并超过 $0.7f_y$ 时,塑性开始逐渐由翼缘端部向内发展,构件的弹性区逐渐变小,此时截面应力分布如图 4.12(c)所示;图 4.12(d)为构件全截面进入塑性的状态。当构件材料进入塑性时,截面塑性部分将失去抵抗外力矩的能力,只有弹性区的材料参与抵抗外力矩,此时构件的欧拉临界力和临界应力:

$$N_{cr} = \frac{\pi^2 E I_e}{l_0^2} = \frac{\pi^2 E I}{l_0^2} \cdot \frac{I_e}{I} \tag{4-17}$$

$$\sigma_{cr} = \frac{\pi^2 E}{\lambda^2} \cdot \frac{I_e}{I} \tag{4-18}$$

式中 I——构件的全截面惯性矩;

I_e——构件截面弹性区的惯性矩。

由于 $\dfrac{I_e}{I} < 1$,从式(4-17)、式(4-18)可以看出,残余应力降低了轴心受压构件的临界力和临界应力,具体影响可以通过式(4-19)、式(4-20)看出。

$$\sigma_{crx} = \frac{\pi^2 E}{\lambda_x^2} \cdot \frac{I_{ex}}{I_x} = \frac{\pi^2 E}{\lambda_x^2} \cdot \frac{2t(kb)h^2/4}{2tbh^2/4} = \frac{\pi^2 E}{\lambda_x^2} \cdot k \tag{4-19}$$

$$\sigma_{cry} = \frac{\pi^2 E}{\lambda_y^2} \cdot \frac{I_{ey}}{I_y} = \frac{\pi^2 E}{\lambda_y^2} \cdot \frac{2t(kb)^3/12}{2tb^3/12} = \frac{\pi^2 E}{\lambda_y^2} \cdot k^3 \tag{4-20}$$

由于 $k < 1$,从以上两式可知残余应力对弱轴的影响大于对强轴的影响。

2.初弯曲对轴心受压构件的影响

实际轴心受压构件在制造、运输和安装过程中,不可避免地会产生微小的初弯曲。存在初弯曲的杆件,在压力作用下,其侧向挠度从加载开始就会不断增加,因此沿杆件全长除

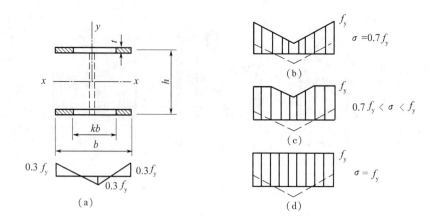

图 4.12　残余应力对稳定的影响

轴心力作用外,还存在因杆件挠曲而附加产生的弯矩,从而降低了杆件的稳定承载力。如图 4.13 所示两端铰接的轴心受压构件,假设其初弯曲符合正弦半波曲线。

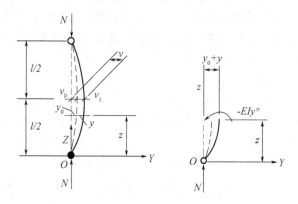

图 4.13　有初挠曲轴心压杆的极限状态

则其初始挠度方程为

$$y_0 = v_0 \sin\left(\frac{\pi z}{l}\right) \qquad (4-21)$$

式中,v_0 为杆件中点最大的初始挠度值。钢结构验收规程规定 v_0 不得大于 $l/1\,000$。

在压力 N 的作用下,杆件挠度增加量为 y,则在距原点 z 处截面外力产生的力矩为 $N(y_0 + y)$,而截面内部应力形成的抵抗弯矩为 $-EIy''$(因为初始变形没有产生应力),则由图 4.13 可以得到平衡微分方程

$$-EIy'' = N(y + y_0) \qquad (4-22)$$

弹性阶段杆件在压力 N 作用下增加的挠度 y 也呈正弦曲线形状,即 $y = v_1 \sin(\pi z/l)$,v_1 为杆件中点增加最大的挠度值。将 y_0 和 y 的表达式带入式(4-22),得

$$\sin\frac{\pi z}{l}\left[-v_1\frac{\pi^2 EI}{l_0^2} + N(v_0 + v_1)\right] = 0 \qquad (4-23)$$

解式(4-23)得 $v_1 = Nv_0/(N_E - N)$,其中 N_E 为欧拉临界力,即 $N_E = \dfrac{\pi^2 EI}{l_0^2}$。则轴心受压

构件在压力作用下杆件中点的总挠度为

$$v = v_1 + v_0 = \frac{Nv_0}{N_E - N} + v_0 = \frac{v_0}{1 - N/N_E} \qquad (4-24)$$

由此可以看出,具有最大初始挠度 v_0 的轴心受压构件,压力作用下达到稳定极限平衡状态时,挠度将增加到 v,即增加了 $1/(1 - N/N_E)$ 倍。因此,我们将 $1/(1 - N/N_E)$ 称为挠度放大系数。

假定构件材料无限弹性,则具有不同初弯曲的轴心受压构件的压力–挠度曲线如图 4.14 所示。由于材料并非无限弹性,图中虚线即为弹塑性阶段的构件压力–挠度曲线,图中 $A(A')$ 点表示材料开始进入塑性,$B(B')$ 点表示构件弹塑性阶段的极限点。通过图 4.14 可以得到如下几点有益的结论:

①当轴心压力较小时,总挠度增加较慢,截面发展塑性后,总挠度增加较快;当轴心压力小于欧拉临界力时,杆件处于弯曲平衡状态,这与理想轴心压杆的直线平衡状态不同;

②压杆的初始挠度值 v_0 越大,相同压力下构件的挠度越大;

③构件的初弯曲即使很小,其杆件临界力也小于欧拉临界力。

若以构件截面刚开始屈服作为稳定的极限状态,可以建立平衡方程

$$\frac{N}{A} + \frac{Nv_0}{W(1 - N/N_E)} = f_y \qquad (4-25)$$

我国《钢结构设计规范》取 v_0 为杆长的 $1/1\,000$,并引入构件初弯曲率 ε_0 的概念,$\varepsilon_0 = v_0/\rho$,其中 ρ 为截面核心矩,$\rho = W/A$。因此式(式 4-25)变为

$$\frac{N}{A}\left[1 + \frac{\varepsilon_0}{(1 - N/N_E)}\right] = f_y \qquad (4-26)$$

将欧拉临界应力 $\sigma_E = N_E/A$ 和截面均布压应力 $\sigma = N/A$ 带入上式,即可得到构件以边缘屈服为准则的临界应力 σ_{cr} 的计算公式。

$$\sigma_{cr} = \frac{f_y + (1 + \varepsilon_0)\sigma_E}{2} - \sqrt{\left[\frac{f_y + (1 + \varepsilon_0)\sigma_E}{2}\right]^2 - f_y\sigma_E} \qquad (4-27)$$

公式(4-27)称之为柏利公式。值得注意的是,构件在初弯曲 v_0 相同的情况下,由柏利公式计算得到的绕强轴(x 轴)和弱轴(y 轴)弯曲所得到的临界应力是不同的,如图 4.15 所示。

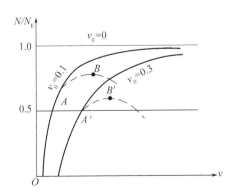

图 4.14 有初弯曲压杆的压力–挠度曲线

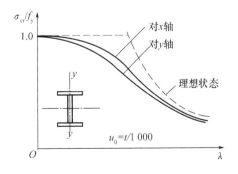

图 4.15 仅考虑初弯曲时 $\sigma_{cr} - \lambda$ 曲线

通常我们将公式(4－25)建立的准则称之为"边缘屈服准则"。格构式轴心受压构件的虚轴稳定和冷弯薄壁型钢轴心受压构件的整体稳定按"边缘屈服准则"进行计算。

3. 初偏心对轴心受压构件的影响

当荷载存在初偏心,即轴心压力作用线与杆件的轴线不重合时,构件的受力性质将由轴心受力构件变为压弯构件,将降低构件的承载能力。具有初偏心 e_0 的两端铰接轴心受压构件,其平衡状态如图 4.16(a)所示,据此建立平衡方程,可得到有初偏心压杆的压力－挠度曲线如图 4.16(b)所示。图中的虚线表示杆件弹塑性阶段的压力－挠度曲线。

通过图 4.16 可以看出,轴心受压构件压力－挠度曲线都通过原点,初始偏心对轴心受力构件的的影响与初弯曲类似。但需要指出,若初偏心 e_0 与初始挠度 v_0 相等时,则初偏心的影响将更为不利,这是因为初偏心产生的附加弯矩 Ne_0 在杆的两端就开始存在。另外,初偏心一般数值较小,且与杆长无关,而初挠度短杆较小,中长杆较大,相对而言,初偏心对短杆的影响较明显,构件越长则影响越小。

由于初偏心和初弯曲的影响在本质上很相似,故在确定轴心压杆的稳定承载能力时,一般可采用加大初弯曲的数值加以考虑二者的综合影响。

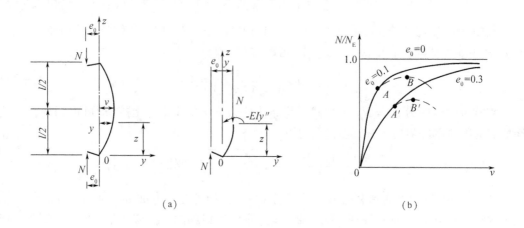

图 4.16　有初偏心的轴心受压构件极限状态

(a)构件平衡状态;(b)压力与挠度曲线

4.3.3　轴心受压构件的整体稳定计算

1. 轴心受压构件的最大强度准则

理想轴心受压构件弯曲屈曲属于分肢屈曲,即杆件屈曲时才产生挠度。轴压构件弹性弯曲屈曲临界力为欧拉临界力 N_E,其压力－挠度曲线如图 4.17 中的曲线 1;弹塑性弯曲屈曲临界力为切线模量临界力 N_t,其压力－挠度曲线如图 4.17 中的曲线 2。具有初弯曲(或初偏心)的实际轴心受压构件,一经压力作用就产生挠度,其压力－挠度曲线如图 4.17 中的曲线 3 所示,曲线上 A 点表示压杆跨中截面边缘屈服。边缘屈服准则就是以 N_A 作为最大承载力。当压力超过 N_A 后,构件进入弹塑性阶段,随着截面塑性区的不断扩展,挠度值增加得更快,到达 B 点之后,压杆的抵抗能力开始小于外力的作用,不能维持稳定平衡。曲线最高点 B 处的压力 N_B 即为具有初弯曲压杆真正的极限承载力,若以此为准则计算压杆稳定,则称为"最大强度准则"。实腹式轴心受压构件即按此规则计算整体稳定。

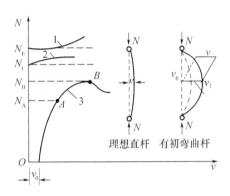

图 4.17 轴心压杆挠度曲线

2. 轴心受压构件的柱子曲线

实际轴心受压构件不可避免地存在残余应力、初弯曲、初偏心、材质不匀等缺陷,并对构件整体稳定具有一定的影响。但是从概率的角度考虑,这些因素同时存在并达到最大的可能性很低。因此,钢结构规范规定,普通钢结构(由热轧钢板和型钢组成)中的轴心受压构件,可只考虑残余应力和初弯曲(取杆长的千分之一)的不利影响,忽略初偏心及材质不匀的影响。

按照最大强度理论,并同时考虑构件残余应力和初弯曲的影响,借助计算机计算技术,可以得到实际轴心受压构件的临界应力 σ_{cr} 与长细比 λ 的关系曲线,即柱子曲线。

由于各类轴心受压构件截面上的残余应力分布和大小差异显著,并且对稳定的影响又随构件屈曲方向而不同,而构件的初弯曲对稳定的影响也与截面形式和屈曲方向有关。因此,轴心受压构件不同的截面形式和屈曲方向都对应着不同的柱子曲线。为了便于应用,在一定的概率保证下,我国将柱子曲线按照构件的截面形式、截面尺寸、加工方法及弯曲方向等因素,划分为 a,b,c,d 四类,如图 4.18 所示。图中标示的截面和屈曲方向以外的其他情形,均属于 b 类曲线;a 类曲线截面承载力最高(比 b 类高 4% ~ 15%),主要原因是残余应力影响最小;c 类曲线承载力较低(比 b 类低 7% ~ 13%),主要原因是残余应力影响较大(包括板厚度方向的影响);曲线 d 承载力最低,主要由于厚板或特厚板处于最不利的屈曲方向,用于 $t > 40$ mm 厚板中的某些截面。在图 4.18 中, $\bar{\lambda}$ 为无量纲长细比,

$$\bar{\lambda} = \lambda \sqrt{\frac{f_y}{235}}$$; φ 为轴心受压构件的整体稳定系数,大小与临界应力 σ_{cr} 以及所用钢材屈服强度 f_y 有关。

3. 轴心受压构件的稳定公式

利用最大强度准则确定出轴心受压构件的临界应力 σ_{cr} ,引入抗力分项系数 γ_R ,则轴心

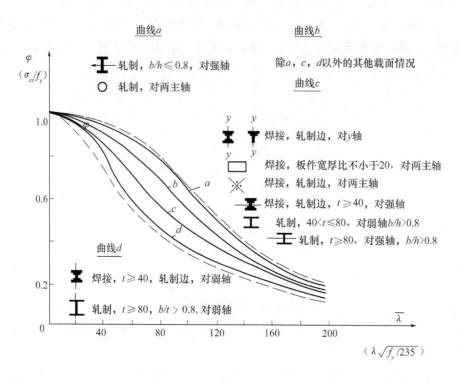

图 4.18 我国钢结构柱子曲线

受压构件的稳定计算公式

$$\sigma = \frac{N}{A} \leqslant \frac{\sigma_{cr}}{\gamma_R} = \frac{\sigma_{cr}}{\gamma_R} \cdot \frac{f_y}{f_y} = \varphi f \tag{4-28}$$

式中 σ——轴心受压构件的截面平均应力;

     N——轴心受压构件所受轴心压力设计值;

     A——轴心受压构件的毛截面面积(不考虑构件截面削弱);

     φ——轴心受压构件的整体稳定系数, $\varphi = \dfrac{\sigma_{cr}}{f_y}$;

     f——钢材强度设计值, $f = \dfrac{f_y}{\gamma_R}$,取值见附录 B。

将式(4-28)变形,即可得到钢结构设计规范对轴心受压构件整体稳定的计算式

$$\frac{N}{\varphi A} \leqslant f \tag{4-29}$$

式中,整体稳定系数 φ 取值的过程是,先根据板厚 $t < 40$ mm 或 $t \geqslant 40$ mm 分别查表4.4 和表4.5 确定构件的截面类别,然后按照计算得到的构件长细比,由附录 E 表格即可查得。

表 4.4　轴心受压构件截面类别表（板厚 $t < 40\ \text{mm}$）

截面形式			对 x 轴	对 y 轴
轧制			a 类	a 类
轧制，$b/h \leqslant 0.8$			a 类	b 类
轧制，$b/h > 0.8$	焊接，翼缘为焰切边	焊接	b 类	b 类
轧制		轧制等边角钢		
轧制，焊接 板件宽厚比 >20	轧制或焊接			
焊接		焊接或轧制 （翼缘为焰切边）		
格构式截面		焊接 （焰切边）	b 类	b 类
焊接 （翼缘为轧制或剪切边）			b 类	c 类

表 4.4(续)

截面形式		对 x 轴	对 y 轴
焊接 （板件边缘轧制或剪切）	轧制,焊接板件宽厚比≤20	c 类	c 类

4. 轴心受压构件的长细比和换算长细比

以上针对轴心受压构件发生弯曲失稳的情形进行了讨论,并得到了轴心受压构件的整体稳定验算公式。对于工程中应用的单轴对称截面轴心受压构件,在轴心压力的作用下,绕非对称主轴为弯曲屈曲,但绕对称主轴时,由于截面形心与剪心不重合,在弯曲的同时必然伴随着扭转,产生弯扭屈曲,在相同条件下,弯扭屈曲临界力 N_{yz} 一般低于弯曲屈曲临界力 N_y(y 为截面对称轴)。对于长细比较小的双轴对称截面轴心受压构件,在发生弯曲屈曲之前,可能发生扭转屈曲,其扭转屈曲临界力为 N_z。为了便于应用,《钢结构设计规范》采取构件弯扭屈曲临界力(或扭转屈曲临界力)不低于弯曲屈曲临界力的准则,得到了构件的换算长细比,按此换算长细比可借用弯曲屈曲的柱子曲线查出稳定系数 φ。

表 4.5 轴心受压构件截面类别表(板厚 $t \geqslant 40$ mm)

截面形式			对 x 轴	对 y 轴
	轧制工字型 或 H 型截面	$t < 80$ mm	b 类	c 类
		$t \geqslant 80$ mm	c 类	d 类
	焊接工字形截面	翼缘为焰切边	b 类	b 类
		翼缘为轧制或剪切边	c 类	d 类
	焊接箱形截面	板件宽厚比>20	b 类	b 类
		板件宽厚比≤20	c 类	c 类

双轴对称截面轴心受压构件的长细比按式(4-30)、式(4-31)计算。

$$\lambda_x = \frac{l_{ox}}{i_x} \tag{4-30}$$

$$\lambda_y = \frac{l_{oy}}{i_y} \tag{4-31}$$

式中 l_{0x}，l_{0y}——构件对截面主轴 x 和 y 的计算长度；

i_x，i_y——构件截面对主轴 x 和 y 的回转半径。

单轴对称截面轴心受压构件的换算长细比按式（4-32）、式（4-33）计算。

$$\lambda_z^2 = A i_0^2 \left[\frac{I_\omega}{l_\omega^2} + \frac{G}{(\pi^2 E)} \right]^{-1} = A i_0^2 \left[\frac{I_\omega}{l_\omega^2} + \frac{G I_t}{25.7} \right]^{-1} \tag{4-32}$$

$$\lambda_{yz} = \frac{1}{\sqrt{2}} \left[(\lambda_y^2 + \lambda_z^2) + \sqrt{(\lambda_y^2 + \lambda_z^2)^2 - 4 \left(1 - \frac{e_0^2}{i_0^2} \right) \lambda_y^2 \lambda_z^2} \right]^{\frac{1}{2}} \tag{4-33}$$

式中 λ_z——构件的扭转屈曲换算长细比；

λ_{yz}——构件的弯扭屈曲换算长细比；

e_0——构件截面形心至剪切中心的距离；

i_0——构件截面对剪切中心的极回转半径，$i_0^2 = i_x^2 + i_y^2 + e_0^2$；

I_ω——构件毛截面扇性惯性矩，对 T 形截面（轧制、双板焊接和双角钢组合）、十字形截面和角形截面，可近似取 $I_\omega = 0$；

l_ω——构件扭转屈曲的计算长度。对两端铰接端部截面可自由翘曲或两端嵌固端部截面的翘曲完全受到约束的构件，取 $l_\omega = l_{0y}$；

I_t——构件毛截面抗扭惯性矩，$I_t = \dfrac{\eta}{3} \sum\limits_{i=1}^{n} b_i t_i^3$，$b_i$ 和 t_i 分别为组成截面各矩形板的宽度和厚度。对工字形截面 $\eta = 1.25$，T 形截面 $\eta = 1.15$，槽形和 Z 形截面 $\eta = 1.12$，角形截面 $\eta = 1.0$。

5. 换算长细比取值的几点说明

①对于单角钢和双角钢组合的 T 形截面轴心受压构件（如桁架结构中的杆件），其绕对称轴的换算长细比 λ_{yz} 可按表4.6中的简化公式计算。

确定桁架弦杆和单系腹杆（用节点板与弦杆连接）的长细比时，其计算长度应按表4.7采用。

当桁架结构弦杆侧向支撑点间距离为两倍的节间长度，且两节间杆件的压力不同时，则该弦杆平面外计算长度按下式确定，并不小于 $0.5 l_1$。

$$l_0 = l_1 \left(0.75 + 0.25 \frac{N_2}{N_1} \right) \tag{4-34}$$

式中 N_1——较大的压力，计算时取正值；

N_2——较小的压力或拉力，计算时压力取正值，拉力取负值。

②单轴对称的轴心受压构件在绕非对称主轴以外的任一轴失稳时，应按照弯扭屈曲计算其稳定性。当计算等边单角钢构件绕平行轴（设为 u 轴）的稳定时，可采用表4.6中序号1的简化公式计算其换算长细比 λ_{uz}，并按 b 类截面确定 φ 值。

③对单面连接的单角钢轴心受压杆件（如缀条柱中的缀条），考虑材料强度的折减系数后可不考虑弯扭效应。

④对于双肢格构式构件中的槽形分肢截面，在计算分肢绕对称轴（设为 y 轴）的稳定性时，由于其受到缀材的约束，可不必考虑扭转效应，直接用长细比 λ_y 查出 φ_y 的值。

⑤对于无任何对称轴且又非极对称的截面（单面连接的不等边单角钢除外），由于其受力性能较差，故《钢结构设计规范》规定其不宜用做轴心受压构件。

表 4.6 单角钢和双角钢组合的 T 形截面换算长细比简化公式

序号	组合方式	截面形式	简化计算公式
1	等边单角钢		当 $b/t \le 0.69 l_{0u}/b$ 时：$\lambda_{uz} = \left(1 + \dfrac{0.25 b^4}{l_{0u}^2 t^2}\right)$ 当 $b/t > 0.69 l_{0u}/b$ 时：$\lambda_{uz} = 5.4 \dfrac{b}{t}$ 式中 $\lambda_u = l_{0u}/i_u$，l_{0u} 为构件对 u 轴的计算长度，i_u 为截面对 u 轴的回转半径。
2	等边单角钢		当 $b/t \le 0.54 l_{0y}/b$ 时：$\lambda_{yz} = \lambda_y \left(1 + \dfrac{0.85 b^4}{l_{0y}^2 t^2}\right)$ 当 $b/t > 0.54 l_{0y}/b$ 时：$\lambda_{yz} = 4.78 \dfrac{b}{t} \left(1 + \dfrac{l_{0y}^2 t^2}{13.5 b^4}\right)$
3	等边角钢相并		当 $b/t \le 0.58 l_{0y}/b$ 时：$\lambda_{yz} = \lambda_y \left(1 + \dfrac{0.475 b^4}{l_{0y}^2 t^2}\right)$ 当 $b/t > 0.58 l_{0y}/b$ 时：$\lambda_{yz} = 3.9 \dfrac{b}{t} \left(1 + \dfrac{l_{0y}^2 t^2}{18.6 b^4}\right)$
4	不等边双角钢 长肢相并		当 $b_2/t \le 0.48 l_{0y}/b_2$ 时：$\lambda_{yz} = \lambda_y \left(1 + \dfrac{1.09 b_2^4}{l_{0y}^2 t^2}\right)$ 当 $b_2/t > 0.48 l_{0y}/b_2$ 时：$\lambda_{yz} = 5.1 \dfrac{b_2}{t} \left(1 + \dfrac{l_{0y}^2 t^2}{17.4 b_2^4}\right)$
5	不等边双角钢 短肢相并		当 $b_1/t \le 0.56 l_{0y}/b_1$ 时：$\lambda_{yz} = \lambda_y$ 当 $b_1/t > 0.56 l_{0y}/b_1$ 时：$\lambda_{yz} = 3.7 \dfrac{b_1}{t} \left(1 + \dfrac{l_{0y}^2 t^2}{52.7 b_1^4}\right)$

表 4.7 桁架弦杆和单系腹杆的计算长度

序号	弯曲方向	弦杆	腹杆	
			支座斜杆和支座竖杆	其他腹杆
1	在桁架平面内	l	l	$0.8l$
2	在桁架平面外	l_1	l	l
3	斜平面	—	l	$0.9l$

注：①l 为构件的几何长度(节点中心间的距离)；

②l_1 为桁架弦杆侧向支撑点之间的距离；

③斜平面是指与桁架平面斜交的平面,适用于两主轴均不在桁架平面内的单角钢腹杆和双角钢十字形截面腹杆；

④无节点板的腹杆计算长度在任意平面内均取几何长度(钢管结构除外)。

4.4 实腹式轴心受压构件的局部稳定

实腹式轴心受压构件在轴向压力作用下,在丧失整体稳定之前,其腹板和翼缘都有可能达到极限承载力而丧失稳定,此种现象称为局部失稳。图4.19表示在轴心压力作用下,腹板和翼缘发生侧向鼓曲和翘曲的失稳现象。

当轴心受压构件丧失局部稳定后,由于部分板件屈曲而退出工作,使构件有效截面减少,降低了构件的刚度,从而加速了构件的整体失稳。

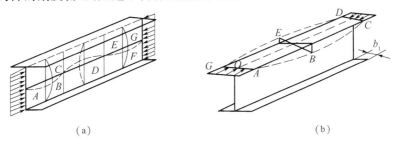

| (a) | (b) |

图4.19 轴心受压构件局部失稳

4.4.1 均匀受压板件的屈曲

如图4.20所示四边简支板,在两端均布压力(单位板宽所承受的压力)N_x作用下发生屈曲变形。若板件在弹性状态屈曲,则板件的力平衡方程如下:

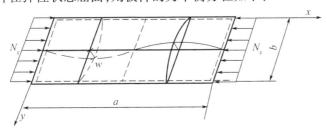

图4.20 四边简支均匀受压板件屈曲

$$D\left(\frac{\partial^4 \omega}{\partial x^4} + 2\frac{\partial^4 \omega}{\partial x^2 \partial y^2} + \frac{\partial^4 \omega}{\partial y^4}\right) = -N_x \frac{\partial^2 \omega}{\partial x^2} \qquad (4-35)$$

式中　D——板件的柱面刚度,$D = \dfrac{Et^3}{[12(1-\gamma^2)]}$,其中 t 为板厚,γ 为钢材的泊比;

　　　ω——板件屈曲后任一点的挠度;

　　　N_x——单位板宽承受的压力。

四边简支板的边界条件为板边的挠度和弯矩为零,将其代入式(4-35),可以得到板的屈曲临界力

$$N_{crx} = \pi^2 D\left(\frac{m}{a} + \frac{a}{m} \times \frac{n^2}{b^2}\right)^2 \qquad (4-36)$$

式中　a,b——受压方向板的长度和板的宽度;

m,n——板屈曲后纵向和横向的半波数。

通过式(4-36)可以看出,板件的尺寸及屈曲半波数 m 和 n 将影响临界力的大小。考虑板件的尺寸、边长比及荷载的状,式(4-36)变为

$$N_{crx} = K\frac{\pi^2 D}{b^2} \qquad (4-37)$$

式中　N_{crx}——板件屈曲临界力;

　　　K——板件的屈曲系数,与荷载种类、分布状况以及板的边长比有关;

　　　b——板件受压边的宽度。

由板件的临界力计算公式(4-37)可以得到板的弹性屈曲临界应力

$$\sigma_{crx} = \frac{N_{crx}}{t} = K\frac{\pi^2 E}{12(1-\gamma^2)}\left(\frac{t}{b}\right)^2 \qquad (4-38)$$

考虑到实际轴心受压构件中板件之间的相互嵌固(约束)作用以及屈曲时板件的塑性发展,弹塑性阶段板件的屈曲应力计算式

$$\sigma_{crx} = \frac{\chi K\pi^2\sqrt{\eta}E}{12(1-\gamma^2)}\left(\frac{t}{b}\right)^2 \qquad (4-39)$$

式中　χ——板件边缘的弹性约束系数;

　　　η——弹性模量折减系数, $\eta = \dfrac{E_t}{E}$。

4.4.2　轴压构件板件的宽厚比

对于由板件组成的轴心受压构件,通过控制构件组成板件的局部稳定临界应力 σ_{crx} 不低于构件的整体稳定临界应力 σ_{cr} 的原则(即等稳定准则),可保证构件在整体失稳之前不会发生局部失稳。由等稳定准则可得到轴心受压构件局部稳定的宽厚比(或高厚比)限值。

工程中常用的轴心受压构件截面形式很多,以下以工字形截面轴心受压构件为例,介绍常用的工字形、T 形和箱形截面轴心受压构件宽厚比限值计算公式的推导过程,构件截面尺寸如图 4.21 所示。

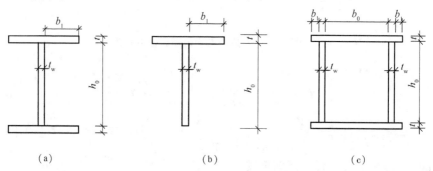

| (a) | (b) | (c) |

图4.21　工字形、T 形和箱形截面板件尺寸

(1)工字形截面翼缘宽厚比

如图 4.21(a)所示工字形截面轴心受压构件,其翼缘根据受力状况可以看作三边简支一边自由的板件,由等稳定准则可得:

$$\frac{\chi K\pi^2 \sqrt{\eta}E}{12(1-\gamma^2)}\left(\frac{t}{b_1}\right)^2 = \varphi f_y \qquad (4-40)$$

式(4-40)中左侧为翼缘的临界应力,其中 b_1 为工字形截面翼缘的悬伸长度,右侧为构件的整体稳定临界应力,其中 φ 为整体稳定系数,其大小与构件长细比 λ 有关。经分析,屈曲系数 K 可取为 0.425,弹性约束系数 χ 可取为 1.0(即不考虑腹板对其的约束作用),泊松比 γ 取 0.3,而弹性模量折减系数按实验资料取值。将参数代入后,得到翼缘悬伸部分的宽厚比 $\frac{b_1}{t}$ 与长细比 λ 的关系曲线,为了便于设计,《钢结构设规范》统一采用偏于安全的简化直线式,得到翼缘板不发生局部失稳的宽厚比限制条件

$$\frac{b_1}{t} \leqslant (10+0.1\lambda)\sqrt{\frac{235}{f_y}} \qquad (4-41)$$

式中　λ——构件两方向长细比的最大值。当 $\lambda < 30$ 时,取 $\lambda = 30$;当 $\lambda > 100$ 时,取 $\lambda = 100$。

式(4-41)同样适用于计算图 4.21(b)中 T 型截面翼缘自由悬伸部分的宽厚比限值。

(2)工字形截面腹板高厚比

如图 4.21(a)所示工字形截面轴心受压构件,其腹板根据受力状况可以看作四边简支的板件。与翼缘宽厚比限值的推导相似,仍然按照等稳定准则,可以得

$$\frac{\chi K\pi^2 \sqrt{\eta}E}{12(1-\gamma^2)}\left(\frac{t_w}{h_0}\right)^2 = \varphi f_y \qquad (4-42)$$

式中　h_0——轴心受压构件腹板计算高度;

　　　t_w——轴心受压构件腹板的厚度。

经分析取屈曲系数 K 可取 4.0,弹性约束系数 χ 可取 1.3,泊松比 γ 取为 0.3,弹性模量折减系数仍然按实验资料取值。将参数代入后,得到腹板部分的高厚比 $\frac{h_0}{t_w}$ 与长细比 λ 的关系曲线,为了便于设计,《钢结构设规范》统一采用偏于安全的简化直线式,得到腹板不发生局部失稳的高厚比限制条件如下式

$$\frac{h_0}{t_w} \leqslant (25+0.5\lambda)\sqrt{\frac{235}{f_y}} \qquad (4-43)$$

式中　λ——构件两方向长细比的最大值。当 $\lambda < 30$ 时,取 $\lambda = 30$;当 $\lambda > 100$ 时,取 $\lambda = 100$。

对于图 4.21(b)中 T 形截面腹板的高厚比限值,根据相同方法推导,可采用式(4-44)、式(4-45)计算。

热轧剖分 T 形钢

$$\frac{h_0}{t_w} \leqslant (15+0.2\lambda)\sqrt{\frac{235}{f_y}} \qquad (4-44)$$

焊接 T 形钢

$$\frac{h_0}{t_w} \leqslant (13+0.17\lambda)\sqrt{\frac{235}{f_y}} \qquad (4-45)$$

(3)箱形截面宽厚比(高厚比)

如图 4.21(c)中的箱形截面轴心受压构件,其翼缘和腹板都可以看作为均匀受压的四

边支承板,但由于板件之间一般用单侧焊缝连接,相互间的约束程度较低。虽然可以按照等稳定条件得到箱形截面与长细比 λ 有关的宽厚比(或高厚比)控制式,但为了便于应用,《钢结构设计规范》偏于安全地将其取为定值,计算式如下

$$\frac{h_0}{t_w}\left(\frac{b_0}{t}\right) \le 40\sqrt{\frac{235}{f_y}} \qquad (4-46)$$

对于工程中应用的圆管截面轴心受压构件,《钢结构设计规范》规定管壁不发生屈曲的限制条件

$$\frac{D}{t} \le 100\left(\frac{235}{f_y}\right) \qquad (4-47)$$

式中 D——圆管截面的外径;

t——圆管截面的壁厚。

当工字形、H 形及箱形截面轴心受压构件的腹板局部稳定不满足要求时,增加板厚往往不够经济,一般采取设置纵向加劲肋加强板件的措施,如图 4.22 所示。在设置纵向加劲肋的情况下验算腹板的局部稳定时,注意 h_0 应取为翼缘与纵向加劲肋之间的距离。若不设置加劲肋来加强板件,则需要在计算构件的强度和稳定性时,按有效截面进行计算,如图 4.23 所示。在图 4.23(a)中,由于板中面的薄膜应力作用,腹板在屈曲后仍具有承载能力,这种能力一般称之为屈曲后强度,此时板内纵向压应力出现不均匀的状况。若以图中的虚线所示应力图形来代替板件屈曲后纵向压应力的分布图形,则可以在考虑屈曲后强度的基础上简化计算,进而引入了等效宽度 b_e 和有效截面 $b_e t_w$ 的概念。计算构件的承载力时,仅考虑腹板计算高度边缘范围内两侧宽度各为 $20t_w\sqrt{\dfrac{235}{f_y}}$ 的部分和翼缘一起作为有效截面,如图在图 4.23(b)所示。值得注意的是,采用有效截面计算构件的承载力时,构件的稳定系数计算仍需用全部截面。

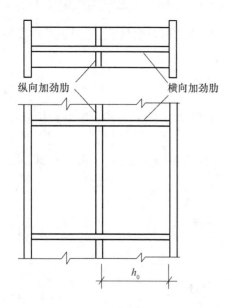

图 4.22 实腹柱腹板加劲肋设置

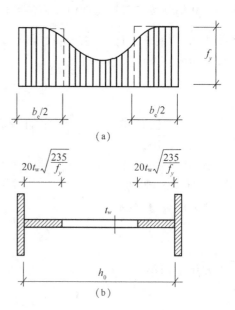

图 4.23 实腹柱腹板有效截面

4.5 实腹式轴心受压构件的设计

4.5.1 实腹式轴心受压构件的常用截面形式

实腹式轴心受压构件为避免弯扭失稳,一般采用双轴对称的型钢截面或实腹式组合截面。常用的截面形式有工字钢、H 型钢及型钢和钢板的组合截面,如图 4.24 所示。

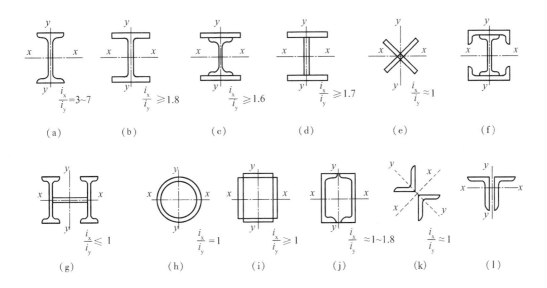

图 4.24 实腹式轴心受压构件截面形式

为了取得经济合理、建造快捷的效果,轴心受压构件的截面形式选取时应参照下述原则。

(1)等稳定性原则

若轴心受压构件在两个主轴方向的稳定承载力相同,则可以充分发挥其承载能力。因此,应尽可能使构件两方向的稳定系数或长细比相等,即 $\varphi_x = \varphi_y$(或 $\lambda_x = \lambda_y$)。对两主轴方向不属同一类别的截面,稳定系数在长细比相同时亦不同,但一般相差不大,仍可采用 $\lambda_x = \lambda_y$,或做适当调整。

(2)宽肢薄壁原则

在满足构件组成板件宽厚比限值的条件下,选择截面形式时,应使截面面积分布尽量远离形心轴,以增大截面的惯性矩和回转半径,提高杆件的整体稳定承载力和刚度,达到用料合理的目的。

(3)制造省工

在选择构件的截面形式时,应使构造做法尽可能简单,应充分利用现代化的制造设备和减少制造工作量,如选用便于采用自动焊的截面(工字形截面等)和尽量使用 H 型钢。

(4)连接简便

轴心受压构件的截面形式应便于与其他构件连接。一般情况下,选用双轴对称开敞式截面为宜。对封闭式的箱形和管形截面,由于连接困难、制作费工,只在特殊情况下使用。

4.5.2　实腹式轴心受压构件的截面设计

实腹式轴心受压构件的截面设计包括初选截面和截面验算两部分,对于已知构件尺寸和使用条件的轴心受压构件可直接进行截面验算。

（1）初选截面

首先应根据轴心受压构件截面设计原则和构件使用要求、加工方法、材料供应、轴心压力 N、计算长度 l_{0x} 和 l_{0y} 等条件确定构件的截面形式和钢材牌号,然后按下述步骤试选型钢规格或组合截面的尺寸。

①假定构件长细比 λ

当轴心压力 N 和钢材牌号确定后,轴心受压构件的整体稳定计算公式存在稳定系数 φ 和截面面积 A 两个参数。对于此问题,通常可先根据经验假定与 φ 相关的长细比 λ。

根据经验,长细比 λ 可在 60 ~ 100 之间选用。当构件承受轴心压力较大且计算长度较小时,取小值,反之取大值,但不应大于 150。通常轴心压力 N 小于 1 500 kN,计算长度 l_0 5 ~ 6 m时,可假定 $\lambda = 80 ~ 100$;压力 N 大于 3 000 kN,计算长度 $l_0 = 4 ~ 5$ m 时,可假定 $\lambda = 60 ~ 80$。

②计算构件所需截面面积 A_{req} 和回转半径 i_{xreq},i_{yreq}

由假定长细比 λ 按照截面对应的类别查表可得到稳定系数 φ,则构件所需的截面面积 $A_{req} = \dfrac{N}{(\varphi_{min} f)}$,$\varphi_{min}$ 为 φ_x 和 φ_y 的较小值。

由假定长细比 λ 计算两主轴所需的回转半径,其中 $i_{xreq} = \dfrac{l_{0x}}{\lambda}$,$i_{yreq} = \dfrac{l_{0y}}{\lambda}$。

③确定构件尺寸

由截面面积 A_{req} 和回转半径 i_{xreq},i_{yreq},优先选用型钢截面,如工字钢和 H 型钢。当现有型钢规格不满足所需尺寸时,可采用组合截面,其轮廓尺寸 h 和 b 与回转半径 i_{xreq},i_{yreq} 有关,几种常用截面的轮廓尺寸与回转半径的近似关系见附录 F。

当确定出组合截面的轮廓尺寸 h 和 b 后,根据截面面积 A_{req} 的要求,考虑构造状况、局部稳定以及钢材的规格,初步确定截面尺寸,按照宽肢薄壁、连接方便的原则,调整各板件尺寸。一般地,对于焊接工字截面,为了便于自动焊,宜取 $b \approx h$,为了使用钢量经济合理,宜取一个翼缘截面面积 $A_f = (0.35 ~ 0.40)A$,$t_w = (0.40 ~ 0.70)t$,但不小于 6 mm,h_0 和 b 为 10 mm的倍数,t 和 t_w 为2 mm的倍数。

（2）截面验算

轴心受压构件的验算包括强度、刚度、稳定（整体稳定和局部稳定）等几方面内容。

①强度验算

对于有截面削弱的轴心受压构件,应验算其强度,要求净截面应力 $\sigma = \dfrac{N}{A_0} \leqslant f$;若无截面削弱,则可以不验算。

②刚度验算

轴心受压构件的长细比应符合规范规定的要求,即 $\lambda_{max} \leqslant [\lambda]$,$\lambda_{max} = (\lambda_x, \lambda_y)$。刚度验算过程可与整体稳定验算同时进行。

③整体稳定验算

由构件实际截面确定出两主轴的长细比 λ_x 和 λ_y，从截面类别对应的稳定系数表中查得稳定系数 φ_x 和 φ_y，取 $\varphi = \min(\varphi_x,\varphi_y)$，进行构件的整体稳定计算。

④局部稳定验算

若采用热轧型钢截面，其宽厚比较小，一般局部稳定能够满足，可不验算。对于组合截面，应保证板件的宽厚比 b/t 或高厚比 h_0/t_w 的要求。

经过上述的验算，若所选截面同时满足要求，则所选尺寸合理，否则应调整后再重复验算，直至全部满足。

（3）构造要求

当实腹式柱腹板高厚比 $\dfrac{h_0}{t_w} > 80\sqrt{\dfrac{235}{f_y}}$ 时，构件可能在施工过程中产生扭转变形，故应如图 4－25 所示成对配置横向加劲肋，以增加抗扭刚度。横向加劲肋一般双侧布置，间距不得大于 $3h_0$，其截面尺寸要求为

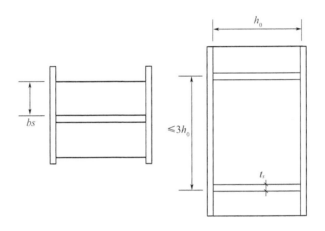

图 4.25　实腹柱横向加劲肋

外伸宽度 $\qquad\qquad\qquad b_s \geqslant h_0/30 + 40 \text{ mm}$ $\qquad\qquad$ (4－48)

厚度 $\qquad\qquad\qquad\qquad t_s \geqslant b_s/15$ $\qquad\qquad\qquad\qquad$ (4－49)

对大型实腹式柱，为了增加其抗扭刚度，应设置横隔，如图 4.26（a）。横隔的间距不得大于柱截面较大宽度的 9 倍或 8 m，且在运输单元的两端均应设置。另外，在受有较大水平力处亦应设置，以防止柱局部弯曲变形。

工字形截面实腹柱中的横隔只能用钢板，它与横向加劲肋的区别在于加劲肋通常较窄，而横隔则与柱的翼缘同宽，如图 4.26（a）。

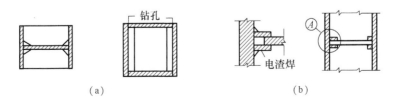

图 4.26　实腹柱横隔

箱型截面实腹柱的横隔,有一边或两边不能预先焊接,可先焊两边或三边,装配后再在构件壁钻孔用电渣焊焊接其他边,如图 4.26(b)。

实腹式轴心受压柱板件间的纵向连接焊缝只承受柱初弯曲或因偶然横向力作用等产生的很小剪力,因此不必计算,其焊脚尺寸可按构造要求采用。

【例 4.2】

如图 4.27 所示平台结构中的轴心受压柱 AB,承受轴心压力 1 300 kN。柱两端铰接,截面无削弱,钢材为 Q235。试设计此构件的截面:(1)选用普通轧制工字钢;(2)选用轧制 H 型钢;(3)选用焊接工字型截面,翼缘为焰切边。

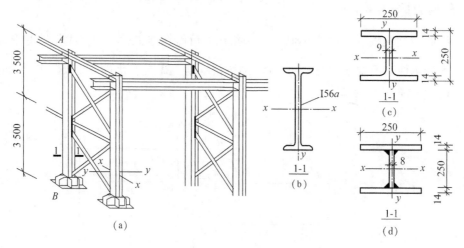

图 4.27 **【例 4.2】**图

解:

(1)选用普通轧制工字钢

①试选截面

a. 假定长细比 $\lambda = 90$,对于轧制工字钢,当构件绕 x 轴和 y 轴弯曲失稳时,截面分别属于 a 类和 b 类,有附表可得 $\varphi_x = 0.714$,$\varphi_y = 0.621$,则 $\varphi_{\min} = 0.621$。

b. 计算所需几何参数

$$A_{\text{req}} = \frac{N}{\varphi_{\min} f} = \frac{1\,300 \times 10^3 \text{ N}}{0.621 \times 215 \text{ N/mm}^2} = 9\,737 \text{ mm}^2 = 97.37 \text{ cm}^2$$

$$i_{x\,\text{req}} = \frac{l_{0x}}{\lambda} = \frac{700 \text{ cm}}{90} = 7.78 \text{ cm}$$

$$i_{y\,\text{req}} = \frac{l_{0y}}{\lambda} = \frac{350 \text{ cm}}{90} = 3.9 \text{ cm}$$

c. 选择型钢

根据计算得到的参数由附录 D 的型钢表中选取适宜的工字钢。一般情况下,很难选到所有参数接近的型钢,但至少应满足两个参数的要求。本例初选Ⅰ50a,查型钢表得 $A = 119 \text{ cm}^2$,$i_x = 19.7 \text{ cm}$,$i_y = 3.07 \text{ cm}$。

②截面验算

因构件截面无削弱,可不验算强度。又因为轧制工字钢的翼缘和腹板均较厚,可不验算局部稳定。因此该构件只需验算整体稳定和刚度。

$$\lambda_x = \frac{l_{0x}}{i_x} = \frac{700}{19.7} = 35.6 < [\lambda] = 150$$

$$\lambda_y = \frac{l_{0y}}{i_y} = \frac{350}{3.07} = 114 < [\lambda] = 150$$

由 $\lambda_x = 35.6$，$\frac{b}{h} = \frac{158}{500} = 0.32 < 0.8$，属于 a 类，查表，得 $\varphi_x = 0.951$；由 $\lambda_y = 114$ 查 b 类

截面稳定系数表得 $\varphi_y = 0.470$。则 $\varphi_{min} = 0.470$。

$$\frac{N}{\varphi_{min}A} = \frac{1\ 300 \times 10^3 N}{0.470 \times 119 \times 10^2\ mm^2} = 232.4\ N/mm^2 > f = 205\ N/mm^2$$

（因 I50a 翼缘厚度 > 16 mm，故取 $f = 205\ N/mm^2$）

所选型钢规格满足刚度要求，但是整体稳定不满足要求，主要原因是所选截面对弱轴的回转半径过小。改选型钢为 I56a，如图 4.27(b) 所示，$\frac{N}{\varphi_{min}A} = \frac{1\ 300 \times 10^3 N}{0.493 \times 135.4 \times 10^2\ mm^2} =$

$194.75\ N/mm^2 < f = 205\ N/mm^2$，满足要求。

（2）选用轧制 H 型钢

①试选截面

选用宽翼缘 HW 型，因截面宽度较大，假设的长细比可适当减少，本例假设 $\lambda = 70$。对于宽翼缘的 H 型钢，绕 x 轴和 y 轴弯曲失稳时，截面均属于 b 类。由 b 类截面稳定系数表查得 $\varphi = 0.751$，则截面所需几何参数为

$$A = \frac{N}{\varphi \cdot f} = \frac{1\ 300 \times 10^3 N}{0.751 \times 215\ N/mm^2} = 8\ 052\ mm^2 = 80.52\ cm^2$$

$$i_x = \frac{l_{0x}}{\lambda} = \frac{700\ cm}{70} = 10\ cm$$

$$i_y = \frac{l_{0y}}{\lambda} = \frac{350\ cm}{70} = 5.0\ cm$$

由附录 D 型钢表中试选 H 型钢。选用 HW250×250×9×14，如图 4.27(c) 所示，$i_x = 10.81\ cm$，$i_y = 6.31\ cm$，$A = 91.43\ cm^2$。

②截面验算

因构件截面无削弱，且为热轧型钢，因此可不验算强度和局部稳定，只需验算整体稳定和刚度。

$$\lambda_x = \frac{l_{0x}}{i_x} = \frac{700}{10.8} = 64.81 < [\lambda] = 150$$

$$\lambda_y = \frac{l_{0y}}{i_y} = \frac{350}{6.31} = 55.47 < [\lambda] = 150$$

因构件截面对 x 轴和 y 轴均属于 b 类，由 $\lambda_x = 64.81$ 查 b 类截面稳定系数表得 $\varphi_x = 0.782$。

$$\frac{N}{\varphi_x A} = \frac{1\ 300 \times 10^3\ N}{0.782 \times 91.43 \times 10^2\ mm^2} = 181.8\ N/mm^2 < f = 215\ N/mm^2$$

所选 H 型钢截面满足要求。

(3)选用焊接工字型截面

①试选截面

当无参考资料时,可先假设 λ,求出所需的回转半径 i_{xreq},i_{yreq},在按照附录 F 确定焊接工字型截面的轮廓尺寸,结合所需截面面积和局部稳定的要求确定板件厚度。本例取 $b = h$,并参照上述 H 型钢截面,取 $b = h = 250$ mm,取一个翼缘面积 $A_f \approx 0.4A$,算出翼缘厚度 $t = 14$ mm,取 $t_w \approx 0.6t$,$t = 8$ mm,选用图 4.27(d)所示的截面,几何参数计算如下:

$$A = 2 \times 25 \times 1.4 + 25 \times 0.8 = 90 \text{cm}^2$$

$$I_x = \frac{1}{12} \times (25 \times 27.8^3 - 24.2 \times 25^3) = 13\,250 \text{ cm}^4$$

$$I_y = 2 \times \frac{1}{12} \times 1.4 \times 25^3 = 3\,650 \text{ cm}^4$$

$$i_x = \sqrt{\frac{I_x}{A}} = \sqrt{\frac{13\,250}{90}} = 12.13 \text{ cm}$$

$$i_y = \sqrt{\frac{I_y}{A}} = \sqrt{\frac{3\,650}{90}} = 6.37 \text{ cm}$$

②截面验算

构件截面无削弱,同样不需验算强度。应验算整体稳定、刚度和局部稳定。

a. 整体稳定和刚度验算

$$\lambda_x = \frac{l_{0x}}{i_x} = \frac{700}{12.13} = 57.71 < [\lambda] = 150$$

$$\lambda_y = \frac{l_{0y}}{i_y} = \frac{350}{6.37} = 54.95 < [\lambda] = 150$$

因构件截面对 x 轴和 y 轴均属于 b 类,由 $\lambda_x = 57.71$ 查 b 类截面稳定系数表得 $\varphi_x = 0.820$。

$$\frac{N}{\varphi_x A} = \frac{1\,300 \times 10^3 \text{N}}{0.820 \times 90 \times 10^2 \text{mm}^2} = 176.2 \text{ N/mm}^2 < f = 215 \text{ N/mm}^2$$

b. 局部稳定验算

$$\frac{b}{t} = \frac{12.1}{1.4} = 8.6 < (10 + 0.1\lambda_x)\sqrt{\frac{235}{f_y}} = 15.77$$

$$\frac{h_w}{t_w} = \frac{25}{0.8} = 31.25 < (25 + 0.5\lambda_x)\sqrt{\frac{235}{f_y}} = 53.85$$

所选截面满足整体稳定、局部稳定和刚度要求。

分析:

由本例计算结果可知:(1)轧制普通工字钢要比轧制 H 型钢和焊接工字形截面的面积大很多(在本例中大48%和50%),这是由于普通工字钢绕弱轴的回转半径太小。尽管弱轴方向的计算长度仅为强轴方向计算长度的1/2,但其长细比远大于后者,因而构件的承载能力是由弱轴所控制的,对强轴则有较大富裕,这显然是不经济的。若必须采用此种截面,宜再增加侧向支撑的数量。(2)对于轧制 H 型钢和焊接工字形截面,由于其两个方向的长细比非常接近,基本上做到了等稳定性,用料更经济。焊接工字形截面更容易实现等稳定性要求,用钢量最省,但焊接工字形截面的焊接工作量大,在设计实腹式轴心受压构件时宜优先选用轧制 H 型钢。

4.6 格构式轴心受压构件的设计

4.6.1 格构式轴心受压构件的常用截面形式

当轴心受压构件承受的压力较大或构件的长度较大时,采用格构式截面形式可以在不增加材料的情况下获得较大的抗弯刚度,经济效果良好,并可以很方便地实现截面对两主轴的等稳定性。

格构式轴心受压柱,一般采用两槽钢、H 型钢或工字钢作为肢件的双轴对称截面,两肢件之间用缀条(角钢)或缀板(钢板)连成整体,即成为格构式双肢柱,如图 4.28(a)(b)所示。这种柱只需调整两肢间的距离,即可实现对两主轴的等稳定性。

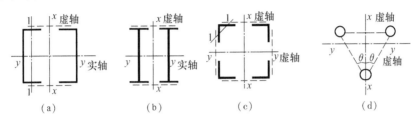

图 4.28 常用格构式轴心受压柱截面形式

在格构式柱的横截面上,穿过肢件腹板的轴叫实轴(图 4.28(a)(b)中的 y 轴),穿过两肢之间缀材面的轴称为虚轴(图 4.28(a)(b)中的 x 轴)。

当格构式轴心受压柱承受的压力较小而长度较大时,其截面设计一般由刚度控制,此时可以采用角钢组成的双轴对称截面,如图 4.28(c)所示的四肢柱。这种截面形式可以充分利用小规格的型钢,具有较好的经济性。也可以采用如图 4.28(d) 所示钢管作为肢件的三肢柱,其受力性能较好。三肢柱和四肢柱两主轴均为虚轴,其缀材多用缀条而不用缀板,以进一步提高经济效果。

4.6.2 格构式轴心受压构件的整体稳定

1. 对实轴的整体稳定计算

格构式双肢构件相当于两个并列的实腹式杆件,故对其实轴的稳定计算与实腹式构件完全相同,因此,可对实轴的长细比 λ_y 查出稳定系数 φ_y,按照公式(4-29)计算,具体过程参见例题 4.2 中的截面验算内容。

2. 对虚轴的整体稳定计算

格构式轴心受压柱绕虚轴的整体稳定临界力比长细比相同的实腹式构件低,主要原因是绕虚轴弯曲时构件将产生较大的剪切变形。

当轴心受压构件发生弯曲后,沿杆长各截面上将产生弯矩和剪力。对实腹式构件,剪力引起的剪切变形对临界力的影响只占 3‰左右。因此,在确定实腹式轴心受压构件整体稳定的临界力时,仅考虑由弯矩作用所产生的变形,忽略了剪力所产生的变形。对于格构式柱,当绕虚轴失稳时,由于肢件之间每隔一定距离才通过缀条或缀板相连,使得柱的剪切变形较大,剪力对稳定临界力的影响就不能忽略。在格构式柱的设计中,对虚轴稳定的计算,常以加大长细比的办法来考虑剪切变形的影响,加大后的长细比称为换算长细比 λ_{0x}。计算时只需要求出 λ_{0x},并按照 b 类截面查稳定系数即可。

①双肢缀条柱的换算长细比

本章 4.3.1 根据弹性稳定理论,建立了同时考虑弯曲变形和剪切变形影响的轴心受压构件整体稳定临界力计算公式,据此可得到格构式轴心受压柱对虚轴(x 轴)的稳定临界力:

$$N_{crx} = \frac{\pi^2 EI_x}{l_{0x}^2} \cdot \frac{1}{1 + \frac{\pi^2 EI_x}{l_{0x}^2} \cdot \gamma_1} = \frac{\pi^2 EA}{\lambda_x^2} \cdot \frac{1}{1 + \frac{\pi^2 EA}{\lambda_x^2} \cdot \gamma_1} = \frac{\pi^2 EA}{\lambda_{0x}^2} \qquad (4-48)$$

式中 γ_1——单位剪切角,即单位剪力作用下的杆件轴线转角;

     λ_{0x}——格构式轴心受压柱绕虚轴临界力换算为实腹柱临界力的换算长细比;

$$\lambda_{0x} = \sqrt{\lambda_x^2 + \pi^2 EA\gamma_1} \qquad (4-49)$$

     A——格构式轴心受压构件分肢的毛截面面积之和。

双肢缀条柱的受力状态接近于桁架体系。在推导单位剪切角 γ_1 的过程中,假设缀条与柱肢间连接节点均为铰接,并忽略横缀条的变形影响。取图 4.29 中双肢缀条柱长度为 l_1 的柱段作为研究对象,如图 4.29 (c)所示。斜缀条长度 $l_d = l_1/\cos\alpha$,在单位剪力 $V = 1$ 的作用下,其所受的轴向力为 $N_d = 1/\sin\alpha$,则斜缀条的轴向伸长量为 $\Delta d = \frac{N_d l_d}{(EA_1)} = \frac{l_1}{(\sin\alpha\cos\alpha EA_1)}$,进而得到 $\Delta = \Delta d/\sin\alpha$。所以单位剪切角 γ_1 的计算式为

$$\gamma_1 = \frac{\Delta}{l_1} = \frac{\Delta d}{l_1 \sin\alpha} = \frac{1}{\sin^2\alpha\cos\alpha EA_1} \qquad (4-50)$$

将单位剪切角 γ_1 带入换算长细比 λ_{0x} 的表达式,得到

$$\lambda_{0x} = \sqrt{\lambda_x^2 + \frac{\pi^2}{\sin^2\alpha\cos\alpha} \cdot \frac{A}{A_1}} \qquad (4-51)$$

式中 A_1——双肢缀条柱一个节间内两侧斜缀条的横截面积之和;

     α——斜缀条与柱肢件轴线间的夹角。

对于常用的双肢缀条柱,夹角 α 一般在 45°左右(通常在 40°～70°之间)。在此范围内,$\frac{\pi^2}{\sin^2\alpha\cos\alpha}$ 变化不大,如图 4.30 所示。我国钢结构设计规范加以简化,将其取为常数 27,由此得到《钢结构设计规范》规定的双肢缀条柱换算长细比

$$\lambda_{0x} = \sqrt{\lambda_x^2 + 27 \cdot \frac{A}{A_1}} \qquad (4-52)$$

当 α 不在 40°～70°之间时,上式计算结果偏于不安全,应按照实际的 α 进行计算。

②双肢缀板柱的换算长细比

双肢缀板柱的肢件与缀板间采用焊接连接或高强度螺栓连接,可视为刚接,因而分肢与缀板组成一个多层框架。假设双肢缀板柱变形时,其框架体系内反弯点在各杆件的中点,如图 4.31(b)所示。

取如图 4.31(c)所示的隔离体进行分析,可以得到单位剪切角的计算公式:

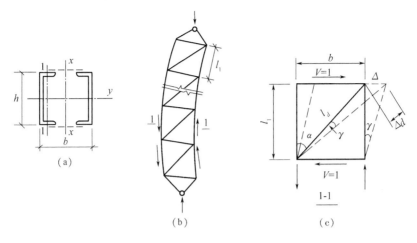

图 4.29 双肢缀条柱的剪切变形

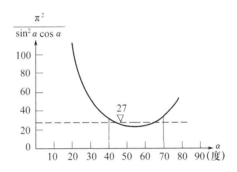

图 4.30 $\dfrac{\pi^2}{\sin^2\alpha\ \cos\alpha}$ 与 α 关系图

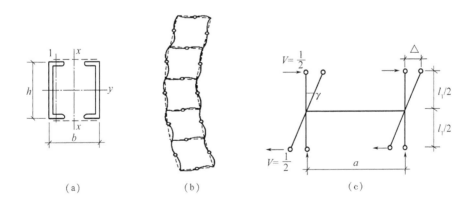

图 4.31 双肢缀板柱的剪切变形

$$\gamma_1 = \frac{l_1^2}{24EI_1}\left(1 + 2\frac{K_1}{K_2}\right) \qquad\qquad (4-53)$$

式中　l_1——缀板轴线间的距离；

I_1——分肢对最小刚度轴(1 - 1 轴)的惯性矩;

K_1——一个分肢的线刚度,$K_1 = I_1/l_1$;

K_2——两侧缀板线刚度之和,$K_2 = I_d/a$。I_d 为两侧缀板的惯性矩之和,a 为两分肢轴线间距。

将式(4 - 53)带入格构式轴心受压柱绕虚轴的换算长细比计算公式,得到缀板柱换算长细比 λ_{0x} 的计算公式

$$\lambda_{0x} = \sqrt{\lambda_x^2 + \frac{\pi^2 A l_1^2}{24 I_1}\left(1 + 2\frac{K_1}{K_2}\right)} \qquad (4 - 54)$$

如图 4.31(a)所示的双轴对称截面缀板柱,截面面积 $A = 2A_1$,A_1 为单个肢件的面积。式(4 - 54)中 $A l_1^2/I_1 = 2A_1 l_1^2/I_1 = 2(l_1/i_1)^2 = 2\lambda_1^2$,则

$$\lambda_{0x} = \sqrt{\lambda_x^2 + \frac{\pi^2}{12}\left(1 + 2\frac{K_1}{K_2}\right)\lambda_1^2} \qquad (4 - 55)$$

当缀板线刚度之和 K_2 与分肢的线刚度 K_1 比值不小于 6 时,$\pi^2\left(1 + 2\dfrac{K_1}{K_2}\right)/12 \approx 1$。钢结构设计规范规定双肢缀板柱必须满足 $K_2/K_1 \geq 6$,则其换算长细比为

$$\lambda_{0x} = \sqrt{\lambda_x^2 + \lambda_1^2} \qquad (4 - 56)$$

式中 λ_1——分肢对最小刚度轴(1 - 1 轴)的长细比,$\lambda_1 = l_{01}/i_1$。l_{01} 为分肢的计算长度,当缀板采用焊接时,取相邻缀板间的净距;当缀板采用螺栓连接时,取相邻缀板边缘螺栓之间的距离;i_1 为分肢对最小刚度轴的回转半径。

需要说明的是,公式(4 - 56)的适用条件是 $K_2/K_1 \geq 6$,否则,应取 K_2,K_1 的实际值按照公式(4 - 55)计算换算长细比。

③四肢和三肢格构柱的换算长细比

如图 4.28(c)所示的四肢格构柱截面,其换算长细比为

当缀材为缀板时:

$$\lambda_{ox} = \sqrt{\lambda_x^2 + \lambda_1^2} \qquad (4 - 57)$$

$$\lambda_{oy} = \sqrt{\lambda_y^2 + \lambda_1^2} \qquad (4 - 58)$$

当缀材为缀条时:

$$\lambda_{ox} = \sqrt{\lambda_x^2 + 40\frac{A}{A_{1x}}} \qquad (4 - 59)$$

$$\lambda_{oy} = \sqrt{\lambda_y^2 + 40\frac{A}{A_{1y}}} \qquad (4 - 60)$$

式中 λ_x,λ_y——分别为构件对 x 轴和 y 轴的长细比;

A_{1x},A_{1y}——分别为构件截面中垂直于 x 轴和 y 轴的各斜缀条毛截面之和。

如图 4.28(d)所示的三肢格构柱截面,当缀材采用缀条时,则其换算长细比为

$$\lambda_{ox} = \sqrt{\lambda_x^2 + \frac{42A}{A_1(1.5 - \cos^2\theta)}} \qquad (4 - 61)$$

$$\lambda_{oy} = \sqrt{\lambda_y^2 + \frac{42A}{A_1\cos^2\theta}} \qquad (4 - 62)$$

式中 A_1——构件截面中各斜缀条毛截面面积之和;

θ——构件截面内缀条所在平面与 x 轴的夹角。

3. 肢件的整体稳定计算

格构式受压构件的分肢可看作单独的实腹式轴心受压构件,因此应保证分肢不应先于构件丧失整体稳定。《钢结构设计规范》通过控制肢件对最小刚度轴的长细比 λ_1,保证肢件不先于构件发生失稳。规范规定,对于缀条柱,要求 $\lambda_1 \leqslant 0.7\lambda_{max}$;对于缀板柱,要求 $\lambda_1 \leqslant 0.5\lambda_{max}$,且 $\lambda_1 \leqslant 40$。λ_{max} 为构件两个方向长细比(对虚轴取换算长细比)的较大值,当 $\lambda_{max} < 50$ 时,取 50;计算缀条柱的 λ_1 时,l_{01} 取缀条柱的节间距离。

4.6.3　格构式轴心受压构件的缀材设计

1. 格构式轴压构件的横向剪力

格构式轴心受压构件绕虚轴弯曲时,缀材平面要承受横向剪力。若进行缀材的设计,须首先确定横向剪力的大小。

假设两端铰接轴心受压柱,当绕虚轴弯曲时,其挠曲线为正弦曲线,如图 4.32(a)所示。设构件跨中最大挠度为 v_0,则其挠度方程

$$y = v_0 \sin \frac{\pi \cdot z}{l}$$

构件任一点的弯矩

$$M = Ny = Nv_0 \sin \frac{\pi \cdot z}{l}$$

则构件任一点的剪力

$$V = \frac{\mathrm{d}M}{\mathrm{d}z} = \frac{N\pi}{l} v_0 \cos \frac{\pi \cdot z}{l}$$

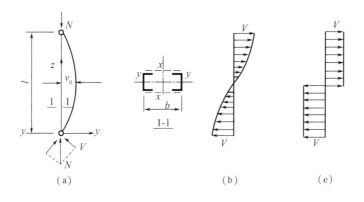

图 4.32　格构柱剪力计算

可见,格构式轴心受压柱绕虚轴弯曲时,构件截面内产生的剪力按余弦曲线分布,如图4.32(b)所示。由图可知剪力最大值在构件的两端,即:

$$V_{max} = \frac{N\pi}{l} v_0$$

当构件绕虚轴弯曲达到稳定极限状态时,跨中最大挠度值 v_0 可由边缘屈服准则求得,此时构件截面边缘最大应力达到材料屈服强度,即

$$\sigma_{max} = \frac{N_{crx}}{A} + \frac{N_{crx}v_0}{W_x} = \frac{N_{crx}}{A} + \frac{N_{crx}v_0}{I_x} \cdot \frac{b}{2} = f_y, 可将其整理为$$

$$\frac{N_{crx}}{Af_y}\left(1 + \frac{v_0}{i_x^2} \cdot \frac{b}{2}\right) = 1$$

其中 N_{crx} 为构件绕虚轴(x 轴)的整体稳定临界力。

令 $\dfrac{N_{crx}}{(Af_y)} = \varphi_x$,并根据常用的槽钢双肢柱的截面轮廓尺寸与回转半径的近似关系取 $i_x = 0.44b$,解得

$$v_0 = \frac{0.88i_x(1 - \varphi_x)}{\varphi_x}$$

将 v_0 表达式带入 V_{max} 表达式,并令 $\dfrac{\lambda_x}{0.88\pi(1 - \varphi)} = \alpha$ 则

$$V_{max} = \frac{N\pi}{l} \cdot \frac{0.88i_x(1 - \varphi_x)}{\varphi_x} = \frac{0.88\pi(1 - \varphi_x)}{\lambda_x} \cdot \frac{N}{\varphi_x} = \frac{1}{\alpha} \cdot \frac{N}{\varphi_x}$$

经过对双肢格构柱的分析,在常用长细比范围内,α 值变化不大,可取为常数。对采用 Q235 钢的构件,可取 $\alpha = 85$;对采用 Q345 钢、Q390 钢和 Q420 钢的构件,可取 $\alpha \approx 85\sqrt{235/f_y}$。因此双肢格构式轴心受压柱平行于缀材面的最大剪力

$$V_{max} = \frac{N}{85\varphi_x}\sqrt{\frac{f_y}{235}}$$

其中 φ_x 为按虚轴换算长细比确定的构件整体稳定系数。若令 $N = N_{crx} = \varphi_x Af$,即可得到《钢结构设计规范》规定的缀材设计时所需的最大剪力

$$V = \frac{Af}{85}\sqrt{\frac{f_y}{235}} \tag{4 - 63}$$

其中 A 为两个分肢柱的毛截面面积之和。在进行缀材的设计过程中,可以认为剪力 V 沿构件的长度方向不变,均为最大值,如图 4.32(c)所示。对于双肢构件,此剪力由两侧的缀材平面承担,即各分担 $V_1 = V/2$。

2. 缀条的设计

格构式缀条柱中,缀条布置方式包括单系缀条和交叉缀条两种,如图 4.33 所示。

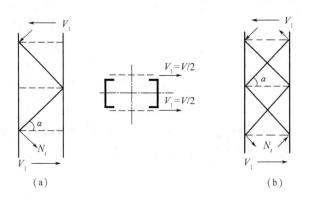

(a)　　　　　　　　　　　　　　　　(b)

图 4.33　缀条的内力

缀条体系的每个缀件可视为平面弦桁架,缀条可看作为桁架的腹杆,则缀条的轴向压力

$$N_t = \frac{V_1}{n\cos\alpha} = \frac{V}{2n\cos\alpha} \tag{4-64}$$

式中　V_1——分配到一个缀材面上的剪力;

　　　n——承受剪力 V_1 的斜缀条数。单系缀条为 $n=1$,交叉缀条 $n=2$;

　　　α——斜缀条的水平倾角。

由于构件弯曲方向的偶然性,构件截面内横向剪力的方向也具有随机性,导致同一根斜缀条可能受拉也可能受压,因此应按照轴心受压构件选择截面。

缀条一般采用单角钢与肢件单面连接。从受力性质看,缀条实际上是偏心受压构件;从失稳形式看,缀条失稳属于弯扭失稳。为简化计算,《钢结构设计规范》规定,缀条的设计可以按轴心受压构件验算强度和稳定性,但是应将钢材强度进行折减。折减系数 γ 取值如下:

①按轴心受压计算缀条的强度和连接时,$\gamma = 0.85$;

②按轴心受压计算缀条的稳定时:

等边角钢 $\gamma = 0.6 + 0.0015\lambda$,但不大于 1.0;

短边相连的不等边角钢 $\gamma = 0.5 + 0.0025\lambda$,但不大于 1.0;

长边相连的不等边角钢 $\gamma = 0.70$。

在计算缀条的稳定时,折减系数 γ 的取值与缀条的长细比 λ 有关。对中间无联系的单角钢,按角钢最小回转半径确定。当 $\lambda < 20$ 时,取 $\lambda = 20$。

为减小分肢的计算长度,单系缀条体系中可以设置横缀条,如图 4.33(a) 中虚线所示。单系缀条体系和交叉缀条体系中的横缀条主要用于减少分肢的计算长度,一般不做计算,截面尺寸可取与斜缀条相同。所有缀条均应满足刚度要求。

3. 缀板的设计

缀板柱在轴心压力作用下,其受力体系如同柱肢和缀板构成的多层框架。当缀板柱绕虚轴整体挠曲时,假定各层分肢中点和缀板中点为反弯点,如图 4.34(a) 所示。在体系内截取隔离体如图 4.34(b) 所示,由此可得缀板中点剪力 T 以及与肢件连接处的弯矩 M,计算公式如下

$$T = \frac{V_1 l_1}{a} \tag{4-65}$$

$$M = T \cdot \frac{a}{2} = \frac{V_1 l_1}{2} \tag{4-66}$$

式中　l_1——相邻缀板中心线间的距离;

　　　a——两肢件轴线间的距离。

当缀板与肢件间用角焊缝相连时,角焊缝承受剪力 T 和弯矩 M 的共同作用,如图 4.34(c) 所示。故角焊缝只需按上述剪力 T 和弯矩 M 进行计算。

缀板的尺寸应满足一定的刚度要求。缀板的宽度 d 一般应满足 $d \geq 2a/3$;厚度 t 应满足 $t \geq a/40$,且 $t \geq 6\ mm$;端缀板应适当加宽,一般取 $d = a$,a 为肢件轴线间的距离。

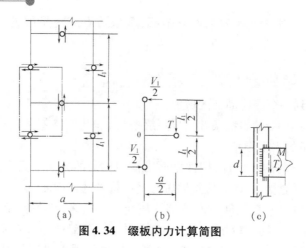

图 4.34　缀板内力计算简图

4.6.4　格构式轴心受压构件构造要求

1. 缀条不宜采用小于∟ 45 ×4 或∟ 56 ×36 ×4 的角钢。

2. 缀板应有一定的刚度《钢结构设计规范》规定,同一截面处两侧缀板线刚度之和不得小于分肢线刚度的 6 倍。如上节所述,只要缀板的宽度 $d \geqslant 2a/3$;厚度 $t \geqslant a/40$,且 $t \geqslant 6$ mm,一般可满足上述要求。

3. 缀板与肢件间搭接长度一般可取 20 ～30 mm,可采用单面侧焊或三面围焊。缀条的轴线与分肢的轴线应尽可能汇交于一点。当有横缀条时,为便于杆件的汇交,可以采取加设节点板的连接形式,如图 4.35 所示。

4. 与大型实腹柱一样,为了增加构件的抗扭刚度,避免截面变形,格构式柱也应设置横隔,如图 4.36 所示。横隔可用钢板或角钢制作,其设置的间距和部位同大型实腹柱。

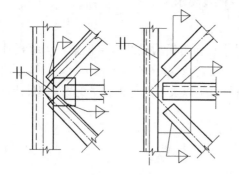

图 4.35　缀条与柱肢的连接

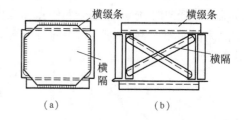

图 4.36　格构式柱的横隔

4.6.5　格构式轴心受压构件的截面设计

格构式轴心受压构件的设计包括初选截面、截面验算和缀材设计三部分内容。

1. 初选截面

①确定截面形式

根据轴压构件截面设计原则和构件使用要求、材料供应、加工方法、轴心压力 N、计算长度 l_{0x} 和 l_{0y} 等条件,确定采用的截面形式。中小型柱可用缀条或缀板柱,对于大型柱宜用缀条柱。

②选择柱肢

按实轴(y轴)的整体稳定选择柱肢的截面,方法同实腹柱。

③计算虚轴长细比

构件两主轴方向的稳定性能应尽可能相等,即构件应满足 $\lambda_{0x} = \lambda_y$。据此条件可以确定肢件间的距离。

对于双肢缀条柱

$$\lambda_{0x} = \sqrt{\lambda_x^2 + 27\frac{A}{A_1}} = \lambda_y$$

即构件应满足

$$\lambda_x = \sqrt{\lambda_y^2 - 27\frac{A}{A_1}} \qquad (4-67)$$

对于双肢缀板柱

$$\lambda_{0x} = \sqrt{\lambda_x^2 + \lambda_1^2} = \lambda_y$$
$$\lambda_x = \sqrt{\lambda_y^2 - \lambda_1^2} \qquad (4-68)$$

在利用以上公式确定构件对虚轴的长细比时,对于缀条柱,需根据经验预先选定斜缀条的规格,可大约按照 $A_1/2 = 0.05A$ 初选斜缀条的角钢型号;对于缀板柱,同样需初定 λ_1 大小,可先按 $\lambda_1 < 0.5\lambda_y$ 且不大于40带入公式(4-68)计算,以后按照 $l_{01} \leq \lambda_1 i_1$,根据分肢的稳定要求,假定 λ_1 的大小即可。

④确定分肢间距

计算出构件对虚轴的长细比 λ_x 后,得到构件对虚轴的回转半径 $i_x = \dfrac{l_{0x}}{\lambda_x}$,根据附录 F 中构件截面轮廓尺寸与回转半径的近似关系,可以得到构件在缀材方向的宽度 $b = i_x/\alpha_2$。在查表的时候一定应注意截面虚轴与实轴的对应关系。当得到虚轴的回转半径 i_x 后,也可以按照已知截面的几何参数直接计算得出柱肢的间距。

一般柱肢的间距宜为 10 mm 的倍数,且应不小于 100 mm,以便于内部的防腐处理。

2. 截面验算

需要对初选截面进行强度、刚度、对虚轴的稳定和分肢的稳定验算,验算公式如前所述。如不满足要求,应进行相应的调整,直至满足为止。

3. 缀材的设计

按照缀材的设计方法,进行缀条或缀板的设计,包括缀材与肢件间的连接焊缝。

【例4.3】

图 4.37 为封闭式通廊的中间支架,支架底端与基础刚接。通廊和支架均采用钢结构,采用 Q235B 钢,焊接使用 E43 型焊条。支架柱肢的中心距为 7 m 和 4 m,受风荷载方向的支架柱肢中心距 7 m,支架的交叉腹杆按单杆受拉考虑。通廊垂直荷载 F_1 的静荷为 1 080 kN,活荷为 360 kN;支架垂直荷载 F_2 的静荷为 420 kN;通廊侧面的风荷载 F_3 为 480 kN,支架侧面的风荷载忽略不计。试通过计算选择下列各题正确的答案。

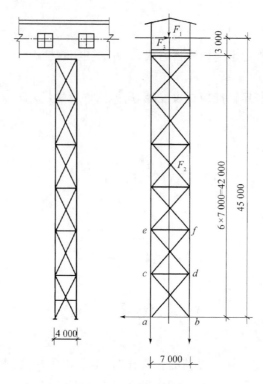

图 4.37 【例 4.3】图

①支架的基本自振周期近似值为（　　　）。

　　A.0.585　　　　B.1.011　　　　　　C.1.232　　　　　　D.1.520

②支架受拉柱肢对基础的单肢最大拉力设计值为（　　　）kN。

　　A.1785　　　　B.3420　　　　　　C.1910　　　　　　D.3570

③已知支架受压肢的压力设计值 $N = 2\,698$ kN，柱肢选用热轧 H 型钢 H394×398×11×18，$A = 18\,760$ mm²，$i_x = 173$ mm，$i_y = 100$ mm，柱肢近似作为桁架的弦杆，按轴心受压设计，其应力形式表达的稳定性计算数值为（　　　）N/mm²。

　　A.191.5　　　　B.179.2　　　　　　C.163.1　　　　　　D.214.3

④条件同③，用焊接钢管代替 H 型钢，钢管 $\phi500×10$，$A = 15\,400$ mm²，$i = 173$ mm，其压应力 σ 和应力形式表达的稳定性计算数值分别为（　　　）N/mm²。

　　A.175.2,195.**B**.152.3,195.3　　C.175.2,185.8　　D.152.3,185.8

解：

①正确答案 A。

依据《建筑结构荷载规范》F.1.1，一般情况下高耸钢结构基本自振周期近似经验值：

$T_1 = 0.013 H = 0.013 × 45 = 0.585$ s

②正确答案 A。

钢支架柱肢受拉，只能由风荷载效应产生，除永久荷载外，通廊活荷使柱肢受压，可不参与组合，因永久荷载对结构受拉组合效应产生有利作用，其分项系数应取 1.0。

依据《建筑结构荷载规范》式 3.2.3 - 1：

$$N_t = -\gamma_G(F_{G1} + F_{G2})/4 + \gamma_{Q1}F_3 H/2l_1$$

= − 1.0 × (1 080 + 420)/4 + 1.4 × 480 × 45/(2 × 7) = 1 785 kN

③正确答案 A。

H 型钢 y 轴为弱轴，$\lambda_y = 7\,000/100 = 70$。

H 型钢属 b 类，查表得 $\varphi_y = 0.751$

$$\frac{N}{\varphi A} = \frac{2\,698 \times 10^3}{0.751 \times 18\,760} = 191.5 \text{ N/mm}^2 < f = 205 \text{ N/mm}^2$$

④正确答案 A。

$$\frac{N}{A_n} = \frac{2\,698 \times 10^3}{15\,400} = 175.2 \text{ N/mm}^2 < f = 215 \text{ N/mm}^2$$

圆管不分强弱轴，$\lambda_y = 7\,000/173 = 40.5$，因钢管为焊接，属 b 类，查表得 $\varphi = 0.897$，应力形式表达的稳定性计算为

$$\frac{N}{\varphi A} = \frac{2\,698 \times 10^3}{0.897 \times 15\,400} = 195.3 \text{ N/mm}^2 < f = 215 \text{ N/mm}^2$$

【例 4.4】

如图 4.38 所示，某轴心受压柱承受轴心压力 $N = 998$ kN，虚轴计算长度 $l_{0x} = 6$ m，实轴计算长度 $l_{0y} = 3$ m。轴心受压柱采用 Q235 钢，且截面无削弱。试按(1)缀条柱；(2)缀板柱设计该构件。

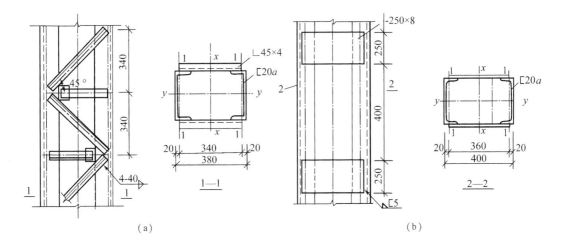

(a) (b)

图 4.38 【例 4.3】图

(a)缀条柱;(b)缀板柱

1. 缀条柱设计

(1)试选截面

①选择分肢截面

分肢的截面按照实轴的稳定要求确定。假定长细比 $\lambda = 70$，由附录表 E-2 中 b 类截面轴心受压构件稳定系数表查得 $\varphi_y = 0.751$，则分肢所需几何参数为

$$A = \frac{N}{\varphi_{\min} f} = \frac{998 \times 10^3 \text{N}}{0.751 \times 215 \text{ N/mm}^2} = 6\,181 \text{ mm}^2 = 61.81 \text{ cm}^2$$

$$i_y = \frac{l_{0y}}{\lambda} = \frac{300 \text{ cm}}{70} = 4.29 \text{ cm}$$

由附录 F 可知截面所需高度 $h = 4.29/0.38 = 11.29 \text{ cm}$，结合面积要求，在附录表 D－7 选取 2 [20a，对应的参数 $A = 2 \times 28.84 = 57.68 \text{ cm}^2$，$i_y = 7.86 \text{ cm}$，$I_1 = 128 \text{ cm}^4$，$i_1 = 2.11 \text{ cm}$，$Z_0 = 2.11 \text{ cm}$。

②确定两肢件间的距离

按照虚轴和实轴等稳定的要求确定肢件之间的距离。由选定的肢件截面可知：

$$\lambda_y = \frac{l_{0y}}{i_y} = \frac{300}{7.86} = 38.2$$

斜缀条角钢面积按照 $A_1/2 = 0.05A = 0.05 \times 57.68 = 2.88 \text{ cm}^2$，按构造选取最小角钢 ∟ 45 ×4 作为缀材，$A_1 = 2 \times 3.49 = 6.98 \text{ cm}^2$，则

$$\lambda_x = \sqrt{\lambda_y^2 - 27\frac{A}{A_1}} = \sqrt{38.2^2 - 27\frac{57.68}{6.98}} = 35.2$$

截面所需回转半径 $i_x = \frac{l_{0x}}{\lambda_x} = \frac{600}{35.2} = 17.0 \text{ cm}$，由附录 F 可知，截面所需宽度 $b = \frac{i_x}{0.44} = 38.7 \text{ cm}$，取 $b = 38 \text{ cm}$。

（2）截面验算

所选缀条柱截面尺寸如图 4.38（a）所示。因构件截面无削弱，可不验算强度。

①参数计算

构件截面对虚轴的惯性矩及回转半径计算如下：

$$I_x = 2 \times (128 + 28.84 \times 17^2) = 16\,926 \text{ cm}^4$$

$$i_x = \sqrt{\frac{I_x}{A}} = \sqrt{\frac{16\,926}{57.68}} = 17.13 \text{ cm}$$

②刚度验算

$$\lambda_y = \frac{l_{0y}}{i_y} = \frac{300}{7.86} = 38.2 < [\lambda] = 150$$

$$\lambda_x = \frac{l_{0x}}{i_x} = \frac{600}{17.13} = 35$$

$$\lambda_{0x} = \sqrt{\lambda_x^2 + 27\frac{A}{A_1}} = \sqrt{35^2 + 27 \times \frac{57.68}{6.98}} = 38 < \lambda = 150$$

所选截面刚度满足要求。

③整体稳定验算

已知 $\lambda_{max} = \max(\lambda_y, \lambda_{0x}) = 38.2$，由附录 b 类截面轴心受压构件稳定系数表查得 $\varphi_{min} = 0.905$。整体稳定计算如下：

$$\frac{N}{\varphi_{min}A} = \frac{998 \times 10^3 \text{N}}{0.905 \times 57.68 \times 10^2 \text{ mm}^2} = 191.2 \text{ N/mm}^2 < f = 215 \text{ N/mm}^2$$

构件所选截面整体稳定满足要求。

（3）肢件稳定验算

将缀条按 45°布置，采用不设置横缀条的方案，则肢件计算长度 $l_{01} = 68 \text{ cm}$，$\lambda_1 = l_{01}/i_1 = $

$68/2.11 = 32 > 0.7 \times \lambda_{max} = 0.7 \times 38.2 = 26.7$,不满足肢件稳定的要求。改为设置横缀条的方案,$\lambda_1 = 16 < 27.1$,满足肢件稳定的要求。

(4)缀条设计

轴心受压柱缀材平面所承受的剪力为

$$V = \frac{Af}{85}\sqrt{\frac{f_y}{235}} = \frac{5\,768 \times 215}{85} \cdot \sqrt{\frac{235}{235}} = 14\,590 \text{N}$$

单个缀材平面承担的剪力为 $V_1 = V/2 = 7\,295$ N,斜缀条承担的轴心压力为

$$N_t = \frac{V_1}{n\cos\alpha} = \frac{7295\text{N}}{1 \times \cos 45°} = 10\,318 \text{ N}$$

斜缀条采用角钢$\llcorner 45 \times 4$,此处应校核该规格是否满足使用要求。由附录可得角钢面积 $A = 3.49 \text{ cm}^2$,最小回转半径 $i_0 = 0.89 \text{ cm}$,则:

$$\lambda = \frac{l_0}{i_0} = \frac{48}{0.89} = 54 < [\lambda] = 150$$

所选缀条满足刚度要求。

钢材强度折减系数为

$$\gamma = 0.6 + 0.0015\lambda = 0.6 + 0.0015 \times 38 = 0.66$$

由表4.4可知,轧制等边单角钢对 x 轴和 y 轴均属于 b 类截面,按 $\lambda = 38$ 由附录表 E2 中 b 类截面轴心受压构件稳定系数表查得 $\varphi = 0.906$。斜缀条的整体稳定验算如下:

$$\frac{N_t}{\varphi A} = \frac{10\,318}{0.906 \times 3.49 \times 10^2} = 33 \text{ N/mm}^2 < \gamma f = 0.66 \times 215 = 142 \text{ N/mm}^2$$

所选缀条截面满足整体稳定满足要求。

(5)连接焊缝计算

缀条与肢件间的连接焊缝采用两面侧焊,取焊角尺寸 $h_f = 4$ mm。采用 E43 型焊条,手工焊接。斜缀条肢背和肢尖所需的焊缝长度计算如下:

$$l_1 = \frac{0.7 \times N_t}{h_e \gamma f_f^w} + 2h_f = \frac{0.7 \times 10\,318}{0.7 \times 4 \times 0.85 \times 160} + 2 \times 4 = 27 \text{ mm}$$

$$l_2 = \frac{0.3 \times N_t}{h_e \gamma f_f^w} + 2h_f = \frac{0.3 \times 10\,318}{0.7 \times 4 \times 0.85 \times 160} + 2 \times 4 = 16 \text{ mm}$$

缀条肢背和肢尖的焊缝长度均取为 40 mm。横缀条连接焊缝同斜缀条。

2. 缀板柱设计

(1)试选截面

①选择分肢截面

分肢的截面按照实轴的稳定要求确定。计算过程同缀条柱,截面仍选取 2$\llcorner$20a,对应的参数 $A = 2 \times 28.84 = 57.68 \text{ cm}^2$,$i_y = 7.86 \text{ cm}$,$I_1 = 128 \text{ cm}^4$,$i_1 = 2.11 \text{ cm}$,$Z_0 = 2.01 \text{ cm}$。

②确定两肢件间的距离

按照虚轴和实轴等稳定的要求确定肢件之间的距离。由选定的肢件截面可知:

$$\lambda_y = \frac{l_{0y}}{i_y} = \frac{300}{7.86} = 38.2$$

假定分肢对最小刚度轴(1 - 1轴)的长细比 $\lambda_1 = 19$,满足 $\lambda_1 < 0.5\lambda_y = 0.5 \times 38.2 = 19.1$,且不大于40的分肢稳定性要求。根据等稳定要求,轴压柱虚轴长细比应为

$$\lambda_x = \sqrt{\lambda_y^2 - \lambda_1^2} = \sqrt{38.2^2 - 19^2} = 33$$

截面所需回转半径 $i_x = \dfrac{l_{0x}}{\lambda_x} = \dfrac{600}{33} = 18.2$ cm,由附录 F 可知,截面所需宽度 $b = \dfrac{i_x}{0.44} = \dfrac{18.2}{0.44} = 41.3$ cm,取 $b = 40$ cm。

(2)截面验算

①参数计算

所选缀板柱截面尺寸如例 4.38(b)图所示。构件截面对虚轴的惯性矩及回转半径计算如下:

$$I_x = 2 \times (128 + 28.84 \times 18^2) = 18\,944 \text{ cm}^4$$

$$i_x = \sqrt{\frac{I_x}{A}} = \sqrt{\frac{18\,944}{57.68}} = 18.12$$

②刚度验算

$$\lambda_y = \frac{l_{0y}}{i_y} = \frac{300}{7.86} = 38.2 < [\lambda] = 150$$

$$\lambda_x = \frac{l_{0x}}{i_x} = \frac{600}{18.12} = 33.11$$

$$\lambda_{0x} = \sqrt{\lambda_x^2 + \lambda_1^2} = \sqrt{33.11^2 + 19^2} = 38.2 < [\lambda] = 150$$

所选截面刚度满足要求。

③整体稳定验算

已知 $\lambda_{\max} = \max(\lambda_y, \lambda_{0x}) = 38.2$,由附录 E 表 E2 中 b 类截面轴心受压构件稳定系数表查得 $\varphi_{\min} = 0.905$。整体稳定计算如下:

$$\frac{N}{\varphi_{\min}A} = \frac{998 \times 10^3 \text{ N}}{0.905 \times 57.68 \times 10^2 \text{ mm}^2} = 191 \text{ N/mm}^2 < f = 215 \text{ N/mm}^2$$

构件所选截面整体稳定满足要求。

(3)缀板设计

缀板与肢件间采用焊接连接,缀板之间的净距为

$$l_{01} = \lambda_1 i_1 = 19 \times 2.11 = 40.09 \text{ cm}$$

缀板的宽度一般应满足 $d \geqslant 2a/3 = 2 \times 36/3 = 24$ cm,取 $d = 25$ cm;缀板的厚度一般应满足 $t \geqslant a/40 = 36/40 = 0.9$ cm,取 $t = 10$ mm。则缀板轴线间的距离 $l_1 = 40 + 25 = 65$ cm,取 $l_1 = 65$ cm。

分肢的线刚度为 $K_1 = I_1/l_1 = 128/65 = 1.97$,两侧缀板线刚度之和为

$$K_2 = I_d/a = \frac{2 \times \frac{1}{12} \times 1 \times 25^3}{36} = 72.3$$

刚度比 $\dfrac{K_2}{K_1} = \dfrac{72.3}{1.97} = 36.7 > 6$。

分析:按照缀板的宽度 $d \geqslant 2a/3$,厚度 $t \geqslant a/40$ 的构造要求,计算出 $\dfrac{K_2}{K_1} = 36.7$ 远大于 6,说明缀板刚度偏大,在实际设计中可以适当调小尺寸,如本例中可以选用 $d = 20$ cm,$t =$

8 mm,缀板轴线间的距离 $l_1 = 40 + 20 = 60$ cm,取 $l_1 = 60$ cm。按照上述方法算得 $\dfrac{K_2}{K_1} = 15$,缀板满足刚度要求。

(4)连接焊缝计算

格构式轴压柱的横向剪力为

$$V = \frac{Af}{85}\sqrt{\frac{f_y}{235}} = \frac{5\ 768 \times 215}{85} \cdot \sqrt{\frac{235}{235}} = 14\ 590\ \text{N}$$

缀板中点剪力 T 以及与肢件连接处的弯矩 M 分别为

$$T = \frac{V_1 l_1}{a} = \frac{V l_1}{2a} = \frac{14\ 590 \times 60}{2 \times 36} = 12\ 158\text{N}$$

$$M = T \cdot \frac{a}{2} = \frac{V_1 l_1}{2} = \frac{14\ 590 \times 60}{4} = 218\ 850\ \text{N} \cdot \text{cm}$$

采用三面围焊角焊缝,取焊角尺寸 $h_f = 5$ mm,计算时偏于安全地仅考虑竖向垂直焊缝,不考虑水平焊缝的承载力。此种情况下竖向垂直焊缝的计算长度 $l_w = 200$ mm。

由剪力 T 产生的剪应力和由弯矩 M 产生的正应力分别为

$$\tau_f = \frac{T}{h_e l_w} = \frac{12\ 158}{0.7 \times 5 \times 200} = 17.4\ \text{N/mm}^2$$

$$\sigma_f = \frac{M}{W} = \frac{6 \times 218\ 850 \times 10}{0.7 \times 5 \times 200^2} = 93.8\ \text{N/mm}^2$$

焊缝在剪力 T 和由弯矩 M 的共同作用下,应满足下式要求

$$\sqrt{\left(\frac{\sigma_f}{1.22}\right)^2 + \tau_f^2} = \sqrt{76.9^2 + 17.4^2} = 78.8\ \text{N/mm}^2 < f_f^w = 160\ \text{N/mm}^2$$

所选焊脚尺寸满足承载力要求。

4.7　轴心受压柱的柱头和柱脚

柱的顶部与梁或桁架连接的部分称为柱头,其作用是通过柱头将上部结构的荷载传到柱身。梁与柱的连接节点设计必须遵循传力可靠、构造简单和便于安装的原则。柱下端与基础连接部分称为柱脚,柱脚的作用是将柱身所受到的力传递和分布到基础,并将柱固定于基础。

4.7.1　轴心受压柱的柱头

在钢结构建筑中,轴心受压构件通过柱头直接承受上部梁格结构传来的荷载,并通过柱脚将柱身的内力可靠地传给基础。梁与柱的连接节点设计必须遵循传力可靠、构造简单和便于安装的原则。

(1)梁柱连接形式

梁与柱的连接有铰接、刚接和半刚接三种形式,而轴心受压柱与梁的连接只能做成铰接。根据梁与柱的相互位置关系,可分为顶接和侧接两种方式。当采用顶接(即梁支承于柱顶)连接时,与梁连接的柱顶部分统称为柱头。常见的实腹式轴心受压柱与梁的连接如图4.39所示。

图 4.39(a)(b)为梁柱顶接连接,其构造一般为在柱顶设一块顶板,梁的反力经顶板传给柱身。顶板与柱身焊接连接,其厚度不宜小于 16 mm,一般取 16 ~ 20 mm。图 4.39(a)所示梁柱连接,梁端支承加劲肋应对准柱翼缘,这样可使梁的反力直接传给柱翼缘。两相邻梁之间应留 10 ~ 20 mm 间隙,以便于梁的安装。此种连接构造简单,对制造和安装要求都不高,且传力明确。缺点是当两相邻梁的反力不等时,将使柱偏心受压。图 4.39(b)所示梁柱连接,梁的支座反力通过突缘加劲肋传递,应将加劲肋放在柱的轴线附近,这样即使两相邻梁的反力不等,柱仍接近于轴心受压。突缘加劲肋底部应刨平并与柱顶板顶紧。当梁的支座反力较大时,为提高柱顶板的抗弯刚度,可在其上加设垫板,且应对柱的腹板加强,即在其两侧设置加劲肋。加劲肋顶部与柱顶板可用焊接,但为了更好地传递梁支座反力,宜采用刨平顶紧。

图 4.39(c)(d)为梁柱侧接连接。当梁的反力较大时,可采用图 4.39(c)的连接形式,即在柱的翼缘(或腹板)外焊接一厚钢板承托,梁端则通过突缘加劲肋与承托刨平顶紧。承托与柱翼缘(或腹板)间的连接角焊缝,考虑荷载的偏心影响,可按梁反力的 1.25 倍计算。为便于安装,梁端与柱翼缘(或腹板)之间亦应留一定间隙,并嵌入填板用构造螺栓固定。当梁的反力较小时,可采用图 4.39(d)所示的连接形式,即将梁搁置于柱侧 T 形承托上。为防止梁扭转,可在其顶部附近设置小角钢。这种方式构造简单,施工方便。

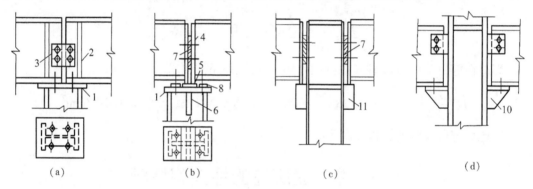

(a)　　　　　　(b)　　　　　　(c)　　　　　　(d)

图 4.39　实腹式轴心受压柱与梁的连接

(2)柱头计算

柱头的计算可根据其传力过程进行,一般可不计算垫板和顶板,但应计算加劲肋(肋板的高、宽、厚)和连接焊缝(水平焊缝和竖向焊缝)的内容。如图 4.39(b)所示,当顶板通过端面承压把力传给加劲肋时,肋板的端面承压按式(4-69)计算。

$$\sigma = \frac{N}{2b_1 t_1} \leqslant f_{ce} \qquad (4-69)$$

式中　N——轴心压力设计值;

　　　b_1——加劲肋的宽度。参照柱的截面尺寸确定,取值不宜过多超出翼缘范围;

　　　t_1——加劲肋的厚度。取值应符合板的规格,并满足 $t \geqslant \frac{b_1}{15}$ 及 $t > 10$ mm;

　　　f_{ce}——钢材的端面承压强度。

如果顶板不是通过端面承压而是通过水平焊缝把 N 传给加劲肋,则按上式确定出 b_1 和 t_1 后,应确定水平焊缝的焊脚尺寸。两块肋板与顶板间的 4 条水平焊缝承受全部压力 N,且压力通过4条水平焊缝组成的焊缝群形心,因此水平焊缝按轴心受力状态进行计算。

在计算肋板与柱腹板间的竖向焊缝时,可按每块肋板承受 $N/2$ 考虑(两条竖向焊缝承受偏心剪力 $N/2$),偏心距可取肋板宽度的一半($b_1/2$),即两条竖向焊缝承受剪力 $N/2$,弯矩 $b_1N/4$,则其强度按照角焊缝的一般公式计算即可。竖向焊缝的承载力决定了加劲肋的高度。

当轴心压力过大时,设计成悬臂梁的加劲肋高度将很大,这将使构造不合理。此种情况可以将前后两块悬臂加劲肋连成整体,即将加劲肋设置成一整块的双悬伸梁。此种构造中,竖向焊缝仅承受竖向剪力,而不承受偏心弯矩,这样将大大降低竖向焊缝的长度,进而降低加劲肋的高度。

加劲肋的根部可按悬臂梁的受力模型进行抗弯强度和抗剪强度的计算,其根部所受剪力和弯矩分别为 $N/2$ 和 $b_1N/4$。

4.7.2　轴心受压柱的柱脚

(1)柱脚的构造

柱脚包括铰接和刚接两种连接方式。轴心受压柱一般采用铰接柱脚,而框架柱多采用刚接柱脚。

轴心受压柱常用的平板式铰接柱脚如图4.40所示。铰接柱脚一般由底板和辅助受力零件(靴梁、隔板、肋板,如图4.40(a)所示)组成,并用埋设于混凝土基础内的锚栓固定。锚栓一般按构造采用2个M20~M27,并沿底板短轴线设置。

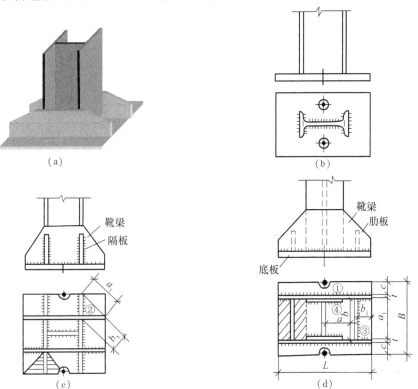

图4.40　实腹式轴心受压柱铰接柱脚

图 4.40(b)所示为铰接柱脚的最简单形式,其优点是构造简单,缺点是仅适用于小型柱。这种柱脚将柱身压力通过柱端与底板间的焊缝传递给底板。当压力过大时,需要较大的焊角尺寸,同时需要底板具有较大的抗弯刚度,即需要较大的底板厚度。

图 4.40(c)(d)是常用的实腹式铰接柱脚形式。由于在底板上增设了辅助传力零件(靴梁、隔板、肋板),底板被分成了数个较小区格,因而在基础反力作用下产生的弯矩将大为减小,其厚度亦可变薄。值得注意的是,布置焊缝时应考虑施焊的方便和可能,对于无法施焊或无法保证焊接质量的部位,不应考虑其承载能力。

底板上锚栓孔径应比锚栓直径大 1 ~ 1.5 倍或做成 U 形缺口,以便于柱的安装和调整。最后固定时,应用孔径比锚栓直径大 1 ~ 2 mm 的锚栓垫板套住锚栓并与底板焊固。

(2)柱脚的计算

轴心受压柱的柱脚计算包括底板尺寸确定(长度、宽度和厚度)、零件尺寸确定(靴梁、隔板和肋板)以及受力焊缝的计算等内容。

①底板平面尺寸 L 和 B 的确定

假定底板与混凝土基础顶面间的压应力均匀分布,按照板底压应力不大于混凝土抗压强度的原则,得到底板面积

$$A = L \times B \geqslant \frac{N}{f_{cc}} + A_0 \tag{4-70}$$

式中 L, B——分别为底板的长度和宽度;

N——轴心压力设计值;

f_{cc}——混凝土考虑局部承压的抗压强度设计值;

A_0——锚栓孔面积。

通常底板做成正方形或边长比小于 2 的长方形,一般先按照构造定出宽度 B,然后按上式计算出所需长度 L。如图 4.40(d)所示,板宽 $B = b + 2t + 2c$,b 为柱身的尺寸,t 为靴梁的板厚,c 为底板悬臂边长度(取锚栓直径的 3 ~ 4 倍)。

②底板厚度 t 的确定

底板的厚度由抗弯条件确定。柱端、靴梁、隔板和肋板将底板分割成四边支承、三边支承、两相邻边支承和悬臂的几种受力状态板块,则底板的厚度

$$t = \sqrt{\frac{6M_{\max}}{f}} \tag{4-71}$$

式中 $M_{\max}$——各板块中板单位宽度上的最大弯矩值;

f——钢材的强度设计值。

必须注意,合理的设计应使各板块中的弯矩值接近,当相差过大时,需调整底板尺寸或重划区格。

底板的厚度 t 一般取 20 ~ 40 mm,且不得小于 14 mm,以使其具有足够的刚度,符合基础反力为均匀分布的假定。

如图 4.40(d)所示的底板各板块内,单位宽度上的最大弯矩:

四边支承区格④

$$M_4 = \alpha q a^2 \tag{4-72}$$

三边支承区格③

$$M_{3(2)} = \beta q a_1^2 \tag{4-73}$$

悬臂区格①

$$M_1 = \frac{1}{2}qc^2 \qquad (4-74)$$

式中 q——板底均布压应力,$q = \dfrac{N}{(LB-A_0)}$;

a——四边支承板的短边长度;

a_1——三边支承板的自由边长度或两相邻边支撑板的对角线长度,如图4.40所示;

c——悬臂板的悬伸长度;

α, β——弯矩系数,按表4.8和表4.9查取。

由此可知,各板块中板单位宽度上的最大弯矩值 $M_{max} = (M_4, M_{3(2)}, M_1)$。

表4.8 弯矩系数 α

b/a	1.0	1.1	1.2	1.3	1.4	1.5	1.6	1.7	1.8	1.9	2.0	3.0	≥4.0
α	0.048	0.055	0.063	0.069	0.075	0.081	0.086	0.091	0.095	0.099	0.101	0.119	0.125

表4.9 弯矩系数 β

b_1/a_1	0.3	0.4	0.5	0.6	0.7	0.8	0.9	1.0	1.2	≥1.4
β	0.027	0.044	0.060	0.075	0.087	0.097	0.105	0.112	0.121	0.125

③零件尺寸的确定

靴梁可近似地作为支承于柱身的双悬臂简支梁,其承受由底板连接焊缝传来的均匀反力作用。靴梁高度可按与柱身之间需要的竖向焊缝长度确定,其厚度取略小于柱翼缘,然后对其抗弯和抗剪强度进行验算。

隔板作为底板的支承边,应具有一定的刚度。隔板厚度不应小于宽度的1/50,但可比靴梁略薄,其高度一般取决于与靴梁连接焊缝长度的需要。必要时(大型柱脚)还须按支承于靴梁的简支梁对其强度进行计算。隔板承受的底板反力可按图4.40(d)中阴影面积计算。

肋板可按悬臂梁计算其强度和与靴梁的连接焊缝,肋板承受的底板反力可按图4.40(d)中阴影面积计算。

④受力焊缝的计算

柱身压力一部分通过竖向焊缝传给靴梁、隔板或肋板,然后再由水平焊缝传给底板;另一部分则直接经柱端水平角焊缝传给底板。一般柱在制造过程中,柱端不一定齐平,且有时为调整柱的长度和垂直度,柱的端部还可能缩入靴梁里面,从而和底板之间出现较大间隙,故焊缝质量不易保证。而靴梁、隔板和肋板等零件在拼装时可任意调整其下表面,使其与底板接触,焊缝质量可以得到保证。因此,在计算以上水平角焊缝时,通常都偏安全地假定柱端与底板间的焊缝不传力,而只考虑其他焊缝受力。值得注意的是,在进行连接焊缝承载力计算时,应考虑施焊的方便,对于不易保证焊接质量的焊缝,不应考虑其承载力。

【例 4.5】

试设计一焊接工字型截面轴心受压柱的柱脚,柱身截面尺寸如图 4.41 所示,柱底轴心压力设计值 $N = 1\ 850$ kN,基础混凝土的抗压强度设计值 $f_c = 7.5$ N/mm²。钢材选用 Q235 钢,焊条 E43 型,手工焊。

解:

(1)确定底板平面尺寸

选用柱脚形式如图 4.41 所示。混凝土的抗压强度设计值 $f_c = 7.5$ N/mm²,取混凝土局部受压强度提高系数 $\beta = 1.1$,则 $f_{cc} = 1.1 \times 7.5 = 8.25$ N/mm²。取 2 个 M20 锚栓,锚栓孔尺寸如图 4.41 所示。

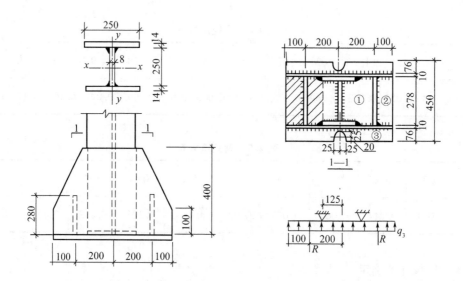

图 4.41 【例 4.5】图

锚栓孔面积

$$A_0 = 2 \times \left(2 \times 5 + \frac{1}{2} \times \frac{\pi \times 5^2}{4} \right) = 39.6 \text{ cm}^2$$

底板所需面积

$$A = L \times B = \frac{N}{f_{cc}} + A_0 = \frac{1\ 850 \times 10^3}{8.25 \times 10^2} + 39.6 = 2\ 282 \text{ cm}^2$$

取靴梁厚度 10 mm,悬伸边长度 76 mm(符合锚栓直径 3 ~ 4 倍的构造要求),取底板的宽度 $B = 27.8 + 2 \times 1 + 2 \times 7.6 = 45$ cm,则底板所需的长度:

$$L = \frac{A}{B} = \frac{2282}{45} = 50.7 \text{ cm},$$

取 $L = 60$ cm,则板底的压应力为

$$q = \frac{N}{LB - A_0} = \frac{1\ 850 \times 10^3}{(60 \times 45 - 39.6) \times 10^2} = 6.96 \text{ N/mm}^2 < f_{cc} = 8.25 \text{ N/mm}^2$$

底板面积满足混凝土抗压强度要求。

(2)确定底板厚度

区格①边长比 $b/a = 278/200 = 1.39$，查表 4.8 得 $\alpha = 0.0744$，则

$$M_1 = \alpha qa^2 = 0.0744 \times 6.96 \times 200^2 = 20\,713 \text{ N} \cdot \text{mm}$$

区格②边长比 $b_1/a_1 = 100/278 = 0.36$，查表 4.9 得 $\beta = 0.0356$，则

$$M_2 = \beta qa_1^2 = 0.0356 \times 6.96 \times 278^2 = 19\,149 \text{ N} \cdot \text{mm}$$

区格③悬臂边长度为 76 mm，则

$$M_1 = \frac{1}{2}qc^2 = \frac{1}{2} \times 6.96 \times 76^2 = 20\,100 \text{ N} \cdot \text{mm}$$

按最大弯矩 $M_{max} = M_1 = 20\,713$ N·mm 计算底板的厚度。因构造上一般要求厚度取 20 ~ 40 mm，故钢材强度取 $f = 205$ N/mm²，则

$$t = \sqrt{\frac{6M_{max}}{f}} = \sqrt{\frac{6 \times 20\,713}{205}} = 24.6 \text{ mm}$$

取底板厚度 $t = 25$ mm，满足构造及受力要求。

（3）隔板设计

隔板高度由靴梁与隔板间竖向连接焊缝的长度决定。将隔板简化为两端简支于靴梁的简支梁，其承受荷载的面积如图 4.41 中阴影所示。隔板底部线荷载为

$$q_1 = 200 \times 6.96 = 1\,392 \text{ N/mm}^2$$

隔板与靴梁间的竖向连接焊缝为侧向角焊缝，考虑到施焊要求，仅考虑外侧焊缝参与受力（一条焊缝）。隔板的支座反力计算如下：

$$R = \frac{1}{2} \times 1\,392 \times 278 = 193\,488 \text{ N}$$

焊缝所受轴心力即为隔板的支座反力。设隔板与靴梁间的竖向连接焊缝焊角尺寸 $h_f = 8$ mm，则焊缝所需长度为

$$l_w = \frac{R}{0.7h_f f_f^w} = \frac{193\,488}{0.7 \times 8 \times 160} = 216 \text{ mm}$$

考虑到起落弧以及隔板切角的影响，取隔板的高度为 280 mm。结合柱翼缘的厚度，取隔板厚度 $t = 10$ mm，$t > b/50 = 278/50 = 5.6$ mm，满足构造要求。

应按照隔板的计算模型校核隔板的抗剪和抗弯强度。

$$\tau = 1.5 \times \frac{R}{ht} = 1.5 \times \frac{193\,488}{280 \times 10} = 104 \text{ N/mm}^2 < f_v = 125 \text{ N/mm}^2$$

$$\sigma = \frac{M}{W} = \frac{\dfrac{(1\,392 \times 278^2)}{8}}{\dfrac{(10 \times 280^2)}{6}} = \frac{1.35 \times 10^7}{1.31 \times 10^5} = 103 \text{ N/mm}^2 < f = 215 \text{ N/mm}^2$$

取隔板尺寸 -280×10。

（4）靴梁设计

靴梁与柱身通过 4 条竖向焊缝连接，按承受压力 $N = 1\,850$ kN 计算。此焊缝为侧向角焊缝，取 $h_f = 12$ mm，则竖向焊缝长度为

$$l_w = \frac{N}{4 \times 0.7h_f f_f^w} = \frac{1\,850 \times 10^3}{4 \times 0.7 \times 12 \times 160} = 343.75 \text{ mm}$$

考虑起落弧影响，取靴梁高度为 400 mm。

结合柱翼缘的厚度，取靴梁厚度为 10 mm。靴梁可以简化为支撑于柱边的双悬伸梁，其

所承受的最大剪力和最大弯矩为

$$V_{\max} = R + (76 + 10) \times (300 - 125) \times 6.96 = 3.0 \times 10^5 \text{ N}$$

$$M_{\max} = 193\,488 \times (200 - 125) + \frac{1}{2} \times 86 \times 6.96 \times (300 - 125)^2 = 23.68 \times 10^6 \text{ N} \cdot \text{mm}$$

靴梁抗剪和抗弯强度验算如下

$$\tau = 1.5 \times \frac{V_{\max}}{ht} = 1.5 \times \frac{3.0 \times 10^5}{400 \times 10} = 112.5 \text{ N/mm}^2 < f_v = 125 \text{ N/mm}^2$$

$$\sigma = \frac{M}{W} = \frac{23.68 \times 10^6}{\dfrac{(10 \times 400^2)}{6}} = 88.8 \text{ N/mm}^2 < f = 215 \text{ N/mm}^2$$

所选靴梁尺寸 -400×10,满足强度要求。

（5）靴梁、隔板与底板间连接焊缝设计

考虑到施焊要求,隔板与底板间的连接焊缝仅考虑外侧焊缝。靴梁、隔板与底板间连接焊缝承受全部压力,焊缝群按轴心受力计算。取焊角尺寸均为 $h_f = 8$ mm,焊缝所需总长度为

$$\sum l_w = \frac{1850 \times 10^3}{1.22 \times 0.7 \times 8 \times 160} = 1\,693 \text{ mm}$$

靴梁、隔板与底板间连接焊缝布置如图 4.41 所示,焊缝实际长度大于所需长度。

【习题四】

1. 单项选择题

1.1 轴心受拉构件按强度计算的极限状态是（　　）。

    A. 净截面的平均应力达到钢材的屈服强度 f_u

    B. 毛截面的平均应力达到钢材的屈服强度 f_u

    C. 净截面的平均应力达到钢材的抗拉强度 f_y

    D. 毛截面的平均应力达到钢材的抗拉强度 f_y

1.2 实腹式轴心受拉构件计算的内容有（　　）。

    A. 强度   B. 强度和整体稳定性

    C. 强度、局部稳定和整体稳定   D. 强度和刚度（长细比）

1.3 工字形轴心受压构件,翼缘的局部稳定条件为 $\dfrac{b_1}{t} \leqslant (10 + 0.1\lambda)\sqrt{\dfrac{235}{f_y}}$,其中 λ 的含义为（　　）。

    A. 构件最大长细比,且不小于 30 不大于 100

    B. 构件最小长细比

    C. 最大长细比与最小长细比的平均值

    D. 30 或 100

1.4 轴心受压格构式构件在验算其绕虚轴的整体稳定时,采用了换算长细比,这是因为（　　）。

    A. 格构构件的整体稳定承载力高于同截面的实腹构件

    B. 考虑强度降低的影响

    C. 考虑剪切变形的影响

    D. 考虑单支失稳对构件承载力的影响

1.5 为防止钢构件中的板件失稳采取加劲肋措施,这一做法是为了( )。

    A. 改变板件的宽厚比

    B. 增大截面面积

    C. 改变截面上的应力分布状态

    D. 增加截面的惯性矩

1.6 为提高轴心压杆的整体稳定,在杆件截面面积不变的情况下,杆件截面的形式应使其面积分布( )。

    A. 尽可能集中于截面的形心处

    B. 尽可能远离形心

    C. 任意分布,无影响

    D. 尽可能集中于截面的剪切中心

1.7 双肢格构式轴心受压柱,实轴为 $x-x$ 轴,虚轴为 $y-y$ 轴,应根据( )确定肢件间距离。

    A. $\lambda_x = \lambda_y$ B. $\lambda_{oy} = \lambda_x$ C. $\lambda_{oy} = \lambda_y$ D. 强度条件

1.8 轴心受压柱的柱脚底板厚度是按底板( )。

    A. 抗弯工作确定的

    B. 抗压工作确定的

    C. 抗剪工作确定的

    D. 抗弯及抗压工作确定的

1.9 普通轴心受压钢构件的承载力经常取决于( )。

    A. 扭转屈曲   B. 强度   C. 弯曲屈曲   D. 弯扭屈曲

1.10 轴心受力构件的正常使用极限状态是( )。

    A. 构件的变形规定   B. 构件的容许长细比

    C. 构件的刚度规定   D. 构件的挠度值

1.11 实腹式轴心受压构件应进行( )。

    A. 强度计算

    B. 强度、整体稳定、局部稳定和长细比计算

    C. 强度、整体稳定和长细比计算

    D. 强度和长细比计算

1.12 轴心受压构件的整体稳定系数 φ,与( )等因素有关。

    A. 构件截面类别、两端连接构造、长细比

    B. 构件截面类别、钢号、长细比

    C. 构件截面类别、计算长度系数、长细比

    D. 构件截面类别、两个方向的长度、长细比

1.13 工字型组合截面轴压杆局部稳定验算时,翼缘与腹板宽厚比限值是根据( )导出的。

    A. $\sigma_{cr局} < \sigma_{cr整}$ B. $\sigma_{cr局} \geqslant \sigma_{cr整}$ C. $\sigma_{cr局} \leqslant f_y$ D. $\sigma_{cr局} \geqslant f_y$

1.14 在下列因素中,( )对压杆的弹性屈曲承载力影响不大。

    A. 压杆的残余应力分布   B. 构件的初始几何形状偏差

    C. 材料的屈服点变化   D. 荷载的偏心大小

1.15 a 类截面的轴心压杆稳定系数值最高是由于(　　)。

    A. 截面是轧制截面   B. 截面的刚度最大

    C. 初弯曲的影响最小   D. 残余应力的影响最小

1.16 实际轴心受压构件临界力低于理想轴心受压构件临界力的主要原因是初弯曲和
(　　)的影响,而且(　　)对轴心受压构件临界力的影响最主要。

    A. 残余应力,初弯曲   B. 残余应力,残余应力

    C. 初偏心,初弯曲   D. 初偏心,初偏心

1.17 对长细比很大的轴压构件,提高其整体稳定性最有效的措施是(　　)。

    A. 增加支座约束   B. 提高钢材强度

    C. 加大回转半径   D. 减少荷载

1.18 双肢缀条式轴心受压柱绕实轴和绕虚轴等稳定的要求是(　　),x 为虚轴。

    A. $\lambda_{ox} = \lambda_{oy}$ B. $\lambda_y = \sqrt{\lambda_x^2 + 27\dfrac{A}{A_1}}$

    C. $\lambda_x = \sqrt{\lambda_x^2 + 27\dfrac{A}{A_1}}$ D. $\lambda_x = \lambda_y$

1.19 规定缀条柱的单肢长细比 $\lambda_1 \le 0.7\lambda_{max}$。($\lambda_{max}$ 为柱两主轴方向最大长细比),是为
了(　　)。

    A. 保证整个柱的稳定

    B. 使两单肢能共同工作

    C. 避免单肢先于整个柱失稳

    D. 构造要求

1.20 轴向受力构件稳定系数的分类条件,按(　　)是对的。

    A. 截面形式、加工方法、板厚、截面宽高比、板件宽厚比分为 a,b,c,d 四类

    B. 截面形式、加工方法、板厚分为 a,b,c,d 四类

    C. 构件长细比不同分为 a,b,c,d 四类

    D. 板件宽厚比不同分为 a,b,c 三类

1.21 格构式轴心受压构件的斜缀条一般采用单角钢截面形式,与构件肢件单轴连接,
缀条截面按(　　)设计。

    A. 轴心受力构件   B. 轴心受压构件

    C. 拉弯构件   D. 压弯构件

1.22 等边单角钢缀条与分肢间采用单面焊接连接,当验算缀条稳定性时,缀条的长细
比 $\lambda = 80$,钢材强度设计值的折减系数为(　　)

    A. 0.65   B. 0.70   C. 0.72   D. 0.85

1.23 格构式轴心受压柱缀材的计算内力随(　　)的变化而变化。

    A. 缀材的横截面积   B. 缀材的种类

    C. 柱的横截面积   D. 柱的计算长度

1.24 轴心受压构件柱脚底板的面积主要取决于(　　)。

    A. 底板的抗弯刚度   B. 柱子的截面积

    C. 基础材料的强度等级   D. 底板的厚度

1.25 焊接箱形柱,截面尺寸为 400 mm × 400 mm,板厚 20 mm,坡口焊透组合截面面积

$A = 304$ cm^2,采用 Q345 钢材,长细比为 100,轴压力设计值 3 300 kN,其以应力形式表达的稳定性计算值为(　　)。

A. 290. 2 N/mm^2

B. 250. 9 N/mm^2

C. 236. 5 N/mm^2

C. 221. 7 N/mm^2

2. 简答题

2.1 轴心受力构件的截面形式有哪几种?

2.2 轴心受力构件各需验算哪几个方面的内容?

2.3 轴心受力构件强度计算是以什么状态为极限的?

2.4 轴心受力构件为什么也要进行刚度验算?

2.5 理想的轴心受压构件的屈曲形式有哪几种?

2.6 实际工程中的轴心受压构件存在哪些主要缺陷?

2.7 残余应力对轴心受压构件整体稳定性的主要影响因素有哪些?

2.8 初弯曲对轴心受压构件整体稳定性有哪些主要影响?

2.9 初偏心对轴心受压构件整体稳定性有哪些主要影响?

2.10 何谓钢结构轴心受压构件的柱子曲线?

2.11 现行《钢结构设计规范》是如何将柱子曲线进行分类的?

2.12 何谓格构式轴心受压构件的换算长细比? 为什么要换算?

2.13 轴心受压构件板件的宽厚比限值是以什么原则推导出的?

2.14 轴心受压构件板件的宽厚比限值公式中的长细比取值范围如何?

2.15 实腹式轴心受压构件的截面形式选取的主要原则有哪些?

2.16 格构式轴心受压构件对实轴和对虚轴进行稳定计算的目的各是什么?

2.17 缀条式格构柱换算长细比计算公式中的 A_1 如何计算?

2.18 轴心受压柱为什么要设置横隔?

2.19 绘出实腹式工字型截面轴心受压柱的典型柱头构造图,并说明其传力路线。

2.20 绘出实腹式工字型截面轴心受压柱的典型柱脚构造图,并说明其传力路线。

3. 计算题

3.1 图 4.42 所示某桁架在静力荷载作用下,其下弦杆 AB 承受轴心拉力设计值300 kN,杆件长 5 m。若该杆件采用 2∟ 90×6 角钢组成的 T 形截面,钢材为 Q235 钢,试验算所选截面是否满足刚度及强度要求(不考虑自重线荷载)。假设在杆件的中部有四个直径 $\phi22$ 的螺栓孔,此时构件强度是否满足。

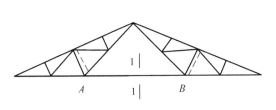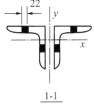

图 4. 42 【习题3. 1】图

3.2 验算图 4.43 所示轴心受压柱是否满足使用要求。在柱的侧向支撑截面处,腹板有两个直径 21.5 mm 的螺栓孔,材料 Q235 钢。$N = 1500$ kN,$[\lambda] = 150$。

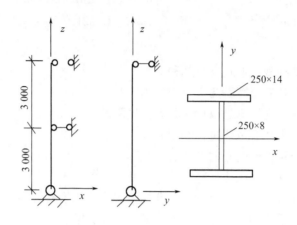

图 4.43 【习题 3.2】图

3.3 某格构式轴心受压缀板柱如图 4.44 所示。已知轴心压力设计值为 $N = 1\ 000$ kN,$l_{0x} = 700$ cm,$l_{0y} = 350$ cm,钢材 Q235 钢。试验算该柱是否满足使用要求。

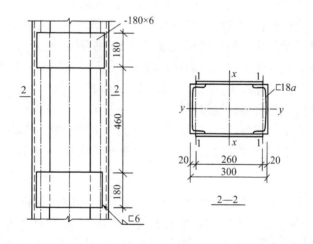

图 4.44 【习题 3.3】图

3.4 试分别为习题 3.1 和习题 3.2 中的轴心受压柱设计靴梁式柱脚。

3.5 如图 4.45 所示,一轴心受压平台柱,柱两端铰接,柱高 6 m,在弱轴方向有一个侧向支承。已知柱截面面积 $A = 90$ cm²,$i_x = 12.13$ cm,$i_y = 6.37$ cm,翼缘为火焰切边,钢材 Q345 钢,焊条为 E50 型系列。试通过计算选择下列各题正确的答案。

①柱子的稳定承载力数值最接近(　　　)。

    A. 2 018 kN   B. 1 627 kN   C. 2 435 kN   D. 1 956 kN

②翼缘板的宽厚比 b_1/t 最接近(　　　)。

    A. 8.9   B. 15.1   C. 8.6   D. 17.8

③翼缘板的宽厚比限值最接近(   )。

A. 12. 3   B. 13. 4   C. 16. 3   D. 14. 1

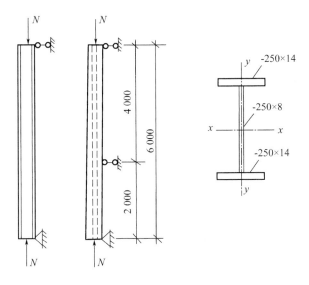

图 4. 45 【习题 3. 5】图

第5章 受弯构件

【内容提要】

本章主要讨论实腹式受弯构件——梁,阐述了钢梁的设计理论和设计步骤,按照设计步骤,分别论述了梁截面选择、整体稳定、局部稳定、加劲肋设置、梁截面沿长度的改变、腹板和翼缘的连接设计、梁的拼接和梁与梁的连接。

【规范参阅】

《钢结构设计规范》(GB 50017 - 2003)中第 4. 1. 1 ~ 4. 1. 4 条、4. 2. 1 ~ 4. 2. 6 条、4. 3. 1 ~ 4. 3. 6 条、4. 4. 1 ~ 4. 4. 2 条。

【学习指南】

知识要点	能力要求	相关知识
受弯构件	掌握受弯构件的截面形式	梁截面形式、梁格
梁的强度	熟练掌握梁的强度计算及其内容	抗弯强度、抗剪强度、局部承压强度、折算应力、塑性发展系数、塑性模量
梁的刚度	熟练掌握梁的刚度验算	容许挠度、梁的挠度计算
梁的整体稳定	熟练掌握梁的整体稳定的概念及其主要影响因素和整体稳定计算	钢梁丧失整体稳定、临界弯矩、影响梁整体稳定的因素、提高梁整体稳定的措施、梁整体稳定的计算公式
梁的局部稳定	熟练掌握保证钢梁局部稳定的措施和加劲肋的构造措施及要求	受压翼缘局部稳定、腹板局部稳定、腹板在纯弯矩作用下的临界应力计算、腹板在纯剪力作用下的临界应力计算、腹板在局部应力作用下的临界应力计算、腹板加劲肋设置规定、腹板局部稳定的计算、支承加劲肋的计算
受弯构件截面设计	熟练掌握型钢梁、组合梁的设计方法及步骤	型钢梁设计、工字型组合梁最大梁高、最小梁高、经济梁高、腹板厚度、梁沿长度截面改变
梁的拼接连接和支座	了解钢梁的拼接和连接	拼接形式、拼接接头、主梁和次梁的连接方式及构造

5.1 受弯构件的形式和应用

广义地讲,凡承受横向荷载的构件都称为受弯构件,包括实腹式和格构式两类。在钢结构中,实腹式受弯构件也常称为梁,在土木工程领域应用十分广泛,例如房屋建筑中的楼盖梁、吊车梁以及工作平台梁、桥梁、水工钢闸门、起重机、海上采油平台中的梁等。图5.1为一工作平台梁格布置示意图,其边梁属于同时受弯、受剪和受扭的构件,而除边梁外其他的梁属于受弯和受剪构件。

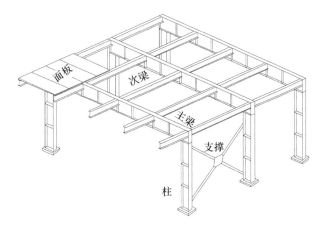

图5.1 工作平台梁格

钢梁按受力和使用要求可以分为型钢梁和组合梁两种。型钢梁构造简单,成本较低,但型钢截面尺寸受到一定规格的限制。当跨度与荷载较大时,采用型钢截面不能满足承载力或刚度要求时,则采用组合梁。

型钢梁的截面有热轧工字钢见图5.2(a),热轧H型钢见图5.2(b),槽钢见图5.2(c)。H型钢的截面分布最为合理,翼缘内外边缘平行,与其他构件连接较为方便,用于梁的H型钢宜选窄翼缘型(HN型)。槽钢梁的截面左右不对称,因其截面扭转中心在腹板外侧,在翼缘上施加荷载时梁同时受弯并产生扭转,受力不利,只有在构造上使荷载作用线接近扭转中心或能适当保证截面不发生扭转时才宜采用;但槽钢的一个侧面平整,当端部靠腹板与其他构件连接时比较方便,用于檩条等双向受弯情况也常比工字钢有利。由于轧制条件的限制,热轧型钢腹板的厚度较大,用钢量较多。某些受弯构件,如轻型檩条和墙梁等,荷载和跨度较小时也可采用比较经济的冷弯薄壁型钢,但其防腐要求较高。通常用卷边槽钢截面,见图5.2(d)(e),对檩条也常用卷边Z形钢截面,见图5.2(f),倾斜放置时较强主轴接近水平线位置,对承受竖向荷载下的弯曲较有利。

组合梁由钢板或型钢用焊缝、铆钉或螺栓连接而成。一般采用三块钢板焊接而成的双轴对称或单轴对称工字形截面,见图5.2(g)(h),构造简单,制造方便,用钢梁量省。对多层翼缘板焊接组成的焊接梁,见图5.2(i),焊接工作量增加,并会产生较大焊接应力和焊接变形,而且各层翼缘板间受力不均匀,当切断外层翼缘板以改变梁截面时,将引起力线突变和较大应力集中,故目前用得较少,通常是当荷载较大、所用厚钢板不能满足单层翼缘板的

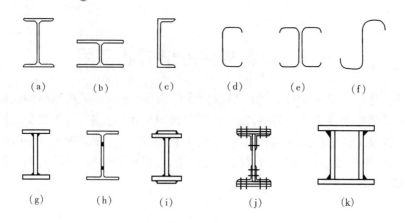

图5.2　钢梁截面形式

强度或焊接性要求时采用双层翼缘板。如果厚钢板的质量不能满足焊接结构或动力荷载要求时,可采用摩擦型高强度螺栓或铆接连接的组合截面,见图5.2(j),但这种梁费料又费工,目前用得较少。箱形截面,见图5.2(k),具有较大的抗扭和侧向抗弯挠度,用于荷载和跨度较大而梁高受到限制、或侧向刚度要求较高或受双向较大弯矩的梁,例如水工钢闸门的支承边梁以及海上采油平台、桥式起重机的主梁等,但腹板用料较多,且构造复杂,施焊不便,制造也比较费工。

　　按受力情况的不同,钢梁可分为仅在一个主平面内受弯的单向弯曲梁和在两个主平面内受弯的双向弯曲梁。大多数梁都是单向弯曲,见图5.3(a)。屋面檩条(图5.3(b))和吊车梁(图5.3(c)(d))等都是双向弯曲梁。

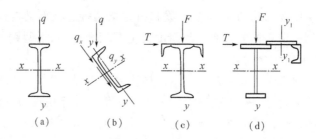

图5.3　钢梁荷载

　　在钢梁中,除少数情况如吊车梁、起重机大梁或上承式铁路板梁桥等可单独或成对布置外;通常是由许多梁(常有主梁和次梁)纵横交叉连接组成梁格,并在梁格上铺放直接承受荷载的钢或钢筋混凝土面板。

　　梁格按主次梁排列情况可分成三种形式:

　　(1)简单梁格——只有主梁,适用于主梁跨度较小或面板长度较大的情况。

　　(2)普通梁格——在主梁间另设次梁,次梁上再支承面板,适用于大多数梁格尺寸和情况,应用最广。

　　(3)复式梁格——在主梁间设纵向次梁,纵向次梁间再设横向次梁;荷载传递层次多,构造复杂,只用在主梁跨度大和荷载大的情况。

　　梁的设计必须同时满足承载力极限状态和正常使用极限状态。钢梁的承载力极限状态包括强度、整体稳定和局部稳定三个方面。设计时要求在荷载设计值作用下,梁的抗弯强度、抗剪强度、局部承压强度和折算应力均不超过相应的强度设计值;整体稳定指梁不会在刚度较差的侧向发生弯扭失稳,主要通过对梁的受压翼缘设足够的侧向支撑,或适当加大梁截面以降低弯曲应力至临界应力以下;局部稳定是指梁的翼缘和腹板等板件不会发生局部凸曲失稳,在梁中主要通过限制受压翼缘和腹板的厚度不超过规定的限值,对组合梁的腹板则常设置加劲肋以提高其局部稳定性。正常使用极限状态主要指梁的刚度,设计时要求梁具有足够的抗弯刚度,即在荷载标准值作用下,梁的最大挠度不大于附录G(可参考《钢结构设计规范》(GB 50017—2003)附录A)规定的容许挠度。

5.2 受弯构件的强度和刚度

钢梁的设计应满足强度、刚度、整体稳定和局部稳定四个方面的要求,其中强度一般包括抗弯强度、抗剪强度、局部承压强度和折算应力。

5.2.1 受弯构件的强度

1.抗弯强度计算

以实腹式组合工字形截面受弯构件为例,在弯矩作用下,截面上弯曲正应力的发展过程(图5.4(a))可分为三个阶段。

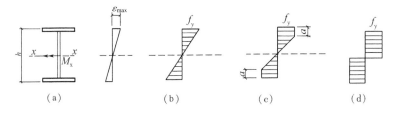

图5.4 梁受弯时各阶段正应力分布

弹性工作阶段:当作用在梁上的弯矩 M_x 较小时,梁全截面弹性工作,应力与应变成正比,此时截面上的应力为直线分布。当 σ 达到钢材屈服点 f_y 时,构件截面处于弹性极限状态(图5.4(b)),相应弯矩为屈服弯矩,其值为

$$M_y = f_y W_{nx} \tag{5-1}$$

式中 W_{nx}——净截面(弹性)抵抗矩,非对称截面时 $W_{nx} = I_{nx}/y_{max}$,其中 y_{max} 为边缘纤维离中和轴(形心轴)的最远距离;对称截面时 $W_{nx} = I_{nx}/(h/2)$,其中 h 为梁高。

弹塑性工作阶段:随弯矩 M_x 增加,构件截面开始向内发展塑性,进入弹塑性状态,此时,应力状态见图5.4(c)。

塑性工作阶段:随弯矩 M_x 继续增加,梁截面的塑性区不断向内发展,弹性区域逐渐变小。当弹性区域几乎完全消失(图5.4(d))时,弯矩 M_x 不再增加,而变形却继续发展,梁在弯矩作用方向绕该截面中和轴自由转动,形成"塑性铰",达到承载能力的极限。其最大弯矩称为塑性弯矩:

$$M_p = f_y(S_{1nx} + S_{2nx}) = f_y W_{pnx} \tag{5-2}$$

式中 S_{1nx}, S_{2nx}——分别为极限弯矩时截面的中和轴以上、以下净截面对该轴的面积矩;

W_{pnx}——梁净截面塑性模量，$W_{pnx} = S_{1nx} + S_{2nx}$。

通常定义 γ_{xp} 为截面的绕 x 轴的塑性系数。

$$\gamma_{xp} = \frac{M_p}{M_y} = \frac{W_{pnx}}{W_{nx}} \qquad (5-3)$$

显然，如按弹性阶段设计，没有发挥钢材的塑性，势必浪费材料；如果按照塑性铰设计，虽然可节省材料，但由于变形较大，有时会影响正常使用。因此，《钢结构设计规范》规定对一般梁允许部分截面有一定的塑性发展，限制截面上塑性发展高度在梁高的 1/8~1/4 范围内。据此定出塑性发展系数 γ_x，γ_y，见表 5.1。

在主平面内受弯的实腹构件，不考虑腹板屈曲后强度时，其抗弯强度应按式(5-4)、式(5-5)计算。

单向弯曲时，在弯矩 M_x 作用下

$$\frac{M_x}{\gamma_x W_{nx}} \leq f \qquad (5-4)$$

双向弯曲时，在弯矩 M_x 和 M_y 作用下

$$\frac{M_x}{\gamma_x W_{nx}} + \frac{M_y}{\gamma_y W_{ny}} \leq f \qquad (5-5)$$

式中　M_x，M_y——同一截面同一点处绕 x 轴和 y 的弯矩；

　　　W_{nx}，W_{ny}——对 x 轴和 y 轴的净截面模量；

　　　γ_x，γ_y——对 x 轴和 y 轴的截面塑性发展系数，具体数值见表 5-1；

　　　f——钢材的抗弯强度设计值。

表5.1　截面塑性发展系数 γ_x，γ_y 值

截　面　形　式	γ_x	γ_y
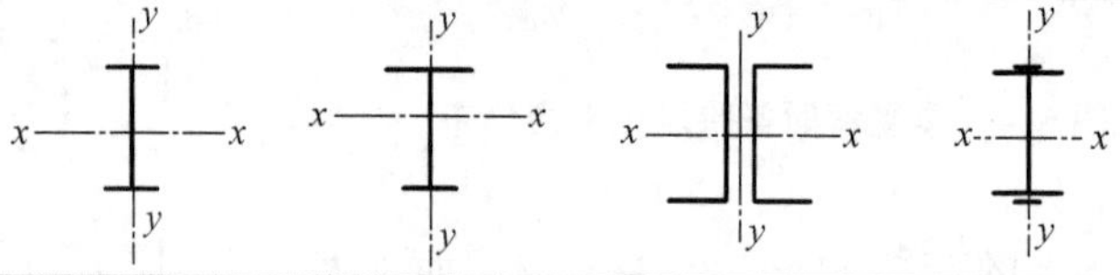	1.05	1.2
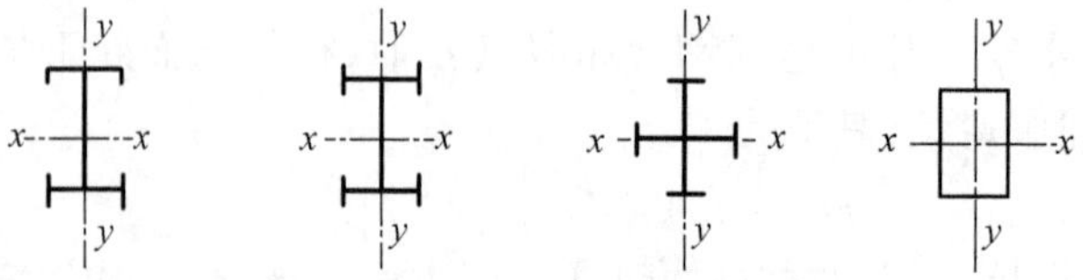		1.05
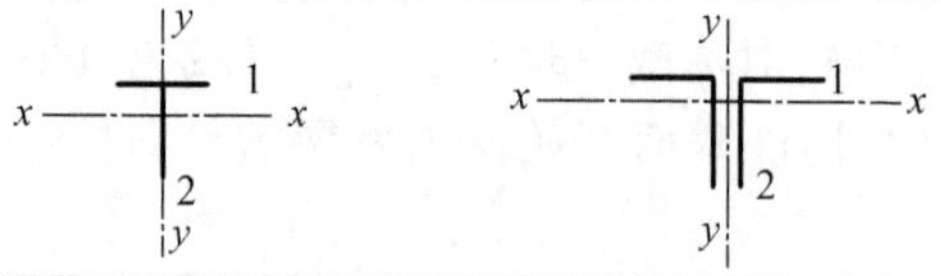	$\gamma_{x1} = 1.05$	1.2
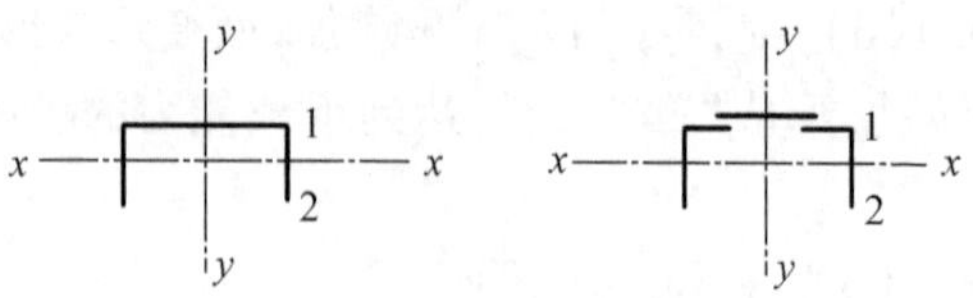	$\gamma_{x2} = 1.2$	1.05

表 5.1(续)

截 面 形 式	γ_x	γ_y
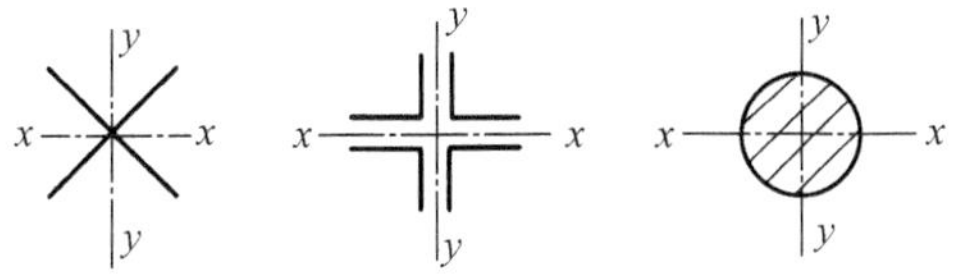	1.2	1.2
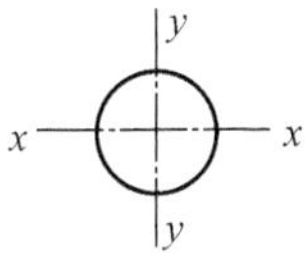	1.15	1.15
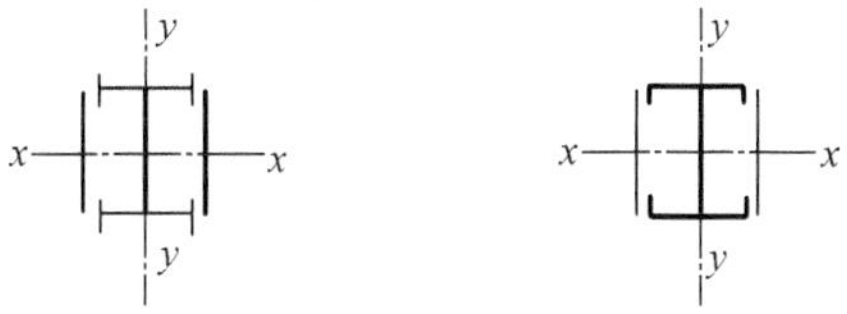	1.0	1.05
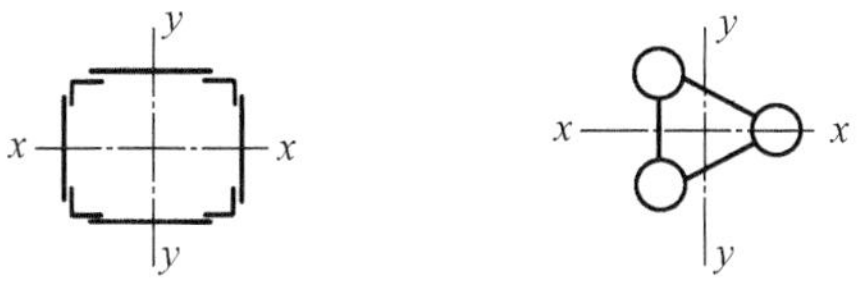		1.0

为了避免梁强度破坏之前受压翼缘局部失稳,梁受压翼缘的外伸宽度 b 与其厚度 t 之比不应小于 $13\sqrt{\dfrac{235}{f_y}}$,且不大于 $15\sqrt{\dfrac{235}{f_y}}$ 时,因此,当 $13\sqrt{\dfrac{235}{f_y}} \leqslant \dfrac{b}{t} \leqslant 15\sqrt{\dfrac{235}{f_y}}$ 时,应取 $\gamma_x = 1.0$。

对于需要计算疲劳的梁应采用弹性阶段进行设计,宜取 $\gamma_x = \gamma_y = 1.0$。

对于不直接承受动力荷载的固端梁、连续梁等超静定梁,可以采用塑性方法设计。考虑截面内塑性变形的发展和由此引起的内力重分配,塑性铰截面的弯矩应满足下式:

$$M_x \leqslant W_{pnx}f \tag{5-6}$$

2. 抗剪强度计算

一般情况下,梁同时承受弯矩和剪力的共同作用。工字型和槽型截面梁腹板上的剪应力分布分别如图 5.5 所示。截面上的最大剪应力发生在腹板中和轴处,按照弹性设计,以最大剪应力达到钢材的抗剪屈服极限作为抗剪承载能力极限状态。因此,在主平面内受弯的实腹构件,不考虑腹板屈曲后的强度时,其抗剪强度按式(5-7)计算。

$$\tau = \frac{VS}{It_w} \leqslant f_v \tag{5-7}$$

式中 V——计算截面沿腹板平面作用的剪力设计值;

S——计算剪应力处以上(或以下)毛截面对中和轴的面积矩;

I——毛截面惯性矩

t_w——腹板厚度;

f_v——钢材的抗剪强度设计值。

由(5-7)式可得到工字型截面的剪应力分布如图 5.5(a),最大剪应力 τ_{max} 在中和轴

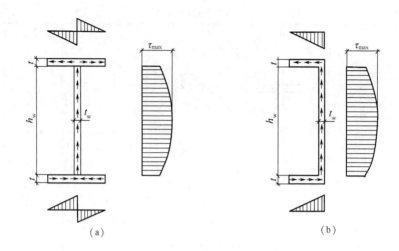

图5.5 腹板剪应力

处。对于工字型截面 $\dfrac{I}{S} \approx \dfrac{h}{(1.1 \sim 1.2)}$，可得最大剪应力 $\tau_{\max} = (1.1 \sim 1.2)\dfrac{V}{ht_w} \leqslant f_v$，故可偏安全地取系数 1.2 估算最大剪应力，即取腹板平均剪应力的 1.2 倍。

3. 局部承压强度计算

当梁的翼缘受有沿腹板平面作用的固定集中荷载（包括支座反力），且该荷载处又未设置支撑加劲肋（见图 5.6(a)），或受有移动的集中荷载（如吊车轮压，见图 5.6(b)）时，应验算腹板计算高度边缘的局部承压强度。

在集中荷载作用下，翼缘类似支承于腹板上的弹性地基梁。腹板计算高度边缘的局部压应力分布见图 5.6(c) 所曲线所示。计算时，假定集中荷载从作用处以 1∶2.5（在 h_y 高度范围内）和 1∶1（在 h_R 高度范围内）扩散，均匀分布于腹板计算高度边缘。

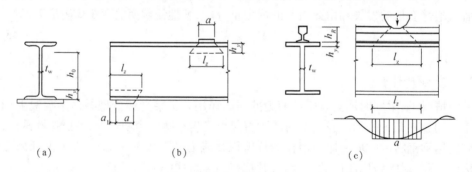

图5.6 局部压应力

因而，梁的局部承压强度可按下式计算

$$\sigma_c = \frac{\psi F}{t_w l_z} \leqslant f \tag{5-8}$$

式中 F——集中荷载，对动力荷载应考虑动力系数；

ψ——集中荷载增大系数：对重级工作制吊车轮压，$\psi = 1.35$；对其他梁，$\psi = 1.0$；

l_z——集中荷载在腹板计算高度边缘的假定分布长度（跨中 $l_z = a + 5h_y + 2h_R$，梁端

$l_z = a + 2.5 h_y + a_1)$；

a ——集中荷载沿梁跨度方向的支承长度,对吊车轮压可取为 50 mm；

a_1 ——梁端到支座板外边缘的距离,按实际取,但不得大于 $2.5 h_y$；

t_w ——腹板厚度；

h_y ——自梁承载的顶面至腹板计算高度边缘的距离；

h_R ——轨道的高度,对梁顶面无轨道时 $h_R = 0$。

腹板的计算高度 h_0 按下列规定采用:对轧制型钢梁,为腹板与上、下翼缘相交界处两内弧起点间距离(如图 5.7(a)所示);对焊接组合梁,为腹板高度,如图 5.7(b)所示;对铆接(或高强度螺栓连接)组合梁,为上、下翼缘与腹板连接的铆钉(或高强度螺栓)线间最近距离,如图 5.7(c)所示。

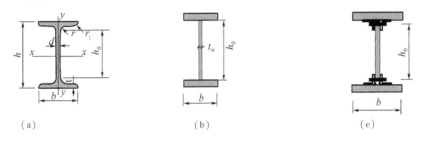

图 5.7 截面计算高度示意图

当局部承压不满足强度要求时,在固定集中荷载处(包括支座处),应设置支承加劲肋予以加强,并对支承加劲肋进行计算;对移动集中荷载,则只能修改梁截面,加大腹板厚度。

在进行梁的强度计算时,要注意计算截面、验算点以及设计强度的取值方法。强度设计值 f 应按计算点的钢材厚度选用,计算弯曲应力时 f 应由翼缘板厚度来确定,而计算折算应力的 f 要由腹板的厚度来确定。

4.折算应力

在梁的同一部位(同一截面的同一纤维位置)处,如梁腹板计算高度边缘处,同时受有较大的正应力、剪应力和局部压应力,或同时受有较大的正应力和剪应力(如连续梁中部支座处或梁的翼缘截面改变处等)时,依据最大形状改变能量强度理论,应按下式验算该处的折算应力。

$$\sqrt{\sigma^2 + \sigma_c^2 - \sigma\sigma_c + 3\tau^2} \leq \beta_1 f \qquad (5-9)$$

式中 σ,τ,σ_c ——腹板计算高度边缘同一点上同产生的弯曲正应力、剪应力和局部压应力,σ,σ_c 均以拉应力为正值,压应力为负值。τ,σ_c 分别按式(5-7)、式(5-8)计算,σ 按下式计算:

$$\sigma = \frac{My}{I_{nx}} \qquad (5-10)$$

式中 I_{nx} ——净截面惯性矩；

y ——计算点至中和轴的距离；

β_1 ——验算折算应力的强度设计值增大系数(当 σ 和 σ_c 异号时,取 $\beta_1 = 1.2$；当 σ 和 σ_c 同号或 $\sigma_c = 0$ 时,取 $\beta_1 = 1.1$)。

实际工程中只是梁的某一截面处腹板边缘的折算应力达到极限承载力,几种应力都以较大值在同一处出现的概率很小,故将强度设计值乘以 β_1 予以提高。当 σ 和 σ_c 异号时,其塑性变形能力比当 σ 和 σ_c 同号时大,故前者的 β_1 值大于后者。

【例5.1】

图5.8为一承受固定集中荷载设计值 F 的等截面焊接组合截面梁,截面在集中荷载作用处需要验算折算应力是否满足强度要求,其验算点是(　　)。

A. 1　　　　　　　B. 2　　　　　　　C. 3　　　　　　　D. 4

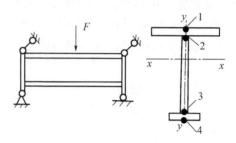

图5.8　【例5.1】图

解:正确答案为B。

评析:折算应力计算的点位是组合梁的腹板计算高度边缘处,故只可能计算点2和点3处。又由于在集中荷载设计值 F 作用处未设置支承加劲肋,所以腹板计算高度上边缘将产生局部压应力,而该局部压应力在腹板计算高度下边缘处已趋于零,故折算应力最大发生在腹板计算高度上边缘。折算应力按式(5-9)计算。

5.2.2　受弯构件的刚度

梁的刚度一般按正常使用荷载引起的最大挠度来衡量,梁的刚度验算即为梁的挠度验算。梁的刚度不足,会产生较大的挠度。如平台梁的挠度超过正常使用的某一限值时,会给人感觉不舒服和不安全,同时还可能使某些附着物(如顶棚抹灰)脱落。梁若挠度过大,也影响结构的正常使用,如吊车梁挠度过大,轨道将随着变形,可能会影响吊车的正常工作。因此,需要对梁的挠度加以限制,并满足下式:

$$v \leqslant [v] \tag{5-11}$$

式中　　v——由荷载的标准值(不考虑荷载分项系数和动力系数)产生的最大挠度;

$[v]$——容许挠度值,一般情况下可参照附表 G-1,当有实际经验或特殊要求时,可根据不影响正常使用和观感的原则,对附表 G-1 的规定进行适当地调整。

梁的挠度可按材料力学和结构力学方法计算,也可由结构静力计算手册取用。受多个集中荷载的梁(如吊车梁、楼盖主梁),其挠度的精确计算较为复杂,但与最大弯矩相同的均布荷载作用下的挠度接近。因此,可采用下列近似计算公式验算等截面梁的挠度:

$$\frac{v}{l} = \frac{5}{384}\frac{q_k l^3}{EI_x} = \frac{5l}{48EI_x} \times \frac{q_k l^2}{8} \approx \frac{M_k l}{10EI_x} \leqslant \frac{[v]}{l} \tag{5-12}$$

式中　　q_k——均布荷载标准值;

M_k——荷载标准值产生的最大弯矩;

I_x——跨中毛截面惯性矩。

【例题 5.2】

已知一焊接工字梁受动荷载,在某一截面,弯距和剪力均较大,$M = 1\ 050\ \text{kN} \cdot \text{m}, V = 700\ \text{kN}$,截面如图 5.9 所示。集中力处设有加劲肋。试验算该截面强度。

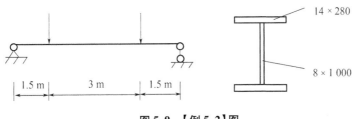

图 5.9 【例 5.2】图

解:截面特性:$I_x = 268\ 193\ \text{cm}^4, S_{max} = 2\ 987\ \text{cm}^3$。

弯曲正应力:

$$\sigma = \frac{M}{\gamma_x W_{nx}} = \frac{1\ 050 \times 10^6 \times 514}{1.0 \times 268\ 193 \times 10^4} = 201\ \text{N/mm}^2 < f = 215\ \text{N/mm}^2$$

剪应力:

$$\tau = \frac{VS}{It} = \frac{700 \times 10^3 \times 2\ 987 \times 10^3}{268\ 193 \times 10^4 \times 8} = 97.5\ \text{N/mm}^2 < 125\ \text{N/mm}^2$$

折算应力:

$$\sigma_1 = \frac{M}{I}y_1 = \frac{1\ 050 \times 10^6}{268\ 193 \times 10^4} \times 500 = 195.8\ \text{N/mm}^2$$

$$\tau_1 = \frac{VS_1}{It} = \frac{700 \times 10^3 \times 14 \times 280 \times 507}{268\ 193 \times 10^4 \times 8} = 64.8\ \text{N/mm}^2$$

$$\sigma_{eq} = \sqrt{\sigma_1^2 + 3\tau_1^2} = \sqrt{195.8^2 + 3 \times 64.8^2} = 225.7\ \text{N/mm}^2 < 1.1f = 236.5\ \text{N/mm}^2$$

因为集中力处设有支承加劲肋,局压应力不必验算。该截面强度满足要求。

5.3 受弯构件的整体稳定

5.3.1 整体稳定的概念

受弯构件主要承受弯矩,为了充分发挥材料的强度,其截面一般做成高而窄的形式。如图 5.10 所示工字形截面组合梁,在梁的最大刚度平面内,当荷载较小时,梁的弯曲平衡状态是稳定的。然而,当弯矩增大,在受压翼缘的最大弯曲压应力达到某一数值时,钢梁在偶然的很小的侧向干扰力下,突然向刚度较小的侧向发生较大的弯曲,同时伴随发生扭转,此时即使除去侧向干扰力,侧向弯扭变形也不再消失。如弯矩再稍增大,则弯扭变形迅速继续增大,从而使梁失承载力。这种因弯矩超过临界限值而使钢梁从稳定平衡状态转变为不稳定平衡状态并发生侧向弯扭屈曲的现象,称为钢梁侧扭屈曲或钢梁丧失整体稳定。梁能维持稳定平衡状态所承受的最大荷载或最大弯矩,称为临界荷载或临界弯矩。

梁整体失稳从概念上与轴心受压构件丧失整体稳定性相同,都是由于构件内存在较大

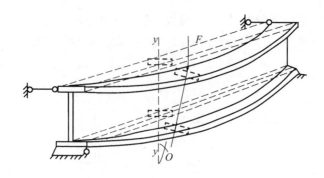

图 5.10 梁的整体失稳

的纵向压应力,在刚度较小方向发生侧向变形,产生附加侧向弯矩,从而进一步加大侧向变形,反过来又增大附加侧向弯矩。但梁截面存在弯曲压应力和弯曲拉应力两个区域,梁侧向屈曲是从受压翼缘开始的,受拉部分截面不仅不是压屈,而且对受压翼缘的侧向变形有牵制和约束作用。因此,钢梁丧失整体稳定总是表现为受压翼缘发生较大侧向变形和受拉翼缘发生较小侧向变形的弯扭屈曲。由于梁的整体失稳是在强度破坏之前突然发生的,没有明显的征兆,因此必须特别注意。

5.3.2 受弯构件整体稳定的基本理论

受弯构件整体稳定性的研究,主要是确定其产生失稳的临界荷载或临界弯矩。

1. 双轴对称工字型截面简支梁纯弯作用下的整体稳定

求解理想平直梁弹性稳定问题可用按弹性稳定理论求解理想平直轴心受压构件欧拉临界荷载的类似方法。可先根据梁发生侧扭屈曲使的弯扭变形,列出平衡微分方程,然后根据弯扭变形的位移参数非零解的条件求出临界弯矩。

如图 5.11 所示一双轴对称截面的简支梁,这里的简支约束是指梁的两端只能绕梁 x,y 轴转动,不能绕 z 轴转动,即梁端不能扭转但可自由翘曲。根据梁在达临界状态发生微小侧向弯曲和扭转变形后的状态建立平衡微分方程式。设固定坐标系 $oxyz$,梁的弯矩是绕 x 轴的,即 $M_x = M(M_y = 0, M_z = 0)$ 梁失稳时坐标为 z 的截面形心在 x,y 轴向的位移为 u,v,转角为 φ。截面变形后,对应原坐标轴方向已分别转移到新的 ξ,η,ζ 轴方向上,且沿梁长每个截面的转动方向各不相同,因而称 $\xi\eta\zeta$ 为移动坐标。梁的平衡微分方程要在新的坐标系上建立,即以 $\xi\eta\zeta$ 移动坐标系作为原坐标为 x 的 d_z 微段新的坐标系,在微段 d_z 上建立平衡微分方程。

微段 d_z 截面形心在 x,y 轴向位移为 u,v,它们均为坐标 z 的函数。由于位移很小,微段 d_z 在 $\xi\zeta,\eta\zeta$ 两个平面内的曲率近似为 $\dfrac{d^2u}{dz^2}$ 和 $\dfrac{d^2v}{dz^2}$,相对微段的左边截面,外弯矩 M 在微段坐标系方向的分量为

$$\left.\begin{array}{l} M_\xi = -M \\ M_\zeta = -M\dfrac{du}{dz} \\ M_\eta = \varphi M \end{array}\right\} \tag{5-13}$$

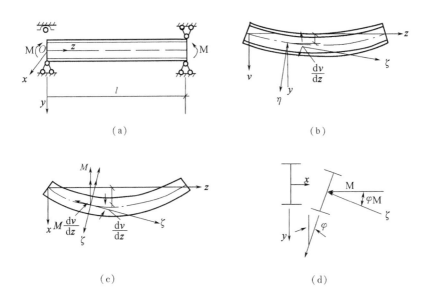

（a）　　　　　　　　　　　　　　（b）

（c）　　　　　　　　　　　　　　（d）

图 5.11　简支梁丧失整体稳定时的变形分解

为方便起见,计算外弯矩在各方向分置时,力矩用双箭头向量表示,双箭头力矩向量的方向与力矩的实际旋转方向符合右手法则。由弯矩与曲率和内外扭矩之间的平衡关系,可建立以下三个平衡微分方程:

$$\left.\begin{aligned}
EI_x \frac{\mathrm{d}^2 v}{\mathrm{d}z^2} &= M_\xi = -M \\
-\left(GI_t \frac{\mathrm{d}\varphi}{\mathrm{d}z} - EI_\omega \frac{\mathrm{d}^3\varphi}{\mathrm{d}z^3}\right) &= M_\zeta = -M\frac{\mathrm{d}u}{\mathrm{d}z} \\
EI_y \frac{\mathrm{d}^2 u}{\mathrm{d}z^2} &= M_\eta = \varphi M
\end{aligned}\right\}
\qquad (5-14)$$

其边界条件为
当 $z=0$ 时,

$$\varphi = 0, \frac{\mathrm{d}^2\varphi}{\mathrm{d}z^2} = 0 \qquad (5-15(\mathrm{a}))$$

当 $z=l$ 时

$$\varphi = 0, \frac{\mathrm{d}^2\varphi}{\mathrm{d}z^2} = 0 \qquad (5-15(\mathrm{b}))$$

$\varphi=0$ 表示梁端不产生扭转,$\dfrac{\mathrm{d}^2\varphi}{\mathrm{d}z^2}=0$ 表示梁端截面可以自由翘曲,梁端自由表面无翘曲正应力。

方程组(5-14)中,第一个方程表示梁竖向弯曲变形与外荷载的微分关系,是材料力学中求解梁挠度 v 的基本方程,与梁整体失稳无关。第二、三个方程都含有 u,φ,均与梁整体失稳有关,是联立的微分方程组,其特解 $u=0,\varphi=0$ 可以满足微分方程组和相应的边界条件,它表示梁未发生弯扭屈曲。现在的问题是求解弯矩 M 在什么条件下能使 u 或 φ 有非零解,这个特定的 M 就是梁失稳时的临界弯矩。

将方程组(5-14)中第二个方程微分一次,联立第三个方程,得

$$EI_\omega \frac{\mathrm{d}^4\varphi}{\mathrm{d}z^4} - GI_t \frac{\mathrm{d}^2\varphi}{\mathrm{d}z^2} - \frac{M}{EI_y}\varphi = 0 \tag{5-16}$$

根据上述边界条件,可以认为两端简支梁的扭转角为正弦曲线分布,即

$$\varphi = C\sin\frac{n\pi z}{l} \tag{5-17}$$

将式(5-17)代入式(5-16)中得

$$\left[EI_\omega\left(\frac{n\pi}{l}\right)^4 + GI_t\left(\frac{n\pi}{l}\right)^2 - \frac{M^2}{EI_y}\right]C \cdot \sin\frac{n\pi z}{l} = 0 \tag{5-18}$$

若使上式对任何 z 值都成立,并且 $C \neq 0$,必须是

$$EI_\omega\left(\frac{n\pi}{l}\right)^4 + GI_t\left(\frac{n\pi}{l}\right)^2 - \frac{M^2}{EI_y} = 0 \tag{5-19}$$

由此解得最小临界弯矩($n=1$)为

$$M_{cr} = \frac{\pi^2 EI_y}{l^2}\sqrt{\frac{I_\omega}{I_y}\left(1 + \frac{GI_t l^2}{\pi^2 EI_\omega}\right)} \tag{5-20}$$

将双轴对称工字型截面扇性惯性矩 $I_\omega = I_y(h/2)^2$,得

$$M_{cr} = \frac{\pi^2 EI_y}{l^2}\sqrt{\frac{h^2}{4}\left(1 + \frac{4GI_t l^2}{\pi^2 EI_y h^2}\right)}$$

令 $\psi = \left(\frac{h}{2l}\right)^2 \frac{EI_y}{GI_t}$

$$M_{cr} = \pi\sqrt{1 + \pi^2\psi} \cdot \frac{\sqrt{EI_y GI_t}}{l} = \xi \cdot \frac{\sqrt{EI_y GI_t}}{l} \tag{5-21}$$

式中　$\xi = \pi\sqrt{1 + \pi^2\psi}$;

ξ——梁的弯曲屈曲系数,按表5.2采用。

EI_y——截面抗弯刚度;

GI_t——截面自由扭转刚度;

EI_ω——截面翘曲抗扭刚度;

l——为梁受压翼缘侧向自由长度(受压翼缘相邻两侧向支撑点之间的距离);

I_y——梁对 y 轴(弱轴)的毛截面惯性矩;

I_t——梁截面扭转惯性矩;

I_ω——梁截面的扇性惯性矩,又称翘曲扭转常数、翘曲常数或约束扭转常数。截面在
扇性坐标系中按直角坐标计算截面惯性矩的方式得到的几何量。

从式(5-21)可以看出,梁的临界弯矩 M_{cr} 与梁的侧向抗弯刚度 EI_y、自由扭转刚度 GI_t 和受压翼缘侧向自由长度 l 等有关。

与临界弯矩 M_{cr} 相应的临界应力可按式(5-22)计算

$$\sigma_{cr} = \frac{M_{cr}}{W_x} = \xi\frac{\sqrt{EI_y GI_t}}{l \cdot W_x} \tag{5-22}$$

式中,W_x 为梁对 x 轴的毛截面模量。

表 5.2 双轴对称工字型截面简支梁的弯曲屈曲系数 ξ

荷载情况	ξ 值		说明
	荷载作用于形心	荷载作用于上、下翼缘	
	$\xi = 1.35\pi \sqrt{1 + 10.2\psi}$	$\xi = 1.35\pi \sqrt{1 + 12.9\psi} \mp 1.74\sqrt{\psi}$	"−"用于荷载作用在上翼缘；"+"用于荷载作用在下翼缘。
	$\xi = 1.13\pi \sqrt{1 + 10\psi}$	$\xi = 1.13\pi \sqrt{1 + 11.9\psi} \mp 1.44\sqrt{\psi}$	
	$\xi = \pi \sqrt{1 + \pi^2\psi}$		

由表 5.2 可见：

(1)纯弯曲时的 ξ 值最低。这是因为纯弯曲时梁的弯矩沿梁长不变，即所有截面的弯矩均为最大值，而其他两种荷载情况，弯矩仅在跨中为最大值，其余截面的弯矩均较小。

(2)竖向荷载作用在上翼缘比作用在下翼缘的 ξ 值低。这是因为梁一旦发生扭转，作用在上翼缘的荷载对剪心产生不利的附加弯矩，使梁的扭转加剧，助长屈曲，从而降低梁的临界弯矩。而荷载作用在下翼缘，荷载产生的附加扭矩则会减缓梁的扭转，有助于梁的稳定，从而可提高梁的临界弯矩。

2. 单轴对称工字型截面梁的整体稳定

对于受一般荷载（包括横向荷载和端弯矩）的单轴对称截面简支梁（见图 5.12），由弹性稳定理论得弯扭屈曲临界弯矩的一般表达式为

$$M_{cr} = \beta_1 \frac{\pi^2 EI_y}{l^2}\left[\beta_2 a + \beta_3\beta_y + \sqrt{(\beta_2 a + \beta_3\beta_y)^2 + \frac{I_w}{I_y}\left(1 + \frac{l^2 GI_t}{\pi^2 EI_w}\right)}\,\right] \quad (5-23)$$

式中 $\beta_1, \beta_2, \beta_3$ ——与荷载类型有关的系数，取值见表 5.3；

a ——为荷载作用点至剪心 S 的距离，荷载在剪心以下时为正，反之为负；

β_y ——为截面不对称修正系数，双轴对称截面 $\beta_y = 0$；

$$\beta_y = \frac{1}{2I_z}\int_A y(x^2 + y^2)\,\mathrm{d}A - y_0 \quad (5-24)$$

y_0 ——为剪力中心与截面形心的距离，图 5-12 所示，形心以上时为负。

式(5-23)也适用于双轴对称截面，当 $\beta_1 = 1$，$\beta_2 = 0$，$\beta_3 = 1$ 时，式(5-23)变成(5-21)。从式(5-23)可以看出增大受压翼缘截面对梁的整体稳定承载力是有利的。

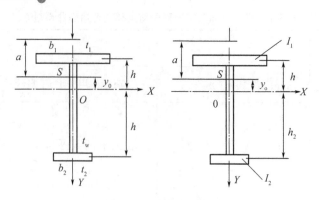

图 5.12 单轴对称截面

表 5.3 β_1,β_2,β_3 取值表

荷载类型	β_1	β_2	β_3
跨中集中荷载	1.35	0.55	0.40
满跨均布荷载	1.13	0.46	0.53
纯弯曲	1	0	1

对于其他截面形式的梁,不同支承情况或在不同荷载作用下的临界弯矩也可用能量法推导得出类似的临界弯矩,这里不再赘述。

5.3.3 影响梁整体稳定性的因素及增强梁整体稳定性的措施

1. 影响梁整体稳定性的因素

影响梁整体稳定的因素非常多,但从梁整体稳定的概念和基本理论分析,可以看出:

(1)从公式(5-21)或(5-23)可知,梁的侧向抗弯刚度 EI_y、抗扭刚度 GI_t 越大,临界弯矩 M_{cr} 越大。因此,增大 I_y 可有效提高临界弯矩,而受压翼缘宽度对 I_y 影响显著,故在保证局部稳定性的条件下,宜增大受压翼缘的宽度。

(2)从公式(5-21)或(5-23)可知,梁受压翼缘的自由长度 l 越大,临界弯矩 M_{cr} 越小。所以,应在受压翼缘部位适当设置侧向支撑,减小梁受压翼缘侧向计算长度。

(3)荷载作用类型及其作用位置对临界弯矩有影响,表 5.3 说明跨中央作用一个集中荷载时临界弯矩最大,纯弯曲时临界弯矩最小,而荷载作用在下翼缘比作用于上翼缘的临界弯矩 M_{cr} 大。

2. 增强梁整体稳定性的措施

从影响梁整体稳定性的因素来看,可以采用以下办法增强梁的整体稳定性:

(1)增大梁截面尺寸,其中增大受压翼缘的宽度是最有效的;

(2)增加侧向支撑系统,减小构件侧向支撑点间的距离 l_1,侧向支撑应设在受压翼缘处;

(3)当跨内无法增设侧向支撑时,宜采用闭合箱形截面,因其 I_y,I_x 和 I_w 均较开口截面的大;

(4)增加梁两端的约束提高其整体稳定性,在实际设计中,我们必须采取措施使梁端不能发生扭转。

在以上措施中没有提到荷载种类和荷载作用位置,这是因为在设计中他们一般并不取决于设计者。

因此,规范规定当符合下列情况之一时,梁的整体稳定可以得到保证,不必计算:

(1)有铺板(各种钢筋混凝土板和钢板)密铺在梁的受压翼缘上并与其牢固连接,能阻止梁受压翼缘的侧向位移时;

(2)H型钢或工字形截面简支梁受压翼缘的自由长度 l_1 与其宽度 b 之比不超过表5.4所规定的数值时;

(3)重型吊车梁和锅炉构架大板梁有时采用箱形截面梁,截面尺寸(见图5.13)满足 $\dfrac{h}{b_0} \leqslant 6$,且 $\dfrac{l_1}{b_0} \leqslant 95 \times (235/f_y)$ 时,就不会丧失整体稳定。

表 5.4 H 型钢或等截面工字型截面简支梁不需计算整体稳定性的最大 l_1/b 值

钢号	跨中无侧向支撑点的梁		跨中受压翼缘有侧向支撑点的梁,无论荷载作用于何处
	荷载作用在上翼缘	荷载作用在下翼缘	
Q235	13.0	20.0	16.0
Q345	10.5	16.5	13.0
Q390	10.0	15.5	12.5
Q420	9.5	15.0	2.0

注:其他钢号的梁不需计算整体稳定性的最大 l_1/b 值,应取 Q235 钢的数值乘以 $\sqrt{\dfrac{235}{f_y}}$。

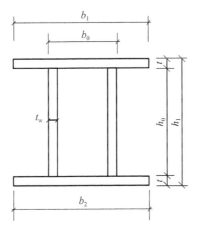

图 5.13 箱型截面梁

5.3.4 梁整体稳定的实用算法

1.单向受弯梁

当不满足前述不必计算整体稳定条件时,应对梁的整体稳定进行计算,即

$$\sigma = \frac{M_x}{W_x} \leqslant \frac{\sigma_{cr}}{\gamma_R} = \frac{\sigma_{cr} f_y}{f_y \gamma_R} = \varphi_b f \qquad (5-25)$$

或写成规范采用的形式

$$\frac{M_x}{\varphi_b W_x} \leqslant f \qquad (5-26)$$

式中　M_x——绕强轴作用的最大弯矩；

　　　W_x——按受压纤维确定的梁毛截面模量；

　　　φ_b——梁的整体稳定系数，$\varphi_b = \dfrac{\sigma_{cr}}{f_y}$。

关于梁整体稳定系数 φ_b，由于临界应力理论公式比较繁杂，不便应用，故《规范》简化成实用的计算公式。

如各种荷载作用的双轴或单轴对称等截面组合工字形以及 H 型钢简支梁的整体稳定系数 φ_b 简化为下式

$$\varphi_b = \beta_b \frac{4\,320}{\lambda_y^2} \frac{Ah}{W_x} \left[\sqrt{1 + \left(\frac{\lambda_y t_1}{4.4h} \right)^2} + \eta_b \right] \frac{235}{f_y} \qquad (5-27)$$

式中　β_b——梁整体稳定的等效临界弯矩系数，按附表 H 采用；

　　　λ_y——梁在侧向支承点间对截面弱轴（y 轴）的长细比，$\lambda_y = \dfrac{l_1}{i_y}$，$i_y$ 为梁的毛截面对 y 轴的截面回转半径；

　　　A——梁的毛截面面积；

　　　h_1, t_1——梁的截面的全高和受压翼缘厚度；

　　　η_b——截面不对称影响系数，按附表 H 采用，对双轴对称截面 $\eta_b = 0$；

　　　f_y——为钢材屈服强度。

《钢结构设计规范》对梁的整体稳定系数 φ_b 的规定，见附录 H。

上述整体稳定系数是按弹性稳定理论求得的，故只适用于弹性阶段，而大量中等跨度的梁失稳时常处于弹塑性阶段。研究证明，当求得的 φ_b 大于 0.6 时，梁已进入弹塑性工作阶段，整体稳定临界应力有明显的降低，必须对 φ_b 进行修正。规范规定，当按上述公式或表格确定的 $\varphi_b > 0.6$ 时，用下式求得的 φ'_b 代替 φ_b 进行梁的整体稳定计算

$$\varphi'_b = 1.07 - \frac{0.282}{\varphi_b} \leqslant 1.0 \qquad (5-28)$$

2. 双向受弯梁

对于在两个主平面内受弯的 H 型钢截面构件或工字形截面构件，其整体稳定可按下列经验公式计算

$$\frac{M_x}{\varphi_b W_x} + \frac{M_y}{\gamma_y W_y} \leqslant f \qquad (5-29)$$

式中　W_x——按受压纤维确定的对 x 轴的毛截面模量；

　　　W_y——按受压纤维确定的对 y 轴的毛截面模量；

　　　φ_b——为绕强轴弯曲所确定的梁整体稳定系数；

　　　γ_y——取值同塑性发展系数。

需要指出的是公式(5 - 29)是一个经验公式,式中 γ_y 是绕弱轴的截面塑性发展系数,但它不意味着绕弱轴弯曲容许出现塑性,而是用来适当降低式中第二项的影响和保持与强度公式的一致性。

【例题 5.3】

如图 5.14 所示的两种简支梁截面,其截面面积大小相同,跨度均为 10 m,跨间无侧向支撑点,均布荷载大小也相同,均作用在梁的上翼缘,钢材 Q235B,试比较梁的整体稳定性系数 φ_b,说明何者的稳定性更好?

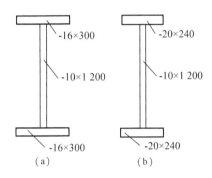

图 5 - 14 【例 5.3】简支梁截面图

解:

(1)截面 a,如图 5 - 14(a)所示。

$A = 2 \times 16 \times 300 + 1\,200 \times 10 = 21\,600$ mm²

$I_y = 2 \times \dfrac{1}{12} \times 16 \times 300^3 = 7\,200 \times 10^4$ mm⁴

$i_y = \sqrt{\dfrac{I_y}{A}} = \sqrt{\dfrac{7\,200 \times 10^4}{21\,600}} = 58$ mm

$\lambda_y = \dfrac{10\,000}{58} = 172.4$

$h = 1\,232$ mm, $t_1 = 16$ mm

$W_x = \dfrac{2I_x}{h} = \dfrac{2 \times \left(\dfrac{1}{12} \times 10 \times 1\,200^3 + 2 \times 16 \times 300 \times 608^2 \right)}{1\,232} = 8\,100 \times 10^3$ mm³

$\xi = \dfrac{l_1 t_1}{b_1 h} = \dfrac{10\,000 \times 16}{300 \times 1232} = 0.43 < 2.0$,得:

$\beta_b = 0.69 + 0.13\xi = 0.69 + 0.13 \times 0.43 = 0.75$

$\varphi_b^a = \beta_b \dfrac{4\,320Ah}{\lambda_y^2 W_x} \left[\sqrt{1 + \left(\dfrac{\lambda_y t_1}{4.4h} \right)^2} \right]$

$= 0.75 \times \dfrac{4\,320 \times 2\,1600 \times 1\,232}{172.4^2 \times 8\,100 \times 10^3} \left[\sqrt{1 + \left(\dfrac{172.4 \times 16}{4.4 \times 1232} \right)^2} \right] = 0.4$

(2)截面 b,如图 5 - 14(b)所示。

$A = 2 \times 240 \times 20 + 1\,200 \times 10 = 21\,600$ mm²

$$I_y = 2 \times \frac{1}{12} \times 20 \times 240^3 = 4610 \times 10^4 \ \text{mm}^4$$

$$i_y = \sqrt{\frac{I_y}{A}} = \sqrt{\frac{4\,610 \times 10^4}{21\,600}} = 46 \ \text{mm}$$

$$\lambda_y = \frac{l}{i_y} = \frac{10\,000}{46} = 217.4$$

$$h = 1\,240 \ \text{mm}, t_1 = 20 \ \text{mm}$$

$$W_x = \frac{2I_x}{h} = \frac{2 \times \left(\frac{1}{12} \times 10 \times 1\,200^3 + 2 \times 20 \times 240 \times 610^2 \right)}{1240} = 8\,080 \times 10^3 \ \text{mm}^3$$

$$\xi = \frac{l_1 t_1}{b_1 h} = \frac{10\,000 \times 20}{240 \times 1\,240} = 0.67 < 2.0$$

$$\beta_b = 0.69 + 0.13 \times 0.67 = 0.78$$

$$\varphi_b^b = 0.78 \times \frac{4320}{217.4^2} \times \frac{21\,600 \times 1240}{8\,080 \times 10^3} \sqrt{1 + \left(\frac{217.4 \times 20}{4.4 \times 1240} \right)^2} = 0.30$$

计算结果分析：

截面 a 和截面 b 虽然面积相等，但是 $\varphi_b^a > \varphi_b^b$，说明截面 a 的整体稳定性优于截面 b，因为截面 a 的翼缘板较截面 b 的宽而薄，截面在侧向较开展，增加了抗侧弯扭的能力。因此，设计钢梁时，在满足局部稳定性的条件下，截面尺寸宜尽量开展。

5.4 受弯构件的局部稳定和腹板加劲肋设计

5.4.1 受弯构件局部稳定的概念

在进行受弯构件截面设计时，为了节省材料，提高抗弯承载能力、整体稳定性和刚度，常选择宽而薄的截面。然而，如果板件过于宽薄，构件中的部分薄板会在构件发生强度破坏或丧失整体稳定之前，由于板中压应力或剪应力达到某一数值（即板的临界应力）后，受压翼缘或腹板可能突然偏离其原来的平面位置而发生显著的波形屈曲（见图 5.15），这种现象称为构件丧失局部稳定性。

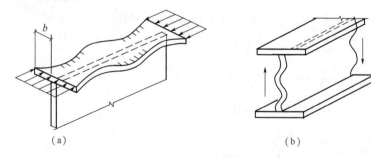

(a)   (b)

图 5.15　梁局部失稳

(a)翼缘；(b)腹板

当翼缘或腹板丧失局部稳定时，虽然不会使整个构件立即失去承载能力，但薄板局部屈曲部位会迅速退出工作,构件整体弯曲中心偏离荷载的作用平面,使构件的刚度减小,强度和整体稳定性降低,以致构件发生扭转而提早失去整体稳定。因此,设计受弯构件时,选择的板件不能过于宽而薄,否则需要采取适当措施防止局部失稳。

5.4.2　受压翼缘的局部稳定

当荷载达到某一值时,梁的腹板和受压翼缘将不能保持平衡状态,发生出平面波形鼓曲,称为梁的局部失稳。梁的受压翼缘板主要承受均布压应力作用。为了充分发挥材料强度,翼缘应采用一定厚度的钢板,使其临界应力 σ_{cr} 不低于钢材的屈服点 f_y,从而保证翼缘不丧失稳定。一般采用限制宽厚比的方法来保证梁受压翼缘的稳定。

受压翼缘板的屈曲临界应力可用式(5-30)计算:

$$\sigma_{cr} = \frac{\chi k\pi^2 E}{12(1-\nu^2)}\left(\frac{t}{b}\right)^2 \tag{5-30}$$

式中　t——板的厚度;

　　　　b——板的宽度;

　　　　ν——钢材的泊松比;

　　　　k——屈曲系数;

　　　　χ——弹性嵌固系数。

对于不需要验算疲劳的梁,按式(5-4)(5-5)计算其抗弯强度时已考虑截面部分发展塑性,因而整个翼缘板已进入塑性,但在和压应力相垂直的方向,材料仍然是弹性的。这种情况属正交异形板,其临界应力精确计算比较复杂,一般用 $\sqrt{\eta}E$ 代替 E 来考虑这种弹塑性的影响。

将 $E = 206 \times 10^3\ \text{N/mm}^2, \nu = 0.3$ 代入上式,可得

$$\sigma_{cr} = 18.6\chi k\sqrt{\eta}\left(\frac{100t}{b}\right)^2 \tag{5-31}$$

受压翼缘板的外伸部分为三边简支板,其屈曲系数 $k \approx 0.425$。支撑边缘板的腹板一般较薄,翼缘的约束作用很小,因此取弹性嵌固系数 $\chi = 1.0$。如令 $\eta = 0.25$,为了充分发挥材料的强度,翼缘的临界应力应不低于钢材的屈服点,即 $\sigma_{cr} \geqslant f_y$:

$$\sigma_{cr} = 18.6 \times 1.0 \times 0.425 \times \sqrt{0.25} \times \left(\frac{100t}{b}\right)^2 \geqslant f_y \tag{5-32}$$

则:

$$\frac{b}{t} \leqslant 13\sqrt{\frac{235}{f_y}} \tag{5-33}$$

当梁在弯矩 M_x 作用下的强度按弹性计算时 ($\gamma_x = 1.0$),边缘平均应力只达到 $(0.95 \sim 0.98)f$,相应 $\eta = 0.4$,得出:

$$\frac{b}{t} \leqslant 15\sqrt{\frac{235}{f_y}} \tag{5-34}$$

式中受压翼缘自由外伸宽度 b 的取值:对焊接构件,取腹板边至翼缘板边缘的距离;对于轧制构件,取内圆弧起点至翼缘板边缘的距离。

对比公式(5-33)和(5-34)可以得出,按弹性设计的组合梁受压翼缘自由外伸宽度 b 与厚度 t 之比值较按弹塑性设计时有所放宽。

箱形梁翼缘板在两腹板之间无支承的部分(宽度为 b_0,厚度为 t),相当于四边简支单向均匀受压板,其 $k = 4.0$。在式(5-31)中,令 $x = 1.0$,$\eta = 0.25$,由 $\sigma_{cr} \geq f_y$ 得:

$$\frac{b_0}{t} \leqslant 40\sqrt{\frac{235}{f_y}} \tag{5-35}$$

因此,应根据实际按式(5-33)、式(5-34)、式(5-35)验算梁受压翼缘板的局部稳定性。

5.4.3 腹板的局部稳定

组合梁腹板的局部稳定有两种计算方法。对于承受静力荷载和间接承受动力荷载的组合梁,允许腹板在梁整体失稳前屈曲,并利用屈曲后强度,即允许腹板在梁整体失稳之前屈曲,按第五节的规定布置加劲肋并计算其抗弯和抗剪承载力。对于直接承受动力荷载的吊车梁及类似构件或其他不考虑屈曲后强度的组合,以腹板的屈曲作为承载力的极限状态,按下列原则配置加劲肋,并计算腹板的稳定。

1. 各种应力状态下临界应力的计算

组合梁的腹板一般都同时受几个应力作用,各项应力差异较大,研究起来较困难。通常分别研究剪应力 τ、弯应力 σ、局部压应力 σ_c 单独作用下的临界应力,再根据试验研究建立三项应力联合作用下的相关稳定性理论。

计算腹板区格在弯曲应力、剪应力和局部压应力单独作用下的各项屈曲临界应力时,《钢结构设计规范》采用国际上通行的表达方式,引入了腹板通用高厚比的概念,同时考虑了腹板的几何缺陷和材料的非弹性性能的影响。

(1)腹板在纯剪作用下的临界应力

图5.16 梁腹板属于四边支承的矩形板,四边均布剪力作用,处于纯剪状态,板内产生呈45°斜方向的主应力,并在主应力作用下屈曲,因此屈曲时呈45°倾斜的波形凹凸。如不考虑发展塑性,可将(5-31)改写为

$$\tau_{cr} = 18.6k\chi\left(\frac{t_w}{b}\right)^2 \times 10^4 \tag{5-36}$$

式中　b——板的边长 a 与 h_0 中的较小者;

　　　t_w——腹板的厚度;

　　　h_0——腹板的高度。

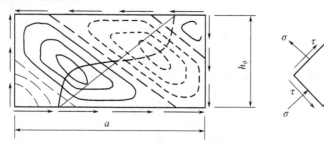

图5.16　腹板纯剪屈曲

受剪腹板的屈曲系数 k_s 和腹板区格的长宽比 a/h_0 有关。

当 $a/h_0 \le 1.0$ 时

$$k_s = 4 + 5.34(h_0/a)^2 \qquad (5-37)$$

当 $a/h_0 > 1.0$ 时

$$k_s = 5.34 + 4(h_0/a)^2 \qquad (5-38)$$

式中 a——腹板横向加劲肋的间距。

图 5.17 给出了 k_s 与 a/h_0 的关系。从图中可见随 a 的减小临界剪应力提高。所以,一般采用在腹板上设置横向加劲肋以减小 a 的办法来提高临界剪应力,如图 5.18 所示。从图 5.17 可以看出,当 $a/h_0 > 2.0$ 时,k_s 值变化不大,设置横向加劲肋的效果不显著;而当 $a/h_0 < 0.5$ 时,k_s 值很大,剪切应力 τ_{cr} 很高,腹板多出现强度破坏,设置密集的横向加劲肋是一种浪费。

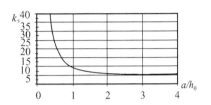

图 5.17 系数 k_s 与 a/h_0 的关系

剪应力在梁支座处最大,向跨中逐渐减小,故横向加劲肋也可不等间距布置,靠近支座处密些,如图 5-18(a)所示。但为制作和构造方便,常取等距布置。如图 5-18(b)所示,当 $a/h_0 > 2$ 时,k_s 值变化不大。因此《规范》规定横向加劲肋最大间距为 $2h_0$(对无局压应力的梁,当 $h_0/t_w \le 100$ 时,可放宽至 $2.5h_0$)。

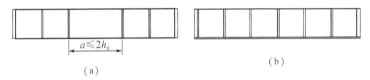

图 5.18 横向加劲肋的布置

令腹板抗剪计算时的通用高厚比为

$$\lambda_s = \sqrt{\frac{f_{vy}}{\tau_{cr}}} \qquad (5-39)$$

与式(5-30)同理,有 $\tau_{cr} = \dfrac{\chi k \pi^2 E}{12(1-\nu^2)}\left(\dfrac{t_w}{h_0}\right)^2$,将 $E = 206 \times 10^3 \text{ N/mm}^2, \nu = 0.3, \chi = 1.23$ 代入式(5-30),则

$$\lambda_s = \frac{\dfrac{h_0}{t_w}}{41\sqrt{k_s}}\sqrt{\frac{f_y}{235}} \qquad (5-40)$$

根据通用高厚比 λ_s 的范围不同,剪切临界应力的计算公式如下:

当 $\lambda_s \le 0.8$ 时

$$\tau_{cr} = f_v \qquad (5-41)$$

当 $0.8 < \lambda_s \le 1.2$ 时

$$\tau_{cr} = [1 - 0.59(\lambda_s - 0.8)]f_v \qquad (5-42)$$

当 $\lambda_s > 1.2$ 时

$$\tau_{cr} = 1.1f_v/\lambda_s^2 \qquad (5-43)$$

塑性和弹性界限分别取 $\lambda_s = 0.8$ 和 $\lambda_s = 1.2$，前者参考欧盟规范 EC3 – EVN – 1993 采用，后者认为钢材剪切比例极限为 $0.8f_{vy}$，再引入板件几何缺陷影响系数 0.9，弹性界限应为 $[1/(0.8 \times 0.9)]^{\frac{1}{2}} = 1.18$，调整为 1.20。

当腹板不设横向加劲肋时，$k_s = 5.34$。若要求 $\tau_{cr} = f_v$，则 λ_s 不应大于 0.8，由于(5 – 36)可得高厚比限值：$\dfrac{h_0}{t_w} \leqslant 0.8 \times 41 \sqrt{5.34} \sqrt{\dfrac{235}{f_y}} = 75.8 \sqrt{\dfrac{235}{f_y}}$，考虑到区格平均剪力一般低于 f_v，所以《规范》规定仅受剪应力作用的腹板，其不会发生剪切失稳的高厚比限值为

$$\frac{h_0}{t_w} \leqslant 80 \sqrt{\frac{235}{f_y}} \tag{5 – 44}$$

（2）腹板在纯弯作用下的临界应力

图 5.19 为纯弯作用下四边简支板的屈曲形态。沿横向（h_0 方向）为一个半波，沿纵向形成的屈曲波数取决于波长。屈曲系数 k 的大小取决于板的边长比，图 5.20 给出了 k 与 a/h_0 的关系，a/h_0 超过 0.7 后 k 值变化不大，$k_{min} = 23.9$。屈曲部分便于板的受压区或者受压较大的一侧，因此，比较有效的措施是在腹板受压区中部偏上的部位设置纵向加劲肋，见图 5.21，加劲肋距受压边的距离为 $h_1 = (1/5 \sim 1/4)h_0$，以便有效阻止腹板的屈曲。纵向加劲肋只需设在梁弯曲应力较大的区段。

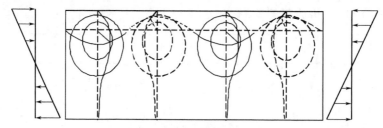

图 5.19　腹板纯弯屈曲

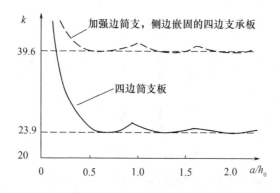

图 5.20　矩形板受弯的屈曲系数

如果不考虑上、下翼缘对腹板的转动约束作用，将 $k_{min} = 23.9$ 代入式（5 – 30）得

$$\sigma_{cr} = 455 \left(\frac{t_w}{h_0} \right)^2 \times 10^4 \tag{5 – 45}$$

实际上，由于受拉翼缘刚度较大，腹板和受压翼缘相连接的转动基本被约束，相当于完

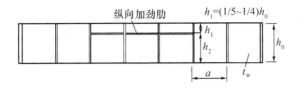

图 5.21 焊接组合梁的纵向加劲肋

全嵌固。此时，嵌固系数 $\chi_b = 1.66$；当无构造限制其转动时，腹板上部约束介于简支和嵌固之间，嵌固系数 $\chi_b = 1.23$，将公式（5-45）分别乘以 χ_b 得

当梁的受压翼缘的扭转受到约束时

$$\sigma_{cr} = 738\left(\frac{t_w}{h_0}\right)^2 \times 10^4 \tag{5-46}$$

当梁的受压翼缘的扭转未受到约束时

$$\sigma_{cr} = 547\left(\frac{t_w}{h_0}\right)^2 \times 10^4 \tag{5-47}$$

令 $\sigma_{cr} \geqslant f_y$，以保证腹板在最大受压边缘屈服前不发生屈曲，则分别得到腹板高厚比限值

$$h_0/t_w \leqslant 177\sqrt{\frac{235}{f_y}} \tag{5-48}$$

$$h_0/t_w \leqslant 153\sqrt{\frac{235}{f_y}} \tag{5-49}$$

引入抗弯计算的腹板通用高厚比

$$\lambda_b = \sqrt{\frac{f_y}{\sigma_{cr}}} \tag{5-50}$$

式中　f_y——钢材的屈服点；

　　　σ_{cr}——理想平板受弯时的弹性临界应力。

当梁截面为单轴对称时，为了提高梁的整体稳定，一般加强受压翼缘，这样腹板受压区高度 h_c 小于 $h_0/2$，腹板边缘压应力小于边缘拉应力，这时计算临界应力 σ_{cr} 时，屈曲系数 k_b 应大于23.9，在实际计算中，仍取 $k_b = 23.9$，而把腹板计算高度 h_0 用 $2h_c$ 代替。

当梁的受压翼缘的扭转受到约束时

$$\lambda_b = \frac{2h_c}{\dfrac{t_w}{177}\sqrt{\dfrac{f_y}{235}}} \tag{5-51}$$

当梁受压翼缘扭转未受到约束时

$$\lambda_b = \frac{2h_c}{\dfrac{t_w}{153}\sqrt{\dfrac{f_y}{235}}} \tag{5-52}$$

弯曲临界应力可分为塑性、弹塑性和弹性三段，计算公式如下：

当 $\lambda_b \leqslant 0.85$ 时

$$\sigma_{cr} = f \tag{5-53}$$

当 $0.85 < \lambda_b \leqslant 1.25$ 时

$$\sigma_{cr} = [1 - 0.75(\lambda_b - 0.85)]f \tag{5-54}$$

当 $\lambda_b > 1.25$ 时

$$\sigma_{cr} = 1.1f/\lambda_b^2 \tag{5-55}$$

式(5-53)、式(5-54)、式(5-55)分别属于塑性、弹塑性和弹性范围,各范围之间的界限确定原则为对于既无几何缺陷又无残余应力的理想弹塑性板,并不存在弹塑性过渡区,塑性范围和弹性范围的分界点应是 $\lambda_b = 1.0$。当 $\lambda_b = 1.0$ 时,$\sigma_{cr} = f_y$。实际工程中的板由于存在缺陷,在 λ_b 未达到 1.0 之前临界应力就开始下降。《钢结构设计规范》取 $\lambda_b = 0.85$,取腹板边缘应力达到强度设计值时高厚比分别为 150(受压翼缘扭转受到约束)和 130(受压翼缘扭转未受到约束)。计算梁整体稳定时,当稳定系数 φ_b 大于 0.6 时需做非弹性修正,相应的 λ_b 为 $(1/0.6)^{\frac{1}{2}} = 1.29$。考虑到残余应力对腹板稳定的不利影响小于梁整体稳定的影响,取 $\lambda_b = 1.25$。

(3)局部应力作用下的临界应力

在集中荷载作用处未设支撑加劲肋及吊车荷载作用的情况下,腹板边缘将承受局部压力 σ_c 作用,并可能出现横向屈曲,如图 5.22 所示,屈曲时腹板横向和纵向都只有一个半波,屈曲部分偏于局部压力侧,屈曲系数 k 随 a/h_0 的增大而减少。因此,提高承受局部压应力临界应力的有效措施是在腹板的受压侧附近设置短加劲肋。

考虑承受局部压力的板翼缘对腹板的嵌固系数,取

$$\chi_c = 1.81 - 0.255\frac{h_0}{a} \tag{5-56}$$

公式(5-30)临界应力可写为

$$\sigma_{c,cr} = 18.6k\chi\left(\frac{t_w}{h_0}\right)^2 \times 10^4 \tag{5-57}$$

屈曲系数与板的边长比有关

当 $0.5 \leqslant \dfrac{a}{h_0} \leqslant 1.5$ 时

$$k_c = \left(7.4 + 4.5\frac{h_0}{a}\right)\frac{h_0}{a} \tag{5-58}$$

当 $1.5 < \dfrac{a}{h_0} \leqslant 2.0$ 时

$$k_c = \left(11 - 0.9\frac{h_0}{a}\right)\frac{h_0}{a} \tag{5-59}$$

引入腹板局压的通用高厚比

$$\lambda_c = \sqrt{\frac{f_y}{\sigma_{c,cr}}} \tag{5-60}$$

当 $0.5 \leqslant \dfrac{a}{h_0} \leqslant 1.5$

$$\lambda_c = \frac{h_0/t_w}{28\sqrt{10.9 + 13.4(1.83 - a/h_0)}}\sqrt{\frac{f_y}{235}} \tag{5-61}$$

当 $1.5 < \dfrac{a}{h_0} \leqslant 2.0$

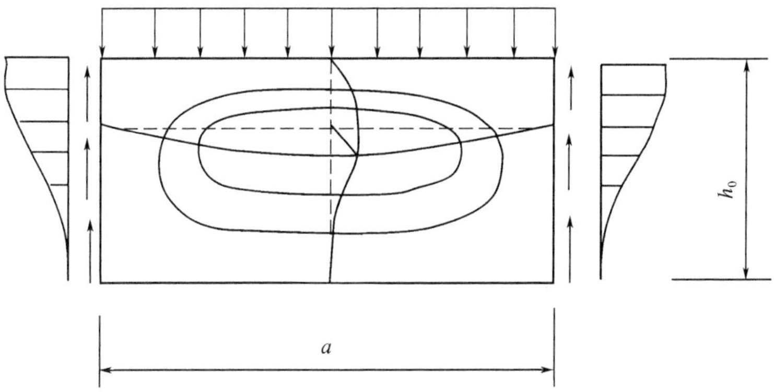

图 5.22　腹板在局部压应力作用下的失稳

$$\lambda_c = \frac{h_0/t_w}{28\sqrt{18.9 - 5a/h_0}}\sqrt{\frac{f_y}{235}} \qquad (5-62)$$

根据通用高厚比 λ_c 的范围不同,计算临界应力 $\sigma_{c,cr}$ 的公式如下:

当 $\lambda_c \leqslant 0.9$ 时

$$\sigma_{c,cr} = f \qquad (5-63)$$

当 $0.9 < \lambda_c \leqslant 1.2$ 时

$$\sigma_{c,cr} = [1 - 0.79(\lambda_c - 0.9)]f \qquad (5-64)$$

当 $\lambda_c \leqslant 0.9$ 时

$$\sigma_{c,cr} = 1.1f/\lambda_c^2 \qquad (5-65)$$

在式(5-63)、式(5-64)、式(5-65)都引进了抗力分项系数,对高厚比很小的腹板,临界应力等于强度设计值 f 或 f_v,而不是屈服点 f_y 或 f_{vy},但是式(5-65)都乘以系数 1.1,它是抗力分项系数的近似值,即式(5-65)的临界应力就是弹性屈服点的理论值,即不再除以抗力分项系数。这是因为板处于弹性范围时,具有较大的屈曲后强度。

根据临界应力不小于屈服应力的准则,按 $\dfrac{a}{h_0} = 2.0$ 考虑腹板不发生局压失稳的高厚比限制

$$\frac{h_0}{t_w} \leqslant 84\sqrt{\frac{235}{f_y}}$$

取为

$$\frac{h_0}{t_w} \leqslant 80\sqrt{\frac{235}{f_y}} \qquad (5-66)$$

2. 腹板加劲肋的设置规定

综合以上,对于直接承受动力荷载的吊车梁及类似构件,或者其他不考虑腹板屈曲后强度的梁,按照下列原则设置腹板加劲肋。

(1)当 $\dfrac{h_0}{t_w} \leqslant 80\sqrt{\dfrac{235}{f_y}}$ 时,$\sigma_c = 0$ 腹板局部稳定能够保证,不必配置加劲肋;对于吊车梁和类似构件($\sigma_c \neq 0$),应按构造配置横向加劲肋;

（2）当 $\dfrac{h_0}{t_w} > 80 \sqrt{\dfrac{235}{f_y}}$ 应配置横向加劲肋；

（3）当 $\dfrac{h_0}{t_w} > 170 \sqrt{\dfrac{235}{f_y}}$ ，受压翼缘扭转受约束；或 $\dfrac{h_0}{t_w} > 150 \sqrt{\dfrac{235}{f_y}}$ ，受压翼缘扭转未受约束时；或按计算需要，除配置横向加劲肋外，在弯曲受压较大区格，加配纵向加劲肋。局部压应力很大的梁，必要时应在受压区配置短加劲肋；

（4）任何情况下，$\dfrac{h_0}{t_w} \leq 250 \sqrt{\dfrac{235}{f_y}}$ ；

（5）梁的支座处和上翼缘受有较大固定集中荷载处，宜设置支承加劲肋。

3. 腹板局部稳定的计算

以上分别介绍了腹板在三种应力单独作用下的屈曲问题，在实际中梁的腹板中常同时存在几种应力联合作用的情况，要提高腹板的局部稳定可以采用以下措施：加大腹板厚度和设置加劲肋，从经验上看前一种方法很不经济，后一种方法经济有效。接下来分情况介绍设置加劲肋的稳定计算方法。

（1）仅用横向加劲肋加强的腹板

如图 5.23 所示两横向加劲肋之间的腹板段，同时承受着弯曲正应力 σ，均布剪应力 τ 及局部压应力 σ_c 的作用，区格内板件的稳定要满足下式

$$\left(\dfrac{\sigma}{\sigma_{cr}} \right)^2 + \left(\dfrac{\tau}{\tau_{cr}} \right)^2 + \dfrac{\sigma_c}{\sigma_{c,cr}} \leq 1 \qquad (5-67)$$

式中　σ——计算区格内，由平均弯矩产生的腹板计算高度边缘的弯曲压应力；

　　　τ——计算区格内，由平均剪力产生的腹板截面平均剪应力；

　　　σ_c——腹板计算高度边缘的局部压应力，应按照公式（5-8）计算，但取 $\psi = 1.0$；

　　　$\sigma_{cr}, \tau_{cr}, \sigma_{c,cr}$——各种应力单独作用下的临界应力，按照第 5.4.3 节所给出的公式计算。

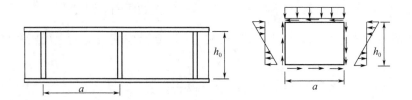

图 5.23　仅用横向加劲肋加强的腹板段

（2）同时设置横向和纵向加劲肋的腹板

如图 5.24 所示，同时用横向加劲肋和纵向加劲肋加强的腹板分别为上板段 I 和下板段 II 两种情况，应分别验算其稳定性。

①上板段 I

上板段 I 的受力状态见图 5.24（b）两侧受近乎均匀的压应力和剪应力，上下边也按受 σ_c 的均匀压应力考虑。这时的临界方程为

$$\dfrac{\sigma}{\sigma_{cr1}} + \left(\dfrac{\tau}{\tau_{cr1}} \right)^2 + \left(\dfrac{\sigma_c}{\sigma_{c,cr1}} \right)^2 \leq 1 \qquad (5-68)$$

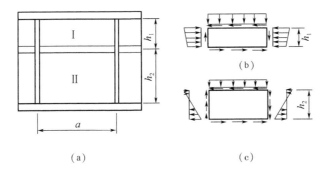

图 5.24　设横向和纵向加劲肋加强的腹板段

式中,σ_{cr1} 按式(5 – 53) ~ 式(5 – 55)计算,但式中的 λ_b 改用下列 λ_{b1} 计算:

当梁受压翼缘扭转受到约束时

$$\lambda_{b1} = \frac{h_1/t_w}{75} \sqrt{\frac{f_y}{235}} \tag{5 – 69}$$

当梁受压翼缘扭转未受到约束时

$$\lambda_{b1} = \frac{h_1/t_w}{64} \sqrt{\frac{f_y}{235}} \tag{5 – 70}$$

式中,h_1 为纵向加劲肋至腹板计算高度受压翼缘的距离。

τ_{cr1} 按式(5 – 41) ~ 式(5 – 43)计算,但式中的 h_0 改为 h_1 计算,$\sigma_{c,cr1}$ 也按公式 (5 – 53) ~ 式(5 – 55)计算,但式中 λ_b 改用 λ_{c1} 代替:

当梁受压翼缘扭转受到约束时

$$\lambda_{c1} = \frac{h_1/t_w}{56} \sqrt{\frac{f_y}{235}} \tag{5 – 71}$$

当梁受压翼缘扭转未受到约束时

$$\lambda_{c1} = \frac{h_1/t_w}{40} \sqrt{\frac{f_y}{235}} \tag{5 – 72}$$

②下板段 Ⅱ

下板段 Ⅱ 受力状态见图(5.24(c)),临界方程为

$$\left(\frac{\sigma_2}{\sigma_{cr2}}\right)^2 + \left(\frac{\tau}{\tau_{cr2}}\right)^2 + \frac{\sigma_{c2}}{\sigma_{c,cr2}} \leq 1 \tag{5 – 73}$$

式中　σ_2——所计算区格内腹板在纵向加劲肋处压应力的平均值;

σ_{c2}——腹板在纵向加劲肋处的横向压应力,取为 $0.3\sigma_c$;

σ_{cr2}——按公式(5 – 53) ~ 式(5 – 55)计算,但式中的 λ_b 改用 λ_{b2} 代替

$$\lambda_{b2} = \frac{h_2/t_w}{194} \sqrt{\frac{f_y}{235}} \tag{5 – 74}$$

τ_{cr2}——按公式(5 – 41) ~ 式(5 – 43)计算,但式中的 h_0 改为 $h_2(h_2 = h_0 - h_1)$;

$\sigma_{c,cr2}$——按公式(5 – 63) ~ 式(5 – 65)计算,但式中的 h_0 改为 h_2,当 $a/h_2 > 2$ 时,取 $a/h_2 = 2$。

5.4.4　加劲肋的构造和截面尺寸

1.加劲肋布置

焊接的加劲肋一般用钢板做成,并宜在腹板两侧成对布置(图5.25(a))。对非吊车梁的中间加劲肋,为了节约钢材和制造工作量,也可单侧布置(图5.25(b))。

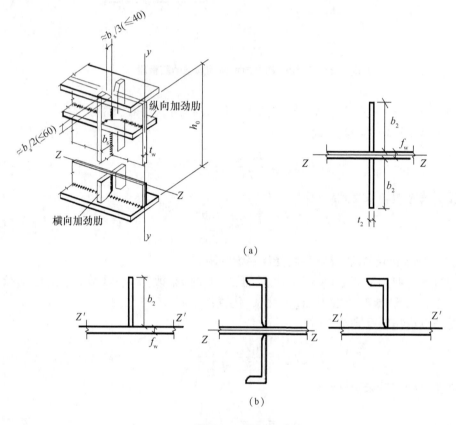

(a)

(b)

图5.25　腹板加劲肋

焊接梁一般采用钢板制成的加劲肋,并在腹板两侧成对布置,也可单侧布置,但支承加劲肋不应单侧布置。

横向加劲肋的间距 a 应满足: $0.5h_0 \leqslant a \leqslant 2h_0$。对无局部压应力的梁,即 $\sigma_c = 0$, $\frac{h_0}{t_w} \leqslant 100$ 时,间距 a 可满足: $0.5h_0 \leqslant a \leqslant 2.5h_0$。

纵向加劲肋至腹板计算高度受压边缘的距离应在 $\frac{h_c}{2.5} \sim \frac{h_c}{2.0}$ 范围内。

2.加劲肋的截面尺寸

加劲肋应有足够的刚度才能作为腹板的可靠支承,所以对加劲肋的截面尺寸和截面惯性矩应有一定要求。

(1)仅设横向支承加劲肋时

横向加劲肋的宽度

$$b_s \geqslant \frac{h_0}{30} + 40 (\text{mm}) \tag{5 - 75}$$

单侧布置时,外伸宽度应比上式增大20%。

加劲肋的厚度

$$t_s \geqslant \frac{b_s}{15} \tag{5 - 76}$$

(2)同时设横向和纵向加劲肋时

当同时采用横向加劲肋和纵向加劲肋加强腹板时,横向加劲肋还作为纵向加劲肋的支承,在纵、横加劲肋相交处,应切断纵向加劲肋而使横向加劲肋直通。此时,横向加劲肋的截面尺寸除应符合上述规定外,其截面对腹板纵轴的惯性矩,还需符合下式:

$$I_z = \frac{1}{12} t_s (2b_s + t_w)^3 \geqslant 3h_0 t_w^3 \tag{5 - 77}$$

纵向加劲肋应满足

当 $a/h_0 \leqslant 0.85$ 时

$$I_y \geqslant 1.5 h_0 t_w^3 \tag{5 - 78}$$

当 $a/h_0 > 0.85$ 时

$$I_y \geqslant (2.5 - 0.45 \frac{a}{h_0})(\frac{a}{h_0})^2 h_0 t_w^3 \tag{5 - 79}$$

短加劲肋的外伸宽度应取横向加劲肋外伸宽度的0.7~1.0倍,厚度不应小于短加劲肋外伸宽度的1/15。

用型钢(H型钢、工字钢、槽钢、肢尖焊于腹板的角钢)做成的加劲肋,其截面惯性矩不得小于相应钢板加劲肋的惯性矩。

计算加劲肋截面惯性矩时,双侧成对配置的加劲肋应以腹板中心线为轴线;在腹板一侧配置的加劲肋应以与加劲肋相连的腹板边缘线为轴线。

为了避免焊缝交叉,减小焊接应力,在加劲肋端部应切去斜角宽约 $b_s/3$ 且 $\leqslant 40$ mm、高约 $b_s/3$ 且 $b_s/2 \leqslant 60$ mm(图5.26)。对直接承受动力荷载的梁(如吊车梁),中间横向加劲肋下端不应与受拉翼缘焊接(如果焊接,将降低受拉翼缘的疲劳强度),一般在距受拉翼缘50~100 cm处断开(如图5.27(b))。在纵、横加劲肋相交处,纵向加劲肋的端部也应切成斜角。在同时用横向加劲肋和纵向加劲肋加强的腹板中,应保持横向加劲肋连续,而在相交处切断纵向加劲肋(图5.26)

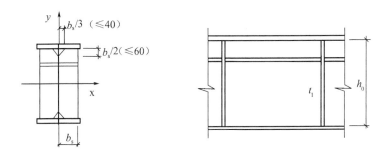

图5.26　腹板加劲肋尺寸和构造

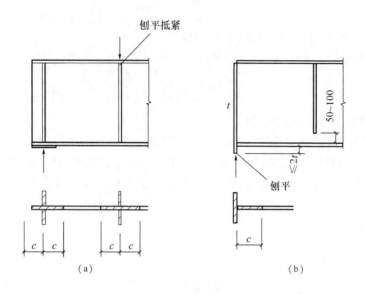

图 5.27　支承加劲肋

5.4.5　支承加劲肋计算

梁支承加劲肋是指承受较大固定集中荷载或者支座反力的横向加劲肋。这种加劲肋应在腹板两侧成对配置,并应进行整体稳定和端面承压计算。

(1)按轴心受压构件计算支承加劲肋在腹板平面外的稳定性。此受压构件的截面应包括加劲肋和加劲肋每侧 $c = 15t_w\sqrt{235/f_y}$ 范围内的腹板面积(图 5.27 中阴影部分)。一般近似按计算长度为 h_0 的两端铰接轴心受压构件,沿构件全长承受相等压力 F 计算。

(2)当固定集中荷载或者支座反力 F 通过支承加劲肋的端部刨平顶紧于梁翼缘或柱顶(见图 5.27)传力时,通常按传递全部 F 计算端面承压应力强度,即

$$\sigma_{ce} = \frac{F}{A_{ce}} \leqslant f_{ce} \qquad (5-80)$$

式中　　F——集中荷载或支座反力;

　　　　A_{ce}——端面承压面积;

　　　　f_{ce}——钢材端面承压(刨平顶紧)强度设计值。

突缘支座的伸出长度不得大于加劲肋厚度的 2 倍。当伸出部分大于 $2t$(t 为支承加劲肋厚度)时,则式(5-80)中的 f_{ce} 改为 f,甚至取为 φf(φ 是将伸出部分作为轴心压杆的整体稳定系数)。

(3)支承加劲肋与腹板的连接焊缝,应按承受全部集中力或支座反力 F 进行计算。一般采用角焊缝连接,计算时假定应力沿焊缝长度均匀分布。

当集中荷载很小时,支承加劲肋可按构造设计而不用计算。

【例题 5.4】

有一梁的受力如图 5.28(a)所示(设计值),梁截面尺寸和加劲肋布置如图 5.28(d)和(e)所示,在离支座 1.5 m 处梁翼缘的宽度改变一次(280 mm 变为 140 mm)。试进行梁腹板

稳定的计算和加劲肋的设计,钢材为 Q235。

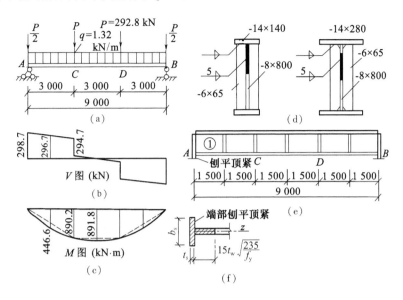

图 5.28 【例 5.4】梁的受力示意图

解:

(1)梁内力的计算。经计算,梁所受的弯矩 M 和剪力 V 如图 5.28(b)和(c)所示。

(2)梁腹板局部稳定的计算。由于没有局部压应力,按下式验算

$$\left(\frac{\sigma}{\sigma_{cr}}\right)^2 + \left(\frac{\tau}{\tau_{cr}}\right)^2 \leqslant 1$$

验算离支座处第一区格①:

支座附近截面的惯性矩

$$I_x = \frac{1}{12} \times 8 \times 800^3 + 2 \times 14 \times 140 \times 407^2 = 99\,070 \times 10^4 \text{ mm}^4$$

区格两边的弯矩

$$M_1 = 0$$

$$M_2 = 298.7 \times 15 - \frac{1}{2} \times 1.32 \times 1.5^2 = 446.6 \text{ kN} \cdot \text{m}$$

弯矩平均值 $\qquad M = \frac{1}{2} \times 446.6 = 223.3 \text{ kN} \cdot \text{m}$

区格两边的剪力:

$$V_1 = 298.7 \text{ kN}$$

$$V_2 = 298.7 - 1.32 \times 1.5 = 296.7 \text{ kN}$$

剪力平均值

$$V = \frac{1}{2}(298.7 + 296.7) = 297.7 \text{ kN}$$

$$\sigma = \frac{My_1}{I_x} = \frac{223.3 \times 10^6 \times 400}{99\,070 \times 10^4} = 90.2 \text{ N/mm}^2$$

$$\tau = \frac{V}{h_w t_w} = \frac{297.7 \times 10^3}{800 \times 8} = 46.5 \text{ N/mm}^2$$

假定梁受压翼缘扭转受到约束

$$\lambda_b = \frac{2h_c/t_w}{177}\sqrt{\frac{f_y}{235}} = \frac{800/8}{177}\sqrt{\frac{235}{235}} = 0.565 < 0.85$$

所以
$$\sigma_{cr} = f = 215 \text{ N/mm}^2$$

又
$$\frac{a}{h_0} = \frac{1\,500}{800} = 1.875 > 1.0$$

所以
$$\lambda_s = \frac{h_0/t_w}{41\sqrt{5.34 + 4(h_0/a)^2}}\sqrt{\frac{f_y}{235}} = \frac{800/8}{41\sqrt{5.34 + 4 \times \left(\frac{800}{1\,500}\right)^2}} = 0.958 < 1.2$$

则有：$\tau_{cr} = [1 - 0.59(\lambda_s - 0.8)]f_v = [1 - 0.59(0.958 - 0.8)]125 = 113.3 \text{ N/mm}^2$
验算腹板局部稳定,有

$$\left(\frac{\sigma}{\sigma_{cr}}\right)^2 + \left(\frac{\tau}{\tau_{cr}}\right)^2 = \left(\frac{90.2}{215}\right)^2 + \left(\frac{46.5}{113.3}\right)^2 = 0.352 < 1.0$$

因此区格①的局部稳定条件满足。

其他区格的局部稳定验算略。

(3)横向加劲肋的截面尺寸。

$$b_s \geq \frac{h_0}{30} + 40 = \frac{800}{30} + 40 = 66.7 \text{ mm},采用 b_s = 65 \text{ mm} \approx 66.7 \text{ mm}$$

$$t_s \geq \frac{b_s}{15} = \frac{65}{15} = 4.33 \text{ mm},采用 t_s = 6 \text{ mm}$$

选用 $b_s = 65$ mm,要使加劲肋外边缘不超过翼缘板的边缘,即：

$$2b_s + t_w = 2 \times 65 + 8 = 138(\text{mm}) < b_1 = 140 \text{ mm}$$

加劲肋与腹板的角焊缝连接,按构造要求确定。

$$h_f \geq 1.5\sqrt{t} = 1.5\sqrt{8} = 4.24(\text{mm}),采用 h_f = 6 \text{ mm}$$

加劲肋的截面均已确定。

(4)支座处支撑加劲肋的设计。采用突缘式支撑加劲肋如图 5-27 所示。

①按端面承压强度试选加劲肋厚度。

已知
$$f_{ce} = 325 \text{ N/mm}^2$$

支座反力
$$N = \frac{3}{2} \times 292.8 + \frac{1}{2} \times 1.32 \times 9 = 445.1 \text{ kN}$$

取
$$b_s = 140 \text{ mm}(与翼缘板等宽)$$

需要
$$t_s \geq \frac{N}{b_s \cdot f_{ce}} = \frac{445.1 \times 10^3}{140 \times 325} = 9.78 \text{ mm}$$

考虑到支座支撑加劲肋是主要传力构件,为保证其使梁在支座处有较强的刚度,取加劲肋厚度与梁翼缘板厚度大致相同,今采用 $t_s = 12$ mm。加劲肋端面刨平顶紧,突伸出板梁下翼缘底面的长度为 20 mm < $2t_s$(构造要求)。

②按轴心受压构件验算加劲肋在腹板平面外的稳定。支撑加劲肋的截面积(计入分腹板截面积,如图 5.28(f)所示)。

$$A_s = b_s t_s + 15t_w^2 \sqrt{\frac{235}{f_y}} = 140 \times 12 + 15 \times 8^2 = 2\,640 \text{ mm}^2$$

$$I_s = \frac{1}{12} t_s b_s^3 = \frac{1}{12} \times 12 \times 140^3 = 2\,744\,000 \text{ mm}^4$$

$$i_z = \sqrt{\frac{I_s}{A_s}} = \sqrt{\frac{2\,744\,000}{2\,640}} = 32.2 \text{ mm}$$

$$\lambda_z = \frac{h_0}{i_z} = \frac{800}{32.2} = 24.8$$

查规范附录 E 表 E - 3(适用于 Q235 钢、c 类截面),得 $\varphi = 0.935$

$\dfrac{N}{\varphi A_s} = \dfrac{445.1 \times 10^3}{0.935 \times 2640} = 180.3 (\text{N/mm}^2) < f = 215 (\text{N/mm}^2)$,满足。

③加劲肋与腹板的角焊缝连接计算。

取加劲肋切斜角高度 30 mm

$$\sum l_w = 4(h_0 - 10 - 2 \times 30) = 4 \times (800 - 10 - 2 \times 60) = 2\,920 \text{ mm}$$

$$f_f^w = 160 \text{ N/mm}^2$$

需要 $h_f \geqslant \dfrac{N}{0.7 \sum l_w \cdot f_f^w} = \dfrac{445.1 \times 10^3}{0.7 \times 2\,920 \times 160} = 1.4 \text{ mm}$

构造要求 $h_{fmin} = 1.5\sqrt{t} = 1.5 \sqrt{12} = 5.2 (\text{mm})$,采用 $h_f = 6 \text{ mm}$。

集中荷载 P 作用处的中间支撑加劲肋,其计算方法与上述支座支撑加劲肋相同,此处从略。

5.5　组合梁考虑腹板屈曲后强度的设计

上节关于腹板局部稳定的计算方法是基于临界状态为小挠度的理论建立的,因此其高厚比不能太大。然而,一般的腹板都设计成薄而高,并通过设置加劲肋的方式加强,因此,相对较厚的翼缘一起对腹板形成了四边支承。对于四边支承的理想平板而言,屈曲后还有很大的承载能力,一般称之为屈曲后强度。板件的屈曲后强度主要来自于平板中间的横向张力,它能牵制纵向受压变形的发展。因而板件屈曲后还能继续承受荷载。因此,承受静力荷载和间接承受动力荷载的焊接组合梁宜考虑利用腹板屈曲后强度,可仅在支座处和固定集中荷载处设置支承加劲肋,或再设置中间横向加劲肋,其高厚比达到 $250\sqrt{\dfrac{235}{f_y}}$ 而不必设置纵向加劲肋。这样,腹板可以做得更薄,以获得更好的经济效果。

利用腹板的屈曲后强度,对大型组合梁有较好的经济效益。同时,因为一般不再考虑设置纵向加劲肋,也给施工带来了方便。因此,规范推荐对无局部压应力、承受静力荷载或间接承受动力荷载的组合梁宜考虑腹板屈曲后强度,但对于承受重复动态荷载且需要验算疲劳的梁(如吊车梁),如果腹板反复屈曲,可能会促使疲劳裂纹的开展,缩短梁的疲劳寿命,而且动力作用会使薄腹板产生振动,所以不宜考虑腹板的屈曲后强度。

5.5.1　梁腹板屈曲后的抗剪承载力

考虑梁腹板屈曲后强度的理论分析和计算方法较多,目前各国规范大都采用张力场理论。它的基本假定如下：

(1)腹板剪切屈曲后将因薄膜应力而形成拉力场,腹板中的剪力,一部分由小挠度理论算出的抗剪力承担,另一部分有斜张力场作用(薄膜效应)承担;

(2)翼缘的抗弯刚度小,假定不能承担腹板斜张力场产生的垂直分力的作用。

根据上述假定,见图5.29腹板屈曲后的实腹梁犹如一桁架结构,张力场带好似桁架的斜拉杆,而梁翼缘犹如弦杆,横向加劲肋则起竖杆作用。

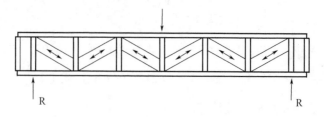

图5.29　腹板的张力场作用

根据基本假定(1)知,腹板能够承担的极限剪力 V_u 应为屈曲剪力 V_{cr} 和张力场剪力 V_t 之和,即

$$V_u = V_{cr} + V_t \tag{5-81}$$

屈曲剪力 V_{cr} 很容易确定,即 $V_{cr} = h_w t_w \tau_{cr}$, h_w, t_w 为腹板高度和厚度,这里 τ_{cr} 为

$$\tau_{cr} = \frac{k\pi^2 E}{12(1-\nu^2)}\left(\frac{t_w}{h_w}\right)^2$$

根据基本假定(2),可以认为力是通过宽度为 s 的带形张力场以拉应力为 σ_t 的效应传到加劲肋上的(事实上,带形场以外部分也有少量薄膜应力),如图5.30所示。这些拉应力对屈曲后腹板的变形起到牵制作用,从而提高了承载能力。拉应力所提供的剪力,即张力场剪力 V_t 就是腹板屈曲后的抗剪承载能力 V_u 的提高部分。

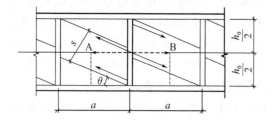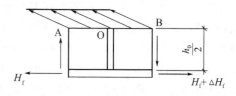

图5.30　张力场作用下的剪力

根据上述理论分析和试验研究,为简化计算,《钢结构设计规范》规定抗剪承载力设计值 V_u 应按下列公式计算：

当 $\lambda_s \leqslant 0.8$ 时

$$V_u = h_w t_w f_v \tag{5-82}$$

当 $0.8 < \lambda_s \leqslant 1.2$ 时

$$V_u = h_w t_w f_v [1 - 0.5(\lambda_s - 0.8)] \tag{5-83}$$

当 $\lambda_s > 1.2$ 时

$$V_u = h_w t_w f_v / \lambda_s^{1.2} \tag{5-84}$$

式中，λ_s 为用于腹板受剪计算时的通用高厚比，按式（5－85）计算

$$\lambda_s = \frac{h_0/t_w}{41\sqrt{\beta}} \cdot \sqrt{\frac{f_y}{235}} \qquad (5-85)$$

当 $a/h_0 \leqslant 1.0$ 时

$$\beta = 4 + 5.34\left(\frac{h_0}{a}\right)^2 \qquad (5-86)$$

当 $a/h_0 > 1.0$ 时

$$\beta = 5.34 + 4\left(\frac{h_0}{a}\right)^2 \qquad (5-87)$$

如果只设置支座处的支承加劲肋而使 a/h_0 过大时，则可取 $\beta = 5.34$。

5.5.2　梁腹板屈曲后的抗弯承载力

由上述内容可知，腹板屈曲后考虑张力场的作用，抗剪承载力比按弹性理论计算的承载力有所提高。但由于弯矩作用下的受压区屈曲后不能承担弯曲压应力，使梁的抗弯承载力有所下降，但下降不多。我国《规范》对梁腹板受弯屈曲后强度的计算公式是采用有效截面的概念。如图 5.31 所示，腹板的受压区屈曲后弯矩还可继续增大，但受压区的应力分布不再是线性的，其边缘应力达到 f_y 时即认为达到承载力的极限。此时梁的中和轴略有下降，腹板受拉区全部有效；受压区引入有效高度概念，假定有效高度为 ρh_c，均分在受压区 h_c 的上下部位。梁所能承受的弯矩即取这一有效截面（图 5.31(c)）应力线性分布计算。

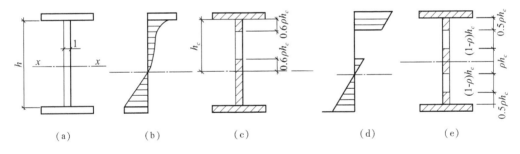

图 5.31　屈曲后梁腹板的有效高度

因为腹板屈曲后使梁的抗弯承载力下降得不多，如对 Q235 钢来说，对受压翼缘扭转受到约束的梁，当腹板高厚比达到 200 时（或对受压翼缘扭转未受到约束的梁，当腹板高厚比达到 175 时），抗弯承载力与全截面有效的梁相比，仅下降 5% 以内。因此在计算梁腹板屈曲后的抗弯承载力时，一般用近似公式来确定。以图 5.31 所示双轴对称工字形截面梁为例，若忽略腹板受压屈曲后梁中和轴的变动，并把受压区的有效高度 ρh_c 等分在中和轴两端，同时在受压区也和受压区一样扣去 $(1-\rho)h_c t_w$ 的高度，腹板截面如图 5.31(e)，这样中和轴的位置不变。

梁有效截面惯性矩（忽略孔洞绕本身轴惯性矩）

$$I_{xe} = I_x - 2(1-\rho)h_c t_w \left(\frac{h_c}{2}\right)^2 = I_x - \frac{1}{2}(1-\rho)h_c^3 t_w \qquad (5-88)$$

梁截面模量折减系数

$$a_e = \frac{W_{xe}}{W_x} = \frac{I_{xe}}{I_x} = 1 - \frac{(1-\rho)h_c^3 t_w}{2I_x} \qquad (5-89)$$

式(5-89)是按双轴对称截面塑形发展系数 $\gamma_x = 1.0$ 得出的偏安全的近似公式,也可用于 $\gamma_x = 1.05$ 的情况。同时,此式虽由双轴对称工字型截面得出,也可用于单轴对称工字型截面。

腹板受压区有效高度系数 ρ,与计算局部稳定中临界应力 σ_{cr} 一样可通用高厚比 $\lambda_b = \sqrt{f_y/\sigma_{cr}}$ 作为参数,也分为三个阶段,分界点也与计算 σ_{cr} 相同,规范规定 ρ 按式(5-90)~(5-92)计算:

当 $\lambda_b \leqslant 0.85$ 时

$$\rho = 1.0 \qquad (5-90)$$

当 $0.85 < \lambda_b \leqslant 1.25$ 时

$$\rho = 1 - 0.82(\lambda_b - 0.85) \qquad (5-91)$$

当 $\lambda_b > 1.25$ 时

$$\rho = (1 - 0.2/\lambda_b)/\lambda_b \qquad (5-92)$$

梁的抗弯承载力设计值即为

$$M_{eu} = \gamma_x a_e W_x f \qquad (5-93)$$

以上公式中的截面数据 W_x,I_x 以及 h_c 均按截面全部有效计算。

5.5.3 考虑腹板屈曲后强度的计算

承受静力荷载和间接承受动力荷载的组合梁宜考虑腹板屈曲后强度。腹板在横向加劲肋之间的各区段,通常同时承受弯矩和剪力。此时,腹板屈曲后对梁的承载力影响比较复杂,剪力 V 和弯矩 M 的相关性可以用某种曲线表达。我国《钢结构设计规范》采用如图5.32所示的剪力 V 和弯矩 M 无量纲化相关曲线。

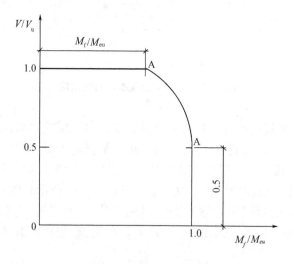

图5.32　弯矩与剪力相关曲线

首先假定当弯矩不超过翼缘所提供的弯矩 M_f 时,腹板不参与承担弯矩作用,即在 $M \leqslant M_f$ 的范围内相关关系为一水平线,$V/V_u = 1.0$。当截面全部有效而腹板边缘屈服时,腹板可以承受剪应力的平均值约为 $0.65f_{vy}$。对于薄腹板梁，腹板也同样可以承担剪力，可偏安全地取为仅承受剪力最大值 V_u 的 0.5 倍，即当 $V/V_u \leqslant 0.5$ 时，取 $M/M_{eu} = 1.0$。

图 5.32 所示相关曲线的 A 点(M_f/M_{eu}, 1)和 B 点(1, 0.5)之间的曲线可用抛物线来表达，由此抛物线确定的验算式

$$\left(\frac{V}{0.5V_u} - 1\right)^2 + \frac{M - M_f}{M_{eu} - M_f} \leqslant 1.0 \tag{5-94}$$

这样，在弯矩和剪力共同作用下梁的承载力为

当 $M/M_f \leqslant 1.0$ 时

$$V \leqslant V_u \tag{5-95}$$

当 $V/V_u \leqslant 0.5$ 时

$$M \leqslant M_{eu} \tag{5-96}$$

其他情况

$$\left(\frac{V}{0.5V_u} - 1\right)^2 + \frac{M - M_f}{M_{eu} - M_f} \leqslant 1.0 \tag{5-97}$$

$$M_f = \left(A_{f1}\frac{h_1^2}{h_2} + A_{f2}h_2\right)f \tag{5-98}$$

式中 M, V——梁的同一截面处同时产生的弯矩和剪力设计值(当 $V \leqslant 0.5V_u$，取 $V = 0.5V_u$；当 $M \leqslant M_f$，取 $M = M_f$)；

M_f—— 梁两翼缘所承担的弯矩设计值；

A_{f1}, h_1——较大翼缘的截面面积及其形心至梁中和轴距离；

A_{f2}, h_2——较小翼缘的截面面积及其形心至梁中和轴距离；

M_{eu}, V_u——梁抗弯和抗剪承载力设计值，分别按式(5-93)和式(5-82)~(式5-84)计算。

5.5.4 考虑腹板屈曲后强度的加劲肋设计

利用腹板屈曲后强度，即使腹板高厚比超过 $170\sqrt{235/f_y}$，也只设置横向加劲肋，一般不再考虑设置纵向加劲肋。当仅布置支承加劲肋不能满足公式(5-94)要求时，应在两侧成对布置中间横向加劲肋。横向加劲肋的间距应满足考虑腹板屈曲后的强度条件式(5-94)的要求；同时也应满足构造要求，其间距一般可采用 $a = (1.0 \sim 1.5)h_0$。

1. 横向加劲肋

梁腹板在剪力作用下屈曲后以斜向张力场的形式继续承受剪力，梁的受力类似桁架，横向加劲肋相当于竖杆，张力场的水平分力在相邻区格腹板之间传递和平衡，而竖向分力则由加劲肋承担，为此，横向加劲肋应按轴心压杆计算其在腹板平面外的稳定，事实上，我国《规范》在计算中间加劲肋所受轴心力时，考虑了张力场拉力的水平分力的影响，其轴力按下式计算

$$N_s = V_u - h_0 t_w \tau_{cr} \tag{5-99}$$

若中间横向加劲肋还承受固定集中荷载 F，则

$$N_s = V_u - h_0 t_w \tau_{cr} + F \tag{5-100}$$

式中 V_u——按式(5-93)~式(5-95)计算；

t_w——按式(5-42)~式(5-43)计算；

h_0——腹板高度；

F——作用在中间支承肋加劲上端的集中荷载。

2.支座加劲肋

对于梁的支承支座加劲肋,当腹板在支座旁的区格利用屈曲后强度,除承受梁支座反力及外,还必须考虑拉力场水平分力 H 的影响。规范取拉力场的水平分力 H 为

$$H = (V_u - \tau_{cr} h_w t_w)\sqrt{1 + (a/h_0)^2} \qquad (5-101)$$

H 的作用点可取为距梁腹板计算高度上边缘 $h_0/4$ 处,如图5-33所示。为了增加抗弯能力,还应将梁端部延长,并设置封头版。此时,对梁支座加劲肋的计算可采用下列方法之一:

(1)将封头板与支座加劲肋之间视为竖向压弯构件,简支于梁上下翼缘,计算其强度和在腹板平面外的稳定;

(2)将支座加劲肋1作为承受支座反力 R 的轴心压杆计算,封头板截面积则不小于 $A_c = \dfrac{3h_0 H}{16ef}$,式中 e 为支座加劲肋与封头板的距离,f 为钢材强度设计值。

梁端构造还可以采用另一种方案,即缩小支座加劲肋和第一道中间加劲肋的距离 a_1(见图5.33(b)),使该区格在剪力设计值作用下不会发生屈曲,在这种情况的支座加劲肋就不会受到拉力场水平分力 H 的作用。

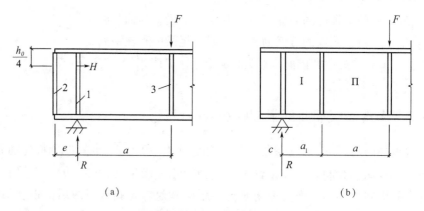

图5.33 考虑腹板屈曲后强度时梁端的构造

1—支承加劲肋；2—封头肋板；3—横向加劲肋

5.6 受弯构件的截面设计

受弯构件截面设计通常是先初选截面,然后进行截面验算。若不满足要求,重新修改截面,直至符合要求为止。本节主要介绍型钢梁和焊接组合梁的截面设计方法。

5.6.1 型钢梁的设计

1.单向弯曲型钢梁

单向弯曲型钢梁的设计比较简单,通常先按抗弯强度(当梁的整体稳定从构造上有保

证时)或整体稳定(当需要计算整体稳定时)求出需要的截面模量

$$W_{nx} = M_{max}/(\gamma_x f) \quad \text{或} \quad W_x = M_{max}/(\varphi_b f) \tag{5 - 102}$$

式中的整体稳定系数 φ_b 可估计假定。由截面模量选择合适的型钢(一般为 H 型钢或普通工字钢),然后验算其他项目。由于型钢截面的翼缘和腹板厚度较大,不必验算局部稳定;端部无大的削弱时,也不必验算剪应力。而局部压应力也只在有较大集中荷载或支座反力处才验算。

2. 双向弯曲型钢梁

双向弯曲型钢梁承受两个主平面方向的荷载,设计方法与单面弯曲型钢梁相同,应考虑抗弯强度、整体稳定、挠度等的计算,而剪应力和局部稳定一般不必计算,局部压应力只有在有较大集中荷载或支座反力的情况下,必要时才验算。

双向弯曲梁的抗弯强度按式(5-5)计算,即

$$\frac{M_x}{\gamma_x W_{nx}} + \frac{M_y}{\gamma_y W_{ny}} \leqslant f$$

双向弯曲梁的整体稳定的理论分析较为复杂,一般按经验近似公式计算,规范规定双向受弯的 H 型钢或工字钢截面梁应按式(5-29)计算其整体稳定

$$\frac{M_x}{\varphi_b W_x} + \frac{M_y}{\gamma_y W_{ny}} \leqslant f$$

式中,φ_b 为绕强轴(x 轴)弯曲所确定的梁整体稳定系数。

设计时应尽量满足不需计算整体稳定的条件,这样可按抗弯强度条件选择型钢截面,由式(5-5)可得

$$W_{nx} = \left(M_x + \frac{\gamma_x}{\gamma_y} \cdot \frac{M_Y}{\gamma_y W_y} M_Y \right) \frac{1}{\gamma_x f} = \frac{M_x + \alpha M_y}{\gamma_x f} \tag{5 - 103}$$

对小型号的型钢,可近似取 $\alpha = 6$(窄翼缘 H 型钢和工字钢)或 $\alpha = 5$(槽钢)。

双向弯曲型钢梁最常用于檩条,其截面一般为 H 型钢(檩条跨度较大时)、槽钢(跨度较小时)或冷弯薄壁 Z 形钢(跨度不大且为轻型屋面时)等。

5.6.2　组合梁的设计

1. 截面选择

组合梁截面选择应满足强度、稳定、刚度、经济性等要求。选择截面时一般是首先考虑抗弯强度(或对某些梁为整体稳定)要求,使截面有足够的抵抗矩,并在计算过程中随时兼顾其他各项要求。不同形式梁截面选择的方法和步骤基本相同。现以组合双轴对称工形截面梁为例说明(对组合梁无孔洞时可不区分净截面和毛截面)。截面共有四个基本尺寸 h_0(或 h),t_w,b_f,t(见图5.34),计算顺序是先确定 h_0,然后 t_w,最后确定 b_f 和 t。

(1)截面高度 h(或腹板高度 h_0)

梁腹板高度 h_0 应根据下面三个参考高度确定:建筑容许的最大梁高 h_{max}、刚度要求的最小梁高 h_{min} 和经济梁高。

建筑高度是指梁格底面到铺板顶面之间的高度,它往往由生产工艺和使用要求决定。有了建筑高度要求,也就决定了梁的最大高度 h_{max}。当梁上平台面的标高已定,梁高太大将

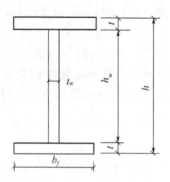

图 5.34　组合梁截面

减小下层空间的净空高度,影响下层的使用、通行或设备放置。根据下层使用所要求的最小净空高度,可算出建筑容许的最大梁高 h_{max}(梁上次梁、楼板、面层做法和梁下吊顶、突出部分以及预计挠度留量和必要的空隙等应该扣除)。如果没有建筑高度要求,可不必规定最大梁高。

刚度条件决定了梁的最小高度 h_{min},刚度条件是要求梁在全部荷载标准值作用下的挠度 $v \leqslant [v]$。

现以承受均布荷载(全部荷载设计值 q,包括永久荷载与可变荷载)作用的单向受弯简支梁为例,推导最小梁高 h_{min}。梁的挠度按荷载标准值 $q_k(=1.3q)$ 计算(1.3 取荷载的平均分项系数 1.2 和 1.4),即

$$\frac{v}{l} = \frac{5}{384} \frac{q_k l^3}{EI_x} = \frac{5}{48} \frac{M_K l}{EI_x} \approx \frac{5}{48} \frac{(M/1.3)l}{EW_x h/2} = \frac{1}{6.24} \frac{\sigma_{max}}{E} \frac{l}{h} \leqslant \left[\frac{v}{l}\right]$$

若此梁的抗弯强度充分发挥,可令 $\sigma = f$,由上式可求得

$$h_{min} \geqslant \frac{10f}{48 \times 1.3E} \cdot \frac{l^2}{[v_T]} \qquad (5-104)$$

梁的经济高度是指满足一定条件(强度、刚度、整体稳定和局部稳定)、用钢量最少的梁高度。对楼盖和平台结构来说,组合梁一般用作主梁。由于主梁的侧向有次梁支承,整体稳定不是最主要的,所以,梁的截面一般由抗弯强度控制。

由经验公式得,梁用钢量最小时经济高度

$$h_e \approx 2W_x^{0.4} \text{ cm} \qquad (5-105)$$

或

$$h_e \approx 7 \cdot \sqrt[3]{W_x} - 30 \text{ cm} \qquad (5-106)$$

式(5-105)、式(5-106)中 h_e 的单位是 cm,W_x 的单位是 cm³。W_x 可按式(5-107)估算

$$W_x = \frac{M_x}{\alpha f} \qquad (5-107)$$

式中 α 为系数。对一般单向弯曲梁:当最大弯矩处无孔眼时,$\alpha = \gamma_x = 1.05$;有孔眼时,$\alpha = \gamma_x = 0.85 \sim 0.9$。对于吊车梁,考虑横向水平荷载的作用可取 $\alpha = \gamma_x = 0.7 \sim 0.9$。

实际采用的梁高,应大于由刚度条件确定的最小高度 h_{min},而大约等于或略小于经济高度 h_e。此外,梁的高度不能影响建筑物使用要求所需的净空尺寸,即不能大于建筑物的最大允许梁高。

确定梁高时,应适当考虑腹板的规格尺寸,一般取腹板高度为50 mm 的倍数。

（2）腹板厚度

腹板厚度 t_w 应根据下面两个参考厚度确定:

①抗剪要求最小厚度。初选截面时,可近似地假定最大剪应力为腹板平均剪应力的1.2倍,腹板的抗剪强度计算公式简化为

$$\tau_{max} \approx 1.2 \frac{V_{max}}{h_w t_w} \leqslant f_v$$

于是

$$t_w \geqslant 1.2 \frac{V_{max}}{h_w f_v} \qquad (5-108)$$

②由上式计算的 t_w 往往偏小,为了满足局部稳定和构造的需要,腹板厚度一般采用下列经验公式估算

$$t_w = \sqrt{h_w}/3.5 \text{ mm} \qquad (5-109)$$

腹板的厚度 t_w 的增加对截面惯性矩影响不是很显著,但是对腹板平面面积影响相对较大,因此 t_w 的少量增加将使得整个梁的用钢量有很多的增加,因此,t_w 应结合腹板加劲肋的设置综合考虑,宜尽量偏小,但一般不小于 6 mm,也不宜使高厚比超过 $250\sqrt{235/f_y}$,并取 2 mm 的倍数。

（3）翼缘宽度 b_f 和厚度 t

由 W_x 及腹板截面面积确定

$$I_x = \frac{1}{12}t_w h_w^3 + 2b_f t \left(\frac{h_1}{2}\right)^2$$

$$W_x = \frac{2I_x}{h} = \frac{1}{6}t_w \frac{h_w^3}{h} + b_f t \frac{h_1^2}{h}$$

取 $h \approx h_1 \approx h_w$

$$W_x = \frac{t_w h_w^2}{6} + b_f t h_w \qquad (5-110)$$

$$b_f t = \frac{W_x}{h_w} - \frac{t_w h_w}{6} \qquad (5-111)$$

另外一般翼缘板的宽度通常为 $b_f = (1/5 \sim 1/3)h$,带入上式得厚度 t。翼缘板常用单层板做成,当厚度过大时,可采用双层板。

确定翼缘板的尺寸时,应注意满足局部稳定要求,使受压翼缘的外伸宽度 b 与其厚度 t 之比 $b/t \leqslant 15\sqrt{235/f_y}$（弹性设计,即取 $\gamma_x = 1.0$）或 $13\sqrt{235/f_y}$（考虑塑性发展,即取 $\gamma_x = 1.05$）。

选择翼缘尺寸时,同时应符合钢板规格,宽度取 10 mm 的倍数,厚度取 2 mm 的倍数。

2. 截面验算

截面确定后,求得截面几何参数 I_x,W_x,I_y,W_y 等,进行验算。梁的截面验算包括强度验算、整体稳定验算、局部稳定验算（对于腹板一般通过加劲肋来保证）、刚度验算、动荷载（必要时应进行疲劳验算）。

3. 梁截面沿长度的改变

跨度较小的梁一般不改变截面。跨度稍大的组合梁,为了节省钢材,其截面可随弯矩

变化而加以改变。一般来讲,截面弯矩沿长度改变,为节约钢材,将弯矩较小区段的梁截面减小,截面的改变有两种方式。

(1)改变翼缘板截面

一般改变翼缘板宽度,不改变板的厚度,改变翼缘的厚度会使截面变化处产生较大集中力,且上翼缘不平不利于搁置面板或吊车轨。每改变宽度处需做翼缘板对焊拼接,故通常是梁在每个半跨内只改变截面一次(见图5.35),可节约钢材10%~20%。如改变二次,约再多节约3%~5%,效果不显著,制造麻烦。

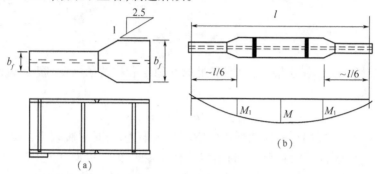

图5.35 梁翼缘板宽度的改变

(a)变截面梁;(b)变截面位置示意图

对承受均布荷载的简支梁,一般在距支座 $l/6$ 处(见图5.35(b))改变截面比较经济。设计时通常先规定变截面位置,例如取最优变截面点 $l/6$ 处(遇次梁时可适当错动);然后由该处的弯矩 M_1 求需要的缩小截面的抵抗矩 $W_x = M_1/(\gamma f)$,求需要的缩小宽度 b'。如果求得的 b' 过小不合构造要求,也可先规定合适的 b',按此算出的 W_x 和 $M_1 = \gamma f W_x$,再从弯矩图确定变截面的位置。

两层翼缘板的梁,可用截断外层板的办法来改变梁的截面(见图5.36)。理论切断点的位置可由计算确定,被切断的翼缘板在理论切断处应能正常参加工作,其外伸长度 l_1,须满足下列要求:

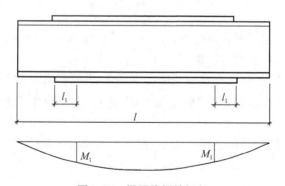

图5.36 梁翼缘板的切断

端部有正面角焊缝:

当 $h_f \geqslant 0.7t_1$ 时 $l_1 \geqslant b_1$

当 $h_f < 0.7t_1$ 时 $l_1 \geqslant 1.5b_1$

端部无正面角焊缝:

$$l_1 \geqslant 2b_1$$

式中 b_1 和 t_1——分别为被切断翼缘板的宽度和厚度;

h_f——为侧面角焊缝和正面角焊缝的焊角尺寸。

(2)改变梁高

有时对于某些结构,如跨度较大的水工平面钢闸门,为减小门槽宽度,需要降低梁的端部高度,可以在靠近支座处减小其高度,将梁的下翼缘做成折线外形而翼缘截面保持不变(见图5.37),这样可以降低梁相对于支撑点的中心高度而利于稳定。

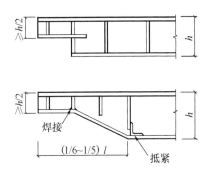

图5.37 变高度梁

4. 翼缘焊缝的计算

当梁弯曲时,由于相邻截面中作用在翼缘截面的弯曲正应力有差值,翼缘与腹板间将产生水平剪应力(见图5.38)。沿梁单位长度的水平剪力为

$$v_1 = \tau_1 t_w = \frac{VS_1}{I_x t_w} \cdot t_w = \frac{VS_1}{I_x}$$

式中 $\tau_1 = \frac{VS_1}{I_x t_w}$——腹板与翼缘交界处的水平剪应力(与竖向剪应力相等);

S_1——翼缘截面对梁中和轴的面积矩。

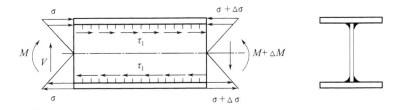

图5.38 翼缘焊缝的水平剪力

当腹板与翼缘板用角焊缝连接时,角焊缝有效截面上承受的剪应力 τ_f 不应超过角焊缝强度设计值 f_f^w,即

$$\tau_f = \frac{v_1}{2 \times 0.7 h_f} = \frac{VS_1}{1.4 h_f I_x} \leqslant f_f^w$$

需要的焊脚尺寸为

$$h_{\mathrm{f}} \geqslant \frac{VS_1}{1.4 I_x f_f^w} \qquad (5-112)$$

当梁翼缘上承受移动集中荷载,或承受固定集中荷载而未设置支撑加劲肋时,上翼缘与腹板之间的连接焊缝,除承受沿焊缝长度方向的剪应力 τ_f 外,还承受垂直于焊缝长度方向的局部压应力

$$\sigma_f = \frac{\psi F}{2 h_e l_z} = \frac{\psi F}{1.4 h_{\mathrm{f}} l_z}$$

因此,受有局部压应力的上翼缘与腹板之间的连接焊缝应按下式计算强度

$$\frac{1}{1.4 h_{\mathrm{f}}} \sqrt{\left(\frac{\psi F}{\beta_{\mathrm{f}} l_z}\right)^2 + \left(\frac{VS_1}{I_x}\right)^2} \leqslant f_f^w$$

从而

$$h_{\mathrm{f}} \geqslant \frac{1}{1.4 f_f^w} \sqrt{\left(\frac{\psi F}{\beta_{\mathrm{f}} l_z}\right)^2 + \left(\frac{VS_1}{I_x}\right)^2} \qquad (5-113)$$

式中 β_{f}——系数。对直接承受动力荷载的梁(如吊车梁),$\beta_{\mathrm{f}} = 1.0$;对其他梁,$\beta_{\mathrm{f}} = 1.22$。

【例题 5.5】

如图 5.39 所示一工作平台主梁的计算简图,次梁传来的集中荷载的标准值为 $F_k = 253$ kN,设计值 $F_d = 323$ kN。主梁采用组合工字形截面,初选截面如图 5.40 所示,钢材采用 Q235B,焊条为 E43 型。主梁加劲肋的布置如图 5.41 所示。试进行主梁的计算(包括强度、刚度、整体稳定、局部稳定和加劲肋设计等)。

解:(1)主梁内力计算

梁自重为(78 kN/m³,考虑到加劲肋等乘以增大系数 1.2)

标准值 $g_k = 1.2 \times (0.42 \times 0.024 \times 2 + 1.5 \times 0.008) \times 78 = 3.0$ kN/m

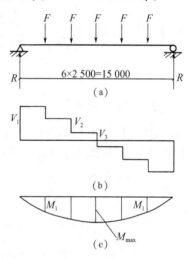

图 5.39 【例 5.5】工作平台主梁的计算

设计值 $g_d = 1.2 \times 3.0 = 3.6$ kN/m

支座处最大剪力(设计值)

$$V_1 = 323 \times \frac{5}{2} + \frac{1}{2} \times 3.6 \times 15 = 834.5 \text{ kN}$$

跨中最大弯矩(设计值):

$$M_x = 834.5 \times 7.5 - 323 \times (5 + 2.5) -$$
$$\frac{1}{2} \times 3.6 \times 7.5^2 = 3735 \text{ kN} \cdot \text{m}$$

(2)强度验算

梁截面的几何模量

$$I_x = \frac{1}{12}(42 \times 154.8^3 - 41.2 \times 150^3) = 1396000 \text{ cm}^4$$

$$W_x = \frac{2I_x}{h} = \frac{2 \times 1\,396\,000}{154.8} = 18\,000 \text{ cm}^3$$

$$A = 150 \times 0.8 + 2 \times 42 \times 2.4 = 322 \text{ cm}^2$$

验算抗弯强度(截面无削弱)

$$\sigma = \frac{M_x}{\gamma_x W_{nx}} = \frac{3\,735 \times 10^6}{1.05 \times 18\,000 \times 10^3} = 197.6 \text{ N/mm}^2$$

$$< f = 205 \text{ N/mm}^2$$

验算抗剪强度

$$\tau = \frac{V_{max}S}{I_x t_w} = \frac{834.5 \times 10^3}{1\,396\,000 \times 10^4 \times 10}(420 \times 24 \times 762 +$$

$$750 \times 8 \times 375)$$

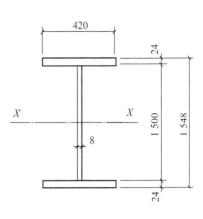

图 5.40　截面几何特征

$$= 60.5 \text{ N/mm}^2 < f_v = 125 \text{ N/mm}^2$$

主梁的支座外以及支撑次梁处均配置支撑加劲肋,故不验算局部承压强度。

(3)梁整体稳定验算

次梁可视为主梁受压翼缘的侧向支撑,主梁受压翼缘自由长度与宽度之比 $l_1/b_1 = 250/42 = 6.0 < 16$,根据规范,故不需验算主梁的整体稳定性。

(4)刚度验算

挠度容许值为 $[v_T] = l/400$(全部荷载标准值作用)或 $[v_T] = l/500$(仅有可变荷载标准值作用)。

全部荷载标准值在梁跨中产生的支座反力和最大弯矩

$$R_k = 253 \times 2.5 + 3 \times \frac{15}{2} = 655 \text{ kN}$$

$$M_k = 655 \times 7.5 - 253(5 + 2.5) - 3 \times 7.5^2/2 = 2\,930.6 \text{ kN} \cdot \text{m}$$

所以有

$$\frac{v_T}{l} \approx \frac{M_k l}{10EI_x} = \frac{2\,930.6 \times 10^6 \times 15\,000}{10 \times 20\,600 \times 1\,396\,000 \times 10^4} = \frac{1}{654} < \frac{[v_T]}{l} = \frac{1}{400}$$

因 $[v_T]/l$ 已小于 $1/500$,故不必再验算仅有可变荷载作用下的挠度。

(5)翼缘宽厚比验算

翼缘板外伸宽度与厚度之比 $206/24 = 8.6 < 13\sqrt{235/f_y} = 13$,满足局部稳定要求。

(6)腹板局部稳定计算和加劲肋设计

①各板段的强度计算。此种梁腹板宜考虑屈曲后强度,应在支座处和每个次梁处(即固定集中荷载处)设置支撑加劲肋。另外,端部板段采用如图 5.41 所示的构造,另加横向加劲肋,使 $a_1 = 650$ mm,因 $a_1/h_0 < 1$,$\lambda_s = \frac{h_0/t_w}{41\sqrt{4 + 5.34(1\,500/650)^2}} \approx 0.8$,故 $\tau_{cr} = f_v$,使板段 I_1 范围内(见图 5.41)不会屈曲,支座加劲肋就不会受到水平力 H_t 的作用。

对板段 I(见图 5.41):

左侧截面剪力 $V_1 = 834.5 - 3.6 \times 0.65 = 832.2$ kN

相应弯矩 $M_1 = 834.5 \times 0.65 - 3.6 \times 0.65^2/2 = 542$ kN · m

因 $M_1 = 542$ kN · m $< M_f = 420 \times 24 \times 1\,524 \times 205 = 3\,150$ kN · m

故用 $V_1 \leqslant V_u$ 验算,$a/h_0 > 1$;

$$\lambda_s = \frac{h_0/t_w}{41\sqrt{5.34 + 4(h_0/a)^2}} = \frac{1\,500/8}{41\sqrt{5.34 + 4(1\,500/1\,850)^2}} = 1.62 > 1.2$$

$V = h_w t_w f_v / \lambda_s^{1.2} = 1\,500 \times 8 \times 125/1.62^{1.2} = 841 \times 10^3$ N > 832.2 kN,所以满足。

对板段 II(见图 5.41),验算右侧截面

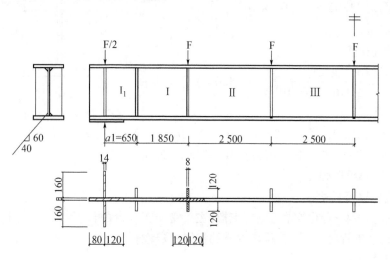

图 5.41 主梁加劲肋

$$\lambda_s = \frac{h_0/t_w}{41\sqrt{5.34 + 4(h_0/a)^2}} = \frac{1\,500/8}{41\sqrt{5.34 + 4(1\,500/2\,500)}} = 1.756$$

$$V_u = h_w t_w f_v / \lambda_s^{1.2} = 1\,500 \times 8 \times 125/1.756^{1.2} = 841 \times 10^3 \text{ N}$$

因 $V_3 = 834.5 - 2 \times 323 - 3.6 \times 7.5 = 162$ kN $< 0.5V_u = 0.5 \times 763$ kN $= 382.5$ kN

故用 $M_3 = M_{\max} \leqslant M_{eu}$ 验算

$$\lambda_b = \frac{h_0/t_w}{153}\sqrt{\frac{f_y}{235}} = \frac{187.5}{153} = 1.225 > 0.85,但小于 1.25$$

$$\rho = 1 - 0.82(1.225 - 0.85) = 0.693$$

$$\alpha_e = 1 - \frac{(1-\rho)h_c^3 t_w}{2I_x} = 1 - \frac{(1-0.693) \times 750^3 \times 8}{2 \times 1\,396\,000 \times 10^4} = 0.963$$

$$M_{eu} = \gamma_x a_x W_x f = 1.05 \times 0.963 \times 18\,000 \times 10^3 \times 205 = 3731 \times 10^6 \text{ N/mm} \approx M_3 = 3735 \text{ kN/m}$$

(可以)

对板段 II 左侧截面可不验算。

②加劲肋计算

横向加劲肋的截面

宽度:$b_s \geqslant \dfrac{h_0}{30} + 40 = \dfrac{1\,500}{30} + 40 = 90$ mm, 取 $b_s = 120$ mm

厚度:$t_s \geqslant \dfrac{b_s}{15} = 120/15 = 8$ mm

中部承受次梁支座反力的支撑加劲肋的截面验算

由上面可知

$$\lambda_s = 1.756, \tau_{cr} = 1.1 f_v / \lambda_s^{1.2} = 1.1 \times 125 / 1.756^{1.2} = 44.6 \text{ N/mm}^2$$

故该加劲肋所承受轴心力

$$N_s = V_u - \tau_{cr} h_w t_w + F = 954 \times 10^3 - 44.6 \times 1500 \times 8 + 323 \times 10^3 = 742 \text{ kN}$$

截面面积: $A_s = 2 \times 120 \times 8 + 240 \times 8 = 3840 \text{ mm}^2$

$I_z = \dfrac{1}{12} \times 8 \times 250^3 = 1042 \times 10^4 \text{ mm}^4$, 所以 $i_z = \sqrt{I_z / A} = 52.1 \text{ mm}$

$\lambda_z = 1500 / 52.1 = 29$, 查得 $\varphi_z = 0.939$

靠近支座加劲肋的中间横向加劲肋仍用 -120×8 截面, 不必验算。

支座加劲肋的验算

承受支座反力 $R = 834.5 \text{ kN}$, 另外还应加上端部次梁直接传给主梁的支反力 $323/2 = 161.5 \text{ kN}$。

采用 $2 - 160 \times 14$ 板, $A_s = 2 \times 160 \times 14 + 200 \times 8 = 6080 \text{ mm}^2$

$I_z = \dfrac{1}{12} \times 14 \times 328^3 = 4118 \times 10^4 \text{ mm}^4$, 所以 $i_z = \sqrt{I_z / A} = 82.3 \text{ mm}$

$$\lambda_z = 1500 / 82.3 = 18.2, \varphi_z = 0.974$$

验算在腹板平面外稳定

$$\frac{N_s}{\varphi_z A_s} = \frac{(834.5 + 161.5) \times 10^3}{0.974 \times 6080} = 168 \text{ N/mm}^2 < f = 215 \text{ N/mm}^2$$

验算端部承压

$$\sigma_{ce} = \frac{(834.5 + 161.5) \times 10^3}{2(160 - 40) \times 14} = 296.4 \text{ N/mm}^2 < f_{ce} = 325 \text{ N/mm}^2$$

计算与腹板的连接焊缝

$$h_f \geq \frac{(834.5 + 161.5) \times 10^3}{4 \times 0.7(1500 - 2 \times 10) \times 160} = 1.6 \text{ mm}$$

取 $h_f = 6 \text{ mm} > 1.5\sqrt{t} = 1.5\sqrt{14} = 5.6 \text{ mm}$

5.7 梁的拼接、连接和支座

5.7.1 梁的拼接

梁的拼接分为工厂拼接和工地拼接: 由于钢材尺寸的限制, 必须将钢材接长或拼宽, 这种拼接常在工厂中进行, 称工厂拼接; 由于运输或安装条件的限制, 梁需要分段制作和运输, 然后在工程现场拼装, 称为工地拼接。由于现场的工艺条件限制, 工地拼接的质量容易较工厂拼接差, 因此应尽量减少工地拼接。

型钢梁的拼接可以采用对接焊缝(见图 5.42(a)), 但由于翼缘与腹板连接处不宜焊透, 有时采用拼接板拼接(见图 5.42(b)), 上述拼接位置宜放在弯矩较小处。

焊接组合梁的工厂拼接, 翼缘和腹板的拼接位置应错开并采用对接直焊缝, 使薄弱点不集中在同一截面, 腹板的拼接焊缝与横向加劲肋之间至少应相距 $10t_w$ (见图 5.43)。以避免焊缝密集与交叉。对接焊缝施焊时宜加引弧板, 并采用 1 级或 2 级焊缝(根据《钢结构工程施工质量验收规范》的规定分级), 使焊缝与基本金属等强。当采用 3 级质量焊缝时, 因

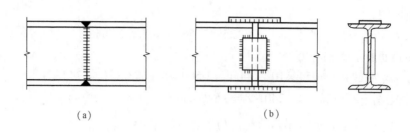

（a）　　　　　　　　　　　　　　（b）

图 5.42　型钢梁的拼接

焊缝抗拉强度低于钢材的强度,可采用斜焊缝。斜焊缝较费料,对于较宽的腹板不宜采用,可将拼接位置调整到弯矩较小处。

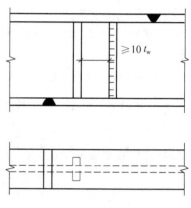

图 5.43　组合梁的工厂拼接

　　工地拼接的位置主要由运输及安装条件确定,但应尽可能布置在工作状况下弯应力较小处。一般应使翼缘和腹板基本上在同一截面处断开,以便分段运输。同一截面断开,端部齐平,运输时不宜碰坏,但薄弱点位置集中。对于截面尺寸较大的梁,在工地施焊时不便翻身,将上、下翼缘的拼接边缘做成向上开口的 V 形坡口,以便于俯焊。为了减小焊缝的残余应力,使焊缝收缩较自由,在工厂焊接时,靠近拼接处的翼缘板应预留出 500 mm 长度,在工地拼接时宜按图 5.44(a)标注的序号施焊。有时将翼缘和腹板的拼接位置相互错开(见图 5.44(b)),这样受力较好,但运输单元突出部分易碰损,应注意保护。

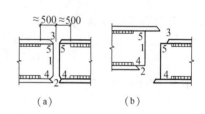

（a）　　　　　　　　（b）

图 5.44　组合梁的工地拼接

　　图 5.44 中,将翼缘焊缝留一段不在工厂施焊,是为了减少焊缝收缩应力。注明的数字是工地施焊的适宜顺序。

　　由于现场施焊条件较差,对于较重要的或受动力荷载作用的大型组合梁,焊缝质量难以保证,工地拼接时宜采用高强度螺栓连接(见图 5.45)。

　　对采用对接焊缝拼接的梁,凡不能保证对接焊缝与基本金属等强度,例如采用 3 级焊缝时,应对焊缝,特别是受拉区翼缘焊缝进行计算,使拼接处弯曲拉应力不超过焊缝抗拉强度设计值。

　　对用拼接板拼接的接头,应按下列规定的内力进行计算:翼缘拼接板及其焊缝所承受的内力 N_1,为翼缘板的最大承载力

$$N_1 = A_{fn} \cdot f \qquad (5-114)$$

式中　A_{fn}——被拼接的翼缘板净截面面积。

　　腹板拼接板及其连接,主要承受梁截面上的全部剪力 V 以及按刚度分配到腹板上的弯矩

$$M_w = M\frac{I_w}{I} \qquad (5-115)$$

式中 I_w——腹板截面惯性矩;

I——整个梁截面惯性矩。

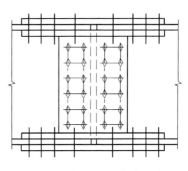

图5.45 采用高强度螺栓的工地拼接

5.7.2 主梁和次梁的连接

在一个空间结构中,梁系之间(次梁和主梁)通过连接构成整体协调工作。在设计次梁与主梁的连接时,要做到:

(1)设计的连接安全可靠,构造符合结构计算的假定。按铰接计算时,连接处的约束较小,能产生转角位移;按刚接计算时,应能承受和传递弯矩,接头处主次梁不发生相对转动。

(2)连接设计要便于制造、运输、安装和维护。

(3)设计的连接应经济合理,省工省料。

铰接连接按其连接位置有叠接和平接两种。

叠接是把次梁直接放在主梁顶面上,用螺栓或焊缝固定。叠接构造简单,安装方便,但所占的结构高度大,使用常受到限制,连接和梁格的刚度较差。图5.46(a)是次梁为简支梁时与主梁连接的构造,图5.46(b)是次梁为连续梁时与主梁连接的构造。为了避免主梁腹板承受过大的局部承压应力,应在主梁相应位置处设置支承加劲肋,否则,应验算支座处主梁腹板边缘上的局部承压应力。

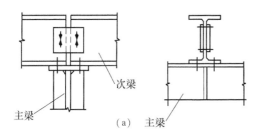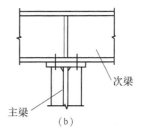

图5.46 次梁与主梁的叠接

次梁可直接与主梁的加劲肋(见图5.47(b))或腹板上专设的短角钢(见图5.47(a))或支托(见图5.47(c),(d))相连接。次梁顶面与主梁相平或略高、略低于主梁顶面,形成平接。这种连接虽构造复杂,但可降低结构高度,因此,在实际工作中应用较广泛。图5.47(a)(b)中次梁通过专设的短角钢或主梁加劲肋连接时,通常可采用螺栓连接,当次梁支座反力较大时,可采用安装焊缝连接(但要布置两个安装定位螺栓)。考虑到这类连接并非完全铰接,实际中会承受弯矩,计算螺栓或焊缝时应将次梁反力加大20%~30%。

对于刚接构造,次梁与次梁之间还要传递支座弯矩,次梁本身是连续的,支座弯矩可以直接传递,不必计算。如果主梁两侧的次梁是断开的,支座弯矩靠焊接连接的次梁上翼缘盖板、下翼缘承托水平顶板传递。由于梁的翼缘承受弯矩的大部分,所以连接盖板的截面及其焊缝可按承受水平力偶 $H=\dfrac{M}{h}$ 计算(M 为次梁支座弯矩,h 为次梁高度)。承托顶板与主梁腹板的连接焊缝也按力 H 计算。

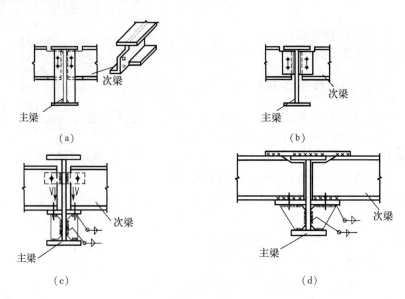

图 5.47　次梁与主梁的平接

【习题五】

1.单项选择题

1.1 在主平面内受弯的工字形截面组合梁,在抗弯强度计算中,允许考虑截面部分发展塑性变形时,绕 x 轴和 y 轴的截面塑性发展系数 γ_x 和 γ_y,分别为(　　)。

  A. 1.05,1.15 B. 1.2,1.2 C. 1.15,1.15 D. 1.05,1.2

1.2 钢结构梁计算公式,$\sigma = \dfrac{M_x}{\gamma_x W_{nx}}$ 中 γ_x(　　)。

  A. 与材料强度有关   B. 是极限弯矩与边缘屈服弯矩之比

  C. 表示截面部分进入塑性   D. 与梁所受荷载有关

1.3 在充分发挥材料强度的前提下,Q235 钢梁的最小高度 $h_{\min}$(　　)Q345 钢梁的 $h_{\min}$(其他条件均相同)。

  A. 大于   B. 小于   C. 等于   D. 不确定

1.4 钢梁的最小高度是由(　　)条件控制的。

  A. 强度   B. 建筑要求 C. 刚度   D. 整体稳定

1.5 单向受弯梁失去整体稳定时是属于(　　)形式的失稳。

  A. 弯曲   B. 扭转   C. 弯扭   D. 双向弯曲

1.6 为了提高梁的整体稳定性,(　　)是最经济有效的办法。

  A. 增大梁截面   B. 增加侧向支撑点,减少 l_1

  C. 设置横向加劲肋   D. 改变荷载作用的位置

1.7 焊接工字形截面简支梁,当(　　)时,整体稳定性最好。

  A. 加强受压翼缘   B. 截面双轴对称

  C. 加强受拉翼缘   D. 设置加劲肋

1.8 跨中无侧向支承的组合截面梁,当验算整体稳定性不足时,宜采用(　　)措施。

　　A.加大梁的截面面积　　　　　　　B.加大梁的高度

　　C.加大受压翼缘的宽度　　　　　　D.加大腹板的厚度

1.9 当梁整体稳定系数 $\varphi_b > 0.6$ 时,用 φ_b' 代替 φ_b 主要是因为(　　)。

　　A.梁的局部稳定有影响　　　　　　B.梁已进入弹塑性阶段

　　C.梁发生了弯扭变形　　　　　　　D.梁的强度降低了

1.10 防止梁腹板发生局部失稳,常采取加劲措施,这是为了(　　)。

　　A.增加梁截面的惯性矩　　　　　　B.增加截面面积

　　C.改变构件的应力分布状态　　　　D.改变边界约束板件的宽厚比

1.11 焊接工字形截面梁腹板配置横向加劲肋的目的是(　　)。

　　A.提高梁的抗弯强度　　　　　　　B.提高梁的抗剪强度

　　C.提高梁的整体稳定性　　　　　　D.提高梁的局部稳定性

1.12 在梁的整体稳定计算中,$\varphi_b' = 1$ 说明所设计梁(　　)。

　　A.处于弹性工作阶段　　　　　　　B.不会丧失整体稳定

　　C.梁的局部稳定必定满足要求　　　D.梁不会发生强度破坏

1.13 梁受固定集中荷载作用,当局部挤压应力不能满足要求时,采用是(　　)较合理的措施。

　　A.加厚翼缘　　　　　　　　　　　B.在集中荷载作用处设支承加劲肋

　　C.增加横向加劲肋的数量　　　　　D.加厚腹板

1.14 工字形截面组合梁受压翼缘宽厚比限值为 $\dfrac{b_1}{t} \leqslant 15\sqrt{\dfrac{235}{f_y}}$,式中 b_1 为(　　)。

　　A.受压翼缘板外伸宽度　　　　　　B.受压翼缘板全部宽度

　　C.受压翼缘板全部宽度的1/3　　　D.受压翼缘板的有效宽度

1.15 钢梁腹板局部稳定采用(　　)准则。

　　A.腹板局部屈曲应力不小于构件整体屈曲应力

　　B.腹板实际应力不超过腹板屈曲应力

　　C.腹板实际应力不小于板的剪应力

　　D.腹板局部临界应力不小于钢材屈服应力

1.16 双轴对称截面梁,其强度刚好满足要求,而腹板在弯曲应力下有发生局部失稳的可能,下列方案比较,应采用(　　)。

　　A.在梁腹板处设置纵、横向加劲肋

　　B.在梁腹板处设置横向加劲肋

　　C.在梁腹板处设置纵向加劲肋

　　D.沿梁长度方向在腹板处设置横向水平支撑

1.17 加强受压上翼缘的单轴对称工字形等截面简支梁,跨中有一向下的集中荷载作用在腹板平面内,集中荷载作用点位于(　　)时,梁的整体稳定性最好。

　　A.受压翼缘上表面　　　　　　　　B.形心与上翼缘之间的截面剪力中心

　　C.截面形心　　　　　　　　　　　D.受拉翼缘下表面

1.18 简支工字形截面梁,当(　　)时,其整体稳定性最差(按各种情况最大弯矩数值相同比较)。

A. 两端有等值同向曲率弯矩作用   B. 满跨有均布荷载作用

C. 跨中有集中荷载作用   D. 两端有等值反向曲率弯矩作用

1.19 工字形或箱形截面梁柱截面局部稳定是通过控制板件的何种参数并采取何种重要措施来保证的?(   )。

A. 控制板件的边长比并加大板件的宽(高)度

B. 控制板件的应力值并减小板件的厚度

C. 控制板件的宽(高)厚比并增设板件的加劲肋

D. 控制板件的宽(高)厚比并加大板件的厚度

1.20 为了提高荷载作用在上翼缘的简支工字形梁的整体稳定性,可在梁的(   )加侧向支撑,以减小梁出平面的计算长度。

A. 梁腹板高度的 1/2 处

B. 靠近梁下翼缘的腹板($1/5 \sim 1/4$)h_0 处

C. 靠近梁上翼缘的腹板($1/5 \sim 1/4$)h_0 处

D. 受压翼缘处

1.21 一焊接工字形截面简支梁,材料为 Q235,$fy = 235 \ N/mm^2$。梁上为均布荷载作用,并在支座处已设置支承加劲肋,梁的腹板高度和厚度分别为 900 mm 和 12 mm,若考虑腹板稳定性,则(   )。

A. 布置纵向和横向加劲肋   B. 无需布置加劲肋

C. 按构造要求布置加劲肋   D. 按计算布置横向加劲肋

1.22 计算梁的整体稳定性时,当整体稳定性系数 φ_b 大于(   )时,应以 $\varphi_b{'}$(弹塑性工作阶段整体稳定系数)代替 φ_b。

A. 0.8   B. 0.7   C. 0.6   D. 0.5

1.23 对于组合梁的腹板,若 $\dfrac{h_0}{t_w} = 100 \sqrt{\dfrac{235}{f_y}}$,按要求应(   )。

A. 无需配置加劲肋   B. 配置横向加劲肋

C. 配置纵向和横向加劲肋   D. 配置纵向、横向和短加劲肋

1.24 焊接梁的腹板局部稳定常采用配置加劲肋的方法来解决,当 $\dfrac{h_0}{t_w} > 170 \sqrt{\dfrac{235}{f_y}}$ 时(   )。

A. 可能发生剪切失稳,应配置横向加劲肋

B. 可能发生弯曲失稳,应配置横向和纵向加劲肋

C. 可能发生弯曲失稳,应配置横向加劲肋

D. 可能发生剪切失稳和弯曲失稳,应配置横向和纵向加劲肋

1.25 工字形截面梁腹板高厚比 $\dfrac{h_0}{t_w} = 100 \sqrt{\dfrac{235}{f_y}}$ 时,梁腹板可能(   )。

A. 因弯曲正应力引起屈曲,需设纵向加劲肋

B. 因弯曲正应力引起屈曲,需设横向加劲肋

C. 因剪应力引起屈曲,需设纵向加劲肋

D. 因剪应力引起屈曲,需设横向加劲肋

1.26 当无集中荷载作用时,焊接工字形截面梁翼缘与腹板的焊缝主要承受(   )。

A. 竖向剪力　　　　　　　　　　B. 竖向剪力及水平剪力联合作用

C. 水平剪力　　　　　　　　　　D. 压力

1.27 轧制普通工字钢简支梁（I36，$W_x = 875 \times 10^3 \ mm^3$），跨度 6 m，在跨度中央梁截面下翼缘作用一集中荷载 90 kN（包括梁自重），当采用 Q235 钢时，其整体稳定应力为（　　　）。

A. 145.6 N/mm^2　　　　　　　　B. 170.4 N/mm^2

C. 197.8 N/mm^2　　　　　　　　D. 211.6 N/mm^2

1.28 工字形双轴对称组合截面简支梁，翼缘尺寸 – 400×22，腹板尺寸 600×8，跨度 8 m，$I_x = 1.883 \times 10^8 \ mm^4$，在梁跨度方向 1/4 分点处分别作用的三个集中荷载设计值均为 $P = 300 \ kN$（包括梁自重），采用 Q235 钢，梁的最大正应力为（　　　）。

A. 228 N/mm^2　　B. 216 N/mm^2　　C. 205 N/mm^2　　D. 195.4 N/mm^2

1.29 某简支箱型截面梁，跨度 60 m，梁宽 $b_0 = 1$ m，梁高 $h = 3.6$ m，采用 Q235B 钢，在垂直荷载作用下，梁的整体稳定性系数 φ_b 可取（　　　）。

A. 0.76　　　　B. 0.85　　　　C. 0.94　　　　D. 1.0

1.30 计算工字梁的抗弯强度，采用公式 $\dfrac{M_x}{\gamma_x W_{nx}} \le f$，取 $\gamma_x = 1.05$，梁翼缘外伸肢宽厚比应不大于（　　　）。

A. $15\sqrt{235/f_y}$　　B. $13\sqrt{235/f_y}$　　C. $9\sqrt{235/f_y}$　　D. $(10 + 0.1\lambda)\sqrt{235/f_y}$

2. 简答题

2.1 梁的类型有哪些？如何分类？

2.2 梁的强度计算一般包括哪些内容？如何计算？

2.3 梁的刚度如何验算？

2.4 梁丧失整体稳定指的是什么？

2.5 影响梁整体稳定性的主要因素有哪些？

2.6 增强梁的整体稳定性主要有哪些有效措施？

2.7 哪些情况下可以不必计算钢梁整体稳定性？

2.8 荷载种类和荷载作用位置对梁的整体稳定有什么影响？

2.9 如何确定梁整体稳定系数 φ_b？

2.10 钢梁腹板在纯弯矩作用下的临界应力如何计算？

2.11 钢梁腹板在纯剪应力作用下的临界应力如何计算？

2.12 钢梁腹板在局部应力作用下的临界应力如何计算？

2.13 腹板加劲肋的设置有哪些一般规定？

2.14 横向加劲肋间距应当满足什么条件？

2.15 计算支承加劲肋在腹板平面外稳定性时，其截面面积如何确定？

2.16 确定钢梁的截面高度通常考虑哪些条件？

2.17 确定工字型组合截面钢梁的腹板厚度通常参考哪些条件？

2.18 钢梁沿长度的改变的目的是什么？通常其改变方式有哪几种？

2.19 钢梁沿长度改变几次且在什么位置改变最经济？

3. 计算题

3.1 某焊接工字形截面简支楼盖梁，截面尺寸如图 5.48 所示，无削弱。在跨中点和两端都没有侧向支承,材料为16Mn钢。集中荷载标准值 $P_k = 330$ kN,为间接动力荷载,其中永久荷载效应和可变荷载效应各占一半,作用在梁的顶面,其沿梁跨度方向的支承长度为 130 mm。16Mn钢强度设计值 $f = 315$ N/mm², $f_v = 185$ N/mm²。试计算:

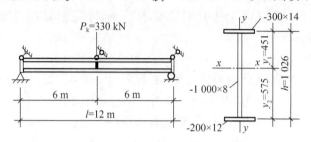

图5.48 工字形截面楼盖梁

(1)受压纤维截面的抵抗矩是( )。

  A. 5547 cm³ B. 3586 cm³ C. 5107 cm³ D. 4006 cm³

(2)受压翼缘板 x 轴的面积矩是( )cm³。

  A. 1 366 B. 1 569 C. 1 764 D. 1 865

(3)如果受拉翼缘的 $W_{nx} = 4\,006$ cm³,当承受弯矩 $M_x = 1\,316.16$ kN·m 时,受拉边缘纤维的应力是( )N/mm²。

(4)如果梁自重设计值为 1.62 kN/m,集中荷载设计值429 kN,跨中点处的剪力设计值为( )kN。

(5)当梁自重设计值为 1.62 kN/m,集中荷载设计值429 kN,$S_x = 2629$ cm³ 时,支座截面的最大剪应力为 ( )N/mm²。

  A. 21.5 B. 26 C. 32 D. 34.3

(6)当梁自重标准值为 1.35 kN/m,集中荷载标准值330 kN,$I_x = 230.342$ cm⁴ 时,跨中挠度为( )mm。

  A. 23.6 B. 25.8 C. 34.9 D. 41.5

3.2 平台梁梁格布置如图 5.49 所示。次梁支于主梁上面,平台板与次梁翼缘焊接牢。次梁承受板和面层自重标准值为 3.0 kN/m²(荷载分项系数为 1.2,未包括次梁自重),活荷

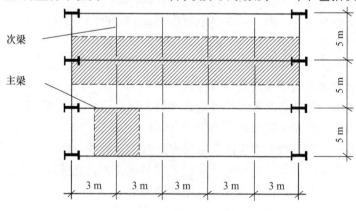

图5.49 梁格布置图

载标准值为 12 kN/m^2(荷载分项系数为 1.4,静力作用)。次梁采用轧制工字钢,钢材 Q235,焊条 E43 型,试选择次梁截面,并进行截面及刚度验算。

3.3 某焊接工字形等截面双轴对称简支梁,翼缘 -300×20,腹板 $-1\ 200 \times 8$,跨度 10 m,在跨中作用有一静力荷载,该荷载有两部分组成,一部分为恒载,标准值为 200 kN,另一部分为活载,标准值为 300 kN。荷载沿梁的跨度方向支承长度为 150 mm,该梁在支座处设有支承加劲肋。若该梁采用 Q235B 级钢制作,试验算该梁的强度和刚度。

3.4 已知条件同 3.3 题,若梁仅在支座处设有侧向支承,该梁整体稳定能否满足要求?如不能满足应当采取什么措施?

3.5 已知条件同 3.3 题,计算梁腹板的局部稳定性,同时设计支座处的支承加劲肋。

3.6 某平台钢梁,平面外与楼板有可靠连接,梁立面、截面如图 5.50 所示。采用 Q235B 钢材,其截面特性如下:$A = 3.04 \times 10^4$ mm^2,$I_x = 1.721 \times 10^{10}$ mm^{10},$W'_x = 1.74 \times 10^7$ mm^3。作用于梁上均布荷载(包括自重)设计值 $q = 200$ kN/m。计算:

(1)如考虑梁腹板屈曲后的强度,且不设横向加劲肋,其承载力与容许值的比值为( )。

    A. 0.367   B. 0.547   C. 0.777   D. 0.927

(2)如不考虑梁腹板屈曲后的强度,仅设置横向加劲肋,则( )。

    A. 加劲肋间距 2 000 mm

    B. 加劲肋间距 1 500 mm

    C. 加劲肋间距 1 000 mm

    D. 不满足要求,必须增设纵向加劲肋

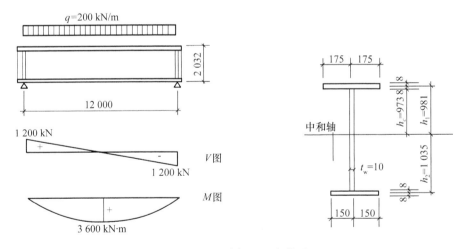

图 5.50 平台梁立面和截面

第6章 拉弯和压弯构件

【内容提要】

阐述了拉弯和压弯构件的特点、极限状态及其破坏形式;介绍了拉弯和压弯构件的强度计算和刚度验算,实腹式压弯构件在弯矩作用平面内和平面外的整体稳定计算、局部稳定验算、实腹式压弯构件截面设计,以及格构式压弯构件对实轴和虚轴的整体稳定计算、分肢稳定计算、格构式压弯构件截面设计理论和方法;论述了柱头和柱脚的传力途径和设计方法。

【规范阅读】

《钢结构设计规范》(GB 50017—2003) 中第 5. 2. 1 ~ 5. 2. 8 条、5. 3. 4 ~ 5. 3. 6 条、5. 4. 1 ~ 5. 4. 4 条。

【学习指南】

知识要点	能力要求	相关知识
拉弯和压弯构件强度	熟练掌握拉弯和压弯构件的强度计算	拉弯和压弯构件截面上应力发展过程、强度相关曲线
拉弯和压弯构件刚度	掌握拉弯和压弯构件的刚度验算	刚度验算公式
实腹式压弯构件的整体稳定	熟练掌握实腹式压弯构件平面内和平面外整体稳定的概念和计算	平面内失稳、平面外失稳、边缘屈服准则、极限承载力准则、平面内整体稳定计算公式、平面外整体稳定计算公式、双向弯曲整体稳定计算
实腹式压弯构件的局部稳定	熟练掌握实腹式压弯构件的局部稳定的计算	翼缘宽厚比限值、腹板宽厚比限值
实腹式压弯构件截面设计	熟练实腹式压弯构件的截面设计步骤	截面设计原则、内力设计值计算、截面形式选择、计算长度确定
格构式压弯构件	掌握格构式压弯构件的概念和计算	强度计算、刚度验算、整体稳定计算、分肢稳定计算、缀材设计、构造要求
框架柱的柱脚	掌握框架柱的柱脚设计步骤	整体式柱脚、分离式柱脚

6.1 拉弯和压弯概述

同时承受轴心拉力或压力以及弯矩的构件分别称为拉弯和压弯构件，也叫作偏心拉杆或偏心压杆。拉弯或压弯构件的弯矩可以由横向荷载、纵向荷载不通过构件截面形心或构件端部弯矩所引起，如图 6.1 所示。当弯矩作用在构件截面的一个主轴平面内时称为单向压弯或拉弯构件，当弯矩作用在构件的两个主轴平面内时称为双向压弯或拉弯构件。

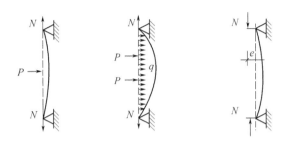

图 6.1 拉弯和压弯构件

钢结构中拉弯构件和压弯构件应用比较广泛。作用有非节点荷载的下弦杆、网架结构的下部水平杆件等都是拉弯构件，如图 6.2(a)所示。有横向节间荷载作用的桁架上弦杆、屋架天窗侧立柱、单层厂房柱、多层或高层房屋的框架柱等都属于压弯构件，如图 6.2(a)(b)所示。

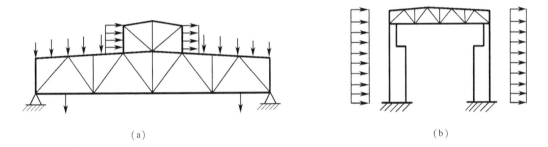

（a）   （b）

图 6.2 拉弯构件和压弯构件的应用

钢结构拉弯和压弯构件常采用双轴对称或单轴对称的截面形式，可以是实腹式或格构式，分别如图 6.3(a)(b)所示。当拉弯或压弯构件的弯矩较小时，它的截面形式与一般轴心受拉或受压构件相似，常采用双轴对称截面。当拉弯或压弯构件的弯矩较大时，根据工程需要，宜把截面受力较大一侧适当加大，形成单轴对称截面，如 T 形、加一个翼缘的工字形或其他实腹式和格构式单轴对称截面，这样使材料分布相对集中，以节省材料。当构件计算长度较大且受力较大时，为提高截面的抗弯刚度，通常采用格构式截面。对于格构式构件，宜使虚轴垂直于弯矩作用平面。

压弯构件的整体失稳破坏形式有多种。其中单向压弯构件一般都使构件截面绕长细比较小的轴受弯。这样，构件可能在弯矩作用平面内弯曲失稳，失稳的可能形式与构件的侧向抗弯刚度和抗扭刚度等有关。而双向压弯构件的整体失稳一定随着构件的扭转而变形，发生空间弯扭失稳破坏。

由于组成压弯构件的板件有一部分受压或同时还受剪（腹板），因此和轴心受压、受弯构件一样，压弯构件也存在局部屈曲问题。其设计应考虑强度、刚度、整体稳定和局部稳定这四个方面。

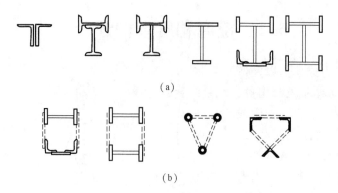

(a)

(b)

图 6.3 拉弯和压弯构件的截面形式
(a)实腹式截面;(b)格构式截面

6.2 拉弯和压弯构件的强度和刚度

6.2.1 拉弯和压弯构件的强度

拉弯构件通常发生强度破坏。对于截面被孔洞严重削弱或端弯矩较大的压弯构件也可能发生强度破坏,需进行强度计算。

下面通过双轴对称矩形截面压弯构件的受力状态来分析强度的承载能力。图 6.4 中的矩形截面压弯构件在轴心压力 N 和弯矩 M 的共同作用下,如果使轴心力 N 与弯矩 M 按比例递加,则随着荷载的逐渐增加截面上的应力可大致归纳成四个发展阶段。

(1)当截面边缘纤维的压应力小于等于钢材的屈服强度 f_y,全截面处于弹性阶段,如图 6.4(a)所示;(2)随着 M 继续增加,截面受压较大边缘纤维屈服,达到弹性极限状态,如图 6.4(b)所示;(3)塑性区不断深入,截面应力处于部分塑性发展状态,如图 6.4(c)所示;(4)整个截面屈服,出现塑性铰,构件达到强度承载能力极限状态,如图 6.4(d)所示。

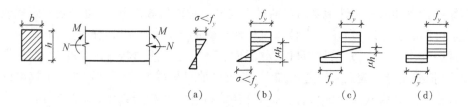

(a)　　　(b)　　　(c)　　　(d)

图 6.4 拉弯和压弯构件截面应力发展过程

现对图 6.4(d)中的塑性铰进行分析,将受压区应力图形分解为两部分,如图 6.5 所示,根据力平衡条件得

$$N = 2by_0f_y = 2\frac{y_0}{h}bhf_y \tag{6-1}$$

根据力矩平衡条件

$$M = b\left(\frac{h}{2} - y_0\right)f_y\left[2y_0 + \left(\frac{h}{2} - y_0\right)\right] = \frac{bh^2}{4}f_y\left(1 - 4\frac{y_0^2}{h^2}\right) \tag{6-2}$$

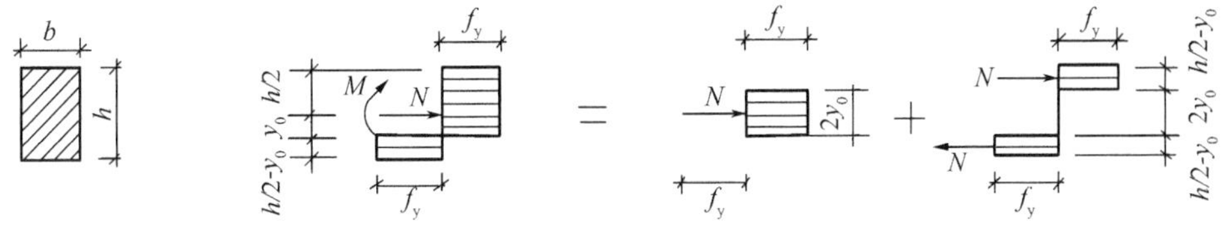

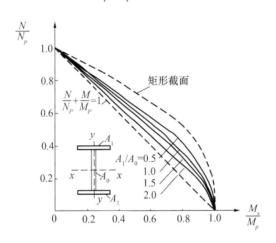

图6.5 压弯构件截面全塑性应力图形

当只有轴心力 N 作用时，$M=0$，则由公式(6-2)得，$y_0=\dfrac{h}{2}$，截面所能承受的最大压力 $N_p=Af_y=bhf_y$；当只有弯矩 M 作用时，$N=0$，则由公式(6-1)得，$y_0=0$，截面所能承受的最大弯矩 $M_p=W_pf_y=\dfrac{bh^2}{4}f_y$。将最大压力和弯矩代入式(6-1)和(6-2)，可以得到 N 和 M 的相关关系式为

$$\left(\frac{N}{N_p}\right)^2+\frac{M}{M_p}=1 \tag{6-3}$$

根据(6-3)式画成如图6.6所示 $\dfrac{N}{N_p}$，$\dfrac{M}{M_p}$ 的无量纲的相关曲线。

图6.6 拉弯、压弯构件强度相关曲线

用同样方法可获得工字型截面压弯构件截面出现塑性铰时的相关关系式及相关曲线，如图6.6所示。由于工字型截面的翼缘与腹板尺寸的不同，所以相关曲线实际上有一个变动范围，为了不使构件产生过大的变形，考虑到前面计算时未计入轴心力 N 对变形引起的附加弯矩及剪力的影响，同时为了工程计算简便，便于安全考虑，用直线式相关曲线代替由理论推导得出的曲线式相关曲线，即

$$\frac{N}{N_p}+\frac{M}{M_p}=1 \tag{6-4}$$

另外，令 $N_p=A_nf_y$，并考虑塑性部分深入，取 $M_p=\gamma W_nf_y$，同时考虑拉力分项系数以 f 代替 f_y，写成设计式的形式，得到单向受弯承受静力荷载或间接动力荷载作用的拉弯或压弯构件的强度计算公式为

$$\frac{N}{A_n} \pm \frac{M_x}{\gamma_x W_{nx}} \leqslant f \qquad (6-5)$$

对于承受双向弯矩作用的拉弯和压弯构件的强度计算公式为:

$$\frac{N}{A_n} \pm \frac{M_x}{\gamma_x W_{nx}} \pm \frac{M_y}{\gamma_y W_{ny}} \leqslant f \qquad (6-6)$$

式中　M_x, M_y——作用在拉弯和压弯构件截面的 x 轴和 y 轴方向弯矩;

　　　A_n——拉弯和压弯构件净截面面积;

　　　W_{nx}, W_{ny}——拉弯和压弯构件对 x 轴和 y 轴的净截面模量;

　　　γ_x, γ_y——截面塑性发展系数,按表 5.1 取值。

按弹性设计时,当压弯构件受压翼缘的自由外伸宽度与其厚度之比 $13\sqrt{\dfrac{235}{f_y}} < \dfrac{b}{t} \leqslant 15$ $\sqrt{\dfrac{235}{f_y}}$ 时,取 $\gamma_x = 1.0$。对需要计算疲劳的拉弯和压弯构件,不考虑截面塑性发展,宜取 $\gamma_x = \gamma_y = 1.0$。弯矩绕虚轴作用的格构式拉弯和压弯构件,相应截面塑性发展系数 $\gamma = 1.0$。

6.2.2　拉弯和压弯构件的刚度

与轴心受力构件相同,拉弯和压弯构件的刚度也是通过限制长细比来保证的。《钢结构设计规范》规定拉弯和压弯构件的容许长细比取轴心受拉或轴心受压构件的容许长细比值,即

$$\lambda \leqslant [\lambda] \qquad (6-7)$$

式中　λ——拉弯和压弯构件绕对应主轴的长细比;

　　　$[\lambda]$——受拉或受压构件的容许长细比。

【例 6.1】

图 6.7(a)所示为某桁架的下弦,跨度 $l = 600$ cm,静荷载作用于跨中,轴向拉力的设计值为 360 kN,横向荷载产生的弯矩设计值为 70 kN·m。跨中无侧向支承,截面无削弱,按两端铰接设计,材料为 Q345 钢。试选其截面。

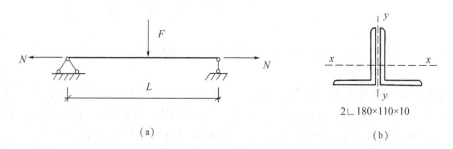

(a)　　　　　　　　　　　　　　(b)

图 6.7　【例 6.1】图

解:1. 初选截面:

试选 2∟$180 \times 110 \times 10$,如图 6.7(b)所示。由型钢表(附录 D)知

单个角钢 $I_{y1} = 447.22$ cm^4,$i_x = 5.80$ cm

双角钢 $A = 56.746$ cm^2,$W_{xmin} = 157.746$ cm^3,$W_{xmax} = 324.7$ cm^3

查表 5.1,得 $\gamma_{1x} = 1.05$,$\gamma_{2x} = 1.20$,$f = 300$ N/mm^2,查表 4.1,得 $\lambda = 350$

2. 强度验算:

$$\frac{N}{A_n} + \frac{M_x}{\gamma_{1x} W_{x\max}} = \left(\frac{360 \times 10^3}{56.746 \times 10^2} + \frac{70 \times 10^6}{1.05 \times 324.7 \times 10^3}\right) \text{N/mm}^2$$

$$= 268.8 \text{ N/mm}^2 < f = 300 \text{ N/mm}^2$$

$$\frac{N}{A_n} - \frac{M_x}{\gamma_{2x} W_{x\min}} = \left(\frac{360 \times 10^3}{56.746 \times 10^2} - \frac{70 \times 10^6}{1.2 \times 157.92 \times 10^3}\right) \text{N/mm}^2$$

$$= -305.9 \text{ N/mm}^2 \approx f = -300 \text{ N/mm}^2,\text{在允许范围之内,强度满足要求}$$

3. 刚度验算:

下弦杆在平面内、平面外的计算长度分别为

$$l_{0x} = \mu l = 1.0 \times 600 \text{ cm} = 600 \text{ cm}$$

$$l_{0y} = \mu l = 1.0 \times 600 \text{ cm} = 600 \text{ cm}$$

$$i_x = 5.80 \text{ cm}$$

$$i_y = \sqrt{\frac{I_y}{A}} = \sqrt{\frac{2 \times 447.22}{56.746}} = 3.97 \text{ cm}$$

$$\lambda_x = \frac{600}{5.80} = 103.4 < [\lambda] = 350$$

$$\lambda_y = \frac{600}{3.97} = 151.1 < [\lambda] = 350$$

选择 2 ∟ 180×110×10 能够满足强度要求和刚度要求。

6.3　实腹式压弯构件的整体稳定

压弯构件的截面尺寸,在截面没有削弱的情况下,构件的承载力通常不是由强度条件决定的,而是由稳定条件决定。对于弯矩作用在一个主平面内的单向压弯构件,可能出现两种失稳形式:一种是弯矩作用平面内可能产生过大的侧向弯曲变形而失去整体稳定,称之为弯矩作用平面内的弯曲失稳,如图 6.8(a)所示;另一种是在弯矩作用平面外,当轴心压力或弯矩达到一定值时,构件在垂直于弯矩作用平面方向突然产生侧向弯曲和扭转变形,称之为弯矩作用平面外的弯扭失稳,如图 6.8(b)所示。为了保证压弯构件的承载能力,应分别进行弯矩作用平面内和弯矩作用平面外的稳定计算。

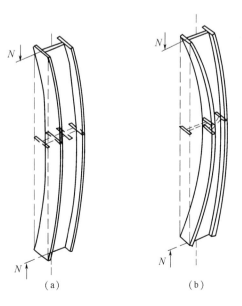

图 6.8　压弯构件整体失稳形式

(a)弯曲失稳;(b)弯扭失稳

6.3.1 实腹式单向压弯构件弯矩作用平面内的整体稳定

实腹式压弯构件在弯矩作用平面外的抗扭刚度较大、或截面抗扭刚度较大、或有足够的侧向支承可以阻止弯矩作用平面外的弯扭变形时,将发生弯矩作用平面内的弯曲失稳破坏。

1. 工作性能

构件在轴心力 N 和作用在一个主平面内的弯矩的共同作用下,由于初偏心和残余应力等初始缺陷的存在,使得构件一开始就产生弯曲变形,随着荷载的不断增加,构件中点挠度变化如图 6.9 所示。当到达 $N - Y_m$ 曲线的 a 点时,截面边缘纤维开始屈服,此后由于构件截面的塑性发展,压力增加时,挠度增大的速度加快,当达到 $N - Y_m$ 曲线的 b 点时,构件达到承载能力极限状态,此后构件承载能力下降,挠度继续增大,直到最后到达 $N - Y_m$ 曲线的 c 点,构件截面出现塑性铰。

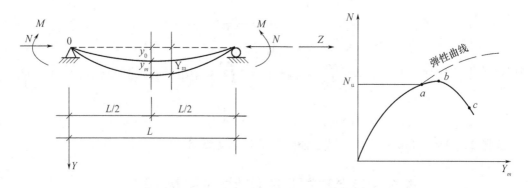

图 6.9 压弯构件的 $N - Y_m$ 曲线

压弯构件失稳时一般在其中点及其附近截面上出现塑性区。塑性区可能在受压一侧出现(当压力较大,弯矩却较小时);也可能先在受压一侧出现,而后受拉一侧也随之发展塑性(当压力较小,弯矩较大时);或仅在受拉一侧出现(单轴对称截面当弯矩作用在对称轴平面内且使较大翼缘受压时)。塑性区出现的情况和发展的程度取决于截面的形状和尺寸、构件的长度、支撑情况和初始缺陷等。

2. 计算方法

确定压弯构件弯矩作用平面内稳定承载能力的方法很多,可分为两类:一类是边缘屈服准则的计算方法,一类是极限承载能力准则计算方法。

(1)边缘屈服准则

该准则是以构件截面边缘纤维最大应力达到屈服所对应的荷载作为压弯构件的稳定承载能力,即图 6.9 中的 a 点,较适用于格构式构件。现通过两端铰接均匀受弯的等截面压弯构件来分析其平面内稳定承载能力。在轴心力 N 和弯矩 M 的共同作用下,构件中点的挠度为 y_m,在离端部距离为 z 处的挠度为 y,此时力的平衡方程为

$$EI \frac{\mathrm{d}^2 y}{\mathrm{d}z^2} + N \cdot y = - M \qquad (6-8)$$

假定挠曲线为正弦半波曲线 $y = y_m \sin(\pi z/l)$,代入方程(6-8),可得中点挠度

$$y_m = \frac{M}{N_{Ex}(1 - N/N_{Ex})} \qquad (6-9)$$

跨中最大弯矩

$$M_{max} = M + N \cdot y_m = \frac{M}{1 - N/N_{Ex}} \qquad (6-10)$$

式中 N_{Ex}——欧拉临界力，$N_{Ex} = \dfrac{\pi^2 EI}{l^2}$。

考虑到构件的初偏心、初弯矩和残余应力等初始缺陷对压弯构件的影响，利用等效偏心距 e_0 来综合代表，则构件中央有最大弯矩为

$$M_{max} = \frac{M + N \cdot e_0}{1 - N/N_{Ex}} \qquad (6-11)$$

压弯构件在弹性工作阶段，即受力最不利截面边缘纤维开始屈服时，压弯构件稳定承载力的表达式为

$$\frac{N}{A} + \frac{M_x + N \cdot e_0}{W_{1x}(1 - N/N_{Ex})} = f_y \qquad (6-12)$$

式中 N——作用于构件的轴心压力；

M_x——作用于构件的弯矩；

A——构件的毛截面积；

W_{1x}——构件的截面受压较大边缘的毛截面抵抗矩；

e_0——综合代表构件初始缺陷的等效偏心距。

由式(6-12)可得到等效偏心距表达式

$$e_0 = \frac{(f_y A - N_{Ex})(N_{Ex} - N)}{N N_{Ex}} \cdot \frac{W_x}{A} \qquad (6-13)$$

令式(6-12)中 $M = 0$，则压弯构件转化为轴心受压构件，轴心构件承载力 $N = A f_y \varphi_x$，并带入式(6-13)

$$e_0 = \frac{W_{1x}}{\varphi_x A}(1 - \varphi_x)(1 - \varphi_x \cdot f_y A/N_{Ex}) \qquad (6-14)$$

式中 φ_x——在弯矩作用平面内，不计弯矩作用是轴心受压构件的稳定系数。

再将(6-14)代入(6-12)整理后可以得到

$$\frac{N}{\varphi_x A} + \frac{M_x}{W_{1x}(1 - \varphi_x N/N_{Ex})} = f_y \qquad (6-15)$$

以上 N 与 M_x 的相关公式是从两端铰接均匀受弯的压弯构件的弹性理论推得，当压弯构件两端偏心弯矩不等时，引入等效弯矩系数 β_{mx}，将其他约束及荷载情况的弯矩分布形式转化成均匀受弯来看待，则对式(6-15)调整为

$$\frac{N}{\varphi_x A} + \frac{\beta_{mx} M_x}{W_{1x}(1 - \varphi_x N/N_{Ex})} = f_y \qquad (6-16)$$

式(6-16)即为压弯构件按边缘屈服准则得出的相关公式。

(2)极限承载能力准则

上述的边缘屈曲准则适用于格构式构件，对实腹式压弯构件，边缘纤维屈服之后仍可继续承受荷载，直到 $N - Y_m$ 曲线的 b 点时，才是压弯构件在弯矩作用平面内稳定承载能力的极限状态。在这个过程中，构件截面会随着荷载的增加而出现部分屈服，进入弹塑性阶

段(a)。这种容许塑性深入截面,按压弯构件 $N - Y_m$ 曲线极值来确定弯矩作用平面内稳定承载能力 N_u,称为极限承载能力准则。若要真正反映构件的实际受力情况,宜采用这一准则。

按极限承载力准则求 N_u 的方法较多,最常用的是数值解法。我国《钢结构设计规范》采用数值积分方法,考虑了初弯曲和实际残余应力分布,计算了近200条压弯构件的承载力曲线,得到了不同截面及其对应轴的各种不同的相关曲线族。图6.10是火焰切割边的焊接工字型截面压弯构件在两端相等弯矩作用下的相关曲线,其中实线为理论计算的结果。

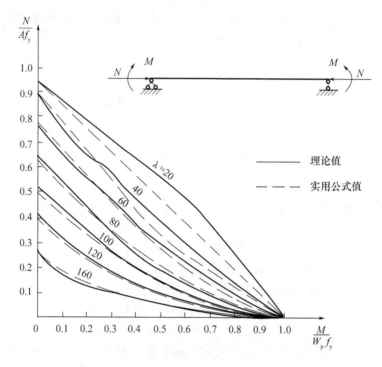

图6.10 焊接工字形截面压弯构件的 M - N 相关曲线

采用数值积分法求解压弯构件的稳定问题,计算过程繁琐,因需要考虑截面形式、尺寸等因素影响,不能直接进行构件设计。研究发现借用边缘屈服准则导出的相关公式略加修改,作为实用公式较为合适。修改时考虑到实腹式压弯构件失稳时截面存在塑性区,在公式中引入了塑性发展系数 γ_x,同时还将公式第二项中的稳定系数 φ_x 用0.8代替。因此《钢结构设计规范》中实腹式压弯构件在弯矩作用平面内稳定计算的实用计算公式为

$$\frac{N}{\varphi_x A} + \frac{\beta_{mx} M_x}{\gamma_x W_{1x}(1 - 0.8 N/N'_{Ex})} \leq f \qquad (6-17)$$

式中 N——所计算构件段范围内的轴心压力;

A——构件毛截面面积;

M_x——所计算构件段范围内的最大弯矩;

φ_x——弯矩作用平面内的轴心受压构件的稳定系数;

γ_x——截面塑性发展系数,按表5.1取值;

W_{1x}——弯矩作用平面内受压最大纤维的毛截面抵抗矩;

N'_{Ex}——考虑抗力分项系数的欧拉临界力,$N'_{Ex} = \dfrac{\pi^2 EA}{1.1 \lambda_x^2}$;

β_{mx}——等效弯矩系数,应按下列情况取值:

(1)在弯矩作用平面内,有侧移的框架柱和悬臂构件,取 $\beta_{mx} = 1.0$;

(2)在弯矩作用平面内,无侧移的框架柱和两端支承的构件

①无横向荷载作用时,$\beta_{mx} = 0.65 + 0.35 M_2 / M_1$,$M_1$ 和 M_2 为端弯矩,取值时考虑正负符号,使构件产生同向曲率(无反弯点)时取同号,使构件产生反向曲率(有反弯点)时取负号,并且 $|M_1| \geqslant |M_2|$。

②有端弯矩和横向荷载同时作用,构件全长为同号弯矩时,$\beta_{mx} = 1.0$;有正负弯矩时,$\beta_{mx} = 0.85$。

③无端弯矩但有横向荷载作用时,$\beta_{mx} = 1.0$。

对于截面为单轴对称的压弯构件(如 T 形截面),弯矩作用在对称轴平面内且使较大翼缘受压时,截面塑性区除了存在前述受压区屈服和受压、受拉区同时屈服两种情况外,还可能在受拉区首先出现屈服而导致构件失去承载能力,故除了按式(6 - 17)计算外,还应按下式计算

$$\left| \frac{N}{A} - \frac{\beta_{mx} M_x}{\gamma_x W_{2x} (1 - 1.25 N / N'_{Ex})} \right| \leqslant f \qquad (6 - 18)$$

式中　W_{2x}——无翼缘端的毛截面模量;

　　　γ_x——与 W_{2x} 相应的截面塑性发展系数。

6.3.2　实腹式单向压弯构件弯矩作用平面外的整体稳定

当实腹式压弯构件在弯矩作用平面外的抗弯刚度较小、或截面抗扭刚度较小、或侧向支承不足以阻止弯矩作用平面外的弯矩变形时,将发生弯矩作用平面外的弯扭失稳破坏。以两端铰接的双轴对称工字形截面压弯构件弯扭失稳为例,如图 6.11 所示,不考虑初始缺陷的影响,按照弹性稳定理论分析,可以得到构件在发生弯扭失稳时的 M - N 相关方程,即

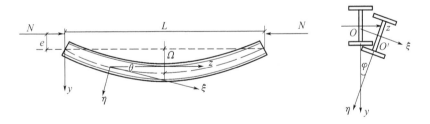

图6.11　压弯构件在弯矩作用平面外弹性弯扭失稳

$$\left(1 - \frac{N}{N_{Ey}} \right) \left(1 - \frac{N}{N_{Ey}} \cdot \frac{N_{Ey}}{N_z} \right) - \left(\frac{M_x}{M_{crx}} \right)^2 = 0 \qquad (6 - 19)$$

以 N_z / N_{Ey} 的不同比值代入式(6 - 19),可以画出 N/N_{Ey} 和 M_x / M_{crx} 之间的相关曲线,如图 6.12 所示。从图中可看出,构件的抗扭性能和抗侧向弯曲性能越强,N_z / N_{Ey} 值越大,曲线越外凸。钢结构中常用的双轴对称工字形截面,其 N_z / N_{Ey} 总是大于 1.0,若偏安全地取 $N_z / N_{Ey} = 1.0$,则式(6 - 19)可写成

$$\frac{N}{N_{Ey}} + \frac{M_x}{M_{crx}} = 1 \qquad (6 - 20)$$

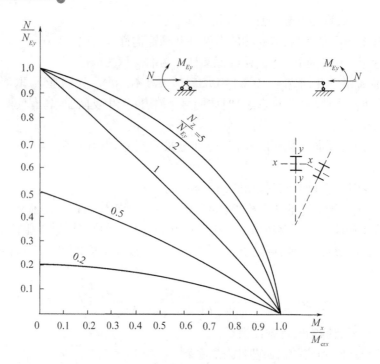

图 6.12　压弯构件弹性弯曲失稳相关曲线

式(6-20)是由双轴对称工字形截面压弯构件的弹性弯扭屈曲公式近似推导得到的。经分析该式对弹塑性弯扭屈曲以及单轴对称截面构件也适用。

将 $N_{Ey} = \varphi_y \cdot f_y \cdot A, M_{crx} = \varphi_b \cdot f_y \cdot W_x$ 代入式(6-20),并将 M_x 乘以等效弯矩系数 β_{tx},使其他荷载及约束情况等效地转化为均匀受弯的情况。考虑荷载分项系数用 f 代替 f_y,写成设计式的形式后即得到实腹式压弯构件在弯矩作用平面外的稳定计算公式,即

$$\frac{N}{\varphi_y A} + \eta \frac{\beta_{tx} M_x}{\varphi_b W_x} \leqslant f \qquad (6-21)$$

式中　M_x——所计算段范围内最大弯矩设计值;

　　　φ_y——弯矩作用平面外的轴心受压构件稳定系数;

　　　β_{tx}——等效弯矩系数,根据所计算构件段的荷载和内力情况确定;

　　　η——截面影响系数,闭合截面 $\eta = 0.7$,其他截面 $\eta = 1.0$;

　　　φ_b——均匀受弯构件整体稳定系数。

对于工字形截面和 T 形截面的非悬臂构件,当 $\lambda_y \leqslant 120 \sqrt{235/f_y}$ 时,可按下述公式近似确定 φ_b:

双轴对称的工字形截面,$\varphi_b = 1.07 - \dfrac{\lambda_y^2}{44\,000} \cdot \dfrac{f_y}{235}$,且 $\varphi_b \leqslant 1.0$;

单轴对称的工字形截面,$\varphi_b = 1.07 - \dfrac{W_{1x}}{(2a_b + 0.1)Ah} \cdot \dfrac{\lambda_y^2}{14\,000} \cdot \dfrac{f_y}{235}$,且 $\varphi_b \leqslant 1.0$;

双角钢 T 形截面翼缘受压时,$\varphi_b = 1 - 0.001\,7\lambda_y \sqrt{f_y/235}$;

两板组合 T 形(含 T 型钢)截面翼缘受压时,$\varphi_b = 1 - 0.002\,2\lambda_y \sqrt{f_y/235}$;

翼缘受拉且腹板宽度比不大于 $18\sqrt{f_y/235}$ 时,$\varphi_b = 1 - 0.000\,5\lambda_y \sqrt{f_y/235}$

箱形截面 $\varphi_b = 1.0$。

按照上述公式算得 $\phi_b > 0.6$ 时，不需要按照公式 $\varphi'_b = 1.07 - \dfrac{0.282}{\varphi_b} \leqslant 1.0$ 换算，因已经考虑塑性发展。

β_{tx} 应按下列规定采用：

（1）在弯矩作用平面外有支撑的构件，应根据两相邻支撑点构件段内的荷载和内力情况来确定。

①考虑构件段无横向荷载作用时，$\beta_{tx} = 0.65 + 0.35 M_2/M_1$，构件段在弯矩作用平面内的端弯矩 M_1 和 M_2 使它产生同向曲率时取同号，产生反向曲率时取异号，且 $|M_1| \geqslant |M_2|$。

②考虑构件段内既有端弯矩又有横向荷载作用，使构件段产生同向曲率时 $\beta_{tx} = 1.0$，产生反向曲率时 $\beta_{tx} = 0.85$。

③所考虑构件内只有横向荷载作用，$\beta_{tx} = 1.0$。

（2）弯矩作用平面外为悬臂的构件，$\beta_{tx} = 1.0$。

【例 6.2】

单轴对称截面其承受轴力和弯矩的作用，弯矩作用在对称轴平面内，使较宽翼缘受压。

该压弯构件平面内稳定验算公式为 $\dfrac{N}{\varphi_x A} + \dfrac{\beta_{mx} M_x}{\gamma_x W_{1x}(1 - 0.8N/N'_{Ex})} \leqslant f$ 和

$\left| \dfrac{N}{A} - \dfrac{\beta_{mx} M_x}{\gamma_x W_{2x}(1 - 1.25N/N'_{Ex})} \right| \leqslant f$，式中 W_{1x}，W_{2x}，γ_x 的取值为（　　　）。

A. γ_x 取值相同，W_{1x} 和 W_{2x} 为绕对称轴的较宽和较窄翼缘最外边缘纤维的毛截面模量

B. γ_x 取值相同，W_{1x} 和 W_{2x} 为绕非对称轴的较宽和较窄翼缘最外边缘纤维的毛截面模量

C. γ_x 取值不相同，W_{1x} 和 W_{2x} 为绕对称轴的较宽和较窄翼缘最外边缘纤维的毛截面模量

D. γ_x 取值不相同，W_{1x} 和 W_{2x} 为绕非对称轴的较宽和较窄翼缘最外边缘纤维的毛截面模量

解：正确答案为 D

评析：对于 T 形截面、双角钢 T 形截面等单轴对称截面的压弯构件，当弯矩作用于对称平面且使较大翼缘受压时，构件失稳时出现的塑性区除存在受压区屈服和受拉受压区同时屈服两种情况外，还可能在受拉区首先出现屈服而导致构件丧失承载力，因此，不仅要计算受压一侧，还要计算受拉一侧。

【例 6.3】

某压弯构件的截面尺寸、受力和侧向支承情况如图 6.13 所示，截面 I32a，截面无削弱，构件长度 $L = 6$ m，两端铰接，两端及跨中各设有一侧向支承。承受轴心压力设计值 $N = 300$ kN，在 A 端弯矩设计值 $M = 80$ kN·m。材料为 Q235B 钢。验算构件的强度，整体稳定性和刚度。

解：

（1）计算截面几何特性

截面几何特性由附表 D 可查得。$A = 67.12$ cm², $W_x = 692.5$ cm³, $i_x = 12.85$ cm, $i_y = 2.62$ cm。

（2）强度验算

查表 5.1，得 $\gamma_x = 1.05$，

$$\frac{N}{A_n} + \frac{M_x}{\gamma_x W_{nx}} = \frac{300 \times 10^3}{67.12 \times 10^2} +$$

$$\frac{80 \times 10^6}{1.05 \times 692.5 \times 10^3} = 154.6 \text{ N/mm}^2 < f = 215$$

N/mm²，强度满足要求。

翼缘处应力最大，I32a 钢翼缘处厚度

$t = 15 < 16$ mm，取 $f = 215$ N/mm²，

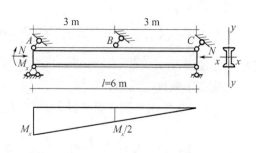

图 6.13 【例 6.3】图

（3）刚度验算

$$\lambda_x = \frac{l_{ox}}{i_x} = \frac{600}{12.85} = 46.7, \lambda_y = \frac{l_{oy}}{i_y} = \frac{300}{2.62} = 114.5$$

$\lambda_{max} = \lambda_y = 114.5 < \lambda = 150$，刚度满足要求。

（4）在弯矩作用平面内的稳定计算

构件无横向荷载作用，$M_2 = 0, M_1 = 80$ kN·m

$$\beta_{mx} = 0.65 + 0.35 \frac{M_2}{M_1} = 0.65$$

$\lambda_x = 46.7$，按照 a 类截面查附表 E-1 得 $\varphi_x = 0.925$

$$N'_{Ex} = \frac{\pi^2 \times 206 \times 10^3 \times 67.12 \times 10^2}{1.1 \times 46.7^2} = 5682.6 \text{ kN}$$

$$\frac{N}{\varphi_x A} + \frac{\beta_{mx} M_x}{\gamma_x W_{1x}(1 - 0.8 N/N'_{Ex})}$$

$$= \frac{300 \times 10^3}{0.925 \times 67.12 \times 10^2} + \frac{0.65 \times 80 \times 10^6}{1.05 \times 692.5 \times 10^3 \times (1 - 0.8 \times 300/5682.5)}$$

$= 122.9$ N/mm² $< f = 215$ N/mm²，弯矩在平面内的稳定性满足要求。

（5）在弯矩作用平面外的稳定计算

$\lambda_y = 114.5, \varphi_y = 0.467$（b 类截面），$\lambda_y < 120$ 可按下面公式近似计算 φ_b

$$\varphi_b(\varphi'_b) = 1.07 - \lambda_y^2/44000 = 1.07 - 114.5^2/44000 = 0.772$$

在侧向支承点范围内，取 AB 段计算，其中 $M_1 = 80$ kN·m，$M_2 = 40$ kN·m，弯矩作用平面外的等效弯矩系数

$$\beta_{tx} = 0.65 + 0.35 \frac{M_2}{M_1} = 0.825$$

BC 端两端弯矩为 $M_1 = 40$ kN·m，$M_2 = 0$，段内无横向荷载

$$\beta_{tx} = 0.65 + 0.35 M_2/M_1 = 0.65$$

取较大者 $\beta_{tx} = 0.825$，取 AB 段验算

$$\frac{N}{\varphi_y A} + \eta \frac{\beta_{tx} M_x}{\varphi_b W_x} = \frac{300 \times 10^3}{0.467 \times 67.12 \times 10^2} + 1.0 \times \frac{0.825 \times 80 \times 10^6}{0.772 \times 692.5 \times 10^3}$$

$$= 171.8 \text{ N/mm}^2 < f = 215 \text{ N/mm}^2$$

弯矩在平面外的稳定性满足要求。

点评：由计算结果可知，尽管构件在跨中侧向有一个支承点，弯矩作用平面外的应力还

是要比平面内应力大40%左右,因此,平面外的稳定性比平面内更难满足。

6.3.3 双向弯曲实腹式压弯构件的整体稳定

弯矩作用在截面两个主平面内的压弯构件是双向压弯构件。这种构件丧失整体稳定性属于空间失稳,理论计算非常复杂,为便于应用,与单向压弯构件计算相衔接,多采用相关公式形式计算。实腹式工字形截面和箱形截面双向受弯构件的稳定计算公式为

$$\frac{N}{\varphi_x A} + \frac{\beta_{mx} M_x}{\gamma_x W_{1x}(1 - 0.8N/N'_{Ex})} + \eta \frac{\beta_{ty} M_y}{\varphi_{by} W_{1y}} \leqslant f \qquad (6-22)$$

$$\frac{N}{\varphi_y A} + \eta \frac{\beta_{tx} M_x}{\varphi_{bx} W_{1x}} + \frac{\beta_{my} M_y}{\gamma_y W_{1y}(1 - 0.8N/N'_{Ey})} \leqslant f \qquad (6-23)$$

式中　M_x, M_y——计算段范围内对 x 轴和 y 轴的最大弯矩;

W_{1x}, W_{1y}——对 x 轴和 y 轴的毛截面抵抗矩;

N'_{Ex}, N'_{Ey}——对 x 轴和 y 轴的欧拉临界力;

φ_x, φ_y——轴心受压构件对 x 轴和 y 轴的整体稳定系数;

φ_{bx}, φ_{by}——均匀受弯的纯弯构件的整体稳定系数;

β_{mx}, β_{my} 和 β_{tx}, β_{ty}——等效弯矩系数。

6.4 实腹式压弯构件的局部稳定

与轴心受压构件和受弯构件相似,实腹式压弯构件可能因强度不足或丧失整体稳定而破坏,也可能因丧失局部稳定而降低其承载力。压弯构件丧失局部稳定是指构件在均匀的压应力、不均匀压应力或剪力作用下,当压应力达到一定值时,可能偏离其平面位置发生波状凸曲的现象。为了保证压弯构件的局部稳定性,就要限制板件的宽(高)厚比。

6.4.1 翼缘宽厚比限值

实腹式压弯构件翼缘受力情况与轴心受压构件及受弯构件的受压翼缘基本相同,因此采用受弯构件受压翼缘局部稳定性的控制方法(图 6.14)。

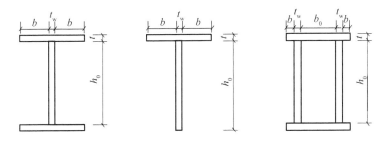

图 6.14 实腹式压弯构件的截面

工字形和 T 形截面翼缘外伸宽度与厚度之比应满足

$$\frac{b}{t} \leqslant 13 \sqrt{\frac{235}{f_y}} \qquad (6-24)$$

当构件按弹性设计,即强度和稳定计算中取 $\gamma_x = 1.0$ 时,可放宽到 $\dfrac{b}{t} \leqslant 15\sqrt{\dfrac{235}{f_y}}$。

箱形截面压弯构件受压翼缘板在两腹板之间无支承的部分,宽度与其厚度之比应满足下列规定:

$$\frac{b_0}{t} \leqslant 40\sqrt{\frac{235}{f_y}} \qquad (6-25)$$

6.4.2 腹板的高厚比限值

实腹式工字形截面压弯构件的腹板,其受力状态如图 6.15 所示,相当于四边简支,受到按直线分布的非均匀压应力和均匀分布的剪应力共同作用,其弹性屈曲的临界条件为

$$\left(\frac{\alpha_0}{2}\right)^5\left(\frac{\sigma}{\sigma_0}\right)^2 + \left[1 - \left(\frac{\alpha_0}{2}\right)^5\right]\frac{\sigma}{\sigma_0} + \left(\frac{\tau}{\tau_0}\right)^2 = 1 \qquad (6-26)$$

式中　σ——腹板最大压应力;

τ——压弯构件的腹板平均剪应力;

α_0——与腹板上、下边缘最大压应力和最小应力有关的应力梯度,$\alpha_0 = (\sigma_{max} - \sigma_{min})/\sigma_{max}$($\sigma_{min}$ 为拉应力时,取负值);

σ_0——不均匀正应力单独作用时四边简支板的临界应力,$\sigma_0 = \beta_\sigma\dfrac{\pi^2 E}{12(1-v^2)}\times\left(\dfrac{t_w}{h_0}\right)^2$;

β_σ——应力梯度和支承情况有关的弯矩稳定系数;

τ_0——平均剪应力单独作用时四边简支板的临界应力。

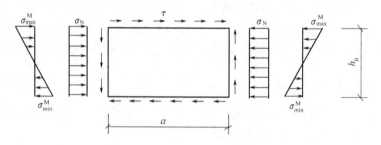

图 6.15　压弯构件腹板受力状态

式(6-26)中如果 $\alpha_0 = 2$,式(6-26)表达的是弯曲应力和剪应力联合作用下的屈曲临界条件;如果 $\alpha_0 = 0$,式(6-26)是均布压力和剪应力联合作用下的屈曲临界条件。

将 σ_0,τ_0 和 $\tau = 0.3\sigma_M$(σ_M 为弯曲压应力,对双轴对称截面,$\tau/\sigma = 0.15\alpha_0$。$\tau = 0.3\sigma_M$ 是根据钢结构中常见的压弯构件统计得到的平均值)代入式(6-26),就可以得到腹板在 σ 和 τ 共同作用下的弹性屈曲时的临界应力,即

$$\sigma_{cr} = K_e\frac{\pi^2 E}{12(1-v^2)}\left(\frac{t_w}{h_0}\right)^2 \qquad (6-27)$$

式中,K_e 为弹性稳定系数,取决于 α_0 和 τ。

实际压弯构件通常多在截面受压较大的一侧,有不同程度的塑性发展。考虑塑性影响,引入弹塑性稳定系数 K_p,其值取决于应力梯度 α_0 和截面塑性发展深度,则压弯构件弹塑性屈曲的临界应力为

$$\sigma_{cr} = K_p \frac{\pi^2 E}{12(1-v^2)} \left(\frac{t_w}{h_0}\right)^2 \tag{6-28}$$

为与压弯构件整体稳定控制取得一致,这里取塑性发展深度的上限值 $h/4 \approx h_0/4$,求得的 K_e,K_p 值见表 6.1 所示。

表 6.1 压弯构件腹板的屈曲系数和高厚比 h_0/t_w

α_0	0.0	0.2	0.4	0.6	0.8	1.0	1.2	1.4	1.6	1.8	2.0
K_e	4.000	4.443	4.992	5.689	6.505	7.812	9.503	11.868	15.183	19.524	23.922
K_p	4.000	3.914	3.874	4.242	4.681	5.214	5.886	6.678	7.576	9.378	11.301
h_0/t_w	56.24	55.64	55.35	57.92	60.84	64.21	68.23	72.67	77.40	87.76	94.54

根据公式(6-28)并利用临界条件 $\sigma_{cr} = f_y$,即可得到腹板的容许高厚比。

工字形截面:

当 $0 \leqslant \alpha_0 \leqslant 1.6$ 时

$$\frac{h_0}{t_w} \leqslant (16\alpha_0 + 0.5\lambda + 25) \sqrt{\frac{235}{f_y}} \tag{6-29}$$

当 $1.6 \leqslant \alpha_0 \leqslant 2$ 时

$$\frac{h_0}{t_w} \leqslant (48\alpha_0 + 0.5\lambda - 26.2) \sqrt{\frac{235}{f_y}} \tag{6-30}$$

式中,λ 为构件在弯矩作用平面内的长细比。当 $\lambda < 30$ 时,取 $\lambda = 30$;当 $\lambda > 100$ 时,取 $\lambda = 100$。

箱形截面:

当 $0 \leqslant \alpha_0 \leqslant 1.6$ 时

$$\frac{h_0}{t_w} \leqslant 0.8(16\alpha_0 + 0.5\lambda + 25) \sqrt{\frac{235}{f_y}} \tag{6-31}$$

当 $1.6 \leqslant \alpha_0 \leqslant 2$ 时

$$\frac{h_0}{t_w} \leqslant 0.8(48\alpha_0 + 0.5\lambda - 26.2) \sqrt{\frac{235}{f_y}} \tag{6-32}$$

且当右端项 $< 40\sqrt{\dfrac{235}{f_y}}$ 时,取 $40\sqrt{\dfrac{235}{f_y}}$。

T 形截面:

当 $\alpha_0 \leqslant 1$ 时

$$\frac{h_0}{t_w} \leqslant 15 \sqrt{\frac{235}{f_y}} \tag{6-32}$$

当 $\alpha_0 > 1$ 时

$$\frac{h_0}{t_w} \leqslant 18 \sqrt{\frac{235}{f_y}} \tag{6-34}$$

如果压弯构件腹板高厚比 h_0/t_w 不满足要求,则可以调整腹板的厚度或高度。也可以采用纵向加劲肋加强腹板,这时应验算纵向加劲肋与翼缘间腹板高厚比,特别在受压较大翼缘与纵向加劲肋之间的高厚比应符合上述要求。还可以在计算构件的强度和稳定性时采用腹板有效截面面积,即将腹板的截面考虑计算高度边缘范围内两侧宽度各为 $20t_{\mathrm{w}}\sqrt{235/f_y}$ 的部分,见图 4.23。

【例 6.4】

试验算【例 6.3】中压弯构件的局部稳定是否满足要求。

解:一般热轧型钢的局部问题都能满足要求,不必验算。本例为了说明 b 和 h_0 的取值问题,也验算如下:

(1)翼缘:$b/t = (130 - 9.5)/2/15 = 4.02 < [b/t] = 13\sqrt{\dfrac{235}{235}} = 13$,满足要求。

(2)腹板:$\lambda_x = 46.7$

$$\begin{aligned}\sigma_{\max} &= \frac{N}{A} \pm \frac{M_x}{W_x} = \frac{300 \times 10^3}{6\,712} \pm \frac{80 \times 10^6}{692.5 \times 10^3} = 44.7 \pm 115.5 = \qquad \sigma_{\max} = 160.2\ \mathrm{N/mm^2}\\ \sigma_{\min} &\qquad\qquad\qquad\qquad\qquad\qquad\qquad\qquad\qquad\qquad\qquad\qquad\qquad \sigma_{\min} = -70.8\ \mathrm{N/mm^2}\end{aligned}$$

$$\alpha_0 = (\sigma_{\max} - \sigma_{\min})/\sigma_{\max} = (160.2 + 70.8)/160.2 = 1.442 < 1.6$$

$$\left[\frac{h_0}{t_{\mathrm{w}}}\right] = (16\alpha_0 + 0.5\lambda + 25)\sqrt{\frac{235}{f_y}} = (16 \times 1.442 + 0.5 \times 46.7 + 25) \times \sqrt{\frac{235}{235}} = 71.4$$

$$\frac{h_0}{t_{\mathrm{w}}} = \frac{320 - 2 \times 15 - 2 \times 11.5}{9.5} = 28.1 < \left[\frac{h_0}{t_{\mathrm{w}}}\right] = 71.4,$$ 压弯构件的局部稳定满足要求。

6.5 实腹式压弯构件的截面设计

6.5.1 截面设计原则

实腹式压弯构件的截面设计应满足强度、刚度、整体稳定、局部稳定的要求。在满足局部稳定和使用与构造要求时,应该遵循等稳定性(弯矩作用平面内和平面外整体稳定性尽量接近)、宽肢薄壁(截面应做得轮廓尺寸大而板件较薄,以获得较大的惯性矩和回转半径,充分发挥钢材的有效性)、制作省工、连接方便的设计原则。

6.5.2 截面设计步骤

由于压弯构件的验算公式中未知量较多,很难根据内力直接选择截面,一般需要参考已有类似设计进行估算,然后验算,不满足时再进行调整,但可以参考以下步骤进行截面设计。

1. 确定弯矩、轴心压力、剪力等压弯构件的内力设计值。

2. 选择截面的形式。

根据弯矩和轴力的大小和方向决定截面形式。当弯矩较小或弯矩可能反向作用时,截面形式与轴心受压构件相同。一般采用双轴对称截面;当只有一个方向弯矩较大时,宜采用单轴对称截面,并使较大截面翼缘位于受压区。

3. 确定钢材及其强度设计值。

4. 计算弯矩作用平面内和平面外的计算长度 l_{0x}, l_{0y}。

5. 初选截面尺寸。

根据经验和已有的资料,在满足构造要求的前提下,依照弯矩作用平面内和平面外的稳定性近于相等,初步选定截面尺寸。

6. 验算截面,包括强度验算、弯矩作用平面内整体稳定验算、弯矩作用平面外整体稳定验算、局部稳定验算、刚度验算等。

6.5.3　构造要求

实腹式压弯构件的构造要求与实腹式轴心受压构件和受弯构件相似,请参阅第4.5节和5.4节有关构造要求的内容。

【例6.5】

如图6.16所示为双轴对称焊接工字形截面压弯构件的截面。已知翼缘板为剪切边,截面无削弱。承受的荷载设计值为轴心压力 $N = 800$ kN,构件跨度中点横向集中荷载 $F = 100$ kN。构件长 $l = 15$ m,两端铰接并在两端和跨中各设有一侧向支承点。材料用Q235B. F钢。试验算该构件。

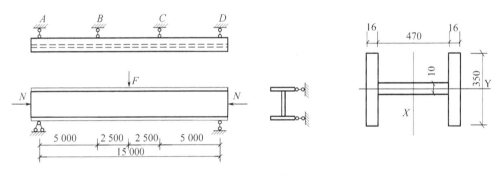

图6.16　【例6.5】图

解:(1)内力设计值:$N = 800$ kN,$M_{max} = FL/4 = 100 \times 15/4 = 375$ kN·m。

(2)钢材为 Q235B. F,$f = 215$ N/mm²。

(3)弯矩作用平面内外计算长度 $l_{0x} = 15$ m,$l_{0y} = 5$ m。

(4)截面的几何特性

$$A = 2bt + h_w t_w = (2 \times 35 \times 1.6 + 47 \times 1.0) \text{ cm}^2 = 159 \text{ cm}^2$$

$$I_x = \frac{1}{12}bh^3 - \frac{1}{12}(b - t_w)h_w^3 = \left(\frac{1}{12} \times 35 \times 50.2^3 - \frac{1}{12} \times 34 \times 47^3\right) \text{ cm}^4 = 74\,810.7 \text{ cm}^4$$

$$I_y = 2 \times \frac{1}{12}tb^3 + \frac{1}{12}h_w t_w^3 = \frac{1}{6} \times 1.6 \times 35^3 + \frac{1}{12} \times 47 \times 1^3 \text{ cm}^4 = 12\,600 \text{ cm}^4$$

$$W_{1x} = W_x = \frac{2I_x}{h} = \frac{2 \times 74\,810.7}{50.2} \text{ cm}^3 = 2\,980.5 \text{ cm}^3$$

$$i_x = \sqrt{\frac{I_x}{A}} = \sqrt{\frac{74\,810.7}{159}} \text{ cm} = 21.7 \text{ cm}$$

$$i_y = \sqrt{\frac{I_y}{A}} = \sqrt{\frac{12\,600}{159}} \text{ cm} = 8.9 \text{ cm}$$

（5）截面验算

①强度验算：

受压翼缘板的自由外伸宽度比为

$\dfrac{b}{t} = \dfrac{(350-10)/2}{16} = 10.6 < 13\sqrt{\dfrac{235}{f_y}} = 13\sqrt{\dfrac{235}{235}} = 13$，故取截面塑性发展系数 $\gamma_x = 1.05$。

$$\dfrac{N}{A_n} + \dfrac{M_x}{\gamma_x W_{nx}} = \left(\dfrac{800 \times 10^3}{159 \times 10^2} + \dfrac{375 \times 10^6}{1.05 \times 2980.5 \times 10^3} \right) \text{ N/mm}^2$$

$$= 170.14 \text{ N/mm}^2 < f = 215 \text{ N/mm}^2$$

②刚度验算：

$$\lambda_x = l_{0x}/i_x = 15\,000/216.9 = 69.2 < [\lambda] = 150$$

$$\lambda_y = l_{0y}/i_y = 5\,000/89 = 56.2 < [\lambda] = 150$$

③弯矩作用平面内整体稳定验算：

$\lambda_x = 69.2, \varphi_x = 0.757$（b 类截面，查附表 E-2）

弯矩作用平面内的等效弯矩系数：无端弯矩但有横向荷载作用时 $\beta_{mx} = 1.0$。

$$N'_{Ex} = \dfrac{\pi^2 EA}{\gamma_R \lambda_x^2} = \dfrac{\pi^2 \times 206 \times 10^3 \times 15\,900}{1.1 \times 69.2^2} = 6\,130.8 \times 10^3 \text{N} = 6\,130.8 \text{ kN}$$

$$\dfrac{N}{\varphi_x A} + \dfrac{\beta_{mx} M_x}{\gamma_x W_{1x}(1 - 0.8 N/N'_{Ex})}$$

$$= \dfrac{800 \times 10^3}{0.757 \times 15\,900} + \dfrac{1.0 \times 375 \times 10^6}{1.05 \times 2\,980.5 \times 10^3 \times (1 - 0.8 \times 800/6\,130.8)}$$

$=200.3 \text{ N/mm}^2 < f = 215 \text{ N/mm}^2$，弯矩在平面内的稳定性满足要求。

④弯矩作用平面外整体稳定验算

$$\varphi_b(\varphi'_b) = 1.07 - \dfrac{\lambda_y^2}{44\,000} \cdot \dfrac{f_y}{235} = 1.07 - \dfrac{56.2^2}{44\,000} \cdot \dfrac{235}{235} = 0.998$$

支座段 AB 或 CD 两端弯矩为 $M_1 = 250$ kN·m，$M_2 = 0$，段内无横向荷载；

$\beta_{tx1} = 0.65 + 0.35 M_2/M_1 = 0.65$

$$\dfrac{N}{\varphi_y A} + \dfrac{\beta_{tx1} M_{x1}}{\varphi_b W_x} = \left(\dfrac{800 \times 10^3}{0.735 \times 15\,900} + \dfrac{0.65 \times 375 \times 10^6}{0.998 \times 2\,980.5 \times 10^3} \right) \text{ N/mm}^2$$

$= 123.1 \text{ N/mm}^2 < f = 215 \text{ N/mm}^2$，

中间段 BC 两端弯矩为 $M_1 = 375$ kN·m，$M_2 = 250$ kN·m，段内无横向荷载；

$\beta_{tx2} = 0.65 + 0.35 M_2/M_1 = 0.65 = 0.883$

$$\dfrac{N}{\varphi_y A} + \dfrac{\beta_{tx2} M_{x2}}{\varphi_b W_x} = \left(\dfrac{800 \times 10^3}{0.735 \times 15\,900} + \dfrac{0.883 \times 375 \times 10^6}{0.998 \times 2\,980.5 \times 10^3} \right) \text{ N/mm}^2$$

$= 179.8 \text{ N/mm}^2 < f = 215 \text{ N/mm}^2$，弯矩在平面外的稳定性满足要求。

⑤局部稳定性验算

翼缘：$\dfrac{b}{t} = 10.6 < \left[\dfrac{b}{t} \right] = 15\sqrt{\dfrac{235}{f_y}} = 15$

腹板：$\begin{matrix} \sigma_{\max} \\ \sigma_{\min} \end{matrix} = \dfrac{N}{A} \pm \dfrac{M_x}{I_x} \cdot \dfrac{h_0}{2} = \left(\dfrac{800 \times 10^3}{15\,900} \pm \dfrac{375 \times 10^6}{74\,810.7 \times 10^4} \cdot \dfrac{470}{2} \right) \text{ N/mm}^2$

$$= 50.3 \pm 117.8 = \begin{cases} 168.1 \\ -67.5 \end{cases} \text{N/mm}^2$$

$$\alpha_0 = (\sigma_{max} - \sigma_{min})/\sigma_{max} = (168.1 + 67.5)/168.1 = 1.40 < 1.6$$

$$\left[\frac{h_0}{t_w}\right] = (16\alpha_0 + 0.5\lambda + 25)\sqrt{\frac{235}{f_y}} = (16 \times 1.40 + 0.5 \times 69.2 + 25) \times \sqrt{\frac{235}{235}} = 82$$

$$\frac{h_0}{t_w} = \frac{470}{10} = 47 < \left[\frac{h_0}{t_w}\right] = 82$$，压弯构件的局部稳定满足要求。

【例6.6】

某两端铰支压弯构件，长9 m，采用Q235B钢材，轧制扁钢焊接组成工字形截面300 × 300 × 6 × 10，$A = 76.8$ cm²，$W_x = 914.5$ cm³，$i_x = 13.36$ cm，$i_y = 7.66$ cm，两端各承受轴压力N，同时杆中沿腹板平面受集中力N使杆件绕强轴x受弯，按下列各题要求及补充条件求解。

（1）按强度计算$N = ($ ）kN。

A. 82.99　　　　　B. 86.92　　　　　C. 90.7　　　　　D. 95.0

（2）按平面内稳定性计算，其$N/N'_{Ex} = 0.0257$，$N = ($ ）kN。

A. 80.17　　　　　B. 83.91　　　　　C. 87.62　　　　　D. 91.70

（3）按平面外稳定性计算$N = ($ ）kN。

A. 82.3　　　　　B. 59.9　　　　　C. 65.4　　　　　D. 89.9

（4）受压翼缘板局部稳定计算，取$\gamma_x = 1.0$，板的自由外伸宽度b与其厚度t之比$b/t = ($ ）$\leqslant ($ ）。

A. 7.35 < 13　　　B. 15 = 15　　　C. 14.7 < 15　　　D. 7.5 < 13

（5）杆件承受轴压力$N = 59.9$ kN，弯矩$M_x = 134.8$ kN·m，$\lambda_x = 67.4$，进行腹板稳定计算，$h_0/t_w = ($ ）$< ($ ）。

A. 50 < 98.4　　　B. 46.4 < 98.4　　　C. 50 < 99.3　　　D. 46.4 < 99.3

解：

（1）正确答案A

此杆承受$M_x = NL/4 = 9000N/4 = (2250N)$ N·mm

因$b/t = 147/10 = 14.7 > 13$，所以$\gamma_x = 1.0$

$$N = \frac{f}{\left(\frac{1}{A_n} + \frac{M_x}{\gamma_x W_{nx}}\right)} = \frac{215}{\left(\frac{1}{7680} + \frac{2250}{1.0 \times 9.145 \times 10^5}\right)} = 82990 \text{ N} = 82.99 \text{ kN}$$

（2）正确答案A

$M = (2250N)$ N·mm，$\lambda_x = 900/13.36 = 67.4$；b类截面，$\varphi_x = 0.767$，$\beta_{mx} = 1.0$，因$b/t = 14.7 > 13$，所以$\gamma_x = 1.0$

$$N = \frac{f}{\left(\frac{1}{\varphi_x \times A} + \frac{\beta_{mx}(M/N)}{\gamma_x W_{1x}(1 - 0.8N/N'_{EX})}\right)}$$

$$= \frac{215}{\frac{1}{0.767 \times 7680} + \frac{1 \times 2250}{1.0 \times 9.145 \times 10^5 \times (1 - 0.8 \times 0.0257)}}$$

$$= 80.17 \text{ kN}$$

（3）正确答案B

$M = (2250N)$ N·mm，$\lambda_y = 900/7.66 = 117.5$；c类截面，$\varphi_y = 0.389$，$\beta_{tx} = 1.0$，$\eta = 1.0$，

$$\varphi_b = 1.07 - \frac{\lambda_y^2}{4\,400} = 1.07 - \frac{117.5^2}{4\,400} = 0.756$$

$$N = \frac{f}{\left(\dfrac{1}{\varphi_y A} + \dfrac{\eta \beta_{tx} M_x}{\varphi_b W_{1x}}\right)} = \frac{215}{\left(\dfrac{1}{0.389 \times 7\,680} + \dfrac{1.0 \times 1.0 \times 2\,250}{0.765 \times 9.145 \times 10^5}\right)}$$

$$= 59\,900N = 59.9 \text{ kN}$$

（4）正确答案 C

当 $\gamma_x = 1.0$ 时，宽厚比可放宽至 15，$b/t = 14.7$

（5）正确答案 B

$$\sigma_{max} = \frac{N}{A} + \frac{Mh_0}{W_x h} = \frac{59\,900}{7\,680} + \frac{134.8 \times 10^6 \times 280}{914.5 \times 10^3 \times 300}$$

$$= 7.8 + 137.6 = 145.4 \text{ N/mm}^2$$

$$\sigma_{min} = 7.8 - 137.6 = -129.8 \text{ N/mm}^2$$

$$\alpha_0 = \frac{\sigma_{max} - \sigma_{min}}{\sigma_{max}} = \frac{145.4 + 129.8}{145.4} = 1.893 > 1.6$$

$$\frac{h_0}{t_w} = \frac{280}{6} = 46.6$$

$$< (48\alpha_0 + 0.5\lambda - 26.2) = 48 \times 1.893 + 0.5 \times 67.4 - 26.2 = 98.4$$

6.6　格构式压弯构件的强度、刚度和稳定性

截面高度较大的压弯构件，采用格构式可以节省材料。格构式压弯构件多用于厂房的框架柱和高大的独立支柱。格构式压弯构件的主体由分肢和缀材组成。当构件所受的弯矩不大或正负弯矩的绝对值相差较小时，可用对称的截面形式，否则常采用不对称截面，并将较大分肢放在受压较大的一侧。

格构式压弯构件与实腹式压弯构件一样，要分别进行强度、刚度、整体稳定和局部稳定等方面的计算，并对弯矩绕实轴作用和弯矩绕虚轴作用两种情况进行计算，与实腹式压弯构件有些不同。

6.6.1　强度计算

与实腹式压弯构件一样按下列公式计算：

$$\frac{N}{A_n} \pm \frac{M_x}{\gamma_x W_{nx}} \leqslant f \qquad\qquad (6-35)$$

或

$$\frac{N}{A_n} \pm \frac{M_y}{\gamma_y W_{ny}} \leqslant f \qquad\qquad (6-36)$$

式中，塑性发展系数 γ_x，γ_y，当弯矩绕实轴作用时，按表 5.1 取值。当弯矩绕虚轴（$x-x$ 轴）作用时（图 6.17），取 $\gamma_x = \gamma_y = 1.0$，这是由于格构式截面中部是空的，不考虑塑性发展的潜力，因此，弯矩绕虚轴（$x-x$ 轴）作用时，基本上以截面边缘纤维屈服作为临界极限状态。

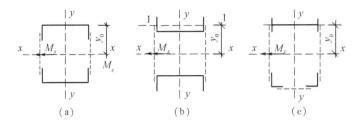

图6.17　格构式压弯构件截面

6.6.2　刚度计算

分别进行实轴($y-y$轴)和虚轴($x-x$轴)的长细比验算,即

$$\lambda_{0x} \leqslant [\lambda] \tag{6-37}$$

$$\lambda_y \leqslant [\lambda] \tag{6-38}$$

式中　λ_{0x}——对虚轴的换算长细比。

6.6.3　稳定计算

1. 弯矩绕实轴作用的格构式压弯构件

当弯矩作用在与缀材面相垂直的主平面内时,构件绕实轴产生弯曲失稳,应考虑在弯矩作用平面内和弯矩作用平面外构件的整体稳定,其计算方法与实腹式压弯构件相同,采用公式(6-17)(6-21)进行计算(将公式中的 x 改成 y,原因是实腹式和格构式截面 X,Y 轴不一致,在计算时要引起注意),在计算平面外整体稳定时,长细比应取换算长细比,φ_b 应取1.0。

2. 弯矩绕虚轴作用的格构式压弯构件

(1)弯矩作用平面内的整体稳定计算

构件在绕虚轴($x-x$轴)作用的弯矩和轴心压力的共同作用下,当受压较大一侧分肢的腹板屈服或受压较大一侧分肢的翼缘部分屈服时,构件即丧失整体稳定。由于几乎没有塑性发展,因此,《钢结构设计规范》采用边缘纤维屈服准则作为设计准则,按照公式(6-39)进行验算。

$$\frac{N}{\varphi_x A} + \frac{\beta_{mx} M_x}{W_{1x}(1 - \varphi_x N/N'_{Ex})} \leqslant f \tag{6-39}$$

式中　φ_x 和 N'_{Ex}——分别为轴心受压构件的整体稳定系数和考虑抗力分项系数 γ_R 的欧拉临界力,$N'_{Ex} = \pi^2 EA/(1.1\lambda_x^2)$,按对虚轴的换算长细比 λ_{0x} 确定。

　　W_{1x}——构件截面较大受压边缘的毛截面模量,$W_{1x} = \dfrac{I_x}{y_0}$。

　　y_0——由 x 轴到压力较大侧分肢的轴线或到压力较大分肢腹板外边缘的距离,取两者中较大者,如图6.17 所示。

(2)分肢稳定计算

弯矩绕虚轴作用的格构式压弯构件,也可能因弯矩作用平面外刚度不足而失稳,但其屈曲形式与实腹式压弯构件不同,实腹式压弯构件在弯矩作用平面外失稳通常呈现弯扭屈曲变形,而格构式压弯构件由于缀件比较柔弱,在较大的压力作用下,构件趋向弯矩作用平面外弯曲时,受另一个分肢的约束很小(因分肢之间的整体性不强),以致呈现为单肢失稳。

因此,格构式压弯构件在弯矩平面外的稳定可以不必计算,而用计算各个分肢的稳定来代替。计算时,弯矩绕虚轴作用的双肢格构式压弯构件的分肢,可以视为平行弦桁架的弦杆,并按轴心压杆计算(见图6.18):

对分肢1,有

$$N_1 = N\frac{y_2}{a} + \frac{M_x}{a} \qquad (6-40)$$

对分肢2,有

$$N_2 = N - N_1 \qquad (6-41)$$

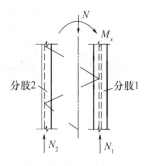

对于缀条式压弯构件,分肢按轴心受压构件计算。分肢的计算长度,在缀材平面内(如图6.18中的1—1轴)取缀条体系的节间长度;在缀条平面外,取整个构件两侧向支承点间的距离。

对于缀板式压弯构件,分肢除受轴心力 N_1(或 N_2)作用外,还应考虑剪力作用引起的局部弯矩,按实腹式压弯构件验算单肢的稳定性,见6.3节。

图6.18 分肢的内力计算

3. 格构式双向压弯构件

(1)整体稳定计算

根据实腹式双向压弯构件,采用与边缘屈服准则得出的弯矩绕虚轴作用的格构式单向压弯构件平面内整体稳定相关公式(6-39)相衔接的直线表达式进行计算,即

$$\frac{N}{\varphi_x A} + \frac{\beta_{mx}M_x}{W_{1x}(1-\varphi_x N/N'_{Ex})} + \frac{\beta_{ty}M_y}{W_{1y}} \leqslant f \qquad (6-42)$$

式中,φ_x 和 N'_{Ex} 由换算长细比 λ_{0x} 确定。

(2)分肢的稳定计算

分肢按实腹式单向压弯构件计算,将分肢作为桁架弦杆计算其在轴力和弯矩共同作用下产生的内力(如图6.18所示,y 轴向有 M_y 作用)。

对分肢1,有

$$N_1 = N\frac{y_2}{a} + \frac{M_x}{a} \qquad (6-43)$$

$$M_{y1} = \frac{I_1/y_1}{I_1/y_1 + I_2/y_2} \cdot M_y \qquad (6-44)$$

对分肢2,有

$$N_2 = N - N_1 \qquad (6-45)$$

$$M_{y2} = M_y - M_{y1} \qquad (6-46)$$

式中 I_1,I_2——分肢1和分肢2对 y 轴的惯性矩;

y_1,y_2——分肢1和分肢2轴线至 x 主轴的距离。

按上述内力计算每个分肢在其两主轴方向的稳定性。对于缀板式压弯构件,其分肢尚应考虑由剪力产生的分肢局部弯矩作用,这时,分肢应按实腹式双向压弯构件计算。

6.6.4 缀材计算和构造要求

格构式压弯构件的缀材计算与格构式轴心受压构件的缀材计算相同,但剪力应取实际

剪力和按 $V = \dfrac{Af}{85}\sqrt{\dfrac{f_y}{235}}$ 式算得的剪力两者中取较大者。

格构式压弯构件的构造要求与格构式轴心构件相同。

【例6.7】

计算图6.19所示单层厂房框架柱截面,上端为有侧移的弱支撑,下端固定。柱高 $H =$ 6.0 m,在弯矩作用平面内,其计算长度 $l_{0x} = 8.0$ m;在弯矩作用平面外,柱两端铰接,计算长度 $l_{0y} = H = 6.0$ m。轴心压力设计值 $N = 380$ kN,弯矩设计值 $M_x = 115$ kN,剪力设计值 $V = 30$ kN。截面无削弱,材料采用Q235B,火焰切割边。

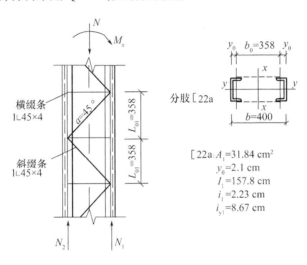

图6.19 【例6.7】图

解:(1)柱内力设计值

$N = 380$ kN, $M_x = \pm 115$ kN, $V = 30$ kN

(2)截面几何特征

2[22a 的截面积为 $A = 2A_1 = 2 \times 31.84$ cm² $= 63.68$ cm²

$$I_x = 2\left[I_1 + A_1\left(\frac{b_0}{2}\right)^2\right] = 2\left[157.8 + 31.84 \times \left(\frac{40 - 2 \times 2.1}{2}\right)^2\right] \text{cm}^4 = 20\,719 \text{ cm}^4$$

$$i_x = \sqrt{\frac{I_x}{A}} = \sqrt{\frac{20\,719}{63.68}} \text{ cm} = 18.04 \text{ cm}$$

$$W_x = \frac{2I_x}{b} = \frac{2 \times 20\,719}{40} = 1\,035.95 \text{ cm}^3$$

$$W_{1x} = \frac{I_x}{y_0} = \frac{I_x}{b/2} = 1\,035.95 \text{ cm}^3$$

(3)强度验算

格构式构件对虚轴的截面塑性发展系数 $\gamma_x = 1.0$

$$\frac{N}{A_n} + \frac{M_x}{\gamma_x W_{nx}} = \left(\frac{380 \times 10^3}{63.68 \times 10^2} + \frac{115 \times 10^6}{1.0 \times 1\,035.95 \times 10^3}\right) \text{N/mm}^2$$

$=170.6\ \mathrm{N/mm^2} < f = 215\ \mathrm{N/mm^2}$，满足要求。

（4）刚度验算

对 x 轴的长细比为 $\lambda_x = \dfrac{l_{0x}}{i_x} = \dfrac{8.0 \times 10^2}{18.04} = 44.3$

查附表 D，缀条 $\llcorner 45 \times 4$ 毛截面面积之和为

$A_{1x} = 2 \times 3.49 = 6.98\ \mathrm{cm^2}$

换算长细比 $\lambda_{0x} = \sqrt{\lambda_x^2 + 27\dfrac{A}{A_{1x}}} = \sqrt{44.3^2 + 27 \times \dfrac{63.68}{6.98}} = 47 < \lambda = 150$

分肢对 $1-1$ 轴的长细比 $\lambda_1 = l_{01}/i_1 = 35.8/2.23 = 16.1 < [\lambda] = 150$

分肢对 y 轴的长细比 $\lambda_{y1} = l_{0y}/i_{y1} = 600/8.67 = 69.2 < [\lambda] = 150$，满足要求。

（5）弯矩作用平面内的整体稳定性

$\lambda_{0x} = 47$，则 $\varphi_x = 0.870$（b 类截面，查附表 E-2）

$N'_{Ex} = \dfrac{\pi^2 EA}{\gamma_R \lambda_x^2} = \dfrac{\pi^2 \times 206 \times 10^3 \times 6\,368}{1.1 \times 47^2}\ \mathrm{N} = 5\,328\ \mathrm{kN}$

$\dfrac{N}{\varphi_x A} + \dfrac{\beta_{mx} M_x}{W_{1x}(1 - \varphi_x N/N'_{Ex})} = \dfrac{380 \times 10^3}{0.870 \times 63.68 \times 10^2} + \dfrac{1.0 \times 115 \times 10^6}{1\,035.95 \times 10^3 \times (1 - 0.870 \times 380/5\,328)}$

$= 180.3\ \mathrm{N/mm^2} < f = 215\ \mathrm{N/mm^2}$，满足要求。

（6）分肢稳定计算

$$N_1 = \dfrac{N}{2} + \dfrac{M_x}{b_0} = \left(\dfrac{380}{2} + \dfrac{115 \times 10^2}{40 - 2 \times 2.1} \right)\ \mathrm{kN} = 511.2\ \mathrm{kN}$$

根据 $\lambda_{y1} = 69.2$ 查附表 E-2，得分肢稳定系数 $\varphi_1 = 0.756$，则

$\dfrac{N_1}{\varphi_1 A_1} = \dfrac{511.2 \times 10^3}{0.756 \times 31.84 \times 10^2}\ \mathrm{N/mm^2} = 212.1\ \mathrm{N/mm^2} < f = 215\ \mathrm{N/mm^2}$，安全。

钢材 Q235 的热轧普通槽钢，分肢的局部稳定性可不验算。

（7）缀条验算

$$V = \dfrac{Af}{85}\sqrt{\dfrac{f_y}{235}} = \dfrac{2 \times 31.84 \times 10^2 \times 215}{85}\sqrt{\dfrac{235}{235}} \times 10^{-3}\ \mathrm{kN} = 16.1\ \mathrm{kN} < 30\ \mathrm{kN}$$

计算缀条内力时取 $V = 30\ \mathrm{kN}$，每个缀条截面承担的剪力为 $V_1 = \dfrac{1}{2}V = 15\ \mathrm{kN}$

缀条内力 $N_1 = \dfrac{V_1}{\sin\alpha} = \dfrac{15}{\sin 45°}\ \mathrm{kN} = 21.2\ \mathrm{kN}$

缀条计算长度 $l_d = \dfrac{b_0}{\sin\alpha} = \dfrac{40 - 2 \times 2.1}{\sin 45°}\ \mathrm{cm} = 50.6\ \mathrm{cm}$

缀条 $1\llcorner 45 \times 4$，查附表 D，$A_d = 3.49\ \mathrm{cm^2}$，$i_{min} = i_{y0} = 0.89\ \mathrm{cm}$，则

$\lambda_d = \dfrac{l_d}{i_{min}} = \dfrac{50.6}{0.89} = 56.85$，$\varphi_d = 0.822$（b 类截面）

单面连接等边角钢强度折减系数 $\eta = 0.6 + 0.0015\lambda = 0.6 + 0.0015 \times 56.85 = 0.685$

$\dfrac{N_1}{\varphi_d A_d} = \dfrac{21.2 \times 10^3}{0.822 \times 349}\ \mathrm{N/mm^2} = 73.9\ \mathrm{N/mm^2} < \eta \cdot f = 0.685 \times 215 = 147.3\ \mathrm{N/mm^2}$

满足要求。

从计算结果可见，该柱的截面和缀件满足要求。

6.7　柱 脚 设 计

压弯构件与基础的连接有铰接柱脚和刚接柱脚两种。铰接柱脚仅传递轴心压力和剪力,构造和计算方法与轴心受压柱的柱脚基本相同,但因所受剪力较大,应采取抗剪构造措施。刚接柱脚除传递轴心压力和剪力外,还要传递弯矩。工程中多采用与基础刚性连接的柱脚。连接构造的基本要求是传力明确、安全可靠、方便施工、经济合理,且具有足够的刚度。

压弯构件柱脚可分为整体式和分离式两类。一般对于实腹式和二分肢间距小于 1.5 m 的格构式柱常采用整体式柱脚。分肢间距较大的格构式柱常采用分离式柱脚,分离式柱脚实质上是两个轴心受压柱的柱脚用连系构件连成整体,连系构件按构造设置。

6.7.1　整体式柱脚

压弯构件柱脚的主要组成部分与轴心受压柱柱脚一样,包括底板、靴梁、隔板、肋板、锚栓等,如图 6.20 所示。

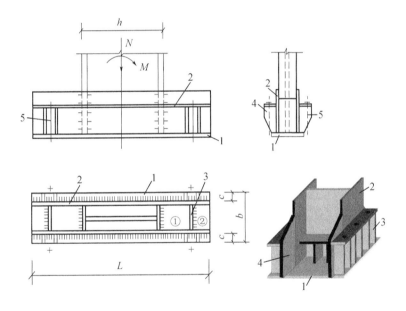

图 6.20　整体式的刚接柱脚
1—底板;2—靴梁;3—隔板;4—肋板;5—锚栓

在柱脚设计时,应以柱脚内最不利轴心压力、弯矩和剪力组合来计算,通常计算基础混凝土最大压力和设计底板时,按较大的轴心压力、较大的弯矩组合控制,设计锚栓和支承托座时,按同时发生较小的轴心压力和较大的弯矩组合控制。

1.底板面积计算

根据柱截面、柱脚内力的大小和构造要求初步选取底板的宽度 b 和长度 L,宽度方向的外伸长度 c 一般取 20~30 mm。然后,按底板下的压应力为直线分布,计算底板对基础混凝

土的最大和最小应力为

$$\begin{aligned}\sigma_{\max} \\ \sigma_{\min}\end{aligned} = \frac{N}{bL} \pm \frac{6M}{bL^2} \leqslant \beta_c f_c \tag{6-47}$$

式中　N,M——柱脚所承受的最不利弯矩和轴心压力,取使基础一侧产生最大压应力和内力组合;

　　　　f_c——混凝土的承压强度设计值;

　　　　β_c——基础混凝土局部承压时的强度提高系数。

如果不满足式(6-47),则初选宽度 b 和长度 L 不合适,应修改并重新计算。

2. 锚栓计算

一般柱脚每边各设置 2~4 个直径为 30~75 mm 的锚栓。若 $\sigma_{\min} \geqslant 0$,说明底板全部受压(图 6.21(a)),锚栓按构造设置。若 $\sigma_{\min} < 0$,说明底板与基础出现拉应力,底板部分受压,此时,锚栓的作用除了固定柱脚位置外,还承受柱脚底部由压力 N 和弯矩 M 组合作用而引起的拉力 T,根据产生的应力分布图可确定出压应力分布长度 a(图 6.21(b))。对受压区压应力合力 C 的作用点取力矩使 $\sum M = 0$,可得锚拴中拉力 T 为

$$T = \frac{M - N\left(\dfrac{L}{2} - \dfrac{x}{3}\right)}{L - c - \dfrac{x}{3}} \tag{6-48}$$

式中　x——压应力的分布长度,$x = \dfrac{\sigma_{\max}}{\sigma_{\max} + |\sigma_{\min}|} \cdot L$。

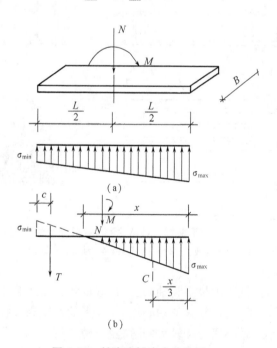

图 6.21　柱脚底板应力分布图

根据 T 按照式(6-49)可以计算出锚栓所需总有效截面面积,或者按照附表 J 选用螺栓的规格、数量和埋置深度。

$$A_n = T/f_n^t \tag{6-49}$$

式中 f_n^t——锚栓抗压强度设计值。

3. 底板厚度和柱脚等其他部分的设计

底板厚度和柱脚等其他部分的设计与轴心受压柱的柱脚相似,只是由于底板下压应力为不均匀分布,在计算各区格底板弯矩时,可偏于安全地取该区格最大压应力按均匀分布计算,并且底板厚度不宜小于 20 mm。靴梁按悬臂简支梁计算,隔板按简支梁计算,靴梁和底板上的不均匀应力分布也偏于安全地取计算区段内较大压应力,然后按均匀分布计算。锚栓的拉力作用与锚栓托座上,托座顶板按构造设置(厚 20 ~ 40 mm 钢板或∟160 × 100 × 10 以上角钢),托座肋板按悬臂梁计算。

6.7.2 分离式柱脚

分离式柱脚是分别在格构式柱每个分肢的端部设置一独立柱脚,如图 6.22 所示。每个独立柱脚应根据分肢可能产生的最大压力按轴心受压柱的柱脚设计,而锚栓可根据分肢可能产生的最大拉力设计。

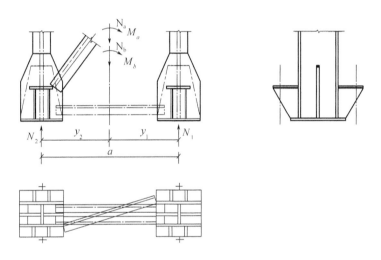

图 6.22 格构柱的分离式柱脚

分离式柱脚的两个独立柱脚所承受的最大压力是
对于右肢,

$$N_r = \frac{N_a y_2}{a} + \frac{M_a}{a} \tag{6-50}$$

对于左肢,

$$N_l = \frac{N_b y_1}{a} + \frac{M_b}{a} \tag{6-51}$$

式中 N_a, M_a——使右肢受力最不利的柱的组合内力;

N_b, M_b——使左肢受力最不利的柱的组合内力;

y_1, y_2——分别为右肢及左肢至柱轴线的距离;

a——柱截面宽度(两分肢轴线距离)。

【习题六】

1.单项选择题

1.1 弯矩作用在实轴平面内的双肢格构式压弯柱应进行(　　)和缀材的计算。

    A.强度、刚度、弯矩作用平面内稳定性,弯矩作用平面外的稳定性,单肢稳定性

    B.弯矩作用平面内稳定性、单肢稳定性

    C.弯矩作用平面内稳定性、弯矩作用平面外稳定性

    D.强度、刚度、弯矩作用平面内稳定性,单肢稳定性

1.2 钢结构实腹式压弯构件的设计一般应进行的计算内容为(　　)。

    A.强度、弯矩作用平面内的整体稳定性,局部稳定,变形

    B.弯矩作用平面内的整体稳定性,局部稳定,变形,长细比

    C.强度、弯矩作用平面内及平面外的整体稳定性,局部稳定,变形

    D.强度、弯矩作用平面内及平面外的整体稳定性,局部稳定,长细比

1.3 实腹式偏心受压构件在弯矩作用平面内整体稳定计算公式中的 γ_x 主要是考虑(　　)。

    A.截面塑性发展对承载力的影响　　　　　B.残余应力的影响

    C.初偏心的影响　　　　　　　　　　　　D.初弯矩的影响

1.4 实腹式偏心受压柱平面内整体稳定计算公式 $\dfrac{N}{\varphi_x A}+\dfrac{\beta_{mx} M_x}{\gamma_x W_{1x}\left(1-0.8\dfrac{N}{N'_{Ex}}\right)}\leqslant f$ 中 β_{mx} 为(　　).

    A.等效弯矩系数　　　B.等稳定系数　　　C.等强度系数　　　D.等刚度系数

1.5 承受静态荷载的实腹式拉弯和压弯构件,当(　　),即达到构件的强度极限。

    A.边缘纤维应力达到屈服强度时

    B.截面塑性发展区高度达到截面高度的 1/8 时

    C.截面出现塑性铰

    D.截面塑性发展区高度达到截面高度的 1/4 时

1.6 在压弯构件弯矩作用平面外稳定计算式中,轴力项分母里的 φ_y 是(　　)。

    A.弯矩作用平面内轴心压杆的稳定系数

    B.弯矩作用平面外轴心压杆的稳定系数

    C.轴心压杆两方面稳定系数的较小者

    D.压弯构件的稳定系数

1.7 单轴对称截面的压弯构件,一般宜使弯矩(　　)。

    A.绕非对称轴作用

    B.绕对称轴作用

    C.绕任意轴作用

    D.视情况绕对称轴或非对称轴作用

1.8 单轴对称截面的压弯构件,当弯矩作用在对称轴平面内,且使较大翼缘受压时,构件达到临界状态的应力分布(　　)。

    A.可能在拉、压侧都出现塑性

B. 只在受压侧出现塑性

C. 只在受拉侧出现塑性

D. 拉、压侧都不会出现塑性

1.9 两根几何尺寸完全相同的压弯构件,一根端弯矩使之产生反向曲率,一根产生同向曲率,则前者的稳定性比后者的(　　　)。

    A. 好　　　　　　　　B. 差　　　　　　　　C. 无法确定　　　　　D. 相同

1.10 计算格构式压弯构件的缀件时,剪力应取(　　　)。

    A. 构件实际剪力设计值

    B. 由公式 $V = \dfrac{Af}{85}\sqrt{f_y/235}$ 计算的剪力

    C. 构件实际剪力设计值或由公式 $V = \dfrac{Af}{85}\sqrt{f_y/235}$ 计算的剪力两者中之较大值

    D. 由 $V = \dfrac{\mathrm{d}M}{\mathrm{d}x}$ 计算值

1.11 承受静力荷载或间接承受动力荷载的工字形截面,绕强轴弯曲的压弯构件,其强度计算公式中,塑性发展系数 γ_x 取(　　　)。

    A. 1.2　　　　　　　B. 1.15　　　　　　　C. 1.05　　　　　　　D. 1.0

1.12 工字形截面压弯构件中腹板局部稳定验算公式为(　　　)。

    A. $\dfrac{h_0}{t_w} \leqslant (25 + 0.1\lambda)\sqrt{\dfrac{235}{f_y}}$

    B. $\dfrac{h_0}{t_w} \leqslant 80\sqrt{\dfrac{235}{f_y}}$

    C. $\dfrac{h_0}{t_w} \leqslant 170\sqrt{\dfrac{235}{f_y}}$

    D. 当 $0 \leqslant a_0 \leqslant 1.6$ 时, $\dfrac{h_0}{t_w} \leqslant (16a_0 + 0.5\lambda + 25)\sqrt{\dfrac{235}{f_y}}$;

        当 $1.6 < a_0 \leqslant 2.0$ 时, $\dfrac{h_0}{t_w} \leqslant (48a_0 + 0.5\lambda - 26.2)\sqrt{\dfrac{235}{f_y}}$;

        其中, $a_0 = \dfrac{\sigma_{\max} - \sigma_{\min}}{\sigma_{\max}}$

1.13 工字形截面压弯构件中翼缘局部稳定验算公式为(　　　)。

    A. $\dfrac{b}{t} \leqslant (10 + 0.1\lambda)\sqrt{\dfrac{235}{f_y}}$, b 为受压翼缘宽度, t 为受压翼缘厚度

    B. $\dfrac{b}{t} \leqslant 15\sqrt{\dfrac{235}{f_y}}$, b 为受压翼缘宽度, t 为受压翼缘厚度

    C. $\dfrac{b}{t} \leqslant (10 + 0.1\lambda)\sqrt{\dfrac{235}{f_y}}$, b 为受压翼缘自由外伸宽度, t 为受压翼缘厚度

    D. $\dfrac{b}{t} \leqslant 15\sqrt{\dfrac{235}{f_y}}$, b 为受压翼缘自由外伸宽度, t 为受压翼缘厚度

1.14 两端铰接\单轴对称的 T 形截面压弯构件,弯矩作用在截面对称轴平面并使翼缘受压。

可用 Ⅰ. $\dfrac{N}{\varphi_x A} + \dfrac{\beta_{mx} M_x}{\gamma_x W_{1x}(1 - 0.8 N/N'_{Ex})} \leqslant f$

Ⅱ. $\dfrac{N}{\varphi_x A} + \dfrac{\beta_{mx} M_x}{\varphi_b W_{1x}} \leqslant f$

Ⅲ. $\left| \dfrac{N}{A} - \dfrac{\beta_{mx} M_x}{\gamma_x W_{2x}(1 - 1.25 N/N'_{Ex})} \right| \leqslant f$

Ⅳ. $\dfrac{N}{\varphi_x A} + \dfrac{\beta_{mx} M_x}{[W_{1x}(1 - \varphi_x N/N'_{Ex})]} \leqslant f$ 等公式的(　　)进行整体稳定计算。

    A. Ⅰ,Ⅲ,Ⅱ   B. Ⅱ,Ⅲ,Ⅳ   C. Ⅰ,Ⅱ,Ⅳ   D. Ⅰ,Ⅲ,Ⅳ

1.15 工字形截面压弯构件腹板的容许高厚比是根据(　　)确定的。

    A. 介于轴心受压杆腹板和梁腹板高厚比之间

    B. 腹板的应力梯度 α_0

    C. $\dfrac{h_0}{t_w}$ 与腹板的应力梯度 $\alpha_0 = \dfrac{\sigma_{max} - \sigma_{min}}{\sigma_{max}}$

    D. 构件的长细比 λ

2. 简答题

2.1 拉弯和压弯构件有哪些种类和截面形式?

2.2 拉弯构件需验算哪几个方面的内容?

2.3 压弯构件需验算哪几个方面的内容?

2.4 拉弯和压弯构件强度计算准则是什么?

2.5 拉弯和压弯构件的刚度是如何验算的?

2.6 实腹式单向压弯构件弯矩作用平面内失稳时,其中部截面塑性区分别可分为哪三种?

2.7 确定压弯构件弯矩作用平面内承载能力的边缘屈服准则是什么意思?

2.8 确定压弯构件弯矩作用平面内承载能力的极限承载力准则是什么意思?

2.9 压弯构件弯矩作用平面内稳定计算公式中等效弯矩系数应如何取值?

2.10 应力梯度 α_0 如何计算?

2.11 偏心受压柱的柱脚可分为哪几类?

3. 计算题

3.1 设计如图 6.23 所示的双角钢 T 形截面压弯构件的截面尺寸。截面无削弱,节点板厚 12 mm。承受的荷载设计值为轴心压力 $N = 38$ kN,均布线荷载 $q = 3$ kN/m。构件长 $l = 3$ m,两端铰接并有侧向支承,材料用 Q235B·F 钢。构件为长边相连的、两个不等边角钢 2∟80×50×5 组成的 T 形截面。

(1)当 $i_x = 2.57$ cm 时,杆件的屈服应力为(　　)kN。

    A. 167   B. 176   C. 187   D. 190

(2)当截面抵抗矩 $W_{1x} = 32.22$ cm³, $i_x = 2.57$ cm, $A = 12.75$ cm², $\dfrac{N}{N'_{Ex}} = 0.2$ 时,进行弯矩作用平面内稳定性验算时,角钢水平肢 1 的应力(N/mm²)与下列(　　)项值接近。

    A. 165.4   B. 176.6   C. 184.4   D. 191.2

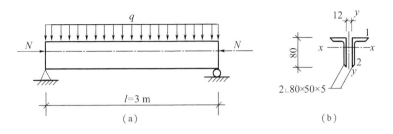

图 6.23　【习题 3.1 图】

（3）当截面抵抗矩 $W_{2x} = 15.55 \text{ cm}^3$，$i_x = 2.57 \text{ cm}$，$A = 12.75 \text{ cm}^2$，$\dfrac{N}{N'_{Ex}} = 0.2$ 时，进行弯矩作用平面内稳定性验算时，角钢肢 2 的应力（N/mm^2）与下列（　　）项值接近。

　　A. 184.4　　　　　　B. 191.2　　　　　　C. 202.3　　　　　　D. 211.7

（4）当截面抵抗矩 $W_{1x} = 32.22 \text{ cm}^3$，$i_y = 2.24 \text{ cm}$，构件在弯矩作用平面外稳定性验算时，截面的应力（$N/\text{mm}^2$）与下列（　　）项值接近。$\varphi_b$ 可按规范近似公式计算。

　　A. 201.8　　　　　　B. 209.6　　　　　　C. 212.9　　　　　　D. 216.5

3.2 如图 6.24 所示一两端交接的焊接工字形截面压弯构件，杆长 $l = 10 \text{ m}$，截面高度 $h = 480 \text{ mm}$，截面惯性矩 $I_x = 32\,997 \text{ cm}^4$，截面面积 $A = 84.8 \text{ cm}^2$，属于 b 类截面，钢材 Q235，作用于杆上的轴向压力和杆端弯矩如图 6.24 所示，试由弯矩作用平面内的稳定性确定该杆能承受的弯矩。

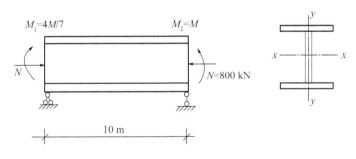

图 6.24　【习题 3.2 图】

3.3 试验算如图 6.25 所示荷载（设计值）作用下压弯构件的承载力是否满足要求。已知构件截面为普通热轧工字钢 Ⅰ10，Q235 钢，假定图示侧向支承保证不发生弯扭屈曲。

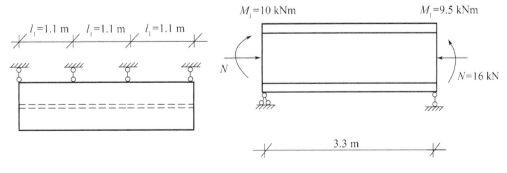

图 6.25　【习题 3.3 图】

3.4 验算如图 6.26 所示荷载(设计值)作用下压弯构件在弯矩平面内的稳定性。钢材 Q235。已知截面几何特征:$A = 20\ \text{cm}^2$,$y_1 = 4.4\ \text{cm}$,$I_x = 346.8\ \text{cm}^4$,组成板件为火焰切割边。

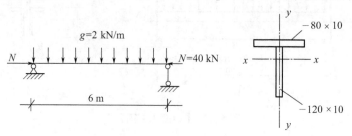

图 6.26 【习题 3.4 图】

3.5 焊接工字形截面柱,翼缘为火焰切割。柱上端作用有荷载设计值;轴心压力 $N = 2\,000\ \text{kN}$,水平力 $H = 75\ \text{kN}$。柱上端自由,下端固定,侧向支承和截面尺寸如图 6.27 所示,钢材 Q235,验算柱子的稳定性。

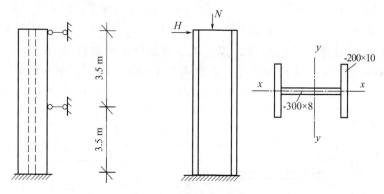

图 6.27 【习题 3.5 图】

第7章 普通钢屋架设计

【内容提要】

阐述了屋架的选型和结构特点。介绍屋盖的支撑作用、支撑的合理布置、支撑形式、杆件截面形式及支撑连接构造。

详细介绍了钢屋架设计步骤,通过一具体实例,系统地论述了屋架杆件受力特点,内力组合原则、杆件计算长度、截面形式选择原则、节点设计以及如何绘制屋架结构施工图。

【规范阅读】

《建筑结构荷载规范》(GB 50009—2012)第3.1.1条~第3.1.6条、第3.2.1条~第3.2.10条、第5.2.1条~第5.2.3条、第5.3.1条~第5.3.3条、第5.4.1条~第5.4.3条、第7.1.1条~第7.1.5条、第7.2.1条~第7.2.2条、第8.1.1条~第8.1.4条、第8.2.1条~第8.2.3条、第8.3.1条~第8.3.6条。

《钢结构设计规范》(GB 50017—2003)第5.3.1条、第5.3.2条、第5.3.8条、第5.3.9条。

【学习指南】

知识要点	能力要求	相关知识
屋架选型和特点	掌握普通钢屋架选型原则和常见屋架的形式及特点	屋架选型原则、常用屋架形式、常用屋架的特点
屋盖支撑体系	熟练掌握屋盖支撑体系的组成和设置及构造	支撑种类、支撑作用、支撑布置、支撑形式、支撑构造
普通钢屋架设计	熟练掌握普通钢屋架的设计步骤和内容及其具体设计计算	屋架设计内容、荷载计算、内力计算、杆件设计、节点设计、施工图绘制
梯形屋架设计实例	熟练掌握梯形钢屋架的具体设计计算	支撑布置、荷载计算与组合、内力计算与组合、杆件截面设计、节点设计

屋架是由各种直杆相互连接组成的一种平面桁架。在横向节点荷载作用下,各杆件产生轴心压力或轴心拉力,因而杆件截面应力分布均匀,材料利用充分,与实腹梁相比,具有用钢量小、自重轻、刚度大、便于加工成型的特点,在工业与民用建筑的屋盖结构中得到广泛运用。

7.1 屋架的选型及结构特点

7.1.1 屋架选择的原则

屋架的选型应该经过综合分析确定,其基本原则如下:

1. 使用要求

应满足排水坡度、建筑净空、天窗、天棚以及悬挂吊车的要求。

2. 受力合理性要求

从受力的角度看,屋架的外形应尽可能与其弯矩图接近,这样能使杆件受力均匀,腹杆受力较小。腹杆的布置应使内力分布趋于合理,尽量使长杆受拉,短杆受压,腹杆数目宜少,总长度宜短。腹杆布置时应注意使荷载都作用在桁架的节点上(石棉瓦等轻屋面的屋架除外),避免由于节间荷载而使弦杆承受局部弯矩。

3. 施工要求

屋架的节点数量宜减少,杆件规格宜少,节点构造简单合理,斜腹杆的倾角一般在30°~60°之间,便于制造。

上述各项要求难于同时满足,因此,设计时应根据屋架的主要结构特点,在全面分析的基础上根据具体情况进行综合考虑,确定屋架的合理形式。

7.1.2 屋架的外形及结构特点

常见的钢屋架外形有三角形、梯形、平行弦、曲拱形和梭形等。

1. 三角形屋架。三角形屋架适用于陡坡屋面。腹杆布置常采用芬克式(图7.1(a))和人字式(图7.1(b))。芬克式的腹杆虽然数量多,但是大多数比较短,且长腹杆受拉、短腹杆受压,受力相对合理。上弦杆可以根据需要划分成等距离节间,整个屋架还可以划分为两榀小屋架,运输方便。人字式屋架腹杆节点数较少,但受压腹杆较长,适用于小跨度情况。

因为屋架在荷载作用下的弯矩图是抛物线分布,与三角形相差悬殊,致使三角形屋架弦杆受力不均匀,支座处内力较大、跨中内力较小,弦杆的截面不能充分发挥,而且支座处上下弦夹角过小,使支座节点的构造复杂。为了改善这种情况下可以使下弦向上曲折,成为上折式三角形屋架,如图7.1(c)。

2. 梯形屋架。梯形屋架适合于坡度较为平缓的屋面,坡度一般在1/8~1/12。其外形接近弯矩图,因为弦杆内力沿跨度分布较均匀,用料较经济。梯形屋架可以与柱铰接或者刚接,刚接可以提高建筑物横向刚度。梯形屋架的腹杆体系可以采用单斜式(7.1(d))、人字式(7.1(e))和再分式(7.1(f))。人字式腹杆体系的腹杆总长短,节点较少。当屋架下弦要做天棚时或者需设置吊杆时,常采用单斜式腹杆。人字形屋架的上弦节间距可以做到3 m,而大型屋面板宽度多为1.5 m。为了避免上弦承受局部弯矩,可采用再分式腹杆,将节间距减少至1.5 m。

3. 平行弦屋架。屋架的上下弦杆相平行,如图7.1(g)这种形式多用于单坡屋面盖和双坡屋盖或做托架、吊车制动桁架和支撑体系。特点是杆件规格,节点构造统一,因而便于制造,弦杆内力分布不均匀。

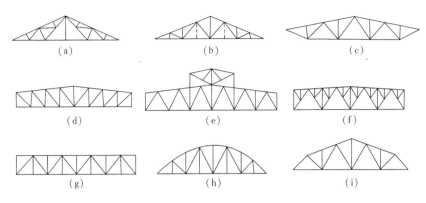

图 7.1　钢屋架外形

4. 拱形屋架。如图 7.1(h)，由于屋架外形与弯矩图接近，弦杆内力较均匀，腹杆内力较小，但上弦(或下弦)弯成曲线形比较费工，如果改成折线形比较好。近年来新建的大型农贸市场，利用其美观造型，应用日益广泛。

5. 梭形屋架。如图 7.1(i)，外形与通常抛物线弯矩图的形状较为接近，故全跨弦杆内力较为均匀，腹杆内力较小，受力合理。但因构造和制造较为复杂，实际应用较少。

7.2　屋盖支撑体系

平面屋架在其本身平面内，由于弦杆与腹杆构成了几何不变铰接体系而具有较大的刚度，能承受屋架平面内的各种荷载。但是在垂直于屋架平面方向(屋架平面外)，不设支撑体系的平面屋架刚度和稳定性则很差，不能承受水平荷载。因此，为使屋架结构具有足够的空间刚度和稳定性，需根据结构布置特点设置各种支撑体系，把平面屋架联系起来，使屋盖结构组成一个整体刚度较大的空间结构体系。

7.2.1　支撑的种类

屋盖支撑系统包括下列四类。

(1)横向水平支撑。根据其位于屋架的上弦平面还是下弦平面，又可分为上弦横向水平支撑和下弦横向水平支撑两种。

(2)纵向水平支撑。设于屋架的上弦或下弦平面，布置在沿柱列的各屋架端部节间部位。

(3)垂直支撑。位于两屋架端部或跨间某处的竖向平面内。

(4)系杆。根据其是否能抵抗轴心压力而分成刚性系杆和柔性系杆两种。通常刚性系杆采用由双角钢组成的十字形截面，而柔性系杆截面则为单角钢。在轻型屋架中柔性系杆也可采用张紧的圆钢。

7.2.2　支撑的作用

1. 保证结构的几何稳定性

如图 7.2(a)所示仅由平面桁架和檩条及屋面材料组成的屋盖结构，是一个不稳定的体系,在某种荷载作用下或者安装时,简支在柱顶上的所有屋架有可能向一侧倾倒。如果将某些屋架在适当部位用支撑联系起来,成为稳定的空间体系(图7.2(b)),其余屋架再由檩条或其他构件连接在这个空间稳定体系上,形成了稳定的屋盖结构体系。

2. 避免压杆侧向失稳,防止拉杆产生过大的振动

支撑可作为屋架上弦杆(压杆)的侧向支撑点(图7.2(b)),减少弦杆在屋架平面外的计算长度,保证受压弦杆的侧向稳定,对于受拉的下弦杆,也可以减少平面外的计算长度,并可避免在某些动力作用下(例如吊车运行时)产生过大振动。

3. 承受和传递纵向水平力(风荷载、悬挂吊车纵向制动力、地震荷载等)

房屋两端的山墙挡风面积较大,所承受的风压力或风吸力有一部分将传递到屋面平面(也可传递到屋架下弦平面),这部分的风荷载必须由屋架上弦平面横向支撑(有时同时设置下弦平面横向支撑)承受。所以,这种支撑一般都设在房屋两端,就近承受风荷载并把它传递给柱(或柱间支撑)。

4. 保证结构在安装和架设过程中的稳定性

屋盖的安装工作一般是从房屋温度区段的一端开始的,首先用支撑将两相邻的屋架连系起来组成一个基本空间稳定体,在此基础上即可顺序进行其他构件的安装。因此,支撑能加强屋盖结构在安装中的稳定性,为保证安装质量和施工安全创造了良好的条件。

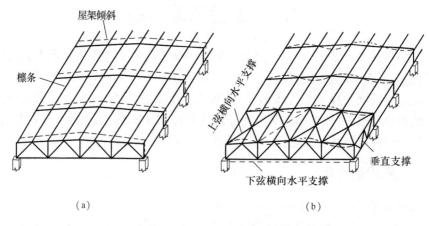

（a）　　　　　　　　　　　　　　　（b）

图7.2　屋盖支撑作用示意图

7.2.3　屋盖支撑的布置

1. 上弦横向水平支撑

在通常情况下,无论有檩屋盖还是无檩屋盖,在屋架上弦和天窗架上弦均应设置横向水平支撑。横向水平支撑一般应设置在房屋两端或纵向温度区段两端,如图7.3所示。有时在山墙承重或设有纵向天窗(但此天窗又未到温度区段尽端而退一个柱间断开时),为了与天窗支撑配合,可将屋架的横向水平支撑布置在第二柱间,但在第一柱间要设置刚性系杆以支持端屋架和传递端墙风力。两道上弦横向水平支撑间的距离不宜大于60 m,当温度区段长度较大(大于60 m)时,尚应在温度区段中部设置支撑,以符合此要求。

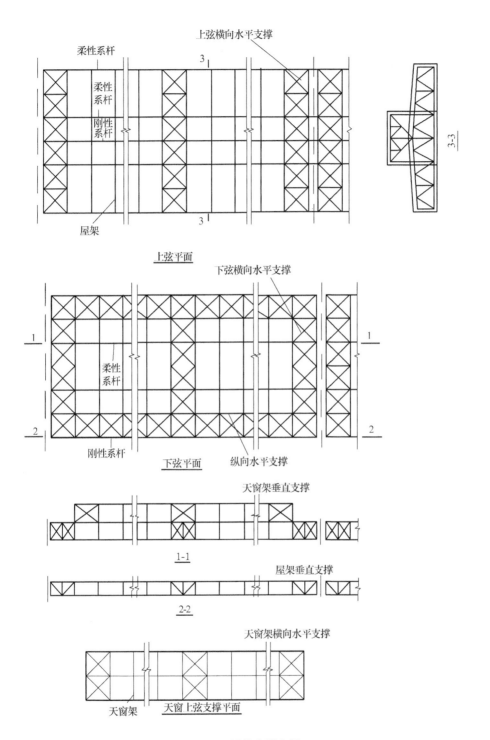

上弦平面

下弦平面

图 7.3　屋盖支撑布置

当采用大型屋面板的无檩屋盖时,如果大型屋面板与屋架的连接满足每块板有三点支撑处进行焊接等构造要求时,可考虑大型屋面板起一定支撑作用。但由于施工条件的限制,很难保证焊接质量,一般只考虑大型屋面板起系杆作用。而在有檩屋盖中,上弦横向水平支撑的横杆可用檩条代替。

2. 下弦横向水平支撑

凡属下列情况之一者,宜设置下弦横向水平支撑,且除特殊情况外,一般均与上弦横向支撑布置在同一开间以形成空间稳定体系(图7.4):

①屋架跨度大于18 m;

②屋架下弦设有悬挂吊车,或厂房内有起质量较大的桥式吊车或有振动设备;

③屋架下弦设有通长的纵向水平支撑时;

④端墙抗风柱支承于屋架下弦时;

⑤屋架与屋架间设有沿屋架方向的悬挂吊车时(图7.4(a));

⑥屋架下弦设有沿厂房纵向的悬挂吊车时(图7.4(b))。

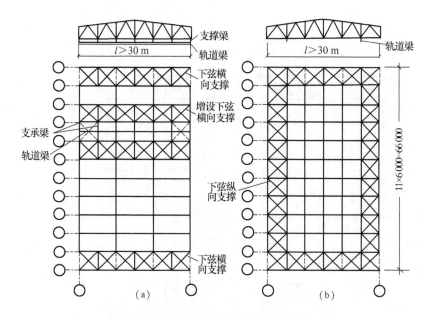

图7.4 有悬挂吊车时的下弦支撑布置

3. 下弦纵向水平支撑

下弦纵向水平支撑与横向支撑形成一个封闭体系,如图7.3,以增强屋盖空间刚度,并承受和传递吊车横向水平制动力。

凡属下列情况之一者,宜设置下弦纵向水平支撑:

①当房屋较高、跨度较大、空间刚度要求较高时;

②当厂房横向框架计算考虑空间工作时;

③设有重级或大吨位的中级工作制吊车;

④设有较大振动设备时;

⑤当设有托架时。

单跨厂房一般沿两纵向柱列设置,多跨厂房则要根据具体情况,沿全部或部分纵向柱列设置。设有托架的屋架,为保证托架的侧向稳定,在托架处必须布置下弦纵向支撑,并由托架两端各延伸一个柱间,如图7.5所示。

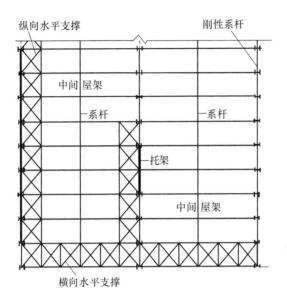

图 7.5　托架处下弦纵向支撑布置

4. 竖向支撑

无论是有檩屋盖还是无檩屋盖,通常均应设置垂直支撑。它的作用是使相邻屋架和上下横向水平支撑所组成的四面体构成空间几何不变体系,以保证屋架在使用和安装时的整体稳定。因此,屋架的垂直支撑与上、下弦横向水平支撑设置在同一柱间。

对梯形屋架、人字形屋架或其他端部有一定高度的多边形屋架,必须在屋架端部布置垂直支撑,此外,尚应按下列条件设置中部的垂直支撑:当屋架跨度≤30 m 时,一般在屋架端部和跨中布置三道垂直支撑(图 7.6(a));当跨度 >30 m 时,则应在跨度 1/3 左右的竖杆平面内各设一道垂直支撑图(图 7.6(b));当有天窗时,宜设在天窗架下面(图 7.6(b))。若屋架端部有托架时,就用托架来代替,不另设垂直支撑。

对三角形屋架的垂直支撑,当屋架跨度≤18 m 时,可仅在跨度中央设置一道(图 7.6(c));当跨度 >18 m 时,宜设置两道(在跨度 1/3 左右处各设置一道)(图 7.6(d))。

天窗架垂直支撑一般在天窗两侧柱平面内布置,当天窗架的宽度 >12 m 时,还应在天窗中央设置一道。

5. 系杆

为了支持未连支撑的平面屋架和天窗架,保证它们的稳定和传递水平力,应在横向支撑或垂直支撑节点处沿厂房通长设置系杆(图 7.3、图 7.5)。系杆分刚性系杆(既能受拉也能受压)和柔性系杆(只能受拉)两种。刚性系杆通常采用圆管或双肢角钢,柔性系杆采用单角钢。

系杆在上、下弦平面内按下列原则布置:

①一般情况下,竖向支撑平面内屋架上下弦节点处应该设置通长的系杆,且除了下面所述的②③情况外,一般均为柔性系杆;

②屋架主要支承节点处的系杆,屋架上弦屋脊节点设置通长的刚性系杆;

③当横向水平支撑设置在房屋温度区段端部第二柱间时,第一柱间的应设置刚性系杆。其余开间可采用柔性系杆或刚性系杆。

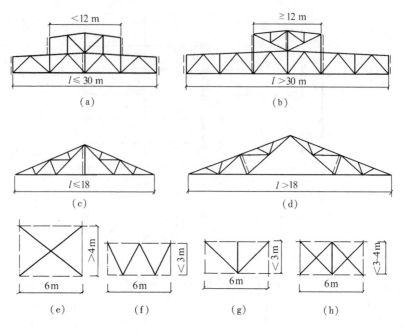

图 7.6　竖向支撑的布置及形式

在屋架下弦平面内,当屋架间距为 6 m 时,应在屋架端部处、下弦杆有折弯处、与柱刚接的屋架下弦端节间受压但未设纵向水平支撑的节点处、跨度≥18 m 的芬克式屋架的主斜杆与下弦相交的节点处等部位皆应设置系杆。当屋架间距≥12 m 时支撑杆件截面将大大增加,钢材耗量较多,比较合理的做法是将水平支撑全部布置在上弦平面内并利用檩条作为支撑体系的压杆和系杆,而作为下弦侧向支撑的系杆可用支于檩条的隅撑代替。

7.2.4　屋盖支撑的形式和构造

屋架的横向和纵向水平支撑均为平行弦桁架,屋架或托架的弦杆均可兼作支撑桁架的弦杆,斜腹杆一般采用十字交叉式(图 7.6(e)),斜腹杆和弦杆的交角值在 30°～60°之间,通常横向水平支撑节点间的距离为屋架上弦间节距离的 2～4 倍,纵向水平支撑的宽度取屋架端节间的长度,一般为 3～6 m。

屋架竖向支撑也是一个平行弦桁架(图 7.6(f)(g)(h)),其上、下弦可兼做水平支撑的横杆。有的竖向支撑还兼作檩条,屋架间竖向支撑的腹杆体系应根据其高度与长度之比采用不同的形式,如交叉式、V 式或 W 式(图 7.6(e)(f)(g)(h))。天窗架垂直支撑的形式也可按(图 7.6(e)(f)(g)(h))选用。

支撑中的交叉斜杆以及柔性系杆按拉杆设计,通常用单角钢做成;非交叉斜杆、弦杆、横杆以及刚性系杆按压杆设计,宜采用双角钢做成 T 形截面或十字形截面,其中横杆和刚性系杆常用十字形截面使在两个方向具有等稳定性。屋盖支撑杆件的接点板厚度通常采用 6 mm,对重型厂房屋盖宜采用 8 mm。

屋盖支撑受力较小,截面尺寸一般由杆件容许长细比和构造要求决定,但对兼作支撑桁架的弦杆、横杆或端竖杆的檩条或屋架竖杆等,其长细比应满足支撑压杆的要求,即[λ]=200;兼作柔性系杆的檩条,其长细比应满足支撑拉杆的要求,即[λ]=400(一般情况)或350(有重级工作制的厂房)。对于承受端墙风力的屋架下弦横向水平支撑和刚性系杆,以及承受侧墙风力的屋架下弦纵向水平支撑,当支撑桁架跨度较大(大于或等于24 m)或承受风荷载较大(风压力的标准值大于0.5 kN/m²)时,或垂直支撑兼作檩条以及考虑厂房结构的空间工作而用纵向水平支撑作为柱的弹性支撑时,支撑杆件除应满足长细比要求外,尚应按桁架体系计算内力,并据此内力按强度或稳定性选择截面并计算其连接。

具有交叉斜腹杆的支撑桁架属于超静不定体系,计算时通常将斜腹杆视为柔性杆件,只能受拉不能受压。因而每节间只有受拉的斜腹杆参与工作,如图7.7所示的荷载作用下,实线斜杆受拉,虚线的杆件因受压而不参与工作。在相反方向的荷载作用下,则虚线斜杆件受拉,实线受压杆件不参与工作。

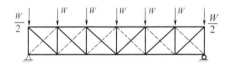 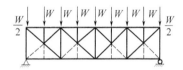

图7.7　支撑桁架杆件的内力计算简图

屋架支撑的连接构造应简单,便于安装。通常采用普通C级螺栓,每一杆件接头处的螺栓数不少于两个,螺栓直径一般为20 mm,与天窗架或轻型钢屋架连接的螺栓直径可用16 mm。有重级工作制吊车或有较大振动设备的厂房中,屋架下弦支撑和系杆(无下弦支撑时为上弦支撑和隔撑)的连接,宜采用高强螺栓,或C级螺栓再加焊缝将节点板固定,每条焊缝的焊脚高度尺寸不宜小于6 mm,长度不宜小于80 mm。仅采用螺栓连接而不加焊缝时,在构件校正固定后,可将螺纹处打毛或者将螺杆与螺母焊接,以防止松动。支撑与屋架的连接构造详见图7.8。

7.3　普通钢屋架设计

钢屋架是平面桁架屋盖结构体系中的主要承重结构,它对整个屋盖结构的安全性、经济性起到至关重要的作用。本节以屋盖结构中的普通钢屋架(区别于轻型钢屋架的钢桁架)为设计对象,并结合实际情况介绍其设计的主要内容。

7.3.1　钢屋架设计内容及步骤

1. 屋架的选型
屋架形式的选取及有关尺寸的确定(包括屋架的外形、腹杆布置及主要尺寸确定等)。

2. 荷载计算
计算永久荷载(包括屋面材料、保温材料、檩条及屋架、支撑等的自重)、屋面均布活荷载、雪荷载、风荷载、积灰荷载等。

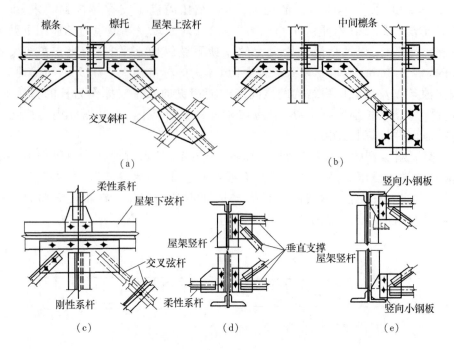

图7.8 支撑与屋架的连接构造图

(a)(b)上弦横向支撑与屋架的连接节点;(c)上弦横向支撑和系杆与屋架的连接节点;

(d)(e)垂直支撑与屋架的连接节点

3.内力计算

通常先计算单位荷载(包括满跨布置和半跨布置)作用下屋架中各杆件的内力,即内力系数,内力系数乘以荷载设计值即得相应荷载作用下杆件的内力设计值。

4.内力组合

确定各杆件的最不利内力。

5.屋架的杆件设计

根据杆件的位置、支撑情况等确定杆件的计算长度;选取杆件截面形式;初选截面尺寸;根据杆件的最不利内力按轴心受拉、轴心受压或拉压弯构件进行杆件截面设计(验算杆件强度、刚度、稳定性是否满足要求)。

6.节点设计

根据杆件内力确定节点板厚度;根据杆件截面规格及交汇于节点的腹杆内力和构造要求确定节点板的平面尺寸;验算节点连接强度。

7.绘制屋架施工图并编制材料表

7.3.2 钢屋架尺寸确定

钢屋架的主要尺寸是指屋架的跨度 l 和高度 h(包括梯形屋架的端部高度 h_0)。屋架的主要尺寸不仅与屋架自身有关,还与结构连接方式、屋面板的选用以及使用荷载有关,具体确定方法如下。

1. 屋架的跨度

屋架的跨度应根据生产工艺和建筑使用要求确定,同时应考虑结构布置的经济合理性。通常跨度为 18 m,21 m,24 m,27 m,30 m,36 m 等,以 3 m 为模数。对简支于柱顶的钢屋架,屋架的计算跨度 l_0 为屋架两端支座反力的距离,如图 7.9 所示,屋架的标志跨度 l 为柱网横向轴线间的距离。

根据房屋定位轴线及支座构造的不同,屋架的计算跨度的取值如下:当支座为一般钢筋混凝土柱且柱网为封闭结合时,计算跨度为 $l_0 = l - (300\ mm \sim 400\ mm)$;当柱网采用非封闭结合时,计算跨度为 $l_0 = l$。

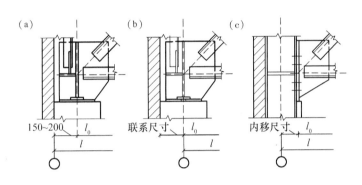

图 7.9 屋架的计算跨度

2. 屋架的高度

(1)总则

屋架高度取决于建筑要求、屋面坡度、运输界限、刚度要求和经济要求等因素,屋架的最小高度应满足允许挠度 $[f] = 1/500$ 的要求,最大高度不能超过运输界限,例如铁路运输界限为 3.85 m。对于梯形屋架,通常首先根据屋架形式和工程经验确定端部尺寸 h_0,然后根据屋面材料和屋面坡度确定屋架跨中高度。

(2)具体取值

①三角形屋架的高度 h,当坡度 $i = 1/2 \sim 1/3$ 时,$h = (1/6 \sim 1/10)l$;

②平行弦屋架和梯形屋架的中部高度主要由经济高度决定,一般为 $h = (1/6 \sim 1/10)l$;

③梯形屋架的端部高度按如下若干情况取值:

梯形屋架的端部高度 h_0,当屋架与柱刚接时,取 $h_0 = (1/10 \sim 1/16)l$;当屋架与柱铰接时,取 $h_0 \geqslant (1/18)l$;陡坡梯形屋架的端部高度,一般取 $h_0 = 0.5 \sim 1.0$ m;平坡梯形屋架取 $h_0 = 1.8 \sim 2.1$ m。

以上尺寸中,当跨度较小时取下限,屋架跨度越大,h_0 取值越大。

(3)其他尺寸的确定

当屋架的外形和主要尺寸(跨度、高度)确定后,屋架中各杆件的几何尺寸(长度)即可根据三角函数或投影关系求得。一般可借助计算机或直接查阅有关设计手册或图集完成。

7.3.3 屋架荷载计算与组合

1. 荷载计算

作用在屋架上的荷载有永久荷载和可变荷载两大类,应根据《建筑结构荷载规范》

（GB 50009 – 2012）计算。

（1）永久荷载（也称恒荷载）

屋架上的永久荷载包括屋面板、屋面构造层材料、檩条、屋架、支撑及天窗的自重。其中屋面板和屋面构造层材料的自重常按屋面的实际面积计算，并按几何投影关系确定按屋面水平投影面积计算的自重值。屋架和支撑的自重则按照屋面的水平投影面积计算，常用经验公式估算。

$$g = 0.117 + 0.011l(\text{kN/m}^2) \tag{7 – 1}$$

式中　l——屋架的跨度，以 m 计（式中未包括天窗架自重在内）。

（2）屋面活荷载（也称可变荷载）

按屋面水平投影面积计算，由表 7.1 取值（不与雪荷载和风荷载同时组合，取两者中的较大值）。

表 7.1　屋面均布活荷载取值

项　次	类　别	标准值（kN/m²）	组合值系数 ψ_c	频遇值系数 ψ_f	准永久值系数 ψ_q
1	不上人屋面	0.5	0.7	0.5	0
2	上人屋面	2.0	0.7	0.5	0.4
3	屋顶花园	3.0	0.7	0.6	0.5

注：a. 不上人的屋面，当施工荷载较大时，应按实际情况采用；对不同类型结构应按有关设计规范的规定，但不得低于 0.3 kN/m²。

　　b. 当上人的屋面兼做其他用途时，应按相应楼面荷载采用。

　　c. 对于因屋面排水不畅、堵塞等引起的积水荷载，应采取构造措施加以防止；必要时，应按积水的可能深度确定屋面荷载。

　　d. 屋顶花园活荷载不包括花圃土石等材料自重。

（3）屋面积灰荷载

首先应该明确，屋面积灰荷载应与雪荷载或不上人的屋面均布活荷载二者中的较大值同时考虑，具体按如下规定取值：

①设计生产中有大量排灰的厂房及其临近建筑时，对于具有一定除尘设施和保证清灰制度的机械、冶金、水泥等厂的厂房屋面，其水平投影面积灰荷载应分别按《建筑结构荷载规范》（GB 50009 – 2012）中的表 5.4.1 – 1 和表 5.4.1 – 2 采用。

②对于屋面上易形成灰堆处，当设计屋面板、檩条时，积灰荷载标准值可乘以下列规定的增大系数：

在高低跨处两倍于屋面高差但不大于 6 m 的分布宽度内取 2.0；

在天沟处不大于 3 m 的分布宽度内取 1.4。

（4）雪荷载

屋面水平投影面上的雪荷载标准值为

$$s_k = \mu_r s_0 \tag{7 – 2}$$

式中　s_0——基本雪压，随地区不同而异，按《建筑结构荷载规范》（GB 50009—2012）的规定取值；山区的基本雪压应通过实际调查确定；在无实际资料时，可按当地空旷平坦地面的基本雪压乘以系数 1.2 采用；

μ_r——屋面积雪分布系数,随屋面的形式和坡度而变化。按《建筑结构荷载规范》（GB 50009 – 2012)的规定取值。

（5）风荷载

垂直于屋面的风荷载标准值为

$$w_k = \beta_z \mu_s \mu_z w_0 \qquad (7-3)$$

式中 w_0——基本风压,是以当地比较空旷平坦地面上离地 10 m 高处统计所得的 50 年一遇平均最大风速 v_0（m/s）为基准,按 $w_0 = \dfrac{v_0^2}{1\,600}$ 确定的风压值。荷载规范中给出了全国基本风压分布图,且最小值规定为 0.3 kN/m²;

β_z——高度为 z 处的风振系数,以考虑风压脉动的影响。钢屋架设计取 $\beta_z = 1.0$;

μ_z——风压高度变化系数,按荷载规范取值。具体根据地面粗糙度不同而定,地面粗糙度分 A,B,C,D 四类。A 类指近海海面、海岛、海岸、湖岸及沙漠地区。B 类指田野、乡村、丛林、丘陵以及房屋比较稀疏的中、小城镇和大城市的郊区。C 类指有密集建筑群的城市市区。D 类指有密集建筑群且房屋较高的城市市区。设计钢屋架以屋架高度的中点离地面的高度作为选用风压高度变化系数 μ_z 时的根据;

μ_s——风荷载体型系数,随房屋的体型、风向等而变化。重要且体型复杂的建筑物的 μ_s 值应通过风洞试验确定。荷载规范中给出了一些常用房屋和构筑物的 μ_s 值。图 7.10 摘录了其中两种情况的 μ_s 值,其一为封闭式双坡屋面,另一为带天窗的封闭式双坡屋面。图中的正值表示压力,负值表示吸力。由图 7.10 可见,对常用坡度的屋面不论是向风面或背风面,风荷载主要是吸力,只在天窗架面向风面处为压力。

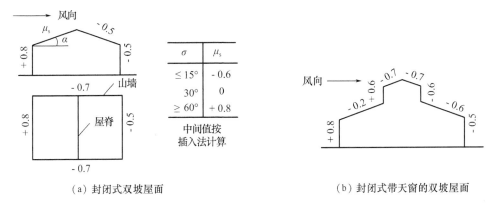

（a）封闭式双坡屋面   （b）封闭式带天窗的双坡屋面

图 7.10 风荷载体型系数

（6）其他荷载

其他荷载是指在某些情况下需考虑的荷载。例如,用于民用或公共建筑的屋架下弦常有吊顶及装饰品,吊顶及装饰品的自重应以恒荷载考虑并假设作用于屋架的下弦节点上。又如工厂车间的屋架上常有悬挂吊车,此吊车荷载就是屋架承受的一种活荷载。

2. 荷载组合

永久荷载和各种可变荷载的不同组合将对杆件引起不同的内力。设计时应考虑各种可能的荷载组合,并对每根杆件分别比较考虑哪一种组合引起的内力最不利,取其作为该杆件的设计内力。

(1)荷载组合原则

根据公式(7-4)和(7-5)考虑由可变荷载效应控制的组合和由永久荷载效应控制的组合两种情况。

可变荷载效应控制的组合:

$$\gamma_0\left(\gamma_G\sigma_{G_k} + \gamma_{Q_1}\gamma_{L_1}\sigma_{Q_{1k}} + \sum_{i=2}^{n}\gamma_{Qi}\gamma_{Li}\psi_{c_i}\sigma_{Q_{ik}}\right) \leqslant f \tag{7-4}$$

永久荷载效应控制的组合:

$$\gamma_0\left(\gamma_G\sigma_{G_k} + \sum_{i=1}^{n}\gamma_{Qi}\gamma_{Li}\psi_{c_i}\sigma_{Q_{ik}}\right) \leqslant f \tag{7-5}$$

式中　γ_0——结构重要性系数;

γ_{L_i}——第 i 个可变荷载考虑设计年限的调整系数,其中 γ_{L1} 为主导可变荷载 Q_1 考虑设计使用年限的调整系数。设计使用年限为 100 年及以上的结构构件,取1.1;设计使用年限为 50 年的结构构件,取 1.0;使用年限为 5 年的结构构件,取 0.9;

σ_{G_k}——永久荷载标准值在结构构件截面或连接中产生的应力;

$\sigma_{Q_{1k}}$——起控制作用的第一个可变荷载标准值在结构构件截面或连接中产生的应力(该值使计算结果为最大);

$\sigma_{Q_{ik}}$——其他第 i 个可变荷载标准值在结构构件截面或连接中产生的应力;

γ_G——永久荷载分项系数,当永久荷载效应对结构构件的承载能力不利时,对式(7-4)取 1.2,但对式(7-5)则取 1.35。当永久荷载效应对结构构件的承载力有利时,取为 1.0;验算结构倾覆、滑移或漂浮时取 0.9;

$\gamma_{Q_1},\gamma_{Q_i}$——第 1 个和其他第 i 个可变荷载分项系数,当楼面活荷载大于 4.0 kN/m^2,取 1.3,其他情况,取 1.4;

ψ_{c_i}——第 i 个可变荷载的组合值系数,可按荷载规范的规定采用。

(2)与柱铰接的屋架,引起屋架杆件最不利内力的各种可能荷载组合有如下几种:

①全跨永久荷载 + 全跨可变荷载。可变荷载中屋面活荷载与雪荷载不同时考虑,设计时取两者中的较大值与积灰荷载、悬挂吊车荷载组合。

②全跨永久荷载 + 半跨屋面活荷载(或半跨雪荷载) + 半跨积灰荷载 + 悬挂吊车荷载。这种组合可能导致某些腹杆的内力增大或变号。

对于屋面为大型屋面板的屋架,还应考虑安装时的半跨荷载组合,即:屋架及天窗架(包括支撑)自重 + 半跨屋面板重 + 半跨屋面活荷载。

③对于轻质屋面材料的屋架,当风荷载较大时,风吸力(荷载分项系数取 1.4)可能大于屋面永久荷载(荷载永久系数取 1.0);此时,屋面弦杆和腹杆的内力可能变号,故必须考虑此项荷载组合。

(3)与柱刚接的屋架。应先按照铰接屋架计算杆件内力,再与根据框架内力分析得到的屋架端弯矩和水平力组合,从而计算出屋架中杆件的控制内力。

屋架端弯矩和水平力的最不利组合可分为以下四种情况,见图 7.11。

①主要使下弦可能受压的组合,即左端为 $+M_{1max}$ 和 $+H$,右端为 $-M_2$ 和 $-H$,如图 7.11(a)所示。

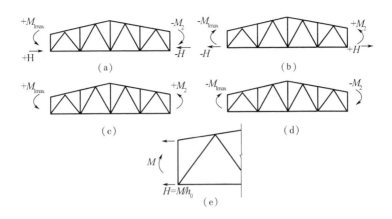

图7.11　最不利端弯矩和水平力

②使上、下弦内力增加的组合,即左端为 $-M_{1\max}$ 和 $-H$,右端为 $+M_2$ 和 $+H$,如图 7.11(b)所示。

③使斜腹杆内力最不利的组合,分两种情况:一是左端为 $+M_{1\max}$,右端为 $+M_2$,如图 7.11(c)所示;另一种是左端为 $-M_{1\max}$,右端为 $-M_2$,如图 7.11(d)所示。

分析屋架杆件内力时,将弯矩 M 等效为作用在屋架上下端的一对大小相等方向相反的水平力 $H=M/h_0$,如图 7.11(e)所示,水平力认为直接由下线杆传递。将端弯矩和水平力产生的内力与按照铰接屋架的内力组合后,即得到刚接屋架各杆件的最不利内力。

7.3.4　内力计算

计算屋架杆件内力时,常常假定:所有荷载都作用在节点上,各杆轴线在节点处都能相交于一点,认为节点为理想铰接。在上述这些假设条件下,桁架杆件只承受轴心拉力或压力。

为了与上述计算的假定相符,桁架设计时应尽量使荷载作用在节点上,即应尽量使无檩屋盖体系中大型屋面板的四角和有檩体系中的檩条放在屋架的节点上。但当采用波形石棉瓦、瓦楞铁等屋面材料,其抗弯刚度较低、要求檩距较小时,往往将部分檩条放在桁架上弦的节间,形成节间荷载,应把节间荷载分配到相邻的两个节点上,屋架按节点荷载求出各杆件的轴力,然后再考虑节间荷载引起的局部弯矩。

1. 仅有节点荷载作用的屋架

此时求桁架杆件轴心力时的节点荷载值为(图 7.12)

$$P = qsa \tag{7-6}$$

式中　q——单位面积的荷载设计值,按屋面水平投影面计,kN/m^2;

　　　s——屋架间距;

　　　a——所计算的节点荷载所在处屋架上弦左右两节间长度水平投影的平均值。

求得节点荷载 P 后,可由结构力学的方法或计算机程序求出屋架杆件的内力。

2. 承受节间荷载的屋架

当有节间荷载时,求上弦杆弯矩的节间荷载 P 可按下式算得

$$P = \frac{qbs}{2} \tag{7-7}$$

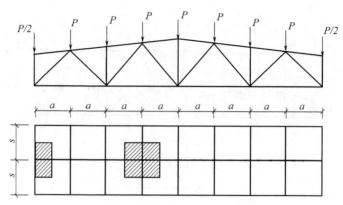

图 7.12　屋架节点荷载计算

式中　b——檩距的水平投影长度。

q 与 s 的意义同式(7 – 6),但按屋面水平投影计算的荷载 q 中应扣除屋架自重而加上屋架上弦杆的自重。在上弦杆的截面尚未知道时,可取上弦杆的自重为屋架和支撑自重估计值的 $1/4 \sim 1/5$。

当屋架上作用有节间荷载时,见图 7.13(a),可先把节间荷载分配到相邻节点,按照只有节点荷载求解各杆件内力,见图 7.13(b)。直接承受节间荷载的弦杆,除了要用这样算得的轴向力,还应与节间荷载引起的局部弯矩相组合,然后按照压弯构件计算。局部弯矩的计算,理论上要按照弹性支座上的连续梁计算,计算起来比较复杂。通常采用简化方法计算。例如当屋架上弦杆有节间荷载作用时,上弦杆的局部弯矩可近似地采用:端节间的正弯矩取 $0.8M_0$,其他节间的正弯矩和节点负弯矩(包括屋脊节点)取 $0.6M_0$,M_0 为将相应弦杆节间作为单跨简支梁求得的最大弯矩,如图 7.13(c)。

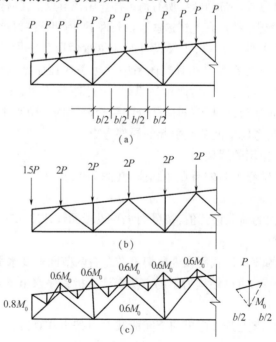

图 7.13　承受节间荷载的屋架

7.3.5　屋架杆件设计

屋架经选定形式和确定钢号并求出各杆件的设计内力后,还需再确定杆件在各个方向的计算长度、截面的组成形式、节点板厚度等,才可进行杆件截面的验算和设计。

1.屋架杆件计算长度的确定

在理想的铰接屋架中,杆件在屋架平面内的计算长度是节点中心的距离。实际上,用焊缝连接的各个杆件节点处具有一定的刚度,并非真正的铰接,杆件两端均属于弹性嵌固。此外,节点的转动还受到汇交于节点的拉杆约束,这些杆件的线刚度越大,约束作用也愈大,压杆在节点的嵌固程度越大,其计算长度就越小。根据这一道理,可视节点的嵌固程度来确定杆件的计算长度。

(1)屋架平面内的计算长度。

对于弦杆、支座斜杆和支座竖杆,因这些杆件本身截面较大,其他杆件在节点处对其的约束作用很小,同时考虑到这些杆件在整个屋架中的重要性,在屋架平面内的计算长度取相邻节点中心间距离,即 $l_{0x} = l$,l 为杆件的几何长度;对于其他腹杆,与上弦相连的一段拉杆少,嵌固程度小,与下弦相连的另一端,拉杆多,嵌固程度大,计算长度适当折减,取 $l_{0x} = 0.8l$,如图 7.14(a)所示。

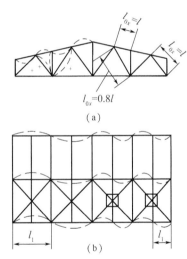

图 7.14　承受节间荷载的屋架

(a)杆件在桁架平面内的计算长度;(b)杆件在桁架平面外的计算长度

(2)屋架平面外的计算长度

屋架弦杆在平面外的计算长度,应取侧向支撑点间的距离,即 $l_{0y} = l_1$,如图 7.14(b)所示。

上弦:一般取上弦横向水平支撑的节间长度。在有檩屋盖中,如檩条与横向水平支撑交叉点用节点板焊牢,如图 7-14(b)所示,则此檩条可视为屋架弦杆的支撑点;在无檩屋盖中,如果保证大型屋面板与上弦三点可靠焊接,考虑大型屋面板能起一定的支撑作用,故一般取两块屋面板的宽度,但不大于 3.0 m。若不能保证三点可靠焊接,则认为大型屋面板只能起到刚性系杆作用,计算长度仍取支撑点间的距离。

下弦:在平面外的计算长度取侧向支承点的距离,即纵向水平支撑节点与系杆或系杆与系杆间的距离。

腹杆:因节点板在平面外的刚度很小,对杆件没有什么嵌固作用,故所有腹杆均取 $l_{0y} = l$。

(3)斜平面的计算长度

对于双角钢组成的十字形截面和单角钢截面腹杆,截面主轴不在屋架平面内,杆件受压时可能绕截面较小主轴发生斜平面内失稳。此时,在杆件两端的节点对其两个方向均有一定的嵌固作用,因此斜截面计算长度略做折减,取 $l_0 = 0.9l$,但支座斜杆和支座竖杆仍取其计算长度为几何长度(即 $l_0 = l$)。

(4)其他

当受压弦杆侧向支承点间的距离 l_1 为节间长度 l 的两倍,且两节间弦杆的内力 $N_1 \neq N_2$ 时(图7－15(a)),其桁架平面外计算长度可按下式计算

$$l_{0y} = l_1 \left(0.75 + 0.25 \frac{N_2}{N_1} \right) \geqslant 0.5l_1$$

$$(7-8)$$

式中 N_1——较大的压力,计算时取正值;

N_2——较小的压力或拉力,计算时压力取正值,拉力取负值。

再分式腹杆体系的受压主斜杆(图7.15(b))及K型腹杆体系的竖杆(图7.15(c)),在平面外的计算长度亦按式(7-8)确定,但受拉主斜杆仍取 $l_{0y} = l_1$。

《钢结构设计规范》(GB 50017—2003)对屋架各杆件在平面内和平面外的计算长度 l_0 的规定汇总列入表7.2中,以便查用。

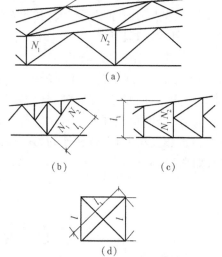

图7.15　杆件内力变化时在桁架平面外的计算长度

表7.2　屋架弦杆和单系腹杆的计算长度

方　向	弦杆	腹杆	
		端斜杆和端竖杆	其他腹杆
在桁架平面内 l_{0x}	l	l	$0.8l$
在桁架平面内 l_{0y}	l_1	l	l
斜平面 l_0	—	—	$0.9l$

注:1. l 为杆件几何长度, l_1 为杆件侧向支承点之间距离。

　2. 斜平面指与屋架平面斜交的平面,适用于构件截面两主轴均不在屋架平面内的单角钢腹杆和双角钢十字形截面腹杆。

　3. 无节点板的腹杆计算长度在任意平面内均取其等于几何长度(钢管结构除外)

表7.2中腹杆的计算长度指的是单系腹杆(用节点板与弦杆连接)。若是交叉腹杆(图7.15(d)),在屋架平面内的计算长度,无论是拉杆或压杆均取节点中心到交叉点之间的距离。在屋架平面外的计算长度按照下列规则确定。

①对于压杆,当相交的另一杆受压,且两杆在交叉点处均不中断, $l_{0y} = l \sqrt{\frac{1}{2} \left(1 + \frac{N_0}{N}\right)}$,

当相交的另一杆受拉,且两杆在交叉点处均不中断 $l_{0y} = l \sqrt{\frac{1}{2} \left(1 - \frac{3N_0}{4N}\right)} \geqslant 0.5l$;当相交的另

一杆受压,另一杆件在交叉点中断但以节点板搭接, $l_{0y} = l \sqrt{1 + \frac{\pi^2 N_0}{12 N}}$;当相交的另一杆受

拉,另一杆件在交叉点中断但以节点板搭接 $l_{0y} = l \sqrt{1 - \frac{3N_0}{4N}} \geqslant 0.5l$ 。当所计算的压杆中断

但以节点板搭接,而相交的另一杆为连续的拉杆,若 $N_0 \geqslant N$ 或拉杆在桁架平面外的抗弯刚

度 $EI_y \geqslant \frac{3N_0 l^2}{4\pi^2} \left(\frac{N}{N_0} - 1\right)$ 时,取 $l_{0y} = 0.5l$ 。

②对于拉杆,因与他相交叉的压杆不能视作它在平面外的支承,取 $l_{0y} = l$ 。

上式中 l 为桁架节点中心间距(交叉点不作为节点考虑); N 为所计算杆件的内力, N_0 为相交另一杆内力,均为绝对值,两杆件均受压时,取 $N_0 \leqslant N$,两杆截面应相同。

2. 杆件的容许长细比

桁架杆件长细比的大小,对杆件的工作有一定的影响。若长细比太大,将使杆件在自重作用下产生过大挠度,在运输和安装过程中因刚度不足而产生弯曲,在动力作用下还会引起较大的振动。《钢结构规范》中对拉杆和压杆都规定了容许长细比,其具体规定见表7.3。

表7.3 桁架杆件的容许长细比

杆件名称	压杆	拉杆		直接承受动力荷载的结构
		承受静力荷载或间接承受动力荷载的结构		
		无吊车和有轻中级工作制吊车的厂房	有重级工字制吊车的厂房	
普通钢桁架的杆件	150	350	250	250
轻钢桁架的主要杆件				—
天窗构件			—	—
屋盖支撑杆件	200	400	350	—
轻钢桁架的其他杆件		350		

注:1. 承受静力荷载的结构中,可只计算受拉杆件载竖向平面内的长细比。

2. 在直接或间接受动力荷载的结构中,计算单角钢受拉杆件的长细比时,应采用角钢的最小回转半径,但在计算单角钢交叉受拉杆件平面外的长细比时,应采用与角钢肢边平行的回转半径。

3. 受拉杆件在永久荷载与风荷载组合作用下时,长细比不宜超过250。

4. 张紧的圆钢拉杆和张紧的圆钢支撑,长细比不受限制。

5. 跨度大于等于60 m的桁架,其受压弦杆和端压杆的容许长细比值宜取100,其他腹杆可取150(承受静力荷载或间接承受动力荷载)或120(直接承受动力荷载);其受拉弦杆和腹杆的长细比不宜超过300(承受静力荷载或间接承受动力荷载)或250(直接承受动力荷载)。

3. 杆件的截面形式

桁架杆件的截面形式应根据用料经济、连接构造简单、施工方便和具有足够的刚度以及取材方便等要求确定。对轴心受压构件,为了经济合理,宜使杆件对两个主轴有相近的稳定性,即可使两方向的长细比接近相等。若弦杆还受节间荷载时,还应该加大弯矩作用方向的截面高度。

普通钢屋架以往基本上采用由两个角钢组成的 T 形截面(图 7.16(a)(b)(c))或十字形截面(图 7.16(d))形式的杆件,受力较小的次要杆件可采用单角钢(图 7.16(e))。自 H 型钢生产后,很多情况可用 H 型钢剖开而成的 T 型钢(图 7.16(f)(g)(h))来代替双角钢组成的 T 形截面。以下分别介绍屋架中各种杆件应选择的截面形式:

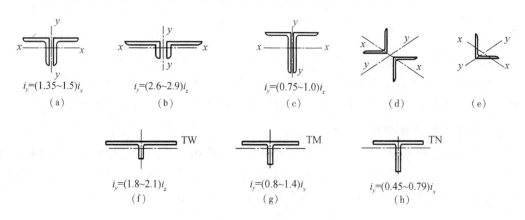

图 7.16　屋架杆件截面

①上下弦杆

上、下弦杆 $l_{0y} = l_1$,$l_{0x} = l$,一般 $l_{0y} \gg l_{0x}$(2 倍以上),故通常采用短肢相并的双不等边角钢组成的 T 形截面(图 7.16(b)),$i_y/i_x \approx 2.8$ 或 TW 形截面(图 7.16(f)),由 H 型钢腹板截开而成的 T 型钢)。整个桁架在运输和吊装过程中要求有较大侧向刚度,采用这种宽度较大的弦杆截面形式十分有利。截面宽度较大也便于上弦杆上放置屋面板和檩条。当 $l_{0y} = l_{0x}$ 时,可采用两个等边角钢截面(图 7.16(a))或 TM 形截面(图 7.16(g))。当弦杆同时承受 N 和 M 时(上弦有节间荷载),为加强抗弯能力,通常采用长边相并的双不等边角钢 T 形截面(图 7.16(c))或 TN 形截面(图 7.16(h))。

②支座腹杆(端竖杆与端斜杆)

支座腹杆 $l_{0y} = l_{0x} = l$,故选用 i_y/i_x 接近于 1 的截面,采用长边相并的双不等边角钢 T 形截面(图 7.16(c))或 TM(图 7.16(g))形截面比较合理。

③一般腹杆

一般腹杆 $l_{0y} = l$,$l_{0x} = 0.8l$,要求 i_y/i_x 接近于 1.25,故通常采用双等边角钢 T 形截面(图 7.16(a))。对于连接竖向支撑的竖腹杆,通常也采用两个等边角钢组成的十字形截面(图 7.16(d)),这样可以保证竖向支撑于屋架节点不产生偏心,并吊装时屋架两端可以任意调动位置而竖杆伸出肢位置不变;对于受力很小的腹杆(比如再分式杆等次要杆件),可采用常用较小规格的双等边角钢 T 形截面(图 7.16(a))或单角钢截面(图 7.16(e))。

为了查阅方便,将屋架常用的杆件截面形式及 $\dfrac{i_y}{i_x}$ 值的大致范围、用途总结于表 7.4。

表7.4 屋架杆件常用截面形式

项次	杆件截面 组合方式	截面形式	回转半径的比值	用 途
1	双不等肢角钢 短肢相并		$\dfrac{i_y}{i_x} \approx 2.6 \sim 2.9$	计算长度 l_{0y} 较大的上、下弦杆
2	双不等肢角 钢长肢相并		$\dfrac{i_y}{i_x} \approx 0.75 \sim 1.0$	端斜杆、端竖杆、受较大弯矩 作用的弦杆
3	双等肢角钢		$\dfrac{i_y}{i_x} \approx 1.3 \sim 1.5$	除端斜杆、端竖杆的其余腹杆、 下弦杆
4	双等肢角钢 十字形截面		$\dfrac{i_y}{i_x} \approx 1.0$	与竖向支撑相连的屋架竖杆
5	单肢角钢			轻型钢屋架中内力较小的杆件

为确保由两个角钢组成的 T 形或十字形截面杆件能形成一整体杆件共同受力,必须每隔一定距离在两个角钢间设置填板并用焊缝连接(图7.17)。填板厚度同节点板厚,宽度一般取 40~60 mm;为了便于施焊,对于 T 形截面,填板的长度比角钢肢伸出 10~15 mm;对于

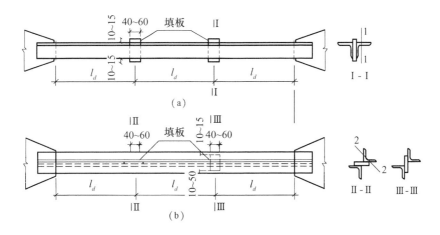

图7.17 桁架杆件中的填板

十字形截面,则在角钢肢尖两侧各缩进 10~15 mm。填板间距不应超过下列限制:压杆 $l_d \leqslant$ $40i$,拉杆 $l_d \leqslant 80i$。在 T 形截面中 i 为一个角钢对平行于填板的自身形心轴(图 7.17(a))中的 1 - 1 轴的回转半径;十字形截面中 i 为一个角钢的最小回转半径(图 7.17(b))中的 2 - 2 轴,并且填板应沿着两个方向交错放置。在压杆的桁架平面外计算长度范围内(两个侧向支承点之间),至少设置两块填板。

4. 节点板的厚度

节点板内应力大小与所连构件内力大小有关,可按《钢结构设计规范》(GB 50017 - 2003)有关规定计算其强度和稳定。表 7.5 根据上述计算方法编制的表格,设计时可查表确定节点板厚度。在同一榀屋架中,所有中间节点板均采用同一种厚度,支座节点板由于受力大且很重要,厚度比中间的增大 2 mm。节点板的厚度对于梯形普通钢屋架等可按受力最大的腹杆内力确定,对于三角形普通钢屋架则按其弦杆最大内力确定。

表 7.5　屋架节点板厚度

梯形桁架腹杆或 三角形桁架弦杆 最大内力(kN)	<170	170~290	291~510	511~680	681~910	911~1 290	1 291~1 770	1 771~3 090
中间节点板 厚度/mm	6	8	10	12	14	16	18	20
支座节点板 厚度/mm	8	10	12	14	16	18	20	22

注:1. 表中厚度系按钢材为 Q235 钢考虑,当节点板为 Q345,Q390,Q420 钢时,其厚度可较表中数值适当减小。
　　2. 节点板与腹杆用侧焊缝连接,当采用围焊时,节点板厚度应通过计算确定。
　　3. 无竖腹杆相连且无加劲肋加强的节点板,可将受压腹杆的内力乘以 1.25 后再查表。

5. 杆件的截面选择

(1)杆件截面选择的一般原则

①应优先选用在相同截面积情况下宽肢薄壁的角钢,以增加截面的回转半径,但受压构件应满足局部稳定的要求。一般情况下,板件或肢件的最小厚度为 5 mm,对小跨度房屋可用到 4 mm。

②为了防止杆件在运输和安装过程中产生弯曲和损坏,角钢尺寸不宜小于∟ 45×4 或 ∟ 56×36×4。

③为了便于订货和下料,同一榀桁架的角钢规格应尽量统一,一般不宜超过 5~6 种。且不宜使用肢宽相同而厚度相差不大的规格,以避免制造时混淆材料。

④桁架弦杆一般沿全跨采用等截面,但对跨度大于 24 m 的三角形桁架和跨度大于30 m 的梯形桁架,可根据材料长度和运输条件在节点附近设置街头,并按内力变化改变弦杆截面,但在半跨内只宜改变一次,且只改变角钢的肢宽而不改变壁厚,以便弦杆拼接的构造处理。

按照上述原则先确定出截面形式,然后根据受力情况计算截面尺寸,为了不使型钢规格过多,在选出截面后再做一些调整。

（2）杆件截面验算

桁架杆件一般为轴心受拉或轴心受压构件，当有节间荷载时则为拉弯构件或压弯构件。具体按如下规则选择与验算截面：

①轴心拉杆

轴心拉杆可按强度条件确定所需的净截面面积 A_n，即：$A_n \geqslant \dfrac{N}{f}$，其中 f 为钢材的抗拉强度设计值，当采用单角钢单面连接时，乘以 0.85 的折减系数。应注意以下两点：a. 根据 A_n 由附录 D 尽量选用回转半径而截面面积相对较小且能满足需要的角钢，然后按轴心受拉构件验算其强度和刚度。b. 当螺栓孔位于节点板内离节点板边缘的距离大于或等于 100 mm 时，由于焊缝已传递部分内力给节点板，内力减少，且节点板 λ 在 80 到 120 之间，在计算杆件强度时可不考虑螺栓孔的削弱。

②轴心压杆

通常采用试算法选择截面。先假定 λ（弦杆取 50~100，腹杆取 80~120），查附表 E 得 φ，按照稳定性计算所需的截面 $A = \dfrac{N}{\varphi f}$，同时计算回转半径 i_x, i_y；其次，根据 A 及回转半径 i_x，i_y，查附录 D 选择合适角钢，然后验算截面强度、刚度、稳定性，直到满足要求。应注意：对于双角钢压杆及轴对称放置的单角钢压杆，绕对称轴失稳时，计算稳定性应考虑扭转的影响，采用换算长细比 λ_{yz} 代替 λ_y，即选择 $\max(\lambda_x, \lambda_{yz})$ 查得 φ 进行稳定验算。换算长细比 λ_{yz} 按表 4.6 计算。

③压弯杆件

上弦和下弦有节间荷载作用时，应根据轴心力和局部弯矩按照压弯或拉弯构件计算，应进行平面内、外的稳定性及长细比计算，必要时应进行强度计算，具体参考前面压弯构件章节。

7.3.6　屋架的节点设计

屋架杆件一般通过节点互相连接，各杆件的内力通过焊缝互相平衡。节点设计的任务就是确定节点的构造，计算连接及节点承载力。节点的构造应传力明确、简捷，制作安装方便。

1. 节点设计的一般要求

（1）原则上应使杆件形心线与桁架几何轴线重合，并在节点处交于一点，以免杆件偏心受力而产生节点附加弯矩。理论上各杆件轴线应是形心轴线，但采用双角钢时，因角钢截面的形心到肢背的距离不是整数，为了便于制造，通常取角钢肢背或 T 型钢背至屋架轴线的距离为 5 mm 的整倍数，如图 7.18 所示。

（2）在屋架节点处，腹杆与弦杆或腹杆与腹杆之间焊缝的间隙 c 不小于 20 mm（图 7.18），以便制作，且可以避免焊缝过分密集，致使钢材局部变脆。

（3）当弦杆截面沿跨度有改变时，为便于拼接和放置屋面构件，一般应使拼接处两侧弦杆角钢肢背齐平，这时形心线必然错开，此时宜采用受力较大的杆件形心线为轴线（图 7.19（a））。当两侧形心线偏移的距离 e 不超过较大弦杆截面高度的 5% 时，可不考虑此偏心影响。当偏心距离 e 值超过上述值，或者由于其他原因使节点处有较大偏心弯矩时，应根据交汇处各杆的线刚度，将此弯矩分配于各杆（图 7.19（b））。所计算杆件承担的弯矩为

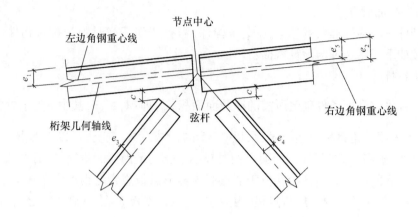

图 7.18 节点处各杆件的轴线和间隙

$$M_i = M \cdot \frac{K_i}{\sum K_i} \tag{7-9}$$

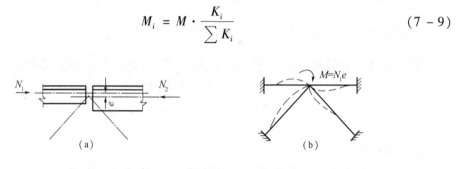

图 7.19 弦杆轴线的偏心

式中 M——节点偏心弯矩,对图 7.19 的情况, $M = N_1 \times e$;

K_i——所计算杆件线刚度;

$\sum K_i$——汇交于节点的各杆件线刚度之和。

(4)角钢端部的切割面一般垂直于其轴线(图 7.20(a))。有时为减小节间板尺寸,允许切去一肢的部分(图 7.20(b)(c)),但不允许将一个肢完全切去而另一肢伸出的斜切(图 7.20(d))。

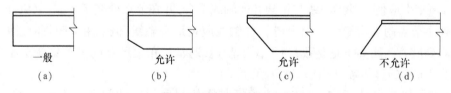

图 7.20 角钢端部的切割

(5)节点板的外形应尽可能简单规则,宜至少有两边平行,一般采用矩形、平行四边形、和直角梯形等。节点板边缘与杆件轴线的夹角不应小于 15°(图 7.21(a))。单斜杆与弦杆的连接应使之不出现偏心弯矩如图 7.21(a),图 7.21(b)所示的节点板使连接杆件的焊缝偏心受力,应尽量避免采用。节点板的平面尺寸,一般应根据杆件截面尺寸和腹杆端部焊缝长度画出的大样来确定,但考虑施工误差,宜将此平面尺寸适当放大,长和宽宜取 10 mm

的倍数。

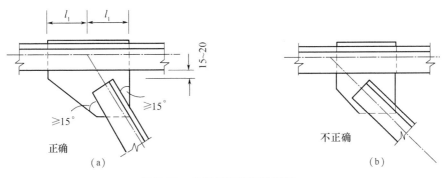

图7.21　单斜杆与弦杆的连接

（6）支撑大型混凝土屋面板的上弦杆,当支撑处的总集中荷载（设计值）超过表7.6的数值时,弦杆的伸出肢容易弯曲,应在荷载集中部位设置盖板或者加劲肋予以加强,如图7.22所示。

表 7.6　需加强的上弦杆角钢厚度

支承处总荷载设计值(kN)		25	40	55	75	100
角钢(或 T 型钢翼缘板)厚度/mm	当为 Q235 时	8	10	12	14	16
	当为 Q345,Q390 时	7	8	10	12	14

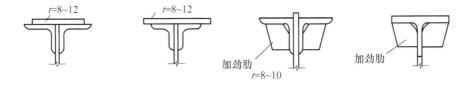

图7.22　上弦角钢的加强方案

2.节点计算

（1）节点设计的一般步骤:①据屋架几何形式定出节点的轴线关系,并按比例画出轴线和杆件的轮廓线,根据杆件间距要求,确定杆端位置。②计算各杆件与节点板的焊缝,在图中做出定位点。③确定节点板的合理形状和尺寸。节点板应框进所有焊缝,并注意沿焊缝长度方向多留 $2h_f$ 的长度以考虑施焊时的焊口,垂直于焊缝长度方向应留出 10 mm ~ 15 mm 的焊缝位置。④适当调整焊缝厚度、长度,重新验算。⑤绘制节点大样（比例尺为1/10 ~ 1/5）,标注需要的尺寸（图7.23）。主要包括每一腹杆端部至节点中心的距离 l_1,l_2,l_3,节点板的宽度和高度 b_1,b_2,h_1,h_2,各杆件轴线至角钢肢背的距离 e_i,角钢连接边的边长 b,焊脚尺寸和焊缝长度（若为螺栓连接,应标明螺栓中心距和端距）。

（2）下面详细介绍普通钢屋架的节点计算和构造要求。

①一般节点

一般节点系指无集中荷载作用和无弦杆拼接的节点,例如无悬吊荷载的屋架下弦中间

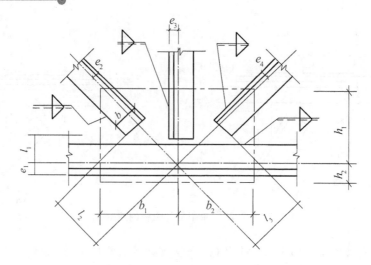

图7.23 节点上需标注的尺寸

节点,其构造形式如图7.24所示。

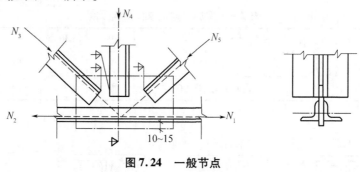

图7.24 一般节点

弦杆与节点板的连接焊缝,应考虑承受弦杆相邻节间内力之差 $\Delta N = N_2 - N_1$,按下列公式计算其焊角尺寸:

肢背焊缝: $h_{f1} \geqslant \dfrac{k_1 \Delta N}{2 \times 0.7 l_w f_f^w}$

肢尖焊缝: $h_{f2} \geqslant \dfrac{k_2 \Delta N}{2 \times 0.7 l_w f_f^w}$

通常因 ΔN 很小,实际所需焊角尺寸可由构造要求确定,并沿节点板全长满焊。

②有集中荷载的节点

如图 7.25 所示的屋架上弦节点,一般承受屋面传来的集中 Q 的作用。因上弦节点需要上放置屋面板或檩条,通常将节点板须缩进上弦角钢背而采用塞焊缝(图 7.26(a)),缩进距离不宜小于 $(0.5t + 2)$ mm,也不宜大于 t,t 为节点板厚度。

a. 角钢背凹槽的塞焊缝:

$$\tau_f = \frac{Q \sin a}{2 \times 0.7 h_{f1} l_{w1}} \leqslant 0.8 f_f^w \qquad (7-10)$$

$$\sigma_f = \frac{Q \cos a}{2 \times 0.7 h_{f1} l_{w1}} + \frac{6M}{2 \times 0.7 h_{f1} l_{w1}^2} \leqslant 0.8 f_f^w \qquad (7-11)$$

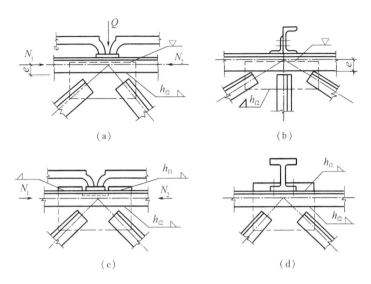

图 7.25　有集中荷载的节点

$$\sqrt{\left(\frac{\sigma_f}{\beta_f}\right)^2 + \tau_f^2} \leqslant 0.8 f_f^w \qquad (7-12)$$

式中　α——屋架倾角；

$\quad M$——节点集中荷载 Q 对塞焊缝长度中心点偏心距所引起的力矩；

$\quad h_{f1}, l_{w1}$——分别为角钢肢背的焊角尺寸和计算长度，取 $h_{f1} = 0.5t$；

$\quad \beta_f$——正面角焊缝强度增大系数。对于承受静荷载和间接承受动荷载的屋架，$\beta_f = 1.2$，对于直接承受动力荷载的屋架 $\beta_f = 1.0$；

$0.8 f_f^w$——考虑到塞焊缝的质量不易保证，将角焊缝的强度设计值折减 20%。

当荷载 Q 对塞焊缝长度中点的偏心距较小可忽略不计，当梯形屋架、屋架坡度小于 $1:12$ 时，$\cos a = 1$，$\sin a = 0$，则式(7-11)可以简化为

$$\sigma_f = \frac{Q}{\beta_f \times 2 \times 0.7 h_{f1} l_{w1}} \leqslant 0.8 f_f^w \qquad (7-13)$$

实际上因 Q 不大，可按构造满焊。

b. 角钢肢尖焊缝：

角钢肢尖焊缝承受相邻节间弦杆的内力差 $\Delta N = N_2 - N_1$ 和由其产生的偏心弯矩 $M = (N_2 - N_1)e$（e 为角钢肢尖至弦杆轴线的距离）的共同作用。焊缝强度应满足：

$$\tau_f = \frac{\Delta N}{2 \times 0.7 \times h_{f2} l_{w2}} \leqslant f_f^w$$

$$\sigma_f = \frac{6M}{2 \times 0.7 \times h_{f2} l_{w2}^2} \leqslant f_f^w$$

$$\sqrt{\left(\frac{\sigma_f}{\beta_f}\right)^2 + \tau_f^2} \leqslant f_f^w$$

当节点板向上伸出不妨碍屋面构件的放置，或因相邻节间内力差 ΔN 较大，肢尖焊缝不满足时，可将节点板部分向上伸出（图 7.25(c)）或全部向上伸出（图 7.25(d)）。此时弦杆与节点板的连接连接焊缝应按下列公式计算：

肢背焊缝

$$\frac{\sqrt{(k_1 \Delta N)^2 + (\frac{Q}{2 \times \beta_f})^2}}{2 \times 0.7 h_{f1} l_{w1}} \leqslant f_f^w \qquad (7-14)$$

肢尖焊缝

$$\frac{\sqrt{(k_2 \Delta N)^2 + (\frac{Q}{2 \times \beta_f})^2}}{2 \times 0.7 h_{f2} l_{w2}} \leqslant f_f^w \qquad (7-15)$$

式中　h_{f1}，l_{w1}——伸出肢背的焊缝焊脚尺寸和计算长度；

　　　　h_{f2}，l_{w2}——上弦杆与节点板的连接焊缝肢尖的焊脚尺寸和计算长度。

③弦杆的拼接节点

弦杆的拼接分工厂拼接和工地拼接两种。工厂拼接是因角钢供应长度不足时，所进行的拼接，通常设在内力较小的节间范围内。工地拼接是由于运输条件限制，屋架分成几段运输单元在工地进行的拼接。这种拼接的位置一般设在节点处，为减轻节点板负担和保证整个屋架平面外的刚度，通常不利用节点板作为拼接材料，而以拼接角钢传递弦杆内力。拼接角钢宜采用与弦杆相同的角钢型号，使弦杆在拼接处保持原有的强度和刚度。

为了使拼接角钢与原来的角钢相紧贴，应将拼接角钢肢背处的棱角截取，为了便于施焊，将竖肢割去($t+h_f+5$) mm（t 为角钢厚度，h_f 为拼接焊缝的焊角尺寸，5 mm 为避开弦杆角钢肢尖圆角的余量），见图 7.26(b)。工地焊接时，为便于现场安装，拼接节点也要设置临时性的安装螺栓。因此，拼接角钢与节点板焊于不同的运输单元，以避免拼接中双插的困难。有时也可把拼接角钢作为独立的运输零件，拼接时安装螺栓焊接于两侧。

a. 上弦中央拼接节点（屋脊节点）

如图 7.26(a)所示，当屋面坡度较小时，屋脊拼接角钢的弯折角较小，一般采用热弯成型。当屋面坡度较大且拼接角钢肢较宽时，可将角钢竖肢开口（转孔、焰割）弯折后对焊。

拼接角钢与上弦的连接可按照弦杆的最大内力进行计算，每边共有 4 条焊缝平均承担此力，因此拼接角钢与上弦的焊缝长度为

$$l_w = \frac{N}{4 \times 0.7 h_f f_f^w} \qquad (7-16)$$

式中　N——相邻上弦节间中较大的内力。

拼接角钢的长度应根据焊缝长度来确定，取 $l=(l_w+2h_f) \times 2+$ 两弦杆杆端空隙。弦杆杆端空隙一般取 10～20 mm，当屋面坡度较大时，常取杆端空隙 50 mm 左右。

计算上弦杆与节点板的连接时，假设节点荷载 Q 由上弦角钢肢背塞焊承担，按照公式(7-13)计算。上弦角钢肢尖与节点板的连接焊缝按照上弦内力的 15% 计算，并考虑此力产生的弯矩 $M=0.15 N \cdot e$（e 为上弦形心轴至肢尖焊缝的距离），因此，弦杆肢尖与节点板的角焊缝应满足：

$$\tau_f = \frac{0.15N}{2 \times 0.7 h''_f l''_w} \qquad (7-17)$$

$$\sigma_f = \frac{6M}{2 \times 0.7 h''_f (l''_w)^2} \qquad (7-18)$$

$$\sqrt{(\frac{\sigma_f}{\beta_f})^2 + \tau_f^2} \leqslant f_f^w$$

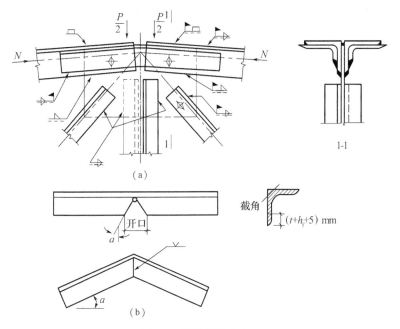

图 7.26 屋脊拼接节点

式中　h''_f——为上弦肢尖与节点板的焊缝厚度；

　　　l''_w——为上弦肢尖与节点板的焊缝长度。

b. 下弦拼接节点

拼接角钢与下弦杆共有 4 条角焊缝(图 7.27)，计算时按照截面等强度考虑，拼接节点

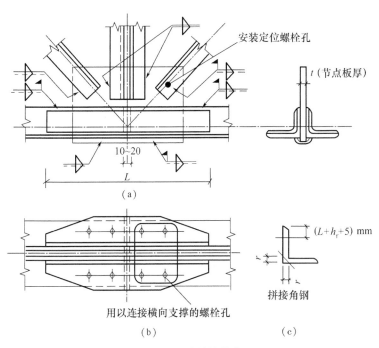

图 7.27　下弦拼接节点

一边每条焊缝长度为

$$l_w = \frac{Af}{4 \times 0.7 h_f f_f^w}$$ (7 – 19)

式中　A——下弦杆的截面面积。

拼接角钢实际长度：$l = (l_w + 2h_f) \times 2 +$ 下弦杆端部间隙，下弦杆端部间隙一般取 10 ~ 20 mm。

下弦杆与节点板的连接角焊缝，按照两侧下弦较大内力的 15% 和两侧下弦的内力差 ΔN 两者中的较大值计算。但当拼接节点处有外荷载作用时，则应按此最大值和外荷载的合力进行计算。

④支座节点

屋架与柱的连接可以是铰接或刚接。支承于混凝土柱或砌体柱的屋架一般都是按铰接设计（见图 7.28），而支承于钢柱的屋架通常为刚接（见图 7.29）。

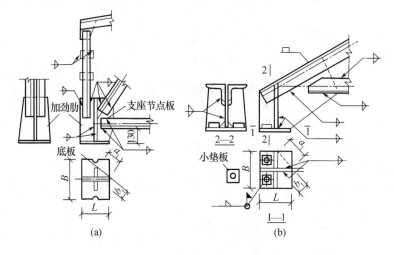

图 7.28　铰接支座节点

（a）梯形屋架支座节点；（b）三角形屋架支座节点

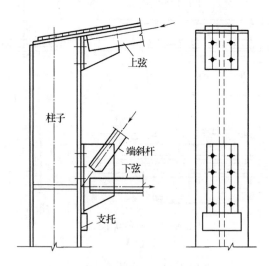

图 7.29　屋架与钢柱刚接支座构造

　　铰接屋架的大多采用平板式支座,平板式支座由节点板、底板、加劲肋和螺栓组成,与轴心受压柱脚相似。加劲肋的作用是分布支座反力,减少底板弯矩和提高节点板的侧向刚度。加劲肋应设在节点的中心,其轴线与支座反力作用线重合。为便于屋架下弦角钢背施焊,下弦角钢水平肢的底面与支座底板的距离 e 不宜小于下弦角钢伸出肢的宽度,也不宜小于 130 mm。

　　屋架支座底板固定于柱下部结构的预埋螺栓,螺栓常用 M20 ~ M24。为便于屋架安装方便而且连接可靠,底板上的锚栓孔径应比锚栓直径大 2 ~ 2.5 倍或做成 U 形缺口。屋架安装完毕后,用孔径比锚栓直径大 1 ~ 2 mm 的垫板套进锚栓,并将垫板与底板焊牢。

　　支座底板的毛面积应为

$$A = a \times b \geqslant \frac{R}{f_c} + A_0 \qquad (7-20)$$

式中　R——屋架的支座反力;

　　　f_c——柱顶混凝土抗压强度设计值;

　　　A_0——螺栓孔的面积。

　　按计算需要的底板面积一般较小,主要根据构造要求(螺栓孔直径、位置以及支承的稳定性等)确定底板的平面尺寸,常用 $a \times b = 240\ mm \times 240\ mm \sim 400\ mm \times 400\ mm$。

　　底板厚度应按底板下柱顶反力(假定为均匀分布)作用产生的弯矩决定。底板的厚度应为

$$t \geqslant \sqrt{\frac{6M}{f}} \qquad (7-21)$$

$$M = \beta q a_1^2 \qquad (7-22)$$

式中　M——两邻边支撑板单位宽度的弯矩;

　　　q——底板下反力的平均值,$q = \dfrac{R}{(A - A_0)}$;

　　　β——系数,由 $\dfrac{b_1}{a_1}$ 值按表 4.9 查得;

　　　a_1,b_1——对角线长度及其中点至另一对角线的距离(图 7.28)。

　　为使柱顶反力比较均匀,底板不宜太薄,一般屋盖宽度 $l \leqslant 18\ m$ 时,$t \geqslant 16mm$,$l > 18m$ 时,$t \geqslant 20mm$。

　　加劲肋的高度由节点板的尺寸决定,其厚度取等于或略小于节点板的厚度。加劲肋可视为支承于节点板上的悬臂梁,一个加劲肋通常假定传递支座反力的 1/4,它与节点板的连接焊缝承受 $V = \dfrac{R}{4}$ 和弯矩 $M = R \cdot \dfrac{e}{4}$,e 为加劲肋与底板连接焊缝的重心到竖向焊缝的距离,并应按下式验算

$$\sqrt{\left(\frac{V}{2 \times 0.7 h_f l_w}\right)^2 + \left(\frac{6M}{2 \times 0.7 h_f l_w^2 \beta_f}\right)^2} \leqslant f_f^w \qquad (7-23)$$

　　底板与节点板、加劲肋的连接焊缝承受全部支座反力 R 计算。验算式为

$$\sigma_f = \frac{R}{0.7 h_f \sum l_w} \leqslant \beta_f f_f^w \qquad (7-24)$$

其中6条焊缝计算长度之和 $\sum l_w = [2a + 2(b - t - 2c) - 12h_f)]$ mm，t 为节点板厚度，c 为加劲肋切口宽度，一般取 15 mm 左右。

7.3.7 钢屋架施工图

施工图是钢结构制造加工和安装的主要依据，必须绘制正确，表达详尽。钢屋架施工图中应包括预定钢材、制造和安装等工序中所需的一切尺寸和资料。钢屋架施工详图绘制内容和要求如下。

1.屋架简图

通常在图纸左上角用单线绘制屋架简图作为索引图，当结构为对称时，左半图注明杆件节点间的几何长度(mm)，右半图注明杆件的内力设计值(kN)。当梯形屋架跨度 $L > 24$ m 或三角形屋架跨度 $L > 15$ m 时，挠度较大，影响使用与外观，制造时应考虑起拱，如图7.30，起拱值度约跨度的1/500，并标注在简图中。

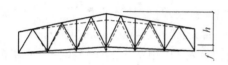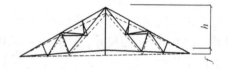

图7.30　屋架起拱

2.构件详图

构件详图是屋架施工图的主体，主要包括屋架正面、上下弦平面、必要的侧面图以及其他支撑连接详图。对称屋架可只绘左半屋架，但需表明其与右半榀屋架的拼接方式。屋架施工图通常采用两种比例：杆件轴线一般为 1∶20～1∶30，以免图幅太大；节点(包括杆件截面、节点板和小零件)一般为 1∶10～1∶15，可清楚地表达节点的细部构造要求。

构件详图中要注明全部零件的编号、型号和尺寸，包括其加工尺寸和拼接定位尺寸、孔洞的位置，以及对工厂加工和工地施工的所有要求。定位尺寸主要有轴线到角钢背的距离(不等角钢还应注明图上的角钢边宽)，节点中心到各杆杆端和至节点板上、下、左、右边缘的距离。螺孔位置尺寸应从节点中心、轴线或角钢肢背起注明，螺孔的位置要符合螺距排列规定距离的要求。对加工和安装的其他要求，包括部件斜切、孔洞直径和焊缝尺寸等都应注明，工地螺栓或焊缝应用符号标明。

应对所有构件进行详细编号，编号按照主次、上下、左右顺序进行，完全相同的零件采用同一编号。正反面对称的杆件宜采用同一编号，但一定要在材料表中标明"正"、"反"二字以示区别。不同种类的构件(如屋架、天窗架、支撑等)，还应在其编号前面冠以不同的字母代号(如屋架用 WJ、天窗架用 TJ、支撑用 C 等)。有些屋架仅在少数部位的构造略有不同，如像连支撑屋架和不连支撑屋架只在螺栓孔上有区别，可在图上螺栓孔处注明所属屋架的编号，这样数个屋架可绘在一张施工图上。

3.零件或特殊节点大样图

某些特殊形状、开孔或连接较复杂的零件或节点，在整体图中不便表示清楚，可另画大样图。

4.材料表

材料表一般包括各零件的编号、截面、长度、数量(正、反)和质量(单重、共重和合重)。材料表不但可以为材料准备和结构用钢指标统计提供资料,而且为吊装时配备起重运输设备提供参考。

5.施工图说明

说明内容包括不易用图表达而用文字集中说明的内容,比如所用钢材的型号、焊条型号、焊接方法和质量要求、图中未注明的焊缝和螺孔尺寸、防绣处理、运输、制造和安装要求、注意事项等。

7.4　钢屋架设计实例

7.4.1　设计资料

某车间跨度 $l = 24$ m,长度 84 m,柱距 6 m。屋面坡度 $i = 1/10$。房屋内无吊车。不需抗震设防。采用 1.5 m×6 m 预应力混凝土大型屋面板,100 mm 厚泡沫混凝土保温层和卷材屋面。当地雪荷载 0.5 kN/m²,屋面活荷载 1.25 kN/m²。屋架两端铰接与混凝土柱上,混凝土强度等级 C25。钢材选用 Q235B。焊条选用 E43 型,手工焊。

7.4.2　屋架尺寸与布置

屋面材料为大型屋面板,故采用平坡梯形屋架。屋架计算跨度 $l_0 = l - 300 = 23\ 700$ mm。端部高度 $H_0 = 2\ 000$ mm,中部高度 $H = 3\ 200$ mm,屋架高跨比 $\dfrac{H}{L_0} = 3\ 200/23\ 700 = 1/7.4$,屋架跨中起拱 50 mm($\approx L/500$),屋架几何尺寸如图 7.31 所示,屋架支撑布置见图 7.32,图 7.32(a)是上弦支撑布置图,图 7.32(b)是下弦支撑布置图。

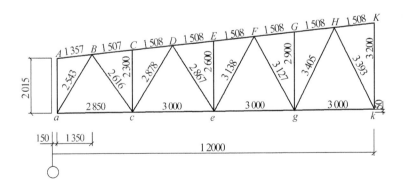

图 7.31　屋架几何尺寸图

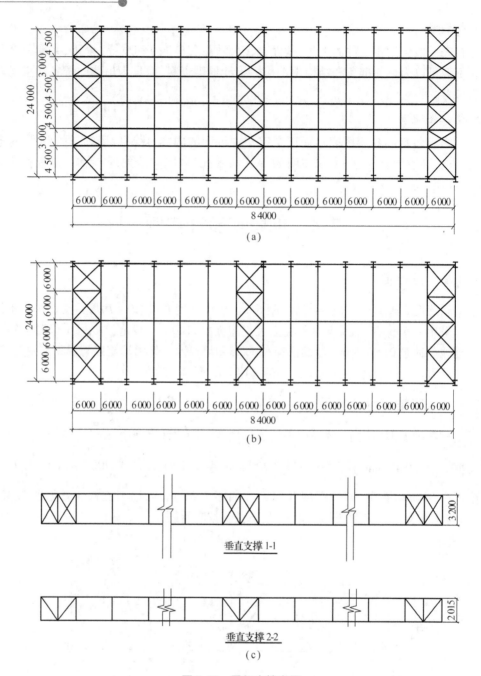

图 7.32　屋架支撑布置

(a)上弦支撑布置图；(b)下弦支撑布置图；(c)垂直支撑布置图

7.4.3　设计与计算

1.荷载计算与组合

屋面坡度较小,故对所有荷载均按水平投影面计算。

(1)荷载标准值

①永久荷载

两毡三油上铺小石子	0.35 kN/m²
20 mm 厚水泥沙浆找平层	0.40 kN/m²
冷底子油、热沥青各一道	0.05 kN/m²
100 mm 厚泡沫混凝土保温层	0.60 kN/m²
预应力混凝土大型屋面板和灌缝	1.40 kN/m²
屋架和支撑自重	$0.12 + 0.011l = 0.12 + 0.011 \times 24 = 0.38$ kN/m²
吊顶	0.40 kN/m²
	$\sum 3.58$ kN/m²

②可变荷载：$1.25 kN/m^2$

从设计资料可知屋面活载大于雪荷载，故取屋面活荷载。

（2）荷载组合

设计屋架时，应考虑以下三种荷载组合：

①全跨永久荷载 + 全跨可变荷载

屋架上弦节点荷载：$P = (3.58 \times 1.2 + 1.25 \times 1.4) \times 1.5 \times 6 = 54.41$ kN

②全跨永久荷载 + 半跨可变荷载

永久荷载作用屋架上弦节点处的荷载：$P_1 = 3.58 \times 1.2 \times 1.5 \times 6 = 38.66$ kN

可变荷载作用屋架上弦节点处的荷载 $P_2 = 1.25 \times 1.4 \times 1.5 \times 6 = 15.75$ kN

③全跨屋架与支撑 + 半跨屋面板 + 半跨屋面活荷载

全跨屋架和支撑自重产生的节点荷载：$P_3 = 1.2 \times 0.38 \times 1.5 \times 6 = 4.10$ kN

作用于半跨的屋面板及活载产生的节点荷载：取屋面可能出现的活载

$$P_4 = (1.4 \times 1.2 + 1.25 \times 1.4) \times 1.5 \times 6 = 30.87 \text{ kN}$$

以上①②为使用阶段荷载组合，③为施工阶段荷载组合。

2. 内力计算

经计算 $P = 1$ 作用于全跨、左半跨和右半跨，屋架杆件内力系数，然后求出以上三种荷载组合下的杆件内力，列于表 7.7，选取最大的杆件内力进行杆件设计。

表 7.7　杆件内力计算表

杆件名称		杆内力系数 $P=1$			全跨永久荷载 + 全跨可变荷载 $P = 54.41$ kN $N = P \times ③$	全跨永久荷载 + 半跨可变荷载 $P_1 = 38.66$ kN $P_2 = 15.75$ kN $N_左 = P_1 \times ③ + P_2 \times ①$ $N_右 = P_1 \times ③ + P_2 \times ②$		全跨屋架支撑 + 半跨屋面板 + 半跨屋面活荷载 $P_3 = 4.1$ kN $P_4 = 30.87$ kN $N_左 = P_3 \times ③ + P_4 \times ①$ $N_右 = P_3 \times ③ + P_4 \times ②$		计算内力/kN
		左半跨 ①	右半跨 ②	全跨 ③						
上弦杆	AB	0	0	0	0	0		0		0
	BC/CD	−6.23	−2.51	−8.74	−475.54	−436.01	−377.42	−169.28	−89.60	−475.54
	DE/EF	−9.04	−4.55	−13.59	−739.43	−667.77	−597.05	−249.36	−153.18	−739.43
	FG/GH	−9.17	−6.17	−15.35	−835.19	−737.86	−690.61	−259.36	−195.10	−835.19
	HK	−7.41	−7.48	−14.89	−810.16	−692.35	−693.46	−219.77	−221.27	−810.16

表 7.7(续)

杆件名称		杆内力系数 $P=1$			全跨永久荷载+全跨可变荷载 $P=54.41$ kN $N=P\times$③	全跨永久荷载+半跨可变荷载 $P_1=38.66$ kN $P_2=15.75$ kN $N_左=P_1\times$③$+P_2\times$① $N_右=P_1\times$③$+P_2\times$②		全跨屋架支撑+半跨屋面板+半跨可变荷载 $P_3=4.1$ kN $P_4=30.87$ kN $N_左=P_3\times$③$+P_4\times$① $N_右=P_3\times$③$+P_4\times$②		计算内力/kN
		左半跨 ①	右半跨 ②	全跨 ③						
下弦杆	ac	3.47	1.26	4.74	257.90	237.90	203.09	93.76	46.42	257.9
	ce	7.99	3.57	11.56	628.98	572.75	503.14	218.54	123.87	628.98
	eg	9.34	5.38	14.72	800.92	716.18	653.81	260.41	175.59	800.92
	gk	8.45	6.83	15.28	831.38	723.81	698.30	243.65	208.95	831.38
斜腹杆	aB	−6.54	−2.37	−8.91	−484.79	−447.47	−381.79	−176.62	−87.30	−484.79
	Bc	4.77	2.15	6.92	376.52	342.65	301.39	130.55	74.43	376.52
	cD	−3.41	−2.07	−5.48	−298.17	−265.56	−244.46	−95.51	−66.81	−298.17
	De	1.91	1.83	3.74	203.49	174.67	173.41	56.25	54.53	203.49
	eF	−0.72	−1.78	−2.5	−136.03	−107.99	−124.69	−25.67	−48.38	−136.03
	Fg	−0.43	1.59	1.16	63.12	38.07	69.89	−4.45	38.81	69.89 (−4.45)
	Hg	1.53	−1.56	−0.02	−1.09	23.32	−25.34	32.69	−33.50	32.69 (−33.49)
	Hk	−2.45	1.41	−1.04	−56.59	−78.79	−18.00	−56.74	25.94	25.94 (−78.79)
竖杆	Aa	−0.5	0	−0.5	−27.21	−27.21	−19.33	−12.76	−2.05	−27.21
	Cc	−1	0	−1	−54.41	−54.41	−38.66	−25.52	−4.10	−54.41
	Ee	−1	0	−1	−54.41	−54.41	−38.66	−25.52	−4.10	−54.41
	Gg	−1	0	−1	−54.41	−54.41	−38.66	−25.52	−4.10	−54.41
	Kk	0.97	0.99	1.96	106.64	91.05	91.37	28.81	29.24	106.64

3. 杆件截面选择

按腹杆最大内力 $N_{aB}=-484.79$ kN,查表 7.5 选中间节点板厚度为 10 mm,支座节点板厚度为 12 mm。

(1)上弦杆

整个上弦杆采用等截面,按最大压杆件 FG,GH 设计内力设计,$N_{FG}=-835.19$ kN。

屋架平面内计算长度 $l_{0x}=150.8$ cm,屋架平面外计算长度根据支撑布置和内力情况确定,取两块屋面板宽度,$l_{0y}=301.6$ cm。因为 $l_{0y}=2l_{0x}$,截面选取两不等肢角钢,短肢相并。

假设 $\lambda=60$,查附录 E,得 $\varphi=0.807$

$$A=\frac{N}{\varphi f}=\frac{835.19\times10^3}{0.807\times215}=4\,813.64 \text{ mm}^2=48.14 \text{ cm}^2$$

$$i_x = \frac{l_{0x}}{\lambda} = \frac{150.8}{60} = 2.51 \text{ cm}$$

$$i_y = \frac{l_{0y}}{\lambda} = \frac{301.6}{60} = 5.03 \text{ cm}$$

查型钢表,选 $2 \llcorner 160 \times 100 \times 10$ 短肢相并
(图 7.33), $A = 50.63 \text{ cm}^2$, $i_x = 2.85 \text{ cm}$,
$i_y = 7.70 \text{ cm}$。

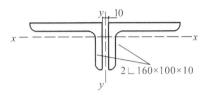

图 7.33　上弦杆截面

按所选角钢进行验算

$$\lambda_x = \frac{l_{0x}}{i_x} = \frac{150.8}{2.85} = 53 < [\lambda] = 150$$

$$\lambda_y = \frac{l_{0y}}{i_y} = \frac{301.6}{7.70} = 39.2 < [\lambda] = 150$$

长细比满足要求。

由于 $\lambda_x > \lambda_y$ 只需求出 $\varphi_{\min} = \varphi_x$,查轴心受压构件的稳定系数表,$\varphi_x = 0.842$

$$\sigma = \frac{N}{\varphi_x A} = \frac{835.19 \times 10^3}{0.842 \times 5063} = 195.9 \text{ N/mm}^2 < f = 215 \text{ N/mm}^2$$

所选截面合适。

（2）下弦杆

整个下弦采用等截面。按最大内力 $N_{gk} = +831.38 \text{ kN}$ 计算。$l_{0x} = 300 \text{ cm}$,$l_{0y} = 1185 \text{ cm}$,因 $l_{0y} \gg l_{0x}$,选用不等角钢,短肢相并,如图 7.34 所示。

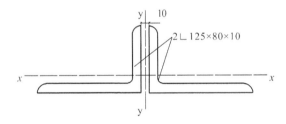

图 7.34　下弦杆截面图

所需截面 $A_n = \dfrac{N}{f} = \dfrac{831.38 \times 10^3}{215} = 3866.8 \text{ mm}^2 = 38.67 \text{ cm}^2$

因由型钢表选 $2 \llcorner 125 \times 80 \times 10$,$A = 39.42 \text{ cm}^2$,$i_x = 2.26 \text{ cm}$,$i_y = 6.11 \text{ cm}$。

$$\sigma = \frac{N}{A_n} = \frac{831.38 \times 10^3}{39.428 \times 10^2} = 210.9 \text{ N/mm}^2 < f = 215 \text{ N/mm}^2 \quad （满足）$$

$$\lambda_x = \frac{l_{0x}}{i_x} = \frac{300}{2.26} = 132.7 < [\lambda] = 350 \quad （满足）$$

$$\lambda_y = \frac{l_{0y}}{i_y} = \frac{1185}{6.11} = 193.9 < [\lambda] = 350 \quad （满足）$$

（3）斜腹杆

①aB 杆

$$N_{aB} = -484.79 \text{ kN}, l_{0x} = l_{0y} = l = 254.3 \text{ cm}$$

选用 2 ∟ 125 × 80 × 10，长肢相并，如图7.35。

查型钢表，$A = 39.42 \text{ cm}^2, i_x = 3.98 \text{ cm}, i_y = 3.31 \text{ cm}$。

截面验算：

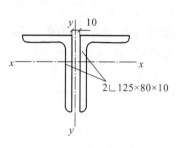

图 7.35 斜腹杆截面

$$\lambda_x = \frac{l_{0x}}{i_x} = \frac{254.3}{3.98} = 63.9 < [\lambda] = 150 \quad （满足）$$

$$\lambda_y = \frac{l_{0y}}{i_y} = \frac{254.3}{3.31} = 76.8 < [\lambda] = 150 \quad （满足）$$

由于 $\lambda_y > \lambda_x$ 只需求出 $\varphi_{\min} = \varphi_y$，查轴心受压构件的稳定系数表，$\varphi_y = 0.706$。

$$\frac{N}{\varphi A} = \frac{484.79 \times 10^3}{0.706 \times 39.42 \times 10^2} = 201.4 \text{ N/mm}^2 < f = 215 \text{ N/mm}^2 \quad （满足）$$

②Bc 杆

$$N_{Bc} = 376.52 \text{ kN}, l_{0x} = 0.8l = 0.8 \times 261.6 = 209.3 \text{ cm}, l_{0y} = l = 261.6 \text{ cm}$$

$$A_n = \frac{N}{f} = \frac{376.52 \times 10^3}{215} = 1751.3 \text{ mm}^2$$

选用 2 ∟ 70 × 7。查型钢表，$A = 18.84 \text{ cm}^2, i_x = 2.14 \text{ cm}, i_y = 3.28 \text{ cm}$。

$$\lambda_x = \frac{l_{0x}}{i_x} = \frac{209.3}{2.14} = 97.8 < [\lambda] = 350 \quad （满足）$$

$$\lambda_y = \frac{l_{0y}}{i_y} = \frac{261.6}{3.28} = 79.8 < [\lambda] = 350 \quad （满足）$$

③Fg 杆

最大拉力 $N_{Fg} = 69.89 \text{ kN}$，最大压力 $N_{Fg} = -4.45 \text{ kN}$

$$l_{0x} = 0.8l = 0.8 \times 312.7 = 250.2 \text{ cm}, l_{0y} = l = 312.7 \text{ cm}$$

按照最大拉力 $N_{Fg} = +69.89 \text{ kN}$ 设计，选用屋架需采用的最小角钢 2 ∟ 50 × 5，$A = 9.61 \text{ cm}^2, i_x = 1.53 \text{ cm}, i_y = 2.45 \text{ cm}$。

即可满足要求。

考虑到最大压力 $N_{Fg} = -4.45 \text{ kN}$ 较小，验算压杆的容许长细比是否满足要求。

$$\lambda_x = \frac{l_{0x}}{i_x} = \frac{250.2}{1.53} = 163.5 > [\lambda] = 150 \quad （不满足）$$

选用选用 2 ∟ 63 × 5，查型钢表，$A = 12.28 \text{ cm}^2, i_x = 1.94 \text{ cm}, i_y = 2.97 \text{ cm}$。

$$\lambda_x = \frac{l_{0x}}{i_x} = \frac{250.2}{1.94} = 128.9 < [\lambda] = 150 \quad （满足）$$

$$\lambda_y = \frac{l_{0y}}{i_y} = \frac{312.7}{2.97} = 105.3 < [\lambda] = 150 \quad （满足）$$

④gH 杆

最大拉力 $N_{gH} = ++47.15 \text{ kN}, N_{Fg} = 69.89 \text{ kN}$，最大压力 $N_{gH} = -33.49 \text{ kN}$

按照最大压力进行设计，$l_{0x} = 0.8l = 0.8 \times 340.5 = 272.4 \text{ cm}, l_{0y} = l = 340.5 \text{ cm}$

同理，亦按压杆容许长细比进行控制。选用 $2 \llcorner 63 \times 5$，查型钢表，$A = 2 \times 6.14 = 12.28 \text{ cm}^2$，$i_x = 1.94 \text{ cm}$，$i_y = 2.97 \text{ cm}$。

$$\lambda_x = \frac{l_{0x}}{i_x} = \frac{272.4}{1.94} = 140.4 < [\lambda] = 150 \quad (满足)$$

$$\lambda_y = \frac{l_{0y}}{i_y} = \frac{340.5}{2.97} = 114.6 < [\lambda] = 150 \quad (满足)$$

由于 $\lambda_x > \lambda_y$ 只需求出 $\varphi_{\min} = \varphi_x$，查轴心受压构件的稳定系数表，$\varphi_x = 0.345$

$$\frac{N}{\varphi A} = \frac{33.49 \times 10^3}{0.345 \times 12.28 \times 10^2}$$
$$= 79.05 \text{ N/mm}^2 < f = 215 \text{ N/mm}^2 \quad (满足)$$

⑤Hk 杆

最大拉力 $N_{Hk} = +25.94 \text{ kN}$，最大压力 $N_{Hk} = -78.79 \text{ kN}$，按照最大压力设计

$$l_{0x} = 0.8l = 0.8 \times 339.3 = 271.4 \text{ cm},$$
$$l_{0y} = l = 339.3 \text{ cm}$$

选用 $2 \llcorner 63 \times 5$

$$\lambda_x = \frac{l_{0x}}{i_x} = \frac{271.4}{1.94} = 139.9 < [\lambda] = 150 \quad (满足)$$

$$\lambda_y = \frac{l_{0y}}{i_y} = \frac{339.3}{2.97} = 114.2 < [\lambda] = 150 \quad (满足)$$

$$\frac{N}{\varphi A} = \frac{78.79 \times 10^3}{0.345 \times 12.28 \times 10^2} = 185.9 \text{ N/mm}^2 < f = 215 \text{ N/mm}^2$$

（4）竖杆

①竖杆 Gg

$$N_{Gg} = -54.41 \text{ kN}, l_{0x} = 0.8l = 0.8 \times 290 = 232 \text{ cm}, l_{0y} = l = 290 \text{ cm}$$

选用 $2 \llcorner 56 \times 5$，$A = 10.84 \text{ cm}^2$，$i_x = 1.72 \text{ cm}$，$i_y = 2.62 \text{ cm}$。

$$\lambda_x = \frac{l_{0x}}{i_x} = \frac{232}{1.72} = 134.8 < [\lambda] = 150 \quad (满足)$$

$$\lambda_y = \frac{l_{0y}}{i_y} = \frac{290}{2.62} = 110.7 < [\lambda] = 150 \quad (满足)$$

$$\frac{N}{\varphi A} = \frac{54.41 \times 10^3}{0.366 \times 10.84 \times 10^2}$$
$$= 137.1 \text{ N/mm}^2 < f$$
$$= 215 \text{ N/mm}^2$$

②中间竖杆 Kk

$N_{Kk} = +106.64 \text{ kN}$，斜平面 $l_0 = 0.9l = 0.9 \times 320 = 288 \text{ cm}$。

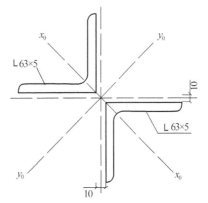

图 7.36　中竖杆截面

选用 $2 \llcorner 63 \times 5$ 十字相连。如图 7.36 所示，查型钢表，$A = 12.28 \text{ cm}^2$，$i_{x_0} = 2.45 \text{ cm}$。

$$\lambda_{x_0} = \frac{l_0}{i_{x_0}} = \frac{288}{2.45} = 118 < [\lambda] = 350 \quad （满足）$$

$$\sigma = \frac{N}{A_n} = \frac{106.64 \times 10^3}{12.28 \times 10^2}$$

$$= 86.8 \text{ N/mm}^2 < 215 \text{ N/mm}^2 \quad （满足）$$

各杆件截面选择见表 7.8。选用时采用的最小角钢,一般腹杆按 2 ∟ 50×5,连接支撑的竖杆按 2 ∟ 63×5。

表 7.8 屋架杆件一览表

杆件		杆内力 /kN	计算长度/mm		截面形式及角钢规格	截面积 /mm²	回转半径		长细比 λ_{max}	容许长细比	系数 φ_{min}	$\sigma/$ (N/mm²)
			l_{ox}	l_{oy}			i_x/mm	i_y/mm				
上弦		−835.19	1 508	3 016	┒┖短肢相并 2 ∟ 160×100×10	5 063	28.5	77.0	53	150	0.842	195.9
下弦		831.38	3 000	11 850	┒┖短肢相并 2 ∟ 125×80×10	3 942	22.6	61.1	139.9	350	—	210.9
斜腹杆	aB	−484.79	2 543	2 543	┒┖长肢相并 2 ∟ 125×80×10	3 942	39.8	33.1	76.8	150	0.706	201.4
	Bc	376.52	2 093	2 616	┘└ 2 ∟ 70×7	1 884	21.4	32.1	97.8	350	—	199.8
	cD	−298.17	2 302	2 878	┘└ 2 ∟ 100×6	2 386	31.0	44.4	74.3	150	0.723	172.8
	De	203.49	2 294	2 867	┘└ 2 ∟ 63×5	1 228	19.4	29.7	118.2	350	—	165.7
	eF	−136.03	2 510	3 138	┘└ 2 ∟ 80×6	1 879	24.7	36.5	101.6	150	0.546	1 322.6
	Fg	68.89	2 502	3 127	┘└ 2 ∟ 63×5	1 228	19.4	29.7	128.9	350	—	56.1
	gH	−33.49	2 724	3 405	┘└ 2 ∟ 63×5	1 228	19.4	29.7	140.4	150	0.345	79.1
斜腹杆	Hk	−78.79	2714	3 393	┘└ 2 ∟ 63×5	1 228	19.4	29.7	139.9	150	0.345	185.9
	Aa	−27.21	2 015	2 015	┘└ 2 ∟ 56×5	1 084	17.2	26.2	117.2	150	0.453	55.4
	Cc	−54.41	1 840	2 300	┘└ 2 ∟ 56×5	1 084	17.2	26.2	107	150	0.511	98.2
	Ee	−54.41	2 080	2 600	┘└ 2 ∟ 56×5	1 084	17.2	26.2	120.9	150	0.432	116.2
	Gg	−54.41	2 320	2 900	┘└ 2 ∟ 56×5	1 084	17.2	26.2	134	150	0.366	137.1
	Kk	106.64	斜平面:2 880		十字形 2 ∟ 63×5	1 228	2.45		118	350	—	86.8

4. 节点设计

(1) 下弦节点 c

角焊缝的抗拉、抗压和抗剪强度设计值 $f_f^w = 160 \text{ N/mm}^2$。

设 Bc 杆的肢背和肢尖焊缝 $h_f = 8 \text{ mm}$ 和 6 mm，则所需的焊缝长度为

肢背 $l'_w = \dfrac{0.7N}{2h_e f_f^w} = \dfrac{0.7 \times 376.52 \times 10^3}{2 \times 0.7 \times 8 \times 160} = 147.1 \text{ mm}$，取 200 mm

肢尖 $l''_w = \dfrac{0.3N}{2h_e f_f^w} = \dfrac{0.3 \times 376.52 \times 10^3}{2 \times 0.7 \times 6 \times 160} = 84.0 \text{ mm}$，取 100 mm

设 cD 杆的肢背和肢尖焊缝 $h_f = 8 \text{ mm}$ 和 6 mm，则所需的焊缝长度为

肢背 $l'_w = \dfrac{0.7N}{2h_a f_f^w} = \dfrac{0.7 \times 298.17 \times 10^3}{2 \times 0.7 \times 8 \times 160} = 116.5 \text{ mm}$，取 150 mm

肢尖 $l''_w = \dfrac{0.3N}{2h_a f_f^w} = \dfrac{0.3 \times 298.17 \times 10^3}{2 \times 0.7 \times 6 \times 160} = 66.6 \text{ mm}$，取 80 mm

Cc 杆件内力很小，焊缝尺寸可以按照构造要求确定，取 $h_f = 5 \text{ mm}$。

根据上述所求的焊缝长度，并考虑杆件之间的间隙以及制作和装配等误差，按照比例绘出节点详图，如图 7.37，确定出节点板尺寸为 400×360。

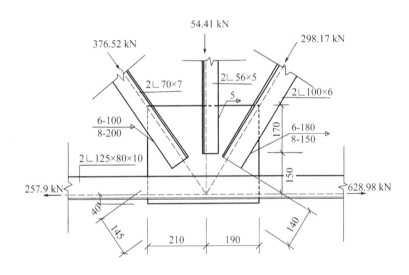

图 7.37　下弦节点 c

下弦与节点板连接的焊缝长度为 400 mm，$h_f = 6 \text{ mm}$，焊缝左右所受的力为左右两个弦杆的内力差 $\Delta N = 628.98 - 257.9 = 371.08 \text{ kN}$，受力较大的肢背处的焊缝为

$$\tau_f = \frac{0.7\Delta N}{2h_e l_w} = \frac{0.7 \times 371.08 \times 10^3}{2 \times 0.7 \times 6 \times (400 - 12)} = 79.7 \text{ mm} < f = 160 \text{ N/mm}^2$$

所以，焊缝强度满足要求。

(2) 上弦节点 B

上弦节点 B，如图 7.38。Bc 杆与节点板的焊缝尺寸和节点 c 相同。

aB 杆与节点板的焊缝尺寸按照上述方法计算，$N_{aB} = 484.79$，aB 杆的肢背和肢尖焊缝

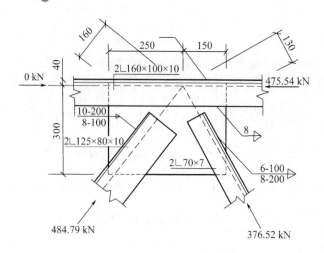

图 7.38　上弦节点 B

$h_f = 10$ mm 和 8 mm。

$$肢背\ l'_w = \frac{0.7N}{2h_e f_f^w} = \frac{0.7 \times 484.79 \times 10^3}{2 \times 0.7 \times 10 \times 160} = 151.5\ mm,取\ 200\ mm$$

$$肢尖\ l''_w = \frac{0.3N}{2h_e f_f^w} = \frac{0.3 \times 484.79 \times 10^3}{2 \times 0.7 \times 8 \times 160} = 81.2\ mm,取\ 100\ mm$$

为了便于在上弦上搁置屋面板,节点板的上边缘可缩进上弦肢背 8 mm,用塞焊缝把上弦角钢和节点板连接起来。塞焊缝作为两条焊缝计算,设计强度乘以 0.8 的折减系数。考虑到屋面坡度 1/10 较小,可假设集中荷载 P 与上弦垂直。

肢背和肢尖焊缝 $h_f = 6$ m 和 8 mm,上弦与节点板间焊缝长度为 400 mm。

上弦肢背塞焊缝应力

$$\frac{\sqrt{(k_1 \Delta N)^2 + (\frac{P}{2 \times \beta_f})^2}}{2 \times 0.7 h_{f1} l_{w1}} = \frac{\sqrt{(0.3 \times 475.54 \times 10^3)^2 + (\frac{54.41 \times 10^3}{2 \times \beta_f})^2}}{2 \times 0.7 \times 6 \times (400 - 12)}$$

$$= 43.8\ N/mm^2 \leqslant 0.8 f_f^w = 128\ N/mm^2$$

上弦肢尖塞焊缝应力

$$\frac{\sqrt{(k_2 \Delta N)^2 + (\frac{P}{2 \times \beta_f})^2}}{2 \times 0.7 h_{f2} l_{w2}} = \frac{\sqrt{(0.7 \times 475.54 \times 10^3)^2 + (\frac{54.41 \times 10^3}{2 \times 1.22})^2}}{2 \times 0.7 \times 8 \times (400 - 16)}$$

$$= 77.4\ N/mm^2 \leqslant 0.8 f_f^w = 128\ N/mm^2$$

焊缝满足要求。

（3）屋脊节点

弦杆的拼接,一般都采用同号角钢作为拼接角钢,为了使拼接角钢在拼接处能紧贴被连接的弦杆和便于施焊,将拼接角钢的尖角削除,并截去竖肢的一部分 $\Delta = (t + h_f + 5)$ mm。设焊缝 $h_f = 8$ mm,拼接角钢与弦杆的连接焊缝的最大内力 $N_{HK} = 810.16$ kN,每条焊缝长度需

$$l_w = \frac{N}{4 \times 0.7 h_f f_f^w} = \frac{810.16 \times 10^3}{4 \times 0.7 \times 8 \times 160} = 226\ mm$$

拼接角钢的总长度为

$$l = 2(l_w + 2h_f) + a = 2 \times (226 + 2 \times 8) + 20 = 504 \text{ mm}$$

取 $l = 550$ mm。

拼接角钢竖肢应切去的高度为

$$\Delta = t + h_f + 5 = 10 + 8 + 5 = 23 \text{ mm}$$

取 $\Delta = 25$ mm，即竖肢余留高度为 75 mm。

上弦杆与节点板的连接焊缝，在角钢肢背采用塞焊缝，并假定仅承受屋面板传来的集中荷载，一般可不做计算。

上弦角钢肢尖与节点板的连接焊缝，应取上弦内力 N 的 15% 进行计算，即：$\Delta N = 0.15N = 0.15 \times 810.16 = 121.5$ kN，其产生的偏心弯矩

$$M = \Delta Ne = 121.5 \times 10^3 \times 70 = 8\,505 \text{ kN} \cdot \text{mm}。$$

现取节点板尺寸如图 7.39 所示，设肢尖焊脚尺寸 $h_f = 8$ mm，则焊缝计算长度 $l_{w2} = 200 - 2 \times 8 - 5 = 189$ mm。验算肢尖焊缝强度：

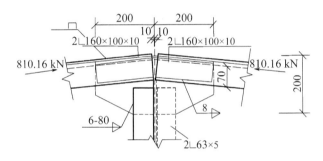

图 7.39　屋脊节点

$$\sqrt{\left(\frac{6M}{\beta_f \times 2 \times 0.7h_f l_{w2}^2}\right)^2 + \left(\frac{\Delta N}{2 \times 0.7h_f l_{w2}}\right)^2} = \sqrt{\left(\frac{6 \times 8\,505 \times 10^3}{1.22 \times 2 \times 0.7 \times 8 \times 183^2}\right)^2 + \left(\frac{121.5 \times 10^3}{2 \times 0.7 \times 8 \times 183}\right)^2}$$

$$= 126.3 \text{ N/mm}^2 < f_f^w = 160 \text{ N/mm}^2，焊缝满足要求。$$

竖杆 Kk 杆端焊缝按取 h_f 和 l_w 为 6 mm 和 80 mm，验算略。

（4）支座节点

为便于施焊，底板上表面至下弦角钢净距离为 125 mm，如图 7.40 所示。

①底板计算

支座反力 $R = 8P = 8 \times 54.41 = 435.28$ kN

根据构造需要，取底板尺寸为 280 mm × 400 mm。锚栓采用 2M24，并用图示 U 形缺口，如图 7.40 所示。柱采用 C25 混凝土，其轴心抗压强度设计值 $f_c = 12.5$ N/mm²。作用于底板的压应力为（垂直于屋架方向的底板长度偏安全地仅取加劲肋部分）

$$q = \frac{R}{A_n} = \frac{435.28 \times 10^3}{212 \times 280} = 7.33 \text{ N/mm}^2 < f_c = 12.5 \text{ N/mm}^2 \quad （满足）$$

底板被节点板和加劲肋分成 4 块相邻边支承板，故应按式（4 - 73）计算底板单位长度上的最大弯矩

$$a_1 = \sqrt{\left(140 - \frac{12}{2}\right)^2 + 100^2} = 167.2 \text{ mm}$$

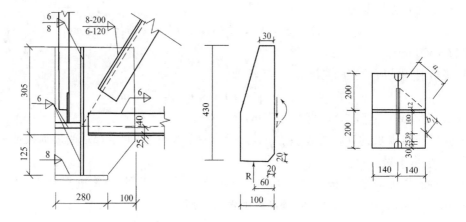

图 7.40 支座节点

$$b_1 = 100 \times \frac{134}{167.2} = 80.1 \text{ mm}$$

$$\frac{b_1}{a_1} = \frac{80.1}{167.2} = 0.479, \text{查表 4.9 得 } \beta = 0.0531$$

$$M = \beta q a_1^2 = 0.0531 \times 7.33 \times 167.2^2 = 10\,881.1 \text{ N}$$

需要底板厚度 ($f = 205 \text{ N/mm}^2$, 按厚度 $t > 16 \sim 40 \text{ mm}$ 取值)

$$t = \sqrt{\frac{6M}{f}} = \sqrt{\frac{6 \times 1\,0881.1}{205}} = 17.8 \text{ mm}, \text{取 } 20 \text{ mm}$$

②加劲肋计算

对加劲肋和节点板间的两条竖直焊缝进行验算

设 $h_f = 6 \text{ mm}$, 焊缝长度 $l_w = 430 - 12 - 20 = 398 \text{ mm}$

取焊缝最大计算长度 $l_w = 60h_f = 60 \times 6 = 360 \text{ mm} < 398 \text{ mm}$

$$V = \frac{R}{4} = \frac{435.28}{4} = 108.82 \text{ kN}$$

$$M = Ve = 108.82 \times 60 = 6\,529.2 \text{ kN} \cdot \text{mm}$$

焊缝应力为

$$\sqrt{\left(\frac{6M}{\beta_f \times 2 \times 0.7 h_f l_w^2}\right)^2 + \left(\frac{V}{2 \times 0.7 h_f l_w}\right)^2} = \sqrt{\left(\frac{6 \times 6\,529.2 \times 10^3}{1.22 \times 2 \times 0.7 \times 6 \times 360^2}\right)^2 + \left(\frac{108.82 \times 10^3}{2 \times 0.7 \times 6 \times 360}\right)^2}$$

$$= 36.1 \text{ N/mm}^2 < f_f^w = 160 \text{ N/mm}^2$$

焊缝满足要求。

③加劲肋、节点板与底板的连接焊缝计算

假设焊缝传递全部支座反力 R, 每块加劲肋传递 $R/4$, 节点板传递 $R/2$。

$$h_{f\min} = 1.5\sqrt{t} = 1.5 \times \sqrt{20} = 6.7 \text{ mm}, \text{取 } 8 \text{ mm}。$$

每块加劲肋与底板的连接焊缝的总计算长度 $\sum l_w = 2 \times (100 - 20 - 16) = 128 \text{ mm}$

$$\sigma_f = \frac{\dfrac{R}{4}}{\beta_f \times 0.7 h_f \sum l_w} = \frac{435.28 \times 10^3}{4 \times 1.22 \times 0.7 \times 8 \times 128} = 124.4 \text{ N/mm}^2 < f_f^w = 160 \text{ N/mm}^2$$

节点板与底板的连接焊缝长度 $\sum l_w = 2 \times (280 - 10) = 540 \text{ mm}$

$$\sigma_f = \frac{\dfrac{R}{2}}{\beta_f \times 0.7h_f \sum l_w} = \frac{435.28 \times 10^3}{2 \times 1.22 \times 0.7 \times 8 \times 540} = 58.9 \text{ N/mm}^2 < f_f^w = 160 \text{ N/mm}^2$$

（5）屋架施工详图（见插页，图7.41）

【习题七】

1. 单项选择题

1.1 梯形屋架采用再分式腹杆，主要为了（　　）。

    A. 减小上弦压力　　B. 减小下弦压力　　C. 避免上弦承受局部弯矩　　D. 减小腹杆内力

1.2 一屋架的跨度18 m，屋架间距6 m，屋面材料为波形石棉瓦，屋面坡度要求1/2.5。该屋架宜采用（　　）。

    A. 三角形　　　　　B. 梯形　　　　　C. 平行弦　　　　　D. 拱形

1.3 屋架上弦横向水平支撑之间的距离不宜大于（　　）m。

    A. 90　　　　　　　B. 75　　　　　　　C. 60　　　　　　　D. 45

1.4 屋架下弦纵向水平支撑一般布置在屋架的（　　）。

    A. 端竖杆处　　　B. 下弦中间　　　C. 下弦端节间　　　D. 斜腹杆处

1.5 屋盖结构中设置的刚性系杆（　　）。

    A. 只能受拉　　　B. 可以受压　　　C. 可以受弯　　　D. 可以受拉和受压

1.6 某房屋屋架间距为6 m，屋架跨度为24 m，柱顶高度24 m。房屋内无托架，有较大振动设备，且房屋计算中未考虑工作空间时，可在屋盖支撑中部设置（　　）。

    A. 上弦横向支撑　　B. 下弦横向支撑　　C. 纵向支撑　　　D. 垂直支撑

1.7 在计算屋架杆件轴向力时，考虑半跨活荷载的内力组合是为了求得（　　）。

    A. 弦杆最大内力

    B. 屋架跨中部分腹杆内力性质的可能变化的杆件内力

    C. 屋架两端弦杆、腹杆最大内力

    D. 腹杆最大内力

1.8 屋架设计中，积灰荷载应与（　　）同时考虑。

    A. 屋面活荷载　　　　　　　　　　B. 雪荷载

    C. 屋面活荷载和雪荷载　　　　　　D. 屋面活荷载和雪荷载两者较大值

1.9 普通钢屋架的受压杆件中，两个侧向固定点之间（　　）。

    A. 垫板数不宜少于两个　　　　　　B. 垫板数不宜少于一个

    C. 垫板数不宜多于两个　　　　　　D. 可不设垫板

1.10 梯形钢屋架节点板的厚度，是根据（　　）来选定的。

    A. 支座竖杆中的内力　　　　　　　B. 下弦杆中的最大内力

    C. 上弦杆中的最大内力　　　　　　D. 腹杆中的最大内力

1.11 梯形钢屋架受压杆件，其合理截面形式应使所选截面尽量满足（　　）的要求。

    A. 等刚度　　　　　B. 等强度　　　　　C. 等稳定　　　　　D. 计算长度相等

1.12 钢屋架中杆力较小的腹杆，其截面通常按（　　）。

    A. 容许长细比选择　　　　　　　　B. 构造要求确定

    C. 整体稳定条件确定　　　　　　　D. 局部稳定条件确定

1.13 梯形钢屋架的端斜杆和受较大节间荷载作用的屋架上弦杆的合理截面形式是两个（　　）。

    A.等肢角钢相连的 T 形截面   B.不等肢角钢长肢相连的 T 形截面

    C.不等肢角钢短肢相连的 T 形截面   D.等肢角钢相连的十字形截面

1.14 梯形钢屋架的下弦杆常用截面形式是两（　　）。

    A.不等肢角钢短肢相连，短肢肢尖向上

    B.不等肢角钢短肢相连，短肢肢尖向下

    C.不等肢角钢长肢相连，长肢肢尖向下

    D.等边角钢相连

1.15 梯形钢屋架端斜杆最合理截面形式是两（　　）。

    A.不等肢角钢长肢相连的 T 形截面   B.不等肢角钢短肢相连的 T 形截面

    C.等肢角钢相连的 T 形截面   D.等肢角钢相连的十字形截面

1.16 桁架弦杆在桁架平面外的计算长度应取（　　）。

    A.杆件几何长度   B.弦杆节间长度

    C.檩条之间距离   D.弦杆侧向支撑点之间距离

1.17 设计采用大型屋面板的梯形钢屋架上弦杆截面时，如节间距为 l，其屋架平面内的计算长度应取（　　）。

    A.$0.8l$ B.$1.0l$

    C.侧向支撑点间距   D.屋面板宽度的 2 倍

1.18 梯形钢屋架支座斜杆在屋架平面内的计算长度应取（　　）。

    A.杆件的几何长度   B.杆件几何长度的 0.8 倍

    C.杆件几何长度的 0.9 倍   D.侧向不动点的距离

1.19 钢屋架节点板厚度一般是根据所连接的杆件内力的大小确定，但不得小于（　　）mm。

    A.4   B.5   C.6   D.8

1.20 一节点中心距为 6 m 的压杆，其两端与主体结构相连接，是由梁等肢角钢∟70×5 组成的十字形截面杆件。角钢的有关截面几何特性如图 7.42，角钢间用填板连接，其填板数量应取（　　）块。

    A.4   B.6   C.8   D.10

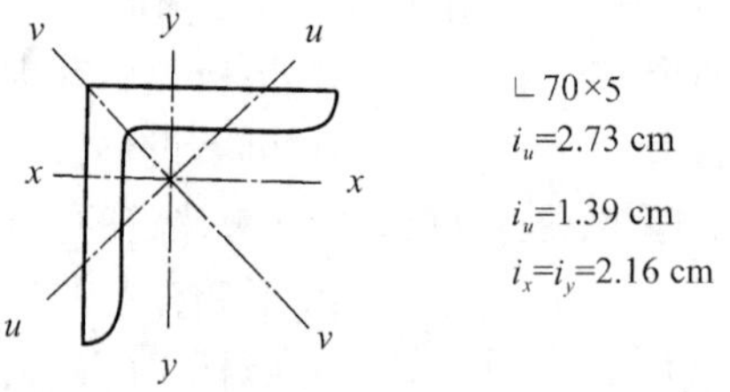

∟70×5

$i_u = 2.73$ cm

$i_v = 1.39$ cm

$i_x = i_y = 2.16$ cm

图 7.42　角钢截面几何特性

2. 简答题

2.1 屋架选型的原则是什么？

2.2 常用的屋架外形有哪几种?

2.3 屋盖支撑包括哪些类型?

2.4 屋盖支撑有什么作用?

2.5 上弦横向水平支撑布置在哪些位置?

2.6 什么情况下设置下弦横向水平支撑?

2.7 什么情况下设置下弦纵向水平支撑?

2.8 竖向支撑通常布置在哪些位置?

2.9 什么是刚性系杆和柔性系杆?

2.10 系杆在屋架上弦、下弦平面内的布置原则是什么?

2.11 钢屋架设计的主要内容有哪些?

2.12 引起屋架杆件最不利内力的各种可能荷载组合有哪些?

2.13 计算钢屋架内力是,采用了哪些假定?

2.14 屋架杆件的计算长度在屋架平面内应如何取值?

2.15 屋架杆件的计算长度在屋架平面外应如何取值?

2.16 双角钢组成的十字形截面和单角钢截面腹杆的计算长度如何取值?

2.17 普通钢屋架中的各种杆件应选择什么样的截面形式最好?

2.18 当采用双角钢组成的 T 形截面或十字形截面作为屋架杆件时,应该设置填板,填板的作用是什么? 设置构造上有哪些要求?

2.19 屋架杆件截面选择的一般原则是什么?

2.20 屋架节点处各杆件的轴线和间隙有什么要求?

2.21 当屋架弦杆截面验跨度有改变时,为了便于施工应如何处理?

2.22 角钢端部的切割面有什么要求?

2.23 屋架节点板的外形有哪些要求?

2.24 如何确定节点板厚度及外形尺寸?

2.25 屋架施工图上,应标示哪些主要内容?

3. 计算题

3.1 某单层机械厂装配车间,长 180 m,跨度 30 m,采用梯形屋架,混凝土柱强度等级为 C25。厂房内设有两台起重质量为 30 t/5 t 的中级工作制桥式吊车,屋面采用大型屋面板无檩结构体系。当地基本风压 0.55 kN/m²,基本雪压 0.5 kN/m²,地震烈度 6 度。屋架材料:钢材 Q235B,焊条采用 E43 型。绘制该厂房的柱网、屋盖支撑、柱间支撑布置图,并设计该梯形屋架。

3.2 某单跨双坡车间,跨度 18 m,长 90 m,屋面坡度 1/3,采用三角形屋架。屋架简支与混凝土柱上,混凝土等级为 C20。厂房内无吊车,屋面材料采用波形石棉瓦,油毡。当地基本风压 0.50 kN/m²,基本雪压 0.3 kN/m²,屋架材料:钢材 Q235B,焊条采用 E43 型。绘制该车间的柱网、屋盖支撑布置图,并设计该屋架。

4. 课程设计任务书

4.1 基本设计资料

(1)拟设计一钢屋架,简支于钢筋混凝土柱上,柱距 6 m。无檩体系,采用 1.5 m×6 m 预应力混凝土大型屋面板,与屋架三点焊接。不考虑抗震设防。

（2）屋架形式与尺寸如图 7.43 所示。（依据实际情况自行选择）

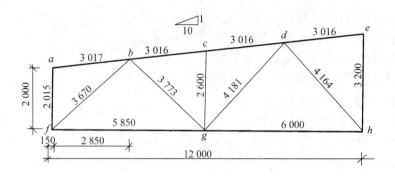

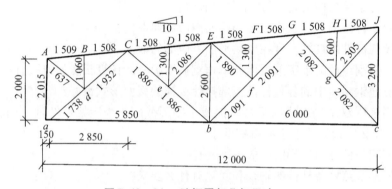

图 7.43　24 m 跨钢屋架几何尺寸

（3）材料选用

钢筋混凝土柱采用 C30 混凝土,柱顶尺寸为 400 mm×400 mm。钢材 Q235。

保温层为泡沫混凝土:a. 厚 40 mm,0.25 kN/m³;b. 厚 80 mm,0.50 kN/m³;c. 厚 1 200 mm,0.70 kN/m³;

（4）制作及安装条件

钢屋架运输单元和支撑杆件均在工厂制作、工地安装,采用手工焊接。划分两个运输单元。屋架与支撑杆件的连接采用普通螺栓。杆件最大运输长度 16 m,运输高度为 3.85 m。上下弦杆为连续杆件,角钢最大长度 19 mm。

4.2 设计要求

（1）完成计算书一份,内容包括:

①结构选型:屋架形式,荷载取值;

②选择钢材,焊接方法,焊条型号;

③绘制屋盖体系支撑布置图;

④荷载计算;

⑤各杆件内力组合;

⑥杆件截面设计;

⑦屋架节点设计。

（2）施工图

①绘制与屋架支撑相关联的钢屋架施工图一张。

②图纸规格:1 号图。

（3）图面内容:

①屋架索引图(画在左上角)比例尺 1:150;

②屋架正面图(画对称的半榀)轴线比例尺 1:20 或 1:30,杆件比例尺 1:10 或 1:15;

③上下杆件俯视图;

④必要的剖面图(端竖杆、中竖杆、垂直支撑连接处);

⑤屋架支座祥图及零件祥图;

⑥施工图说明;

⑦材料表;

⑧标题栏。

（4）作图要求:采用铅笔绘图;图面布置合理;文字规范;线条清晰,符合制图标准;达到施工图要求。

（5）设计完成后,图纸应叠成计算书一般大小,与计算书装订后上交。

4.3 课程设计目的

（1）掌握屋盖系统结构布置;

（2）能综合运用有关力学和钢结构课程所学知识,对钢屋架进行内力分析、截面设计和节点设计;

（3）掌握钢屋架施工图的绘制方法。

（4）学会编制材料表。

4.4 评分标准及办法

（1）质量要求

结构计算正确,且应能满足使用安全、经济合理的要求,计算内容全面;图面应整洁、布局合理,符合制图规范,尺寸标注正确,节点构造合理,能满足施工图要求。设计期间,对于口试问题回答正确。

（2）评分标准

评分标准根据计算书、施工图、口试、出勤四个方面综合评定。

	优 秀 100～90	良 好 89～80	中 等 79～70	及 格 69～60	不及格 <59
1. 学习态度	刻苦	认真	较认真	一般	应付
2. 结构概念	清晰	清楚	较清楚	尚可	模糊
3. 理论计算	准确	正确	较正确	小错误	错误多
4. 图面质量	整洁	整洁	较整洁	一般	错误多

附　　录

附录 A　疲劳计算的构件和连接分类

项次	简　图	说　明	类别
1		无连接处的主体金属 （1）轧制型钢 （2）钢板 　A. 两边为轧制边或刨边 　B. 两侧为自动、半自动切割边（切割质量应符合《钢结构工程施工及验收规范》GB 50205）	1 1 2
2		横向对接焊缝附近的主体金属 （1）符合现行国家标准《钢结构工程施工及验收规范》GB 50205 的一级焊缝 （2）经加工、磨平的一级焊缝	3 2
3		不同厚度（或宽度）横向对接焊缝附近的主体金属、焊缝加工成平滑过渡并符合一级焊缝标准	2
4		纵向对接焊缝附近的主体金属，焊缝符合二级焊缝标准	2
5		翼缘连接焊缝的主体金属 （1）翼缘与腹板的连接焊缝 　A. 自动焊，二级 T 形对接和角接组合焊缝 　B. 自动焊，角焊缝，外观质量标准符合二级 　C. 手工焊，角焊缝，外观质量标准符合二级 （2）翼缘板之间的连接焊缝 　A. 自动焊，角焊缝，外观质量标准符合二级 　B. 手工焊，角焊缝，外观质量标准符合二级	 2 3 4 3 4
6		横向加劲肋端部附近的主体金属 （1）不断弧（采用回焊） （2）断弧	 4 5

附录 A(续)

项次	简 图	说 明	类别
7		梯形节点板用对接焊缝焊于梁翼端、腹板以及横加构件处的主体金属,过渡处在焊后铲平、磨光、圆滑过渡,不得有焊接起弧、灭弧缺陷	5
8		矩形节点板焊接于构件翼缘或腹板处的主体金属,$l > 150$ mm	7
9		翼缘板中断处的主体金属(板端有正面焊缝)	7
10		向正面角焊缝过渡处的主体金属	6
11		两侧面角焊缝连接处的主体金属	8
12		三面围焊的角焊缝端部主体金属	7

附录 A(续)

项次	简　　图	说　　明	类别
13		三面围焊或两侧面角焊缝连接的节点板主体金属(节点板计算宽度按应力扩散角 θ 等于 $30°$ 考虑)	7
14		K 型对接焊缝处的主体金属,两板轴线偏离小于 $0.15t$,焊缝为二级,焊趾角 $\alpha < 45°$	5
15		十字接头角焊缝处的主体金属,两板轴线偏离小于 $0.15t$	7
16	角焊缝	按有效截面确定的剪应力幅计算	8
17		铆钉连接处的主体金属	3
18		连系螺栓和虚孔处的主体金属	3
19		高强度螺栓摩擦型连接处的主体金属	2

注:1. 所有对接焊缝及 T 形对接和角接组合焊缝均需焊透。所有焊缝的外形尺寸均应符合现行标准《钢结构焊缝外形尺寸》JB 7949 的规定。

　　2. 角焊缝应符合现行国家标准《钢结构设计规范中》中相关的构造规定。

　　3. 项次 16 中的剪力幅 $\Delta\tau = \tau_{max} - \tau_{min}$,其中 τ_{min} 的正负值为,与 τ_{max} 同方向时,取正值;与 τ_{max} 反方向时,取负值。

　　4. 第 17,18 项中的应力应以净截面面积计算,第 19 项应以毛截面面积计算。

附录 B 钢材和连接强度设计值

附表 B-1 钢材的强度设计值（N/mm²）

钢 材		抗拉、抗压和抗弯 f	抗 剪 f_v	端面承压（刨平顶紧）f_{ce}	材名义屈服强度 f_y	极限抗拉强度最小值 f_u
牌 号	厚度或直径 /mm					
Q235	≤16	215	125	325	235	370
	>16~40	205	120		225	
	>40~60	200	115		215	
	>60~100	190	110		205	
Q345	≤16	300	175	400	345	470
	>16~40	295	170		335	
	>40~63	290	165		325	
	>63~80	280	160		315	
	>80~100	270	155		305	
Q390	≤16	345	200	415	390	490
	>16~40	330	190		370	
	>40~63	310	180		350	
	>63~80	295	170		330	
	>80~100	295	170		330	
Q420	≤16	375	215	440	420	520
	>16~40	355	205		400	
	>40~63	320	185		380	
	>63~80	305	175		360	
	>80~100	305	175		360	
Q460	≤16	410	235	470	460	550
	>16~40	390	225		440	
	>40~63	355	205		420	
	>63~80	340	195		400	
	>80~100	340	195		400	

注:表中厚度系指计算点的钢材厚度,对轴心受拉和轴心受压构件系指截面中较厚件的厚度。

附表 B - 2　铸铁件的强度设计值(N/mm²)

类别	钢号	铸件厚度 /mm	抗拉、抗压和抗弯 f	抗剪 f_v	端面承压 (刨平顶紧)f_{ce}
非可焊 铸钢件	ZG200 - 400	≤100	155	90	260
	ZG230 - 450		180	105	290
	ZG270 - 500		210	120	325
	ZG310 - 570		240	140	370
可焊 铸钢件	ZG230 - 450H	≤100	180	105	290
	ZG275 - 485H		215	125	315
	G17Mn5QT	≤50	185	105	290
	G20Mn5N	≤30	235	135	315
	G20Mn5QT	≤100	235	135	325

附表 B - 3　焊缝的强度设计值(N/mm²)

焊接方法和 焊条型号	构件钢材		对接焊缝				角焊缝
	牌号	厚度或直径 /mm	抗压 f_c^w	焊缝质量为下列等级 时,抗拉 f_t^w		抗剪 f_v^w	抗拉、抗压 和抗剪 f_f^w
				一级、二级	三级		
自动焊、半 自动焊和 E43 型焊条 的手工焊	Q235 钢	≤16	215	215	185	125	160
		>16 ~ 40	205	205	175	120	
		>40 ~ 60	200	200	170	115	
		>60 ~ 100	190	190	160	110	
自动焊、半 自动焊和 E50 型焊条 的手工焊	Q345 钢	≤16	305	305	260	175	200
		>16 ~ 40	295	295	250	170	
		>340 ~ 63	290	290	245	165	
		>63 ~ 80	280	280	240	160	
		>80 ~ 100	270	270	230	155	
自动焊、半 自动焊和 E55 型焊条 的手工焊	Q390 钢	≤16	345	345	295	200	220(E55)
		>16 ~ 40	330	330	280	190	
		>40 ~ 63	310	310	265	180	
		>63 ~ 80	295	295	250	170	
		>80 ~ 100	295	295	250	170	

附表 B-3(续)

焊接方法和焊条型号	构件钢材		对接焊缝				角焊缝
	牌号	厚度或直径/mm	抗压 f_c^w	焊缝质量为下列等级时,抗拉 f_t^w		抗剪 f_v^w	抗拉、抗压和抗剪 f_f^w
				一级、二级	三级		
自动焊、半自动焊和E55型焊条的手工焊	Q420钢	≤16	375	375	320	215	220(E55)
		>16~40	355	355	300	205	
		>40~63	320	320	270	185	
		>63~80	305	305	260	175	
		>80~100	305	305	260	175	
自动焊、半自动焊和E55,E60型焊条的手工焊	Q460钢	≤16	410	410	350	235	220(E55) 240(E60)
		>16~40	390	390	330	225	
		>40~63	355	355	300	205	
		>63~80	340	340	290	195	
		>80~100	340	340	290	195	

注:1. 手工焊用焊条、自动焊和半自动焊所采用的焊丝和焊剂,应保证其熔敷金属的力学性能不低于母材的性能。

2. 焊缝质量等级应符合现行国家标准《钢结构焊接规范》GB 50661 的规定,其检验方法应符合现行国家标准《钢结构工程施工质量验收规范》GB 50205 的规定。其中厚度小于 8 mm 钢材的对接焊缝,不应采用超声波探伤确定焊缝质量等级。

3. 对接焊缝在受压区的抗弯强度设计值取,在受拉区的抗弯强度设计值取。

4. 表中厚度系指计算点的钢材厚度,对轴心受拉和轴心受压构件系指截面中较厚板件的厚度。

附表 B−4　螺栓连接的强度设计值（N/mm²）

螺栓的性能等级、锚栓和构件钢材的牌号		普通螺栓						锚栓	承压型连接高强度螺栓		
		C 级螺栓			A 级、B 级螺栓						
		抗拉 f_t^b	抗剪 f_v^b	承压 f_c^b	抗拉 f_t^b	抗剪 f_v^b	承压 f_c^b	抗拉 f_t^a	抗拉 f_t^b	抗剪 f_v^b	承压 f_c^b
普通螺栓	4.6级、4.8级	170	140	—	—	—	—	—	—	—	—
	5.6 级	—	—	—	210	190	—	—	—	—	—
	8.8 级	—	—	—	400	320	—	—	—	—	—
锚栓	Q235 钢	—	—	—	—	—	—	140	—	—	—
	Q345 钢	—	—	—	—	—	—	180	—	—	—
	Q390 钢	—	—	—	—	—	—	185	—	—	—
承压型连接高强度螺栓	8.8 级	—	—	—	—	—	—	—	400	250	—
	10.9 级	—	—	—	—	—	—	—	500	310	—
螺栓球网架用高强度螺栓	8.8 级	—	—	—	—	—	—	385	—	—	—
	10.9 级	—	—	—	—	—	—	430	—	—	—
构件	Q235 钢	—	—	305	—	—	405	—	—	—	470
	Q345 钢	—	—	385	—	—	510	—	—	—	590
	Q390 钢	—	—	400	—	—	530	—	—	—	615
	Q420 钢	—	—	425	—	—	560	—	—	—	655
	Q460 钢	—	—	450	—	—	595	—	—	—	695

注:1. A 级螺栓用于 $d \leq 24$ mm 和 $L \leq 10d$ 或 $L \leq 150$ mm(按较小值)的螺栓;B 级螺栓用于 $d > 24$ mm 和 $L > 10d$ 或 $L > 150$ mm(按较小值)的螺栓;d 为公称直径,L 为螺栓公称长度。

2. A,B 级螺栓孔的精度和孔壁表面粗糙度,C 级螺栓孔的允许偏差和孔壁表面粗糙度,均应符合现行国家标准《钢结构工程施工质量验收规范》GB 50205 的要求。

附表 B−5　铆钉连接的强度设计值（N/mm²）

铆钉钢号和构件钢材牌号		抗拉(钉头拉脱) f_t	抗剪 f_v		抗剪 f_c	
			Ⅰ 类孔	Ⅱ 类孔	Ⅰ 类孔	Ⅱ 类孔
铆钉	BL2 或 BL3	120	185	155	—	—
构件	Q235 钢	—	—	—	450	365
	Q345 钢	—	—	—	565	460
	Q390 钢	—	—	—	590	480

注:1. 属于下列情况者为 Ⅰ 类孔:
(1)在装配好的构件下按设计孔径钻成的孔;
(2)在单个零件和构件上按设计孔径分别用钻模钻成的孔;
(3)在单个零件上先钻成或冲成较小的孔径,然后在装配好的构件上再扩钻到设计孔径的孔。

2. 在单个零件上一次冲成或不用钻模钻成设计孔径的孔属于 Ⅱ 类孔。

附表 B−6　结构构件或连接设计强度的折减系数

项次	情况	折减系数
1	单面连接的单角钢 (1)按轴心受力计算强度和连接 (2)按轴心受压力计算稳定性 　等边角钢 　短边相连的不等边角钢 　长边相连的不等边角钢	0.85 $0.6+0.0015\lambda$，但不大于 1.0 $0.5+0.0025\lambda$，但不大于 1.0 0.70
2	无垫板的单面施焊对接焊缝	0.85
3	施工条件较差的高空安装焊缝和铆钉连接	0.90
4	沉头和半沉头铆钉连接	0.80

注:1. λ——长细比,对中间无联系的单角钢压杆,应按最小回转单角钢压杆,应按最小半径计算:当 $\lambda<20$ 时,取 $\lambda=20$。

2. 当几种情况同时存在时,其折减系数应连乘。

附录 C　螺栓和锚栓规格

附 C−1　螺栓螺纹处的有效截面面积

公称直径	12	14	16	18	20	22	24	27	30
螺栓有效截面积 A_e/cm^2	0.84	1.15	1.57	1.92	2.45	3.03	3.53	4.59	5.61
公称直径	33	36	39	42	45	48	52	56	60
螺栓有效截面积 A_e/cm^2	6.94	8.17	9.76	11.2	13.1	14.7	17.6	20.3	23.6
公称直径	64	68	72	76	80	85	90	95	100
螺栓有效截面积 A_e/cm^2	26.8	30.6	34.6	38.9	43.4	49.5	55.9	62.7	70.0

附录 D 常用型钢规格和截面特征

附表 D-1 热轧等边角钢截面特征表（按 GB 9787—1988 计算）

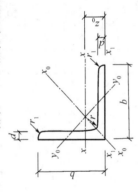

b—肢宽；I—截面惯性矩；z_0—形心距离；
d—肢厚；W—截面抵抗矩；$r_1=d/3$（肢端圆弧半径）；
r—内圆弧半径；i—回转半径

尺寸/mm			截面面积 A/cm²	每米质量 /(kg/m)	每米表面积 /(m²/m)	$x-x$				x_0-x_0			y_0-y_0				x_1-x_1	z_0 /cm
b	d	r				I_x /cm⁴	i_x /cm	$W_{x\min}$ /cm³	$W_{x\max}$ /cm³	I_{x0} /cm⁴	i_{x0} /cm	W_{x0} /cm³	I_{y0} /cm⁴	i_{y0} /cm	$W_{y0\min}$ /cm³	$W_{y0\max}$ /cm³	I_{x1} /cm⁴	
20	3	3.5	1.13	0.88	0.078	0.40	0.59	0.29	0.66	0.63	0.746	0.445	0.17	0.388	0.20	0.23	0.81	0.60
	4		1.45	1.14	0.077	0.50	0.59	0.36	0.78	0.78	0.731	0.552	0.22	0.388	0.24	0.29	1.09	0.64
25	3	3.5	1.43	1.12	0.098	0.82	0.76	0.46	1.12	1.29	0.949	0.730	0.34	0.487	0.33	0.37	1.57	0.73
	4		1.85	1.45	0.097	1.03	0.74	0.59	1.34	1.62	0.934	0.916	0.43	0.481	0.40	0.47	2.11	0.76
30	3	4.5	1.74	1.37	0.117	1.46	0.91	0.68	1.72	2.31	1.149	1.089	0.61	0.591	0.51	0.56	2.71	0.85
	4		2.276	1.786	0.117	1.84	0.90	0.87	2.08	2.92	1.133	1.376	0.77	0.582	0.62	0.71	3.63	0.89
36	3	4.5	2.109	1.656	0.141	2.58	1.11	0.99	2.59	4.09	1.393	1.607	1.07	0.712	0.76	0.82	4.67	1.00
	4		2.756	2.163	0.141	3.29	1.09	1.28	3.18	5.22	1.376	2.051	1.37	0.705	0.93	1.05	6.25	1.04
	5		3.382	2.654	0.141	3.95	1.08	1.56	3.68	6.24	1.358	2.451	1.65	0.698	1.09	1.26	7.84	1.07
40	3	5	2.359	1.852	0.157	3.59	1.23	1.223	3.28	5.69	1.553	2.012	1.49	0.795	0.96	1.03	6.41	1.09
	4		3.086	2.422	0.157	4.60	1.22	1.60	4.05	7.29	1.537	2.577	1.91	0.787	1.19	1.31	8.56	1.13
	5		3.791	2.976	0.156	5.53	1.21	1.96	4.72	8.76	1.520	3.097	2.30	0.779	1.39	1.58	10.74	1.17

D－1 续表

尺寸/mm b	d	r	截面面积 A/cm²	每米质量 /(kg/m)	每米表面积 /(m²/m)	I_x/cm⁴	i_x/cm	W_{xmin}/cm³	W_{xmax}/cm³	I_{x0}/cm⁴	i_{x0}/cm	W_{x0}/cm³	I_{y0}/cm⁴	i_{y0}/cm	W_{y0min}/cm³	W_{y0max}/cm³	I_{x1}/cm⁴	z_0/cm
45	3	5	2.659	2.088	0.177	5.17	1.39	1.58	4.25	8.20	1.756	2.577	2.14	0.897	1.24	1.31	9.12	1.22
	4		3.486	2.736	0.177	6.65	1.38	2.05	5.29	10.56	1.740	3.319	2.75	0.888	1.54	1.69	12.18	1.26
	5		4.292	3.369	0.176	8.04	2.51	6.20	12.74	1.723	4.004	3.33	0.881	1.81	2.04	12.25	1.30	
	6		5.076	3.985	0.176	9.33	1.36	2.95	6.99	14.76	1.705	4.639	3.89	0.875	2.06	2.38	18.36	1.33
50	3	5.5	2.971	2.332	0.197	7.18	1.55	1.96	5.36	11.37	1.956	3.216	2.98	1.002	1.57	1.64	12.50	1.34
	4		3.897	3.059	0.197	9.26	1.54	2.56	6.70	14.69	1.942	4.155	3.82	0.990	1.96	2.11	16.69	1.38
	5		4.803	3.770	0.196	11.21	1.53	3.13	7.90	17.79	1.925	5.032	4.63	0.982	2.31	2.56	20.90	1.42
	6		5.688	4.465	0.196	13.05	1.51	3.68	8.95	20.68	1.907	5.849	5.42	0.976	2.63	2.98	25.14	1.46
56	3	6	3.343	2.624	0.221	10.19	1.75	2.48	6.86	16.14	2.197	4.076	4.24	1.126	2.02	2.09	17.56	1.48
	4		4.390	3.446	0.220	13.18	1.73	3.24	8.63	20.92	2.183	5.283	5.45	1.114	2.52	2.69	23.43	1.53
	5		5.415	4.251	0.220	16.02	1.72	3.97	10.22	25.42	2.167	6.419	6.61	1.105	2.98	3.26	29.33	1.57
	8		8.367	6.568	0.219	23.63	1.68	6.03	14.06	37.37	2.113	9.437	9.98	1.087	4.16	4.85	47.24	1.68
63	4	7	4.978	3.907	0.248	19.03	1.96	4.13	11.22	30.17	2.462	6.772	7.89	1.259	3.29	3.45	33.35	1.70
	5		6.143	4.822	0.248	23.17	1.94	5.08	13.33	36.77	2.447	8.254	9.57	1.248	3.960	4.20	41.73	1.74
	6		7.288	5.721	0.247	27.12	1.93	6.00	15.26	43.03	2.430	9.659	11.20	1.240	4.46	4.91	50.14	1.78
	8		9.515	7.469	0.247	34.46	1.90	7.75	18.59	54.56	2.395	12.247	14.33	1.227	5.47	6.26	67.11	1.85
	10		11.657	9.151	0.246	41.09	1.88	9.39	21.34	64.85	2.359	14.557	17.33	1.218	6.37	7.53	84.31	1.93
70	4	8	5.570	4.372	0.275	26.39	2.18	5.14	14.16	41.80	2.739	8.445	10.99	1.405	4.17	4.32	45.74	1.86
	5		6.875	5.397	0.275	32.21	2.16	6.32	16.89	51.08	2.726	10.320	13.34	1.393	4.95	5.26	57.21	1.91
	6		8.160	6.406	0.275	37.77	2.15	7.48	79.39	59.93	2.710	12.108	15.61	1.383	5.67	6.16	68.73	1.95
	7		9.424	7.398	0.275	73.09	2.14	8.59	21.68	68.35	2.693	13.809	72.81	1.375	6.34	7.02	80.29	1.99
	8		10.667	8.373	0.274	48.17	2.13	9.68	23.79	76.37	2.676	15.429	19.98	1.369	9.68	7.86	91.92	2.03
75	5	9	7.412	5.818	0.295	39.96	2.32	7.30	19.73	63.30	2.922	11.936	16.61	1.497	5.80	6.10	70.36	2.03
	6		8.797	6.905	0.294	46.91	2.31	8.63	22.69	74.38	2.908	14.025	19.43	1.486	6.65	7.14	84.51	2.07
	7		10.160	7.976	0.294	53.57	2.30	9.93	25.42	84.96	2.892	16.020	22.18	1.478	7.44	8.15	98.71	2.11
	8		11.503	9.030	0.294	59.69	2.28	11.20	27.93	95.07	2.875	17.926	24.86	1.470	8.19	9.13	112.97	2.15
	10		14.126	11.089	0.293	71.98	2.26	13.64	32.40	113.92	2.840	21.481	30.05	1.459	9.56	11.01	141.71	2.22

D-1 续表

| 尺寸/mm | | | 截面面积 A/cm² | 每米质量 /(kg/m) | 每米表面积 /(m²/m) | $x-x$ | | | | x_0-x_0 | | | y_0-y_0 | | | | x_1-x_1 | z_0 |
b	d	r				I_x/cm⁴	i_x/cm	W_{xmin}/cm³	W_{xmax}/cm³	I_{x0}/cm⁴	i_{x0}/cm	W_{x0}/cm³	I_{y0}/cm⁴	i_{y0}/cm	W_{y0min}/cm³	W_{y0max}/cm³	I_{x1}/cm⁴	/cm
80	5	9	7.912	6.211	0.315	48.79	2.48	8.34	22.70	77.330	3.126	13.670	20.25	1.600	6.66	6.98	85.36	2.15
	6		9.397	7.376	0.314	57.35	2.47	9.87	26.16	90.980	3.112	16.083	23.72	1.589	7.65	8.18	102.50	2.19
	7		10.860	8.525	0.314	65.58	2.46	11.37	29.38	104.07	3.096	18.397	27.10	1.580	8.58	9.35	119.70	2.23
	8		12.303	9.658	0.314	73.49	2.44	12.83	32.36	116.60	3.079	20.612	30.39	1.572	9.46	10.48	136.97	2.27
	10		15.126	11.874	0.313	88.43	2.42	15.64	37.68	140.09	3.0436	24.764	36.77	1.559	11.08	12.65	171.74	2.35
90	6	9	10.637	8.350	0.354	82.77	2.79	12.61	33.99	131.26	3.513	20.625	34.28	1.795	9.95	10.51	145.87	2.44
	7		12.301	9.656	0.354	94.83	2.78	14.54	38.28	150.47	3.497	23.644	39.18	1.785	11.19	12.02	170.30	2.48
	8		13.944	10.946	0.353	106.47	2.76	16.42	42.30	168.97	3.481	26.551	43.97	1.776	12.35	13.49	194.80	2.52
	10		17.167	13.476	0.353	128.58	2.74	20.07	49.57	203.90	3.446	32.039	53.26	1.761	14.52	16.31	244.08	2.59
	12		20.306	15.940	0.352	149.22	2.71	23.57	55.93	236.21	3.411	37.116	62.22	1.761	16.49	19.01	293.77	2.67
100	6	12	11.932	9.360	0.393	114.95	3.10	15.68	43.04	181.98	3.905	25.736	47.92	2.004	12.69	13.18	200.07	2.67
	7		13.796	10.830	0.393	131.86	3.09	18.10	48.57	208.97	3.892	29.553	54.74	1.992	14.26	15.08	233.54	2.71
	8		15.638	12.276	0.393	148.24	3.08	20.47	53.78	235.07	3.877	33.244	61.41	1.982	15.75	16.93	267.09	2.76
	10		19.261	15.120	0.392	179.51	3.05	25.06	63.29	284.68	3.844	40.259	74.35	1.965	18.54	20.49	334.48	2.84
	12		22.800	17.898	0.391	208.90	3.03	29.48	71.72	330.95	3.810	46.803	86.84	1.952	21.08	23.89	402.34	2.91
	14		26.256	20.611	0.391	236.53	3.00	33.73	79.19	374.06	3.774	52.900	98.99	1.942	23.44	27.17	470.75	2.99
	16		29.627	23.257	0.390	262.53	2.98	37.82	85.81	414.16	3.739	58.571	110.89	1.935	25.63	30.34	539.80	3.06
110	7	12	15.196	11.928	0.433	177.16	3.14	22.05	59.78	280.94	4.300	36.119	73.28	2.196	17.51	18.41	310.64	2.96
	8		17.238	13.532	0.433	199.46	3.40	24.95	66.36	316.49	4.285	40.689	82.42	2.187	19.39	20.70	355.21	3.01
	10		21.261	16.690	0.432	242.19	3.38	30.60	78.48	384.39	4.252	49.419	99.98	2.169	22.91	25.10	444.65	3.09
	12		25.200	19.782	0.431	282.55	3.35	36.05	89.34	448.17	4.217	57.618	116.93	2.154	26.15	29.32	534.60	3.16
	14		29.056	22.809	0.431	320.71	3.32	41.31	99.07	508.01	4.181	65.312	133.40	2.143	29.14	33.38	625.16	3.24
125	8	14	19.750	15.504	0.492	297.03	3.88	32.52	88.20	470.89	4.883	53.275	123.16	2.497	25.86	27.18	521.01	3.37
	10		24.373	19.133	0.491	361.67	3.85	39.97	104.81	573.89	4.852	64.928	149.46	2.476	30.62	33.01	651.93	3.45
	12		28.912	22.696	0.491	423.16	3.83	47.17	119.88	671.44	4.819	75.964	174.88	2.459	35.03	38.61	783.42	3.53
	14		33.367	26.193	0.490	481.65	3.80	54.16	133.56	763.73	4.784	86.405	199.57	2.446	39.13	44.00	915.61	3.61

D-1 续表

尺寸/mm			截面面积 A/cm²	每米质量 /(kg/m)	每米表面积 /(m²/m)	$x-x$				x_0-x_0			y_0-y_0				x_1-x_1	z_0/cm
b	d	r				I_x/cm⁴	i_x/cm	W_{xmin}/cm³	W_{xmax}/cm³	I_{x0}/cm⁴	i_{x0}/cm	W_{x0}/cm³	I_{y0}/cm⁴	i_{y0}/cm	W_{y0min}/cm³	W_{y0max}/cm³	I_{x1}/cm⁴	
140	10	14	27.373	21.488	0.551	514.65	4.34	50.58	134.55	817.27	5.464	82.556	212.04	2.783	39.20	41.91	915.11	3.82
	12		32.515	25.522	0.551	603.68	4.31	59.80	154.62	958.79	5.431	96.851	248.58	2.765	45.02	49.12	1099.28	3.90
	14		37.567	29.490	0.550	688.81	4.28	68.75	173.02	1093.56	5.395	110.465	284.06	2.750	20.45	56.07	1284.22	3.98
	16		42.539	33.393	0.549	770.24	4.26	77.46	189.90	1221.81	5.359	123.420	318.67	2.737	55.55	62.81	1470.07	4.06
160	10	16	31.502	24.729	0.630	779.53	7.94	66.70	180.77	1237.30	6.267	109.362	321.76	3.196	52.75	55.63	1365.33	4.31
	12		37.441	29.391	0.630	916.58	4.95	78.98	208.58	1455.68	6.235	128.664	377.49	3.175	60.74	65.29	1639.57	4.39
	14		43.296	33.987	0.629	1048.36	4.92	90.95	234.37	1665.02	6.201	147.167	431.70	3.158	68.24	74.63	1914.68	4.47
	16		49.067	38.518	0.629	1175.08	4.89	102.63	258.27	1865.57	6.166	164.893	484.59	3.143	75.31	83.70	2190.82	4.55
180	12	16	42.241	33.159	0.710	1321.35	5.59	100.82	270.03	2100.10	7.051	164.998	542.61	3.584	78.41	83.60	2332.80	4.89
	14		48.896	38.383	0.709	1514.48	5.57	116.25	304.57	2407.742	7.020	189.143	621.53	3.570	88.38	95.73	2723.48	4.97
	16		55.467	43.542	0.709	1700.99	5.54	131.13	336.86	2703.37	6.891	212.395	698.60	3.549	97.83	107.52	3115.29	5.05
	18		61.955	48.634	0.708	1881.12	5.51	146.11	367.05	2988.24	6.945	234.776	774.01	3.535	106.79	119.00	3508.42	5.13
200	14	16	54.642	42.894	0.788	2103.55	144.70	385.08	3343.26	7.822	236.402	863.83	3.976	111.82	119.75	3734.10	5.46	
	16		62.013	48.680	0.788	2366.15	6.18	163.65	426.99	3760.88	7.788	265.932	971.14	3.958	123.96	134.62	4270.39	5.54
	18		69.301	54.401	0.787	2620.64	6.15	182.22	466.45	1464.54	7.752	294.473	1076.74	3.942	135.52	149.11	4808.13	5.62
	20		76.505	60.506	0.787	2867.30	6.12	200.42	503.58	4554.55	7.716	322.052	1180.04	3.927	146.55	163.26	5347.51	5.69
	24		90.661	71.168	0.785	3338.20	6.07	235.78	571.45	5294.97	7.642	374.407	1381.43	3.904	167.22	190.63	9431.99	5.84

附表 D-2　热轧不等边角钢截面特征表（按 GB 9787—1988 计算）

B—长肢宽；I—截面惯性矩；x_0，y_0—形心距离；
b—短肢宽；W—截面抵抗矩；r—内圆弧半径；
d—肢厚；i—回转半径；$r_1=d/3$（肢端圆弧半径）

尺寸/mm B	b	d	r	截面面积 A/cm²	每米质量 /(kg/m)	每米表面积 /(m²/m)	$x-x$ I_x/cm⁴	i_x/cm	W_{xmin}/cm³	W_{xmax}/cm³	$y-y$ I_y/cm⁴	i_y/cm	W_{ymin}/cm³	W_{ymax}/cm³	x_1-x_1 I_{x1}/cm⁴	y_0/cm	y_1-y_1 I_{y1}/cm⁴	x_0/cm	$u-u$ I_u/cm³	i_u/cm	W_u/cm³	$\tan\theta$
25	16	3	3.5	1.162	0.912	0.080	0.70	0.78	0.43	0.82	0.22	0.435	0.19	0.53	1.56	0.86	0.43	0.42	0.13	0.34	0.16	0.392
	16	4		1.499	1.176	0.079	0.88	0.77	0.55	0.98	0.27	0.424	0.24	0.60	2.09	0.90	0.59	0.46	0.17	0.34	0.20	0.381
32	20	3	3.5	1.492	1.171	0.102	1.53	1.01	0.72	1.41	0.46	0.555	0.30	0.93	3.27	1.08	0.82	0.49	0.28	0.43	0.25	0.382
	20	4		1.939	1.522	0.101	1.93	1.00	0.93	1.72	0.57	0.542	0.39	1.08	4.37	1.12	1.12	0.53	0.35	0.42	0.32	0.374
40	25	3	4	1.890	1.484	0.127	3.08	1.28	1.15	2.32	0.93	0.701	0.49	1.59	6.39	1.32	1.59	0.59	0.56	0.54	0.40	0.386
	25	4		2.467	1.936	0.127	3.93	1.26	1.49	2.88	1.18	0.692	0.63	1.88	8.53	1.37	2.14	0.63	0.71	0.54	0.52	0.381
45	28	3	5	2.149	1.687	0.143	4.45	1.44	1.47	3.02	1.34	0.790	0.62	2.08	9.10	1.47	2.23	0.64	0.80	0.61	0.51	0.383
	28	4		2.806	2.203	0.143	5.69	1.42	1.91	3.76	1.70	0.778	0.80	2.49	12.14	1.51	3.00	0.68	1.02	0.60	0.60	0.380
50	32	3	5.5	2.431	1.908	0.161	6.24	1.60	1.84	3.89	2.02	0.912	0.82	2.78	12.49	1.60	3.31	0.73	1.20	0.70	0.68	0.404
	32	4		3.177	2.494	0.160	8.02	1.59	2.39	4.86	2.58	0.901	1.06	3.36	16.65	1.65	4.45	0.77	1.53	0.69	0.87	0.402
56	36	3	6	2.743	2.153	0.181	8.88	1.80	2.32	5.00	2.92	1.032	1.05	3.63	17.54	1.78	4.70	0.80	1.73	0.79	0.87	0.408
	36	4		3.590	2.818	0.180	11.45	1.79	3.03	6.28	3.76	1.023	1.37	4.43	23.39	1.82	6.31	0.85	2.21	0.78	1.12	0.407
	36	5		4.415	3.466	0.180	13.86	1.77	3.71	7.43	4.49	1.008	1.65	5.09	29.24	1.87	7.94	0.88	2.67	0.78	1.36	0.404
63	40	4	7	4.058	3.185	0.202	16.49	2.02	3.87	8.10	5.23	1.135	1.70	5.72	33.30	2.04	8.63	0.92	3.12	0.88	1.40	0.398
	40	5		4.993	3.920	0.202	20.02	2.00	4.74	9.62	6.31	1.124	2.07	6.61	41.63	2.08	10.86	0.95	3.76	0.87	1.71	0.396
	40	6		5.908	4.638	0.201	23.36	1.99	5.59	11.04	7.29	1.111	2.43	7.36	49.98	2.12	13.14	0.99	4.38	0.86	2.01	0.393
	40	7		6.802	5.339	0.201	26.53	1.97	6.40	12.27	8.24	1.101	2.78	8.00	58.34	2.16	15.47	1.03	4.97	0.86	2.29	0.389

D-2 续表

尺寸/mm				截面面积	每米质量	每米表面积	x-x				y-y				x₁-x₁		y₁-y₁		u-u			
B	b	d	r	A/cm²	/(kg/m)	/(m²/m)	I_x/cm⁴	i_x/cm	$W_{x\min}$/cm³	$W_{x\max}$/cm³	I_y/cm⁴	i_y/cm	$W_{y\min}$/cm³	$W_{y\max}$/cm³	I_{x1}/cm⁴	y_0/cm	I_{y1}/cm⁴	x_0/cm	I_u/cm³	i_u/cm	W_u/cm³	$\tan\theta$
70	45	4	7.5	4.553	3.574	0.226	22.97	2.25	4.82	10.28	7.55	1.288	2.17	7.43	45.68	2.23	12.26	1.02	4.47	0.99	1.79	0.408
	45	5		5.609	4.403	0.225	27.95	2.23	5.92	12.26	9.13	1.276	2.65	8.64	57.10	2.28	15.39	1.06	5.40	0.98	2.19	0.407
	45	6		6.644	5.125	0.225	32.70	2.22	6.99	14.08	10.62	1.264	3.12	9.69	68.54	2.32	18.59	1.10	6.29	0.97	2.57	0.405
	45	7		7.657	6.011	0.225	37.22	2.20	8.03	15.75	12.01	1.252	3.57	10.60	79.99	2.36	21.84	1.13	7.16	0.97	2.94	0.402
75	50	5	8	6.125	4.808	0.245	34.86	2.39	6.83	14.65	12.61	1.435	3.30	10.75	70.23	2.40	21.04	1.17	7.32	1.09	2.72	0.436
	50	6		7.260	5.699	0.245	41.12	2.38	8.12	16.86	14.70	1.423	3.88	12.12	84.30	2.44	25.37	1.21	8.54	1.08	3.19	0.435
	50	8		9.467	7.431	0.244	52.39	2.35	10.52	20.79	18.53	1.399	4.99	14.39	112.50	2.52	34.23	1.29	10.87	1.07	4.10	0.429
	50	10		11.590	9.098	0.244	62.71	2.33	12.79	24.15	21.96	1.376	6.04	16.14	140.82	2.60	43.43	1.36	13.10	1.06	4.99	0.423
80	50	5	8	6.375	5.005	0.255	41.96	2.57	7.78	16.11	12.82	1.418	3.32	11.28	85.21	2.60	21.06	1.14	7.66	1.10	2.74	0.388
	50	6		7.560	5.935	0.255	49.49	2.56	9.25	18.58	14.95	1.406	3.91	12.71	102.26	2.65	25.41	1.18	8.94	1.09	3.23	0.386
	50	7		8.724	6.848	0.255	56.16	2.54	10.58	20.87	16.96	1.394	4.48	13.93	119.32	2.69	29.82	1.21	10.18	1.08	3.70	0.384
	50	8		9.867	7.745	0.254	62.83	2.52	11.92	23.00	18.85	1.382	5.03	15.06	136.41	2.73	34.23	1.25	11.38	1.07	4.16	0.381
90	56	5	9	7.212	5.661	0.287	60.45	2.90	9.92	20.81	18.32	1.594	4.21	14.70	121.32	2.91	29.53	1.25	10.98	1.23	3.49	0.385
	56	6		8.557	6.717	0.286	71.03	2.88	11.74	24.06	21.42	1.582	4.96	16.65	145.59	2.95	35.58	1.29	12.82	1.22	4.10	0.384
	56	7		9.880	7.756	0.286	81.22	2.86	13.49	27.12	24.36	1.570	5.70	18.38	169.87	3.00	41.71	1.33	14.60	1.22	4.70	0.383
	56	8		11.183	8.779	0.286	91.03	2.85	15.27	29.98	27.15	1.558	6.41	19.91	194.17	3.04	47.93	1.36	16.34	1.21	5.29	0.380
100	63	6	10	9.617	7.550	0.320	99.06	3.21	14.64	30.62	30.94	1.794	6.35	21.69	199.71	3.24	50.50	1.43	18.42	1.38	5.25	0.394
	63	7		11.111	8.722	0.320	113.45	3.20	16.88	34.59	35.26	1.781	7.29	24.06	233.00	3.28	59.14	1.47	21.00	1.37	6.02	0.393
	63	8		12.584	9.878	0.319	127.37	3.18	19.08	38.33	39.39	1.769	8.21	26.18	266.32	3.32	67.88	1.50	23.50	1.37	6.78	0.391
	63	10		15.467	12.142	0.319	153.81	3.15	23.32	45.18	47.12	1.745	9.98	29.83	333.06	3.40	85.73	1.58	28.33	1.35	8.24	0.387
100	80	6	10	10.637	8.350	0.354	107.04	3.17	15.19	36.24	61.24	2.399	10.16	31.03	199.83	2.95	102.68	1.97	31.65	1.73	8.37	0.627
	80	7		12.301	9.656	0.354	122.73	3.16	17.52	40.96	70.08	2.387	11.71	34.79	233.20	3.00	119.98	2.01	36.17	1.71	9.60	0.626
	80	8		13.944	10.946	0.353	137.92	3.14	19.81	45.40	78.58	2.374	13.21	38.27	266.61	3.04	137.37	2.05	40.58	1.71	10.80	0.625
	80	10		17.167	13.476	0.353	166.87	3.12	24.24	53.54	94.65	2.348	16.12	44.45	333.63	3.12	172.48	2.13	49.10	1.69	13.12	0.622

D-2 续表

尺寸/mm				截面面积	每米质量	每米表面积	x-x				y-y				x1-x1		y1-y1		u-u			
B	b	d	r	A/cm²	/(kg/m)	/(m²/m)	I_x/cm⁴	i_x/cm	W_{xmin}/cm³	W_{xmax}/cm³	I_y/cm⁴	i_y/cm	W_{ymin}/cm³	W_{ymax}/cm³	I_{x1}/cm⁴	y_0/cm	I_{y1}/cm⁴	x_0/cm	I_u/cm³	i_u/cm	W_u/cm³	$\tan\theta$
110	70	6	10	10.637	8.350	0.354	133.37	3.54	17.85	37.80	42.92	2.009	7.900	27.36	265.78	3.53	69.08	1.57	25.36	1.54	6.53	0.403
	70	7		12.301	9.656	0.354	153.00	3.53	20.60	42.82	49.01	1.996	9.090	30.48	310.07	3.57	80.83	1.61	28.96	1.53	7.50	0.402
	70	8		13.944	10.946	0.353	172.04	3.51	23.30	47.57	54.87	1.984	10.25	33.31	354.39	3.62	92.70	1.65	32.45	1.53	8.45	0.401
	70	10		17.167	13.476	0.353	208.39	3.48	28.54	56.36	65.88	1.959	12.48	38.42	443.13	3.70	116.83	1.72	39.20	1.51	10.29	0.397
125	80	7	11	14.096	11.066	0.403	227.98	4.02	26.86	56.81	74.42	2.298	12.01	41.24	454.99	4.01	120.32	1.80	43.81	1.76	9.92	0.408
	80	8		15.989	12.551	0.403	256.77	4.01	30.41	63.28	83.49	2.285	13.56	45.28	519.99	4.06	137.85	1.84	49.15	1.75	11.18	0.407
	80	10		19.712	15.474	0.402	312.04	3.98	37.33	75.35	100.67	2.260	16.56	52.14	650.09	4.14	173.40	1.92	59.45	1.74	13.64	0.404
	80	12		23.351	18.330	0.402	364.41	3.95	44.01	86.34	116.67	2.235	19.43	58.46	780.39	4.22	209.67	2.00	69.35	1.72	16.01	0.400
140	90	8	12	18.038	14.160	0.453	365.64	4.50	38.48	81.30	120.69	2.587	17.34	59.15	730.53	4.50	195.79	2.04	70.83	1.98	14.31	0.411
	90	10		22.261	17.475	0.452	445.50	4.47	47.31	97.19	146.03	2.561	21.22	68.94	913.20	4.58	245.93	2.12	85.82	1.96	17.48	0.409
	90	12		26.400	20.724	0.451	521.59	4.44	55.87	111.81	169.79	2.536	24.95	77.38	1096.06	4.66	296.89	2.19	100.21	1.95	20.54	0.406
	90	14		30.456	23.908	0.451	594.10	4.42	64.18	125.26	192.10	2.511	28.54	84.68	1279.26	4.74	384.82	2.27	114.31	1.94	23.52	0.403
160	100	10	13	25.315	19.872	0.512	668.69	5.14	62.13	127.69	205.03	2.846	26.56	89.94	1362.89	5.24	336.59	2.28	121.74	2.19	21.92	0.390
	100	12		30.054	23.592	0.511	784.91	5.11	73.49	147.54	239.06	2.820	31.28	101.45	1635.56	5.32	405.94	2.36	142.33	2.18	25.79	0.388
	100	14		34.709	27.247	0.510	896.30	5.08	84.56	165.97	271.20	2.795	35.83	111.53	1908.50	5.40	476.42	2.43	162.23	2.16	29.56	0.385
	100	16		39.281	30.835	0.510	1003.04	5.05	95.33	183.11	301.60	2.771	40.24	120.37	2181.79	5.48	548.22	2.51	181.57	2.15	33.25	0.382
180	110	10	14	28.373	22.273	0.571	956.25	5.81	78.96	162.37	278.11	3.131	32.49	113.91	1940.40	5.89	447.22	2.44	166.50	2.42	26.88	0.376
	110	12		33.712	26.464	0.571	1124.72	5.78	93.53	188.23	325.03	3.105	38.32	129.03	2328.38	5.98	538.94	2.52	194.87	2.40	31.66	0.374
	110	14		38.967	30.589	0.570	1286.91	5.75	107.76	212.46	369.55	3.082	43.97	142.41	2716.60	6.06	631.95	2.59	222.30	2.39	36.32	0.372
	110	16		44.139	34.649	0.569	1443.06	5.72	121.64	235.16	411.85	3.055	49.44	154.26	3105.15	6.14	726.46	2.67	248.94	2.37	40.87	0.369
200	125	12	14	37.192	29.761	0.641	1570.90	6.44	116.73	240.10	483.16	3.570	49.99	170.46	3193.85	6.54	787.74	2.83	285.79	2.75	41.23	0.392
	125	14		43.867	34.436	0.640	1800.97	6.41	134.65	271.86	550.83	3.511	57.44	189.24	3726.17	6.62	922.47	2.91	326.58	2.73	47.34	0.390
	125	16		49.739	39.045	0.639	2023.35	6.38	152.18	301.81	615.44	3.518	64.69	206.12	4258.85	6.70	1058.86	2.99	366.21	2.71	53.32	0.388
	125	18		55.526	43.588	0.639	2238.30	6.35	169.33	330.05	677.19	3.492	71.74	221.30	4792.00	6.78	1197.13	3.06	404.83	2.70	59.18	0.385

附表 D-3 热轧等边角钢组合截面特征表（按 GB9787—1988 计算）

y-y 轴截面特性
α 为角钢肢背之间的距离,mm

角钢型号	两个角钢的截面面积 /cm²	两个角钢的每米质量 /(kg/m)	a=0 mm		a=4 mm		a=6 mm		a=8 mm		a=10 mm		a=12 mm		a=14 mm		a=16 mm	
			W_y /cm³	i_y /cm	W_y /cm³	i_y /cm	W_y /cm³	i_y /cm	W_y /cm³	i_y /cm	W_y /cm³	i_y /cm	W_y /cm³	i_y /cm	W_y /cm³	i_y /cm
2∟20×3	2.26	1.78	0.81	0.85	1.03	1.00	1.15	1.08	1.28	1.17	1.42	1.25	1.57	1.34	1.72	1.43	1.88	1.52
4	2.92	2.29	1.09	0.87	1.38	1.02	1.55	1.11	1.73	1.19	1.91	1.28	2.10	1.37	2.30	1.46	2.51	1.55
2∟25×3	2.86	2.25	1.26	1.05	1.52	1.20	1.66	1.27	1.82	1.36	1.98	1.44	2.15	1.53	2.33	1.61	2.52	1.70
4	3.72	2.92	1.69	1.07	2.04	1.22	2.21	1.30	2.44	1.38	2.66	1.47	2.89	1.55	3.13	1.64	3.38	1.73
2∟30×3	3.50	2.75	1.81	1.25	2.11	1.39	2.28	1.47	2.46	1.55	2.65	1.63	2.84	1.71	3.05	1.80	3.26	1.88
4	4.55	3.57	2.42	1.26	2.83	1.41	3.06	1.49	3.30	1.57	3.55	1.65	3.82	1.74	4.09	1.82	4.38	1.91
2∟36×3	4.22	3.31	2.60	1.49	2.95	1.63	3.14	1.70	3.35	1.78	3.56	1.86	3.79	1.94	4.02	2.03	4.27	2.11
4	5.51	4.33	3.47	1.51	3.95	1.65	4.21	1.73	4.49	1.80	4.78	1.89	5.08	1.97	5.39	2.05	5.72	2.14
5	6.76	5.31	4.36	1.52	4.96	1.67	5.30	1.75	5.64	1.83	6.01	1.91	6.39	1.99	6.78	2.08	7.19	2.16
2∟40×3	4.72	3.70	3.20	1.65	3.59	1.79	3.80	1.86	4.02	1.94	4.26	2.01	4.50	2.09	4.76	2.18	5.02	2.26
4	6.17	4.85	4.28	1.67	4.80	1.81	5.09	1.88	5.39	1.96	5.70	2.04	6.03	2.12	6.37	2.20	6.72	2.29
5	7.58	5.95	5.37	1.68	6.03	1.83	6.39	1.90	6.77	1.98	7.17	2.06	7.58	2.14	8.01	2.23	8.45	2.31
2∟45×3	5.32	4.18	4.05	1.85	4.48	1.99	4.71	2.06	4.95	2.14	5.21	2.21	5.47	2.29	5.75	2.37	6.04	2.45
4	6.79	5.47	5.41	1.87	5.99	2.01	6.30	2.08	6.63	2.16	6.97	2.24	7.33	2.32	7.70	2.40	8.09	2.48
5	8.58	6.74	6.78	1.89	7.51	2.03	7.91	2.10	8.32	2.18	8.76	2.26	9.21	2.34	9.67	2.42	10.15	2.30
6	10.15	7.97	8.16	1.90	9.05	2.05	9.53	2.12	10.04	2.20	10.56	2.28	11.10	2.36	11.66	2.44	12.24	2.53
2∟50×3	5.94	4.66	5.00	2.05	5.47	2.19	5.72	2.26	5.98	2.33	6.26	2.41	6.55	2.48	6.85	2.56	7.16	2.64
4	7.79	6.12	6.68	2.07	7.31	2.21	7.65	2.28	8.01	2.36	8.38	2.43	8.77	2.51	9.17	2.59	9.58	2.67
5	9.61	7.54	8.36	2.09	9.16	2.23	9.59	2.30	10.05	2.38	10.52	2.45	11.00	2.53	11.51	2.61	12.03	2.70
6	11.38	8.93	10.06	2.10	11.03	2.25	11.56	2.32	12.10	2.40	12.67	2.48	13.26	2.56	13.87	2.64	14.50	2.72

D-3 续表

$y-y$ 轴截面特性

a 为角钢肢背之间的距离，mm

角钢型号	两个角钢的截面积 /cm²	两个角钢的每米质量 /(kg/m)	$a=0$ mm W_y /cm³	i_y /cm	$a=4$ mm W_y /cm³	i_y /cm	$a=6$ mm W_y /cm³	i_y /cm	$a=8$ mm W_y /cm³	i_y /cm	$a=10$ mm W_y /cm³	i_y /cm	$a=12$ mm W_y /cm³	i_y /cm	$a=14$ mm W_y /cm³	i_y /cm	$a=16$ mm W_y /cm³	i_y /cm
2∟56×3	6.69	5.25	6.27	2.29	6.79	2.43	7.06	2.50	7.35	2.57	7.66	2.64	7.97	2.72	8.30	2.80	8.64	2.88
4	8.78	6.89	8.37	2.31	9.07	2.45	9.44	2.52	9.83	2.59	10.24	2.67	10.66	2.74	11.10	2.82	11.55	2.90
5	10.83	8.50	10.47	2.33	11.36	2.47	2.54	12.33	2.61	12.84	2.69	13.38	2.77	13.93	2.85	14.49	2.93	
8	16.73	13.14	16.87	2.38	18.34	2.52	19.13	2.60	19.94	2.67	20.78	2.75	21.65	2.83	22.55	2.91	23.46	3.00
2∟63×4	9.96	7.81	10.59	11.36	2.72	11.78	2.79	12.21	2.87	12.66	2.94	13.12	3.02	13.60	3.09	14.10		3.17
5	12.29	9.64	13.25	2.61	14.23	2.74	14.75	2.82	15.30	2.89	15.86	2.96	16.45	3.04	17.05	3.12	17.67	3.20
6	14.58	11.44	15.92	2.62	17.11	2.76	17.75	2.83	17.41	2.91	19.09	2.98	19.80	3.06	20.53	3.14	21.28	3.22
8	19.03	14.94	21.31	2.66	22.94	2.80	23.80	2.87	24.70	2.95	25.62	3.03	26.58	3.10	27.56	3.18	28.57	3.26
10	23.31	18.30	26.77	2.69	28.85	2.84	29.95	2.91	31.09	2.99	32.26	3.07	33.46	3.15	34.70	3.23	35.97	3.31
2∟70×4	11.14	8.74	13.07	2.87	13.92	3.00	14.37	3.07	14.85	3.14	15.34	3.21	15.84	3.29	16.36	3.36	16.90	3.44
5	13.75	10.79	16.35	2.88	17.43	3.02	18.00	3.09	18.60	3.16	19.21	3.24	19.85	3.31	20.50	3.39	21.18	3.47
6	16.32	12.81	19.64	2.90	20.95	3.04	21.64	3.11	22.36	3.18	23.11	3.26	23.83	3.33	24.67	3.41	25.48	3.49
7	18.85	14.80	22.94	2.92	24.49	3.06	25.31	3.13	26.16	3.20	27.03	3.28	27.94	3.36	28.86	3.43	29.82	3.51
8	21.33	16.75	26.26	2.94	28.05	3.08	29.00	3.15	29.97	3.22	30.98	3.30	32.02	3.38	33.09	3.46	34.18	3.54
2∟75×5	14.82	11.64	18.76	3.08	19.91	3.22	20.52	3.29	21.15	3.36	21.81	3.43	22.48	3.50	23.17	3.58	23.89	3.66
6	17.59	13.81	22.54	3.10	23.93	3.24	24.67	3.31	25.43	3.38	26.22	3.45	27.04	3.53	27.87	3.60	28.73	3.68
7	20.32	15.95	26.32	3.12	27.97	3.26	28.84	3.33	29.74	3.40	30.67	3.47	31.62	3.55	32.60	3.63	33.61	3.71
8	23.01	18.06	30.13	3.13	32.03	3.27	33.03	3.35	34.07	3.42	35.13	3.50	26.23	3.57	37.65	38.52	3.73	
10	28.25	22.18	37.79	3.17	40.22	3.31	41.49	3.38	42.81	3.46	44.16	3.54	45.55	3.61	46.97	3.69	48.43	3.77

D－3 续表

y－y 轴截面特性
a 为角钢肢背背之间的距离，mm

角钢型号	两个角钢的截面面积 /cm²	两个角钢的每米质量 /(kg/m)	a＝0 mm		a＝4 mm		a＝6 mm		a＝8 mm		a＝10mm		a＝12 mm		a＝14 mm		a＝16 mm	
			W_y /cm³	i_y /cm	W_y /cm³	i_y /cm	W_y /cm³	i_y /cm	W_y /cm³	i_y /cm	W_y /cm³	i_y /cm	W_y /cm³	i_y /cm	W_y /cm³	i_y /cm	W_y /cm³	i_y /cm
2∟80×5	15.82	12.42	21.34	3.28	22.56	3.42	23.20	3.49	23.86	3.56	24.55	3.63	25.26	3.71	25.99	3.78	26.74	3.86
6	18.79	14.75	25.63	3.30	27.10	3.44	27.88	3.51	28.69	3.58	29.52	3.65	30.37	3.73	31.25	3.80	32.15	3.88
7	21.72	17.05	29.93	3.32	31.67	3.46	32.59	3.53	33.53	3.60	34.51	3.67	35.51	3.75	36.54	3.83	37.60	3.90
8	24.61	19.32	32.24	3.34	36.25	3.48	37.31	3.55	38.40	3.62	39.53	3.70	40.68	3.77	41.87	3.85	43.08	3.93
10	30.25	23.75	42.93	3.37	45.50	3.51	46.84	3.58	48.23	3.66	49.65	3.74	51.11	3.81	52.61	3.89	54.14	3.97
2∟90×6	21.27	16.70	32.41	3.70	34.06	3.84	34.92	3.91	35.81	3.98	36.72	4.05	37.66	4.12	38.63	4.20	39.62	4.27
7	24.60	19.31	37.84	3.72	39.78	3.86	40.79	3.93	41.84	4.00	42.91	4.07	44.02	4.14	45.15	4.22	46.31	4.30
8	27.89	21.89	43.29	3.74	45.52	3.88	46.69	3.95	47.90	4.02	49.13	4.09	50.40	4.17	51.71	4.24	53.04	4.32
10	34.33	26.59	54.24	3.77	57.08	3.91	58.57	3.98	60.09	4.06	61.66	4.13	63.27	4.21	64.91	4.28	66.59	4.36
12	40.61	31.88	65.28	3.80	68.75	3.95	70.56	4.02	72.42	4.09	74.32	4.17	76.27	4.25	78.26	4.32	80.30	4.40
2∟100×6	23.86	18.73	40.01	4.09	41.82	4.23	42.77	4.30	43.75	4.37	44.75	4.44	45.78	4.51	46.83	4.58	47.91	4.66
7	27.59	21.66	46.71	4.11	48.84	4.25	49.95	4.32	51.10	4.39	52.27	4.46	53.48	4.53	54.72	4.61	55.98	4.68
8	31.28	24.55	53.42	4.13	55.87	4.27	57.16	4.34	58.48	4.41	59.83	4.48	61.22	4.55	62.64	4.63	64.99	4.70
10	38.52	30.24	66.90	4.17	70.02	4.31	71.65	4.38	73.32	4.45	75.03	4.52	76.79	4.60	78.58	4.67	80.41	4.75
12	45.60	35.80	80.47	4.20	84.28	4.34	86.26	4.41	88.29	4.49	90.37	4.56	92.50	4.64	94.67	4.74	96.89	4.79
14	52.51	41.22	94.15	4.23	98.66	4.38	101.00	4.45	103.40	4.53	105.85	4.60	108.36	4.68	110.92	4.75	113.52	4.83
16	59.25	46.51	107.96	4.27	113.16	4.41	115.89	4.49	118.66	4.56	121.49	4.64	124.38	4.72	127.33	4.80	130.33	4.87

y-y 轴截面特性
a 为角钢肢背之间的距离，mm

角钢型号	两个角钢的截面面积 /cm²	两个角钢的每米质量 /(kg/m)	a=0 mm		a=4 mm		a=6 mm		a=8 mm		a=10 mm		a=12 mm		a=14 mm		a=16 mm	
			W_y /cm³	i_y /cm	W_y /cm³	i_y /cm	W_y /cm³	i_y /cm	W_y /cm³	i_y /cm	W_y /cm³	i_y /cm	W_y /cm³	i_y /cm	W_y /cm³	i_y /cm	W_y /cm³	i_y /cm
2∟110×7	30.39	23.86	56.48	4.52	58.80	4.65	60.01	4.72	61.25	4.79	62.52	4.86	63.82	4.94	65.15	5.01	66.51	5.08
8	34.48	27.06	64.58	4.54	67.25	4.67	68.65	4.74	70.07	4.81	71.54	4.88	73.03	4.96	74.56	5.03	76.13	5.10
10	42.52	33.38	80.84	4.57	84.24	4.71	86.00	4.78	87.81	4.85	89.66	4.92	91.56	5.00	93.49	5.07	95.46	5.15
12	50.40	39.56	97.20	4.61	101.34	4.75	103.48	4.82	105.68	4.89	107.93	4.96	110.22	5.04	112.57	5.11	114.96	5.19
14	58.11	45.62	113.67	4.64	118.56	4.78	121.10	4.85	123.69	4.93	126.34	5.00	129.05	5.08	131.81	5.15	134.62	5.23
2∟125×8	39.50	31.01	83.36	5.14	86.36	5.27	87.92	5.34	89.52	5.41	91.15	5.48	92.81	5.55	94.52	5.62	96.25	5.69
10	48.75	38.27	104.31	5.17	108.12	5.31	110.09	5.38	112.11	5.45	114.17	5.52	116.28	5.59	118.43	5.66	120.62	5.74
12	57.82	45.39	125.35	5.21	129.89	5.34	132.28	5.41	134.84	5.48	137.34	5.56	139.89	5.63	142.49	5.70	145.15	5.78
14	66.73	52.39	146.50	5.24	151.98	5.38	154.82	5.45	157.71	5.52	160.66	5.59	163.67	5.67	166.73	5.74	169.85	5.82
2∟140×10	54.75	42.98	130.73	5.78	134.94	5.92	137.12	5.98	139.34	6.05	141.61	6.12	143.92	6.20	146.27	6.27	148.67	6.34
12	62.02	51.04	157.04	5.81	162.16	5.95	164.81	6.02	167.50	6.09	170.25	6.16	173.06	6.23	175.91	6.31	178.81	6.38
14	75.13	58.98	183.46	5.85	189.51	5.98	192.63	6.06	195.82	6.13	199.06	6.20	202.36	6.27	205.72	6.34	209.13	6.42
16	85.08	66.79	210.01	5.88	217.01	6.02	220.62	6.09	224.29	6.16	228.03	6.23	231.84	6.31	235.71	6.36	239.64	6.46
2∟160×10	63.00	49.46	170.67	6.58	175.42	6.72	177.87	6.78	180.37	6.85	182.91	6.92	185.50	6.99	188.14	7.06	190.81	7.13
12	74.88	58.78	204.95	6.62	210.43	6.75	213.70	6.82	216.73	6.89	219.81	6.96	222.95	7.03	226.14	7.10	229.83	7.17
14	86.59	67.97	239.33	6.65	246.10	6.79	249.67	6.86	253.24	6.93	256.87	7.00	260.56	7.07	264.32	7.14	268.13	7.21
16	98.13	77.04	273.85	6.68	281.74	6.82	285.79	6.89	289.91	6.96	294.10	7.03	298.36	7.10	302.68	7.18	307.07	7.25

D – 3 续表

y - y 轴截面特性
α 为角钢肢背之间的距离, mm

角钢型号	两个角钢的截面面积 /cm²	两个角钢的每米质量 /(kg/m)	a = 0 mm Wy /cm³	a = 0 mm iy /cm	a = 4 mm Wy /cm³	a = 4 mm iy /cm	a = 6 mm Wy /cm³	a = 6 mm iy /cm	a = 8 mm Wy /cm³	a = 8 mm iy /cm	a = 10 mm Wy /cm³	a = 10 mm iy /cm	a = 12 mm Wy /cm³	a = 12 mm iy /cm	a = 14 mm Wy /cm³	a = 14 mm iy /cm	a = 16 mm Wy /cm³	a = 16 mm iy /cm
2∟180×12	84.48	66.32	259.20	7.43	265.62	7.56	268.92	7.63	272.27	7.70	275.68	7.77	279.14	7.84	282.66	7.91	286.23	7.98
14	97.79	76.77	302.61	7.46	310.19	7.60	314.07	7.677	318.02	7.74	322.04	7.81	326.11	7.88	330.25	7.95	334.45	8.02
16	110.93	87.08	346.14	7.49	354.90	7.63	359.38	7.70	363.94	7.77	368.57	7.84	373.27	7.91	378.03	7.98	382.86	8.06
18	123.91	97.27	289.82	7.53	399.77	7.66	404.86	7.73	410.04	7.80	415.29	7.87	420.62	7.95	426.02	8.02	431.50	8.09
2∟200×14	109.28	85.78	373.41	8.27	381.75	8.40	386.02	8.47	390.36	8.54	394.76	8.61	399.22	8.67	403.75	8.75	408.33	8.82
16	124.03	97.36	427.04	8.30	436.67	8.43	441.59	8.50	446.59	8.57	451.66	8.64	456.80	8.71	462.02	8.78	467.30	8.85
18	138.60	108.80	480.81	8.33	491.75	8.47	497.34	8.53	503.01	8.60	508.76	8.67	514.59	8.75	520.50	8.82	526.48	8.89
20	153.01	120.11	534.75	8.36	547.01	8.50	553.28	8.57	559.63	8.64	566.07	8.71	572.60	8.78	579.21	8.85	585.91	8.92
24	181.32	142.34	643.20	8.42	658.16	8.56	665.80	8.63	673.55	8.71	681.39	8.78	689.34	8.85	697.38	8.92	705.52	9.00

附表 D-4 热轧不等边角钢组合截面特征表（按 GB9788—1988 计算）

角钢型号	两个角钢的截面面积 /cm²	两个角钢的质量 /(kg/m)	长肢相连时绕 y-y 轴回转半径 i_y/cm								短肢相连时绕 y-y 轴回转半径 i_y/cm							
			a=0 mm	a=4 mm	a=6 mm	a=8 mm	a=10 mm	a=12 mm	a=14 mm	a=16 mm	a=0 mm	a=4 mm	a=6 mm	a=8 mm	a=10 mm	a=12 mm	a=14 mm	a=16 mm
2∟25×16×3	2.32	1.82	0.61	0.76	0.84	0.93	1.02	1.11	1.20	1.30	1.16	1.32	1.40	1.48	1.57	1.66	1.74	1.83
4	3.00	2.35	0.63	0.78	0.87	0.96	1.05	1.14	1.23	1.33	1.18	1.34	1.42	1.51	1.60	1.68	1.77	1.86
2∟32×20×3	2.98	2.24	0.74	0.89	0.97	1.05	1.14	1.23	1.32	1.41	1.48	1.63	1.71	1.79	1.88	1.96	2.05	2.14
4	3.88	3.04	0.76	0.91	0.99	1.08	1.16	1.25	1.34	1.44	1.50	1.66	1.74	1.82	1.90	1.99	2.08	2.17
2∟40×25×3	3.78	2.97	0.92	1.06	1.13	1.21	1.30	1.38	1.47	1.56	1.84	1.99	2.07	2.14	2.23	2.31	2.39	2.48
4	4.93	3.87	0.93	1.08	1.16	1.24	1.32	1.41	1.50	1.58	1.86	2.01	2.09	2.17	2.25	2.34	2.42	2.51
2∟45×28×3	4.30	3.37	1.02	1.15	1.23	1.31	1.39	1.47	1.56	1.64	2.06	2.21	2.28	2.36	2.44	2.52	2.60	2.69
4	5.61	4.41	1.03	1.18	1.25	1.33	1.41	1.50	1.59	1.67	2.08	2.23	2.31	2.39	2.47	2.55	2.63	2.72
2∟50×32×3	4.86	3.82	1.17	1.30	1.37	1.45	1.53	1.61	1.69	1.78	2.27	2.41	2.49	2.56	2.64	2.72	2.81	2.89
4	6.35	4.99	1.18	1.32	1.40	1.47	1.55	1.64	1.72	1.81	2.29	2.44	2.51	2.59	2.67	2.75	2.84	2.92
2∟56×36×3	5.49	4.31	1.31	1.44	1.51	1.59	1.66	1.74	1.83	1.91	2.53	2.67	2.75	2.82	2.90	2.98	3.06	3.14
4	7.18	5.64	1.33	1.46	1.53	1.61	1.69	1.77	1.85	1.94	2.55	2.70	2.77	2.85	2.93	3.01	3.09	3.17
5	8.83	6.93	1.34	1.48	1.56	1.63	1.71	1.88	1.96	2.57	2.72	2.80	2.88	2.96	2.96	3.04	3.12	3.20
2∟63×40×4	8.12	6.37	1.46	1.59	1.66	1.74	1.81	1.89	1.97	2.06	2.86	3.01	3.09	3.16	3.24	3.32	3.40	3.48
5	9.99	7.84	1.47	1.61	1.76	1.84	1.92	2.00	2.08	2.89	3.03	3.11	3.19	3.19	3.27	3.35	3.43	3.51
6	11.82	9.28	1.49	1.63	1.71	1.78	1.86	1.94	2.03	2.11	2.91	3.06	3.13	3.21	3.29	3.37	3.45	3.53
7	13.60	10.68	1.51	1.65	1.73	1.81	1.89	1.97	2.05	2.14	2.93	3.08	3.16	3.24	3.32	3.40	3.48	3.56
2∟70×45×4	9.11	7.15	1.64	1.77	1.84	1.91	1.99	2.07	2.15	2.23	3.17	3.31	3.39	3.46	3.54	3.62	3.69	3.77
5	11.22	8.81	1.66	1.79	1.86	1.94	2.01	2.09	2.17	2.25	3.19	3.34	3.41	3.49	3.57	3.64	3.72	3.80
6	13.29	10.43	1.67	1.81	1.88	1.96	2.04	2.11	2.20	2.28	3.21	3.36	3.44	3.51	3.59	3.67	3.75	3.83
7	15.31	12.02	1.69	1.83	1.90	1.98	2.06	2.14	2.22	2.30	3.23	3.38	3.46	3.54	3.61	3.69	3.77	3.86

D-4 续表

角钢型号	两个角钢的截面面积 /cm²	两个角钢的质量 /(kg/m)	长肢相连时绕 $y-y$ 轴回转半径 i_y/cm								短肢相连时绕 $y-y$ 轴回转半径 i_y/cm							
			$a=$ 0 mm	$a=$ 4 mm	$a=$ 6 mm	$a=$ 8 mm	$a=$ 10 mm	$a=$ 12 mm	$a=$ 14 mm	$a=$ 16 mm	$a=$ 0 mm	$a=$ 4 mm	$a=$ 6 mm	$a=$ 8 mm	$a=$ 10 mm	$a=$ 12 mm	$a=$ 14 mm	$a=$ 16 mm
2∟75×50×5	12.55	9.62	1.85	1.99	2.06	2.13	2.20	2.28	2.36	2.44	3.39	3.53	3.60	3.68	3.76	3.83	3.91	3.99
6	14.52	11.40	1.87	2.00	2.08	2.15	2.23	2.30	2.38	2.46	3.41	3.55	3.63	3.70	3.78	3.86	3.94	4.02
8	18.93	14.86	1.90	2.04	2.12	2.19	2.27	2.35	2.43	2.51	3.45	3.60	3.67	3.75	3.83	3.91	3.99	4.07
10	23.18	18.20	1.94	2.08	2.16	2.24	2.31	2.40	2.48	2.56	3.49	3.64	3.71	3.79	3.87	3.95	4.03	4.12
2∟80×50×5	12.75	10.01	1.82	1.95	2.02	2.09	2.17	2.24	2.32	2.40	3.66	3.80	3.88	3.95	4.03	4.10	4.18	4.26
6	15.12	11.87	1.83	1.97	2.04	2.11	2.19	2.27	2.34	2.43	3.68	3.82	3.90	3.98	4.05	4.13	4.21	4.29
7	17.45	13.70	1.85	1.99	2.06	2.13	2.21	2.29	2.37	2.45	3.70	3.85	3.92	4.00	4.08	4.16	4.23	4.32
8	19.73	15.49	1.86	2.00	2.08	2.15	2.23	2.31	2.39	2.47	3.72	3.87	3.94	4.02	4.10	4.18	4.26	4.34
2∟90×56×5	14.42	11.32	2.02	2.15	2.22	2.29	2.36	2.44	2.52	2.59	4.10	4.25	4.32	4.39	4.47	4.55	4.62	4.70
6	17.11	13.43	2.04	2.17	2.24	2.31	2.39	2.46	2.54	2.62	4.12	4.27	4.34	4.42	4.50	4.57	4.65	4.73
7	19.76	15.51	2.05	2.19	2.26	2.33	2.41	2.48	2.56	2.64	4.15	4.29	4.37	4.44	4.52	4.60	4.68	4.76
8	22.37	17.56	2.07	2.21	2.28	2.35	2.43	2.51	2.59	2.67	4.17	74.31	4.39	4.47	4.54	4.62	4.70	4.78
2∟100×63×6	19.23	15.10	2.29	2.42	2.49	2.56	2.63	2.71	2.78	2.86	4.56	4.70	4.77	4.85	4.92	5.00	5.08	5.16
7	22.22	17.44	2.31	2.44	2.51	2.58	2.65	2.73	2.80	2.88	4.58	4.72	4.80	4.87	4.95	5.03	5.10	5.18
8	25.17	19.76	2.32	2.46	2.53	2.60	2.67	2.75	2.83	2.91	4.60	4.75	4.82	4.90	4.97	5.05	5.13	5.21
10	30.93	24.28	2.35	2.49	2.57	2.64	2.72	2.79	2.87	2.95	4.64	4.79	4.86	4.94	5.02	5.10	5.18	5.26
2∟100×80×6	21.27	16.70	3.11	3.24	3.31	3.38	3.45	3.52	3.59	3.67	4.33	4.47	4.54	4.62	4.69	4.76	4.84	4.91
7	24.60	19.31	3.12	3.26	3.32	3.39	3.47	3.54	3.61	3.69	4.35	4.49	4.57	4.64	4.71	4.79	4.86	4.94
8	27.89	21.89	3.14	3.27	3.34	3.41	4.39	3.56	3.64	3.71	4.37	4.51	4.59	4.66	4.73	4.81	4.88	4.96
10	34.33	26.95	3.17	3.31	3.38	3.45	3.53	3.60	3.68	3.75	4.41	4.55	4.63	4.70	4.78	4.85	4.93	5.01
2∟110×70×6	21.27	16.70	2.55	2.68	2.74	2.81	2.88	2.96	3.03	3.11	5.00	5.14	5.21	5.29	5.36	5.44	5.51	5.59
7	24.60	19.31	2.56	2.69	2.76	2.83	2.90	2.98	3.05	3.13	5.02	5.16	5.24	5.31	5.39	5.46	5.53	5.62
8	27.89	21.89	2.58	2.71	2.78	2.85	2.92	3.00	3.07	3.15	5.04	5.19	5.26	5.34	5.41	5.49	5.56	5.64
10	34.33	26.95	2.61	2.74	2.82	2.89	2.96	3.04	3.12	3.19	5.08	5.23	5.30	5.38	5.46	5.53	5.61	5.69

D – 4 续表

角钢型号	两个角钢的截面积 /cm²	两个角钢的质量 /(kg/m)	长肢相连时绕 y–y 轴回转半径 i_y/cm								短肢相连时绕 y–y 轴回转半径 i_y/cm							
			a=0 mm	a=4 mm	a=6 mm	a=8 mm	a=10 mm	a=12 mm	a=14 mm	a=16 mm	a=0 mm	a=4 mm	a=6 mm	a=8 mm	a=10 mm	a=12 mm	a=14 mm	a=16 mm
2∟125×80×7	28.19	22.13	2.92	3.05	3.13	3.18	3.25	3.33	3.40	3.47	5.68	5.82	5.90	5.97	6.04	6.12	6.20	6.27
8	31.98	25.10	2.94	3.07	3.15	3.20	3.27	3.35	3.42	3.49	5.70	5.85	5.92	5.99	6.07	6.14	6.22	6.30
10	39.42	30.95	2.97	3.10	3.17	3.24	3.31	3.39	3.46	3.54	5.74	5.89	5.96	6.04	6.11	6.19	6.27	6.34
12	46.70	36.66	3.00	3.13	3.20	3.28	3.35	3.43	3.50	3.58	5.78	5.93	6.00	6.08	6.16	6.23	6.31	6.39
2∟140×90×8	36.08	28.32	3.29	3.42	3.49	3.56	3.63	3.70	3.77	3.84	6.36	6.51	6.58	6.65	6.73	6.80	6.88	6.95
10	44.52	34.95	3.32	3.45	3.52	3.59	3.66	3.73	3.81	3.88	6.40	6.55	6.62	6.70	6.77	6.85	6.92	7.00
12	52.80	41.45	3.35	3.49	3.56	3.63	3.70	3.77	3.85	3.92	6.44	6.59	6.66	6.74	6.81	6.89	6.97	7.04
14	60.91	47.82	3.38	3.52	3.59	3.66	3.74	3.81	3.89	3.97	6.48	6.63	6.70	6.78	6.86	6.93	7.01	7.09
2∟160×100×10	50.63	39.74	3.65	3.77	3.84	3.91	3.98	4.05	4.12	4.19	7.34	7.48	7.55	7.63	7.70	7.78	7.85	7.93
12	60.11	47.18	3.68	3.81	3.87	3.94	4.01	4.09	4.16	4.23	7.38	7.52	7.60	7.67	7.75	7.82	7.90	7.97
14	69.42	54.49	3.70	3.84	3.91	3.98	4.05	4.12	4.20	4.27	7.42	7.56	7.64	7.71	7.79	7.86	7.94	8.02
16	78.56	61.67	3.74	3.87	3.94	4.02	4.09	4.16	4.24	4.31	7.45	7.60	7.68	7.75	7.83	7.90	7.98	8.06
2∟180×110×10	58.76	44.55	3.97	4.10	4.16	4.23	4.30	4.36	4.44	4.51	8.27	8.41	8.49	8.56	8.63	8.71	8.78	8.86
12	67.42	52.93	4.00	4.13	4.19	4.26	4.33	4.40	4.47	4.54	8.31	8.46	8.53	8.60	8.68	8.75	8.83	8.90
14	77.93	61.18	4.03	4.16	4.23	4.30	4.37	4.44	4.51	4.58	8.35	8.50	8.57	8.64	8.72	8.79	8.87	8.95
16	88.28	69.30	4.06	4.19	4.26	4.33	4.40	4.47	4.55	4.62	8.39	8.53	8.61	8.68	8.76	8.84	8.91	8.99
2∟200×125×12	75.82	59.52	4.56	4.69	4.75	4.82	4.88	4.95	5.02	5.09	9.18	9.32	9.39	9.47	9.54	9.62	9.69	9.76
14	87.73	68.87	4.59	4.72	4.78	4.85	4.92	4.99	5.06	5.13	9.22	9.36	9.43	9.51	9.58	9.66	9.73	9.81
16	99.48	78.09	4.61	4.75	4.81	4.88	4.95	5.02	5.09	5.17	9.25	9.40	9.47	9.55	9.62	9.70	9.77	9.85
18	111.05	87.18	4.64	4.78	4.85	4.92	4.99	5.06	5.13	5.21	9.29	9.44	9.51	9.59	9.66	9.74	9.81	9.89

附表 D-5 热轧普通工字钢规格及截面特性(按 GB 706—1988 计算)

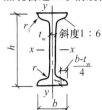

I—截面惯性矩;

W—截面抵抗矩;

S—半截面面积矩;

i—截面回转半径。

型号	尺 寸/mm						截面面积 A/cm^2	每米质量 /(kg/m)	截 面 特 性						
									$x-x$ 轴				$y-y$ 轴		
	h	b	t_w	t	r	r_1			I_x /cm^4	W_x /cm^3	S_x /cm^3	i_x /cm	I_y /cm^4	W_y /cm^3	i_y /cm
I 10	100	68	4.5	7.6	6.5	3.3	14.33	11.25	245	49.0	28.2	4.14	32.8	9.6	1.51
I 12.6	126	74	5.0	8.4	7.0	3.5	18.10	14.21	488	77.4	44.2	5.19	46.9	12.7	1.61
I 14	140	80	5.5	9.1	7.5	3.8	21.50	16.88	712	101.7	58.4	5.75	64.3	16.1	1.73
I 16	160	88	6.0	9.9	8.0	4.0	26.11	20.50	1 127	140.9	80.8	6.57	93.1	21.1	1.89
I 18	180	94	6.5	10.7	8.5	4.3	30.74	24.13	1699	185.4	106.5	7.37	122.9	26.2	2.00
I 20a	200	100	7.0	11.4	9.0	4.5	35.55	27.91	2369	236.9	136.1	8.16	157.9	31.6	2.11
I 20b	200	102	9.0	11.4	9.0	4.5	39.55	31.05	2502	250.2	146.1	7.95	169.0	33.1	2.07
I 22a	220	110	7.5	12.3	9.5	4.8	42.10	33.05	3406	309.6	177.7	8.99	225.9	41.1	2.32
I 22b	220	112	9.5	12.3	9.5	4.8	46.50	36.50	3583	325.8	189.8	8.78	240.2	42.9	2.27
I 25a	250	116	8.0	13.0	10.0	5.0	48.51	38.08	5017	401.4	230.7	10.17	280.4	48.4	2.40
I 25b	250	118	10.0	13.0	10.0	5.0	53.51	42.01	5278	422.2	246.3	9.93	297.3	50.4	2.36
I 28a	280	122	8.5	13.7	10.5	5.3	55.37	43.47	7115	508.2	292.7	11.34	344.1	56.4	2.49
I 28b	280	124	10.5	13.7	10.5	5.3	60.97	47.86	7481	534.4	312.3	11.08	363.8	58.7	2.44
I 32a	320	130	9.5	15.0	11.5	5.8	67.12	52.69	11 080	692.5	400.5	12.85	459.0	70.6	2.62
I 32b	320	132	11.5	15.0	11.5	5.8	73.52	57.71	11 626	726.7	426.1	12.58	483.8	73.3	2.57
I 32c	320	134	13.5	15.0	11.5	5.8	79.92	62.74	12 173	760.8	451.7	12.34	510.1	76.1	2.53
I 36a	360	136	10.0	15.8	12.0	6.0	76.44	60.00	15 796	877.6	508.8	12.38	554.9	81.6	2.69
I 36b	360	138	12.0	15.8	12.0	6.0	83.64	65.66	16 574	920.8	541.2	14.08	583.6	84.6	2.64
I 36c	360	140	14.0	15.8	12.0	6.0	90.84	71.31	17 351	964.0	573.0	13.82	614.0	87.7	2.60
I 40a	400	142	10.5	16.5	12.5	6.3	86.07	67.56	21 714	1 085.7	631.2	15.88	659.9	92.9	2.77
I 40b	400	144	12.5	16.5	12.5	6.3	94.07	73.84	22 781	1 139.0	671.2	15.56	692.8	96.2	2.71
I 40c	400	146	14.5	16.5	12.5	6.3	102.07	80.12	23 847	1 192.4	711.2	15.29	727.5	99.7	2.67
I 45a	450	150	11.5	18.0	13.5	6.8	102.40	80.38	32 241	1 432.9	836.4	17.74	855.0	114.0	2.89
I 45b	450	152	13.5	18.0	13.5	6.8	111.40	87.45	33 759	1 500.1	887.1	17.41	895.0	114.0	2.89
I 45c	450	154	15.5	18.0	13.5	6.8	120.40	94.51	35 278	1 567.9	937.7	17.12	938.0	121.8	2.79
I 50a	500	158	12.0	20.0	14.0	7.0	119.25	93.61	46 472	1 858.9	1 084.1	19.74	1 121.5	142.0	3.07
I 50b	500	160	14.0	20.0	14.0	7.0	129.25	101.46	48 556	1 942.2	1 146.6	19.38	1 171.4	146.4	3.01
I 50c	500	162	16.0	20.0	14.7	7.0	139.25	109.31	50 639	2 025.6	1 209.1	19.07	1 223.9	151.1	2.96
I 56a	560	166	12.5	21.0	14.5	7.3	135.38	106.27	65 576	2 342.0	1 368.8	22.01	1 365.8	164.6	3.18
I 56b	560	168	14.5	21.0	14.5	7.3	146.58	115.06	68 503	2 446.5	1 447.2	21.62	1 423.8	169.5	3.12
I 56c	560	170	16.5	21.0	14.5	7.3	157.78	123.85	71 430	2 551.1	1 525.6	21.28	1 484.8	174.7	3.07
I 63a	630	176	13.0	22.00	15.0	7.5	154.59	121.36	94 004	2 984.5	1 747.4	24.66	1 702.4	193.5	3.32
I 63b	630	178	15.0	22.0	15.0	7.5	167.19	131.35	98 171	3 116.6	1 846.6	24.23	1 770.7	199.0	3.25
I 63c	630	180	17.0	22.0	15.0	179.79	141.14	102 339	3 248.9	1 945.9	23.86	1 842.4	204.7	3.20

注:普通 I 字钢的通常长度: I 10~I 18,为 5~19 m; I 20~I 63,为 6~19 m。

附表 D-6　热轧轻型 I 字钢规格及截面特性（按 YB 163-1963 计算）

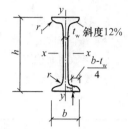

I—截面惯性矩；
W—截面抵抗矩；
S—半截面面积矩；
i—截面回转半径。

型号	尺　　寸/mm						截面面积 A/cm^2	每米质量 /(kg/m)	截面特性						
									$x-x$轴				$y-y$轴		
	h	b	t_w	t	r	r_1			I_x /cm⁴	W_x /cm³	S_x /cm³	i_x cm	I_y /cm⁴	W_y cm³	i_y /cm
I 10	100	55	4.5	7.2	7.0	2.5	12.05	9.46	198	39.7	23.0	4.06	17.9	6.5	1.22
I 12	120	64	4.8	7.3	7.5	3.0	14.71	11.55	351	58.4	33.7	4.88	27.9	8.7	1.38
I 14	140	73	4.9	7.5	8.0	3.0	17.43	13.68	572	81.7	46.8	5.73	41.9	11.5	1.55
I 16	160	81	5.0	7.8	8.5	3.5	20.24	15.89	873	109.2	62.3	6.57	58.6	14.5	1.70
I 18	180	90	5.1	8.1	9.0	3.5	23.38	18.38	1 288	143.1	81.4	7.42	82.6	18.4	1.88
I 18a	180	100	5.1	8.3	9.0	3.5	25.38	19.92	1 431	159.0	89.8	7.51	114.2	22.8	2.12
I 20	200	100	5.2	8.4	9.5	4.0	26.81	21.04	1 840	184.0	104.2	8.28	115.4	23.1	2.08
I 20a	200	110	5.2	8.6	9.5	4.0	28.91	22.69	2 027	202.7	114.1	8.37	154.9	28.2	2.32
I 22	220	110	5.4	8.7	10.0	4.0	30.62	24.04	2 554	232.1	131.2	9.13	157.4	28.6	2.27
I 22a	220	120	5.4	8.9	10.0	4.0	32.82	25.76	2 792	253.8	142.7	9.22	205.9	34.3	2.50
I 24	240	115	5.6	9.5	10.5	4.0	34.83	27.35	3 465	288.7	163.1	9.97	198.5	34.5	2.39
I 24a	240	125	5.6	9.8	10.5	4.0	37.45	29.40	3 801	316.7	117.9	10.07	260.0	41.6	2.63
I 27	270	125	6.0	9.8	11.0	4.5	40.17	31.54	5 011	371.2	210.0	11.17	259.6	41.5	2.54
I 27a	270	135	6.0	10.2	11.0	4.5	43.17	33.89	5 500	407.4	229.1	11.29	337.5	50.0	2.80
I 30	300	135	6.5	10.2	12.0	5.0	46.48	36.49	7 084	472.3	267.8	12.35	337.0	49.9	2.69
I 30a	300	145	6.5	10.7	12.0	5.0	49.94	39.18	7 776	518.4	292.1	12.48	435.8	60.1	2.95
I 33	330	140	7.0	11.2	13.0	5.0	53.82	42.25	9 845	596.6	339.2	13.52	419.4	59.9	2.79
I 36	360	145	7.5	12.3	14.0	6.0	61.86	48.56	13 377	743.2	423.3	14.71	515.8	71.2	2.89
I 40	400	155	8.0	13.0	15.0	6.0	71.44	56.08	18 932	946.6	540.1	16.28	666.3	86.0	3.05
I 45	450	160	8.6	14.2	16.0	7.0	83.03	65.18	27 446	1 219.8	699.0	18.18	806.9	100.9	3.12
I 50	500	170	9.5	15.2	17.0	7.0	97.84	76.81	39 295	1 571.8	905.0	20.04	1 041.8	122.6	3.26
I 55	550	180	10.3	16.5	18.0	7.0	114.43	89.83	55 155	2 005.6	1 157.7	21.95	1 353.0	150.3	3.44
I 60	600	190	11.1	17.8	20.0	8.0	132.46	103.98	75 456	2 515.2	1 455.0	23.07	1 720.1	181.1	3.60
I 65	650	200	12.0	19.2	22.0	9.0	152.80	119.94	101 412	3 120.4	1 809.4	25.76	2 170.1	217.0	3.77
I 70	700	210	13.0	20.8	24.0	10.0	176.03	138.18	134 609	3 846.0	2 235.1	27.65	2 733.3	260.3	3.94
I 70a	700	210	15.0	24.0	24.0	10.0	201.67	158.31	152 706	4 363.0	2 547.5	27.52	3 243.5	308.9	4.01
I 70b	700	210	17.5	28.2	24.0	10.0	234.14	183.80	175 374	5 010.7	2 941.6	27.37	3 914.7	372.8	4.09

注：轻型 I 字钢的通常长度：I 10 ~ I 18，为 5 ~ 19 m；I 20 ~ I 70，为 6 ~ 19 m。

附表 D-7 热轧普通槽钢的规格及截面特性（按 GB 707—1988 计算）

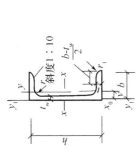

I—截面惯性矩；
W—截面抵抗矩；
S—半截面面积矩；
i—截面回转半径。

| 型号 | 尺寸/mm | | | | | | 截面面积 A/cm² | 每米质量 /(kg/m) | x_0 /cm | 截面特性 | | | | | | | | |
| | h | b | t_w | t | r | r_1 | | | | x-x轴 | | | | y-y轴 | | | | y_1-y_1轴 |
										I_x /cm⁴	W_x /cm³	S_x /cm³	i_x /cm	I_y /cm⁴	W_{ymax} /cm³	W_{ymin} /cm³	i_y /cm	I_{y1} /cm⁴
⊏ 5	50	37	4.5	7.0	7.0	3.50	6.92	5.44	1.35	26.0	10.4	6.4	1.94	8.3	6.2	3.5	1.10	20.9
⊏ 6.3	63	40	4.8	7.5	7.5	3.75	8.45	6.63	1.39	51.2	16.3	9.8	2.46	11.9	8.5	4.6	1.19	28.3
⊏ 8	80	43	5.0	8.0	8.0	4.00	10.24	8.04	1.42	101.3	25.3	15.1	3.14	16.6	11.7	5.8	1.27	37.4
⊏ 10	100	48	5.3	8.5	8.5	4.25	12.74	10.00	1.52	198.3	39.7	23.5	3.94	25.6	16.9	7.8	1.42	54.9
⊏ 12.6	126	53	5.5	9.0	9.0	4.50	15.69	12.31	1.59	388.5	61.7	36.4	4.98	38.0	23.9	10.3	1.56	77.8
⊏ 14a	140	58	6.0	9.5	9.5	4.75	18.51	14.53	1.71	563.7	80.5	47.5	5.52	53.2	31.2	13.0	1.70	107.2
⊏ 14b	140	60	8.0	9.5	9.5	4.75	21.31	16.73	1.67	609.4	87.1	52.4	5.35	61.2	36.6	14.1	1.69	120.6
⊏ 16a	160	63	6.5	10.0	10.0	5.00	21.95	17.23	1.79	866.2	108.3	63.9	6.28	73.4	40.9	16.3	1.83	144.1
⊏ 16b	160	65	8.5	10.0	10.0	5.00	25.15	19.75	1.75	934.5	116.8	70.3	6.10	83.4	47.6	17.6	1.82	160.8
⊏ 18a	180	68	7.0	10.5	10.5	5.25	25.69	20.17	1.88	1 272.7	141.4	83.5	7.04	98.6	52.3	20.0	1.96	189.7
⊏ 18b	180	70	9.0	10.5	10.5	5.25	29.29	22.99	1.84	1 369.9	152.2	91.6	6.84	111.0	60.4	21.5	1.95	210.1
⊏ 20a	200	73	7.0	11.0	11.0	5.50	28.84	22.63	2.01	1 780.4	178.0	104.7	7.86	128.0	63.8	24.2	2.11	244.0
⊏ 20b	200	75	9.0	11.0	11.0	5.50	32.83	25.77	1.95	1 913.7	191.4	114.7	7.64	143.6	73.7	25.9	2.09	268.4
⊏ 22a	220	77	7.0	11.5	11.5	5.75	31.84	24.99	2.10	2 393.9	217.6	127.6	8.67	157.8	75.1	28.2	2.23	298.2
⊏ 22b	220	79	9.0	11.5	11.5	5.75	36.24	28.45	2.03	2 571.3	233.8	139.7	8.42	176.5	86.8	30.10	2.21	326.3
⊏ 25a	250	78	7.0	12.0	12.0	6.00	34.91	27.40	2.07	3 359.1	268.7	157.8	9.81	175.9	85.1	30.7	2.24	324.8
⊏ 25b	280	80	9.0	12.0	12.0	6.00	39.91	31.3	1.99	3 619.5	289.6	173.5	9.52	196.4	98.5	32.7	2.22	355.1

D-7续表

型号	尺寸/mm						截面面积 A/cm²	每米质量 /(kg/m)	截面特性											
	h	b	t_w	t	r	r_1			x_0 /cm	x-x轴				y-y轴				y_i-y_i轴		
										I_x /cm⁴	W_x /cm³	S_x /cm³	i_x /cm	I_y /cm⁴	W_{ymax} /cm³	W_{ymin} /cm³	i_y /cm	I_{y1} /cm⁴		
⌷25c	250	82	11.0	12.0	12.0	6.00	44.91	35.25	1.96	3 880.0	310.4	189.1	9.30	215.9	110.1	34.6	2.19	388.6		
⌷28a	280	82	7.5	12.5	12.5	6.25	40.02	31.42	2.09	4 752.5	339.5	200.2	10.90	217.9	104.1	35.7	2.33	393.3		
⌷28b	280	84	9.5	12.5	12.5	6.25	45.62	35.81	2.02	5 118.4	365.6	219.8	10.59	241.5	119.3	37.9	2.30	428.5		
⌷28c	280	86	11.5	12.5	12.5	6.25	51.22	40.21	1.99	5 484.3	391.7	239.4	10.35	264.1	132.6	40.0	2.27	467.3		
⌷32a	320	88	8.0	14.0	14.0	7.00	48.50	37.07	2.24	7 510.6	469.4	276.9	12.44	304.7	136.2	46.4	2.51	547.5		
⌷32b	320	90	10.0	14.0	14.0	4.00	54.90	43.10	2.16	8 056.8	302.5	503.5	12.11	335.6	155.0	49.1	2.47	592.9		
⌷32c	320	92	12.0	14.0	14.0	7.00	61.30	48.12	2.13	8 602.9	537.7	328.1	11.85	365.0	171.5	51.6	2.44	642.7		
⌷36a	360	96	9.0	16.0	16.0	8.00	60.89	47.80	2.44	11 874.1	659.7	389.9	13.96	455.0	186.2	63.6	2.73	818.5		
⌷36b	360	98	11.0	16.0	16.0	8.00	68.09	53.45	2.37	12 651.7	702.9	422.3	13.63	496.7	209.2	66.9	2.70	880.5		
⌷36c	360	100	13.0	16.0	16.0	8.00	75.29	59.10	2.34	13 429.3	746.1	454.7	13.36	536.6	229.5	70.0	2.67	948.0		
⌷40a	400	100	10.5	18.0	18.0	9.00	75.04	58.91	2.49	17 577.7	878.9	524.4	15.30	592.0	237.6	78.8	2.81	1 057.9		
⌷40b	400	102	12.5	18.0	18.0	9.00	83.04	65.19	2.44	18 644.4	932.2	564.4	14.98	640.6	262.4	82.6	2.78	1 135.8		
⌷40c	400	104	14.5	18.0	18.0	9.00	91.04	71.47	2.42	19 711.0	985.6	604.4	14.71	687.8	284.4	86.2	2.75	1 220.3		

注:普通槽钢的通常长度:⌷5~⌷8,为5~12 m;⌷10~⌷18,为5~19 m;⌷20~⌷40,为6~19 m。

附表 D-8 热轧轻型槽钢的规格及截面特性（按 YB 164—1963 计算）

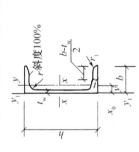

I—截面惯性矩；
W—截面抵抗矩；
S—半截面面积矩；
i—截面回转半径。

型号	尺寸/mm						截面面积 A/cm²	每米质量 /(kg/m)	x_0 /cm	截面特性								
										$x-x$ 轴				$y-y$ 轴				y_1-y_1 轴
	h	b	t_w	t	r	r_1				I_x /cm⁴	W_x /cm³	S_x /cm³	i_x /cm	I_y /cm⁴	W_{ymax} /cm⁴	W_{ymin} /cm³	i_y /cm	I_{y1} /cm⁴
⊏ 5	50	32	4.4	7.0	6.2	2.5	6.16	4.84	1.16	22.8	9.1	5.6	1.92	5.6	4.8	2.8	0.95	13.9
⊏ 6.5	65	36	4.4	7.2	6.0	2.5	7.51	5.70	1.24	48.6	15.0	9.0	2.54	8.7	7.0	3.71	1.08	20.2
⊏ 8	80	40	4.5	7.4	6.5	2.5	8.98	7.05	1.31	89.4	22.4	13.3	3.16	12.8	9.8	4.8	1.19	28.2
⊏ 10	100	46	4.5	7.6	7.0	3.0	10.94	8.59	1.44	173.9	34.8	20.4	3.99	20.4	14.2	6.5	1.37	43.0
⊏ 12	120	52	4.8	7.8	7.5	3.0	13.28	10.43	1.54	303.9	50.6	29.6	4.78	31.2	20.2	8.5	1.53	62.8
⊏ 14	140	58	4.9	8.1	8.0	3.0	15.65	12.28	1.67	491.1	70.2	40.8	5.60	45.4	27.1	11.0	1.70	89.2
⊏ 14a	140	62	4.9	8.7	8.0	3.0	16.98	13.33	1.87	544.8	77.8	45.1	5.66	57.5	30.7	13.3	1.84	116.9
⊏ 16a	160	64	5.0	8.4	8.5	3.5	18.12	14.22	1.80	747.0	93.4	54.1	6.42	63.3	35.1	13.81	1.87	122.2
⊏ 16a	160	68	5.0	9.0	8.5	3.5	19.54	15.34	2.00	823.3	102.9	59.4	6.49	78.8	39.4	16.42	2.01	157.1
⊏ 18a	180	70	5.1	8.7	9.0	3.5	20.71	16.25	1.94	1 086.3	120.7	69.8	7.24	86.0	44.4	17.0	2.04	163.6
⊏ 18a	180	74	5.1	9.3	9.0	3.5	22.23	17.45	2.14	1190.7	132.3	76.1	7.32	105.4	49.4	20.0	2.18	206.7
⊏ 20	200	76	5.2	9.0	9.5	4.0	23.40	19.37	2.07	1 522.0	152.2	87.8	8.07	113.4	54.9	20.5	2.20	213.3
⊏ 20a	200	80	5.2	9.7	9.5	4.0	25.16	19.75	2.28	1 672.4	167.2	95.9	8.15	138.6	60.8	24.2	2.35	269.3
⊏ 22	220	82	5.4	9.5	10.0	4.0	26.72	20.97	2.21	2 109.5	191.8	110.4	8.89	150.6	68.0	25.1	2.37	281.4
⊏ 22a	220	87	5.4	10.2	10.0	4.0	28.81	22.62	2.46	2 327.3	211.6	121.1	8.99	187.1	76.1	30.0	2.55	361.3
⊏ 24	240	90	5.6	10.0	10.5	4.0	30.64	24.05	2.42	2 901.1	241.8	138.8	9.73	207.6	85.7	31.6	2.60	387.4
⊏ 24a	240	95	5.6	10.7	10.5	4.0	32.89	25.82	2.67	3 181.2	265.1	151.3	9.83	253.6	95.0	37.2	2.78	488.5

D-8续表

型号	尺寸/mm						截面面积 A/cm²	每米质量 /(kg/m)	x_0 /cm	截面特性								
										$x-x$ 轴				$y-y$ 轴			y_i-y_i 轴	
	h	b	t_w	t	r	r_1				I_x /cm⁴	W_x /cm³	S_x /cm³	i_x /cm	I_y /cm⁴	W_{ymax} /cm³	W_{ymin} /cm³	i_y /cm	I_{y1} /cm⁴
[27c	270	95	6.0	10.5	11.0	4.5	35.23	27.66	2.47	4 163.3	308.4	177.6	10.87	261.8	105.8	37.3	2.73	477.5
[30	300	100	6.5	11.0	12.0	5.0	40.47	31.77	2.52	5 808.3	387.2	224.0	11.98	326.6	129.8	43.6	2.84	582.9
[33	330	105	7.0	11.7	13.0	5.0	46.52	36.52	2.59	7 984.1	483.9	280.9	13.10	410.1	158.3	51.82	2.97	722.2
[36c	360	110	7.5	12.6	14.0	6.0	53.37	41.90	2.68	10 815.5	600.9	349.6	14.24	513.5	191	61.8	3.10	898.2
[40c	400	115	8.0	13.5	15.0	6.0	61.53	48.30	2.75	15 219.6	761.0	444.3	15.73	642.3	233.1	73.4	3.23	1 109.2

注:轻型槽钢的通常长度:[5~[8,为5~12 m;[10~[18,为5~19 m;[20~[40,为6~19 m。

附表 D-9　热轧 H 型钢规格及截面特性（GB/T 11263—2005）

H—截面高度　t_1—腹板厚度　r—圆角半径

B—截面宽度　t_2—翼缘厚度

类别	型号（高度×宽度）/（mm×mm）	截面尺寸/mm					截面面积/cm²	理论每米质量/（kg/m）	惯性矩/cm⁴		惯性半径/cm		截面模数/cm³	
		H	B	t_1	t_2	r			I_x	I_y	i_x	i_y	W_x	W_y
HW	100×100	100	100	6	8	8	21.59	16.9	386	134	4.23	2.49	77.1	26.7
	125×125	125	125	6.5	9	8	30.00	23.6	843	293	5.30	3.13	135	46.9
	150×150	150	150	7	10	8	39.65	31.1	1 620	563	6.39	3.77	216	75.1
	175×175	175	175	7.5	11	13	51.43	40.4	2 918	983	7.53	4.37	334	112
	200×200	200	200	8	12	13	63.53	49.9	4 717	1 607	8.62	5.02	472	160
		200	204	12	12	13	71.53	56.2	4 984	1 701	8.35	4.88	498	167
	250×250	244	252	11	11	13	81.31	63.8	8 573	2 937	10.27	6.01	703	233
		250	250	9	14	13	91.43	71.8	10 689	3 648	10.81	6.32	855	292
		250	255	14	14	13	103.93	81.6	11 340	3 875	10.45	6.11	907	304
	300×300	294	302	12	12	13	106.33	83.5	16 384	5 513	12.41	7.20	1 115	365
		300	300	10	15	13	118.45	93.0	20 010	6 753	13.00	7.55	1 334	450
		300	305	15	15	13	133.45	104.8	21 135	7 102	12.58	7.29	1 409	466
	350×350	338	351	13	13	13	133.27	104.6	27 358	9 376	14.33	8.39	1 618	534
		344	348	10	16	13	144.01	113.0	32 545	11 242	15.03	8.84	1 892	646
		344	354	16	16	13	164.65	129.3	34 581	11 847	14.49	8.48	2 011	669
		350	350	12	19	13	171.89	134.9	39 637	13 582	15.19	8.89	2 265	776
		350	357	19	19	13	196.39	154.2	42 138	14 427	14.65	8.57	2 408	808
	400×400	388	402	15	15	22	178.45	140.1	48 040	17 255	16.41	9.54	2 476	809
		394	398	11	18	22	186.81	146.6	55 597	18 920	17.25	10.06	2 822	951
		394	405	18	18	22	214.39	168.3	59 165	19 951	16.61	9.65	3 003	985
		400	400	13	21	22	218.69	171.7	66 455	22 410	17.43	10.12	3 323	1 120
		400	408	21	21	22	250.69	196.8	70 722	23 804	16.80	9.74	3 536	1 167
		414	405	18	18	22	295.39	231.9	93 518	31 022	17.79	10.25	4 518	1 532
		428	407	20	35	22	360.65	283.1	12 089	39 357	18.31	10.45	5 649	1 934
		458	417	30	50	22	528.55	414.9	19 093	60 516	19.01	10.70	8 338	2 902
		*498	432	45	70	22	770.05	604.5	30 473	94 346	19.89	11.07	12 238	4 368
	500×500	492	465	15	20	22	257.95	202.5	115 559	33 531	21.17	11.40	4 698	1 442
		502	465	15	25	22	304.45	239.0	145 012	41 910	21.82	11.75	5 777	1 803
		502	470	20	25	22	329.55	258.7	150 283	43 295	21.35	11.46	5 987	1 842

类别	型号（高度×宽度）/（mm×mm）	截面尺寸/mm					截面面积/cm²	理论每米质量/（kg/m）	惯性矩/cm⁴		惯性半径/cm		截面模数/cm³	
		H	B	t_1	t_2	r			I_x	I_y	i_x	i_y	W_x	W_y
HW	150×100	148	400	6	9	8	26.35	20.7	995.3	150.3	6.15	2.39	134.5	30.1
	200×150	194	150	6	9	8	38.11	29.9	2 586	503.3	8.24	3.65	266.6	67.6
	250×175	244	175	7	11	13	55.49	43.6	5 908	983.5	10.32	4.21	484.3	112.4
	300×200	294	200	8	12	13	71.05	55.8	10 858	1602	12.36	4.75	738.6	160.2
	350×250	340	250	9	14	13	99.53	78.1	20 867	3648	14.48	6.05	1 227	291.9
	400×300	390	300	10	16	13	133.28	104.6	37 363	7 203	16.75	7.35	1 916	480.2
	450×300	440	300	11	18	13	153.89	120.8	54 067	8 105	18.74	7.26	2 458	540.3
	550×300	482	300	11	15	13	147.17	110.8	57 212	67 56	20.13	6.92	2 374	450.4
		488	300	11	18	13	159.17	124.9	67 916	8 106	20.55	7.14	2 783	540.4
		544	300	11	15	13	147.99	116.2	74 874	6 756	22.49	6.76	2 753	450.4
		550	300	11	18	13	165.99	130.3	88 470	8 106	23.09	6.99	3 217	540.4
	600×300	582	300	12	17	13	169.21	132.8	97 287	7 659	23.98	6.73	3 343	510.6
		588	300	12	20	13	187.21	147.0	112 827	9 009	24.55	6.94	3 838	600.6
		594	302	14	23	13	217.09	170.4	132 179	10 572	24.68	6.98	4 450	700.1
HN	100×50	100	50	5	7	8	11.85	9.3	191.0	14.7	4.02	1.11	38.2	5.9
	125×60	125	60	6	8	8	16.69	13.1	407.7	29.1	4.94	1.32	65.2	9.7
	150×75	150	75	5	7	8	17.85	14.0	645.7	49.4	6.01	1.66	86.1	13.2
	175×90	175	90	5	8	8	22.90	18.0	1 174	97.4	7.16	2.06	134.2	21.6
	200×100	198	99	4.5	7	8	22.69	17.8	1 484	113.4	8.09	2.24	149.9	22.9
		200	100	5.5	8	8	26.67	20.9	1753	133.7	8.11	2.24	175.3	26.7
	250×125	248	124	5	8	8	31.99	25.1	3 346	254.5	10.23	2.82	269.8	41.1
		250	125	6	9	8	36.97	29.0	3 868	293.5	10.23	2.82	309.4	47.0
	300×150	298	149	5.5	8	13	40.80	32.0	5 911	441.7	12.04	3.29	396.7	59.3
		300	150	6.5	9	13	46.78	36.7	6 829	507.2	12.08	3.29	455.3	67.6
	350×175	346	174	6	9	13	52.45	41.2	10 456	791.1	14.12	3.88	604.4	90.9
		350	175	7	11	13	62.91	49.4	12 980	983.8	14.36	3.95	741.7	112.4
	400×150	400	150	8	13	13	70.37	55.2	17 906	733.2	15.95	3.23	895.3	97.8
	400×200	396	199	7	11	13	71.41	56.1	19 023	1446	16.32	4.50	960.8	145.3
		400	200	8	13	13	83.37	65.4	22 775	1735	16.53	4.56	1139	173.5

类别	型号（高度×宽度）/（mm×mm）	截面尺寸/mm					截面面积/cm²	理论每米质量/（kg/m）	惯性矩/cm⁴		惯性半径/cm		截面模数/cm³	
		H	B	t_1	t_2	r			I_x	I_y	i_x	i_y	W_x	W_y
HN	450×200	446	199	8	12	13	82.97	65.1	27 146	1 578	18.09	4.36	1 217	158.6
		450	200	9	14	13	95.43	74.9	31 973	1 870	18.30	4.43	1421	187.0
	500×200	496	199	9	14	13	99.29	77.9	39 628	1 842	19.98	4.31	1 598	185.1
		500	200	10	16	13	112.25	88.1	45 685	2 138	20.17	4.36	1 827	213.8
		506	201	11	19	13	129.31	101.5	54 478	2 577	20.53	4.46	2 153	256.4
	550×200	546	199	9	14	13	103.79	81.5	49 245	1 842	21.78	4.21	1 804	185.2
		550	200	10	16	13	149.25	117.2	79 515	7 205	23.08	6.95	2 891	480.3
	600×200	596	199	10	15	13	117.75	92.4	64739	1975	23.45	4.10	2 172	198.5
		600	200	11	17	13	131.71	103.4	73 749	2 273	23.66	4.15	2 458	227.3
		606	201	12	20	13	149.77	117.6	86 656	2 716	24.05	4.26	2 860	270.2
	650×300	646	299	10	15	13	152.75	119.9	107 794	6 688	26.56	6.62	3 337	447.4
		650	300	11	17	13	171.21	134.4	122 739	7 657	26.77	6.69	3 777	510.5
		656	301	12	20	13	195.77	153.7	144 433	9 100	27.16	6.82	4 403	604.6
	700×300	692	300	13	20	18	207.54	162.9	164 101	9 014	28.12	6.59	4 743	600.9
		700	300	13	24	18	231.54	181.8	193 622	10 814	28.92	6.83	5 532	720.9
	750×300	734	299	12	16	18	182.70	143.4	155 539	7 140	29.18	6.25	4 238	477.6
		742	300	13	20	18	214.04	168.0	191 989	9 015	29.95	6.49	5 175	601.0
		750	300	13	24	18	238.04	186.9	225 863	10 815	30.80	6.74	6 023	721.0
		758	303	16	28	18	284.78	223.6	271 350	13 008	30.87	6.76	7 160	858.6
	800×300	792	300	14	22	18	239.50	188.0	242 399	9 919	31.81	6.44	6 121	661.3
		800	300	14	26	18	263.50	206.8	280 925	11 719	32.65	6.67	7 023	781.3
	850×300	834	298	14	19	18	227.46	178.6	243 858	8 400	32.74	6.08	5 848	563.8
		842	299	15	23	18	259.72	203.9	291 216	10 271	33.49	6.29	6 917	687.0
		850	300	16	27	18	292.14	229.3	339 670	12 179	34.10	6.46	7 992	812.0
		858	301	17	31	18	324.72	254.9	389 234	14 125	34.62	6.60	9 073	938.5
	900×300	890	299	15	23	18	266.92	209.5	330 588	10 273	35.19	6.20	7 429	687.1
		900	300	16	28	18	305.82	240.1	397 241	12 631	36.04	6.43	8 828	842.1
		912	302	18	34	18	360.06	282.6	484 615	15 652	36.69	6.59	1 0628	1 037

类别	型号 （高度×宽度）/ （mm×mm）	截面尺寸/mm					截面面积/cm²	理论每米质量/（kg/m）	惯性矩/cm⁴		惯性半径/cm		截面模数/cm³	
		H	B	t_1	t_2	r			I_x	I_y	i_x	i_y	W_x	W_y
HN	1 000×300	970	297	16	21	18	276.00	216.7	382 977	9 203	37.25	5.77	7 896	619.7
		980	298	17	26	18	315.50	247.7	462 157	11 508	38.27	6.04	9 432	772.3
		990	298	17	31	18	345.30	271.1	535 201	13 713	39.37	6.30	10 812	920.3
		1000	300	19	36	18	395.10	310.2	626 396	16 256	39.82	6.41	12 528	1 084
		1 008	302	21	40	18	439.26	344.8	704 572	18 437	40.05	6.48	13 980	1 221
HT	100×50	95	48	3.2	4.5	8	7.62	6.0	109.7	8.4	3.79	1.05	23.1	3.5
		97	49	4	5.5	8	9.38	7.4	141.8	10.9	3.89	1.08	29.2	4.4
	100×100	96	99	4.5	6	8	16.21	12.7	272.7	97.1	4.10	2.45	56.8	19.6
	125×60	118	58	3.2	4.5	8	9.26	7.3	202.4	14.7	4.68	1.26	34.3	5.1
		120	59	4	5.5	8	11.40	8.9	259.7	18.9	4.77	1.29	43.3	6.4
	125×125	119	123	4.5	6	8	20.12	15.8	523.6	186.2	5.10	3.04	88.0	30.3
	150×75	145	73	3.2	4.5	8	11.47	9.0	383.2	29.3	5.78	1.60	52.9	8.0
		147	74	4	5.5	8	14.13	11.1	488.0	37.3	5.88	1.62	66.4	10.1
	150×100	139	97	3.2	4.5	8	13.44	10.5	447.3	68.5	5.77	2.26	64.4	14.1
		142	99	4.5	6	8	18.28	14.3	632.7	97.2	5.88	2.31	89.1	19.6
	150×150	144	148	5	7	8	27.77	21.8	1 070	378.4	6.21	3.69	148.6	51.1
		147	149	6	8.5	8	33.68	26.4	1 338	468.9	6.30	3.73	182.1	62.9
	175×90	168	88	3.2	4.5	8	13.56	10.6	619.6	51.2	6.76	1.94	73.8	11.6
		171	89	4	6	8	17.59	13.8	852.1	70.6	6.96	2.00	99.7	15.9
	175×175	167	173	5	7	13	33.32	26.2	1731	604.5	7.21	4.26	207.2	69.9
		172	175	6.5	9.5	13	44.65	35.0	2 466	849.2	7.43	4.36	286.8	97.1
	200×100	193	98	3.2	4.5	8	15.26	12.0	921.0	70.7	7.77	2.15	95.4	14.4
		196	99	4	6	8	19.79	15.5	1 260	97.2	7.98	2.22	128.6	19.6
	200×150	188	149	4.5	6	8	26.35	20.7	1 669	331.0	7.96	3.54	177.6	44.4
	200×200	192	198	6	8	13	43.69	34.3	2 984	1 036	8.26	4.87	310.8	104.6
	250×125	244	124	4.5	6	8	25.87	20.3	2 529	190.9	9.89	2.72	207.3	30.8
	250×175	238	173	4.5	6	13	39.12	30.7	4 045	690.8	10.17	4.20	339.9	79.9
	300×150	294	148	4.5	6	13	31.90	25.0	4342	324.6	11.67	3.19	295.4	43.9
	300×200	286	198	6	8	13	49.33	38.7	7 000	1036	11.91	4.58	489.5	104.6
	350×175	340	173	4.5	6	13	36.97	29.0	6 823	518.3	13.58	3.74	401.3	59.9
	400×150	390	148	6	8	13	47.57	37.3	10 900	433.2	15.14	3.02	559.0	58.5
	400×200	390	198	6	8	13	55.57	43.6	13 819	1 036	15.77	4.32	708.7	104.6

注:1. 同一型号的产品,其内测尺寸高度一致;2. 截面面积计算公式为 $t_1 = (H-2t_2)+2Bt2+0.858r^2$。

附表 D–10　部分 T 型钢截面尺寸面积和截面特性(GB/T11263—2005)

H—高度;t_2—翼缘厚度;B—厚度;

C_x—重心;t_1—腹板厚度;r—圆角半径

类别	型号(高度×宽度)(mm×mm)	截面尺寸/mm					截面面积(cm²)	理论每米质量(kg/m)	惯性矩/cm⁴		惯性半径/cm		截面模数/cm³		重心C_x	对应 H 型钢系列型号
		H	B	t_1	t_2	r			I_x	I_y	i_x	i_y	W_x	W_y		
TW	50×100	50	100	6	8	8	10.79	8.48	16.7	67.7	1.23	2.49	4.2	13.5	1.00	100×100
	62.5×125	62.5	125	6.5	9	8	15.00	11.8	35.2	147.1	1.53	3.13	6.9	23.5	1.19	125×125
	75×150	75	150	7	10	8	19.82	15.6	66.6	281.9	1.83	3.77	10.9	37.6	1.37	150×150
	87.5×175	87.5	175	7.5	11	13	25.71	20.2	115.8	494.4	2.12	4.38	16.1	56.5	1.55	175×175
	100×200	100	200	8	12	13	31.77	24.9	185.6	803.3	2.42	5.03	22.4	80.3	1.73	200×200
		100	204	12	12	13	35.77	28.1	256.3	853.6	2.68	4.89	32.4	83.7	2.09	
	125×250	125	250	9	14	13	45.72	35.9	413.0	1 827	3.01	6.32	39.6	146.1	2.08	250×250
		125	255	14	14	13	51.97	40.8	589.3	1 941	3.37	6.11	59.4	152.2	2.58	
	150×300	147	302	12	12	13	53.17	41.7	855.8	2 760	4.01	7.20	72.2	182.8	2.85	300×300
		150	300	10	15	13	59.23	46.5	798.7	3 379	3.67	7.55	63.8	225.3	2.47	
		150	305	15	15	13	66.73	52.4	1 107	3 554	4.07	7.30	92.6	233.1	3.04	
	175×350	172	348	10	16	13	72.01	56.5	1 231	5 624	4.13	8.84	84.7	323.2	2.67	350×350
		175	350	12	19	13	85.95	67.5	1 520	6 794	4.21	8.89	103.9	388.2	2.87	
	200×400	194	402	15	15	22	89.23	70.0	2 479	8 150	5.27	9.56	157.9	405.5	3.70	400×400
		197	398	11	18	22	93.41	73.3	2 052	9 481	4.69	10.07	122.9	476.4	3.01	
		200	400	13	21	22	109.35	85.8	2 483	1 122	4.77	10.13	147.9	561.3	3.21	
		200	408	21	21	22	125.35	98.4	3 654	1 192	5.40	9.75	229.4	584.7	4.07	
		207	405	18	28	22	147.70	115.9	3 634	1 553	4.96	10.26	213.6	767.2	3.68	
		214	407	20	35	22	180.33	141.6	43 93	1 970	4.94	10.45	251.0	968.2	3.90	
TW	75×100	74	100	6	9	8	13.17	10.3	51.7	75.6	1.98	2.39	8.9	15.1	1.56	150×100
	100×150	97	150	6	9	8	19.05	15.0	124.4	253.7	2.56	3.65	15.8	33.8	1.80	200×150
	125×175	122	175	7	11	13	27.75	21.8	288.3	494.4	3.22	4.22	29.1	56.5	2.28	250×175
	150×200	147	200	8	12	13	35.53	27.9	570.0	803.5	4.01	4.76	48.1	80.3	2.85	300×200
	175×250	170	250	9	14	13	49.77	39.1	1 016	1 827	4.52	6.06	73.1	146.1	3.11	350×250
	200×300	195	300	10	16	13	66.63	52.3	1 730	3 605	5.10	7.36	107.7	240.3	3.43	400×300
	225×300	220	300	11	18	13	76.95	60.4	2 680	4 056	5.90	7.26	149.6	270.4	4.09	450×300
	250×300	241	300	11	15	13	70.59	55.4	3 399	3 381	6.94	6.92	178.0	225.4	5.00	500×300
		244	300	11	18	13	79.59	62.5	3 615	4 056	6.74	7.14	183.7	270.4	4.72	

类别	型号（高度×宽度）（mm×mm）	截面尺寸/mm					截面面积（cm²）	理论每米质量（kg/m）	惯性矩/cm⁴		惯性半径/cm		截面模数/cm³		重心 C_x	对应H型钢系列型号
		H	B	t_1	t_2	r			I_x	I_y	i_x	i_y	W_x	W_y	C_x	
TW	250×300	272	300	11	15	13	74.00	58.1	4789	3381	8.04	6.76	225.4	225.4	5.96	500×300
		275	300	11	18	13	83.00	65.2	5093	4056	7.83	6.99	232.5	270.4	5.59	
	275×300	291	300	12	17	13	84.61	66.4	6324	3832	8.65	6.73	280.0	255.5	6.51	550×300
		294	300	12	20	13	93.61	73.5	6691	4507	8.45	6.94	288.1	300.5	6.17	
		297	302	14	23	13	108.55	85.2	7917	5289	8.54	6.98	339.9	350.3	6.41	
TN	50×50	50	50	5	7	8	5.92	4.7	11.9	7.8	1.42	1.14	3.2	3.1	1.28	100×50
	62.5×60	62.5	60	6	8	8	8.34	6.6	27.5	14.9	1.81	1.34	6.0	5.0	1.64	125×60
	75×75	75	75	5	7	8	8.92	7.0	42.4	25.1	2.18	1.68	7.4	6.7	1.79	150×75
	87.5×90	87.5	90	5	8	8	11.45	9.0	70.5	49.1	2.48	2.07	10.3	10.9	1.93	175×90
	100×100	99	99	4.5	7	8	11.34	8.9	93.1	57.1	2.87	2.24	12.0	11.5	2.17	200×100
		100	100	5.5	8	8	13.33	10.5	113.9	67.2	2.92	2.25	14.8	13.4	2.31	
	125×125	124	124	5	8	8	15.99	12.6	206.7	127.6	3.59	2.82	21.2	20.6	2.66	250×125
		125	125	6	9	8	18.48	14.5	247.5	147.1	3.66	2.82	25.5	23.5	2.81	
	150×150	149	149	5.5	8	13	20.40	16.0	390.4	223.3	4.37	3.31	33.5	30.0	3.26	300×150
		150	150	6.5	9	13	23.39	18.4	460.4	256.1	4.44	3.31	39.7	34.2	3.41	
	175×175	173	174	6	9	13	26.23	20.6	674.7	398.0	5.07	3.90	49.7	45.8	3.72	350×175
		175	175	7	11	13	31.46	24.7	811.1	494.5	5.08	3.96	59.0	56.5	3.76	
	200×200	198	199	7	11	13	35.71	28.0	1188	725.7	5.77	4.51	76.2	72.9	4.20	400×200
		200	200	8	13	13	41.69	32.7	1392	870.3	5.78	4.57	88.4	87.0	4.26	
	225×200	223	199	8	12	13	41.49	32.6	1863	791.8	6.70	4.37	108.7	79.6	5.15	450×200
		225	200	9	14	13	47.72	37.5	2148	937.6	6.71	4.43	124.1	93.8	5.19	
	250×200	248	199	9	14	13	49.65	39.0	2820	923.8	7.54	4.31	149.8	92.8	5.97	500×200
		250	200	10	16	13	56.13	44.4	3201	1072	7.55	4.37	168.7	107.2	6.03	
		253	201	11	19	13	64.66	50.8	3666	1292	7.53	4.47	189.9	128.5	6.00	
	275×200	273	199	9	14	13	51.90	40.7	3689	924.0	8.43	4.22	180.3	92.9	6.85	550×200
		275	200	10	16	13	58.63	46.0	4182	1072	8.45	4.28	202.9	107.2	6.89	
	300×200	298	199	10	15	13	58.88	46.2	5148	990.6	9.35	4.10	235.3	99.6	7.92	600×200
		300	200	11	17	13	65.86	51.7	5779	1140	9.37	4.16	262.1	114.0	7.95	
		303	201	12	20	13	74.89	58.8	6554	1361	9.36	4.26	292.9	135.4	7.88	

类别	型号（高度×宽度）（mm×mm）	截面尺寸/mm					截面面积（cm²）	理论每米质量（kg/m）	惯性矩/cm⁴		惯性半径/cm		截面模数/cm³		重心 C_x	对应H型钢系列型号
		H	B	t_1	t_2	r			I_x	I_y	i_x	i_y	W_x	W_y		
TN	325×300	323	299	10	15	13	76.27	59.9	7230	3346	9.74	6.62	289.0	223.8	7.28	650×300
		325	300	11	17	13	85.61	67.2	8095	3832	9.72	6.69	321.1	255.4	7.29	
		328	301	12	20	13	97.89	76.8	9139	4553	9.66	6.82	357.0	302.5	7.20	
	350×300	346	300	13	20	13	103.11	80.9	1126	4510	10.45	6.61	425.3	300.6	8.12	700×300
		350	300	13	24	13	115.11	90.4	1201	5410	10.22	6.86	439.5	360.6	7.65	
	400×300	396	300	14	22	18	119.75	94.0	1766	4970	12.14	6.44	592.1	331.3	9.77	800×300
		400	300	14	26	18	131.75	103.4	1877	5870	11.94	6.67	610.8	391.3	9.27	
	450×300	445	299	15	23	18	133.46	104.8	2589	5147	13.93	6.21	790.0	344.3	11.70	900×300
		450	300	16	28	18	152.91	120.0	2922	6327	13.82	6.43	868.5	421.8	11.35	
		456	302	18	34	18	180.03	141.3	3434	7838	13.81	6.60	1002	519.0	11.34	

附表 D - 11　热轧无缝钢管的规格及截面特征（按 YB 231—70 计算）

I—截面惯性矩；

W—截面抵抗矩；

i—截面回转半径。

尺寸/mm		截面面积 A/cm²	每米质量/(kg/m)	截面特性			尺寸/mm		截面面积 A/cm²	每米质量/(kg/m)	截面特性		
d	t			I/cm⁴	W/cm³	i/cm	d	t			I/cm⁴	W/cm³	i/cm
32	2.5	2.32	1.82	2.54	1.59	1.05	42	2.5	3.10	2.44	6.07	2.89	1.40
	3.0	2.73	2.15	2.90	1.82	1.03		3.0	3.68	2.89	7.03	3.35	1.38
	3.5	3.13	2.46	3.23	2.02	1.02		3.5	4.23	3.32	7.91	3.77	1.37
	4.0	3.52	2.76	3.52	2.20	1.00		4.0	4.78	3.75	8.71	4.15	1.34
38	2.5	2.79	2.19	4.41	2.32	1.26	45	2.5	3.34	2.62	7.56	3.36	1.51
	3.0	3.30	2.59	5.09	2.68	1.24		3.0	3.96	3.11	8.77	3.90	1.49
	3.5	3.79	2.98	5.70	3.00	1.23		3.5	4.56	3.58	9.89	4.40	1.49
	4.0	4.27	3.35	6.26	3.29	1.21		4.0	5.15	4.04	10.93	4.86	1.46

尺寸/mm		截面面积 A /cm²	每米质量 /(kg/m)	截面特性			尺寸/mm		截面面积 A /cm²	每米质量 /(kg/m)	截面特性		
d	t			I /cm⁴	W /cm³	i /cm	d	t			I /cm⁴	W /cm³	i /cm
50	2.5	3.73	2.93	10.55	4.22	1.68	63.5	3.0	5.70	4.48	26.15	8.24	2.14
	3.0	4.43	3.48	12.28	4.91	1.67		3.5	6.60	5.18	29.79	9.38	2.12
	3.5	5.11	4.01	13.90	5.56	1.65		4.0	7.48	5.87	33.24	10.47	2.11
	4.0	5.78	4.54	15.41	6.16	1.63		4.5	8.34	6.55	36.50	11.50	2.09
	4.5	6.43	5.05	16.81	6.72	1.62		5.0	9.19	7.21	39.60	12.47	2.08
	5.0	7.07	5.55	18.11	7.25	1.60		5.5	10.02	7.87	42.52	13.39	2.06
54	3.0	4.81	3.77	15.68	5.81	1.81		6.0	10.84	8.51	45.28	14.26	2.04
	3.5	5.55	4.36	17.79	6.59	1.79	68	3.0	6.13	4.81	32.42	9.54	2.30
	4.0	6.28	4.93	19.76	7.32	1.77		3.5	7.09	5.57	36.99	10.88	2.28
	4.5	7.00	5.49	12.61	8.00	1.76		4.0	8.04	6.31	43.34	12.16	2.27
	5.0	7.70	6.04	23.34	8.64	1.74		4.5	8.98	7.05	45.47	13.37	2.25
	5.5	8.38	6.58	24.96	9.24	1.73		5.0	9.90	7.77	19.41	14.53	2.23
	6.0	9.05	7.10	26.46	9.80	1.71		5.5	10.80	8.48	53.14	15.63	2.22
57	3.0	5.09	4.00	18.61	6.53	1.91		6.0	11.69	9.17	15.68	16.67	2.20
	3.5	5.88	4.62	21.14	7.42	1.90	70	3.0	6.31	4.96	35.50	10.14	2.37
	4.0	6.66	5.23	23.52	8.25	1.88		3.5	7.31	5.74	40.53	11.58	2.35
	4.5	7.42	5.83	25.76	9.04	1.86		4.0	8.29	6.51	45.33	12.95	2.34
	5.0	8.17	6.41	27.86	9.78	1.85		4.5	9.26	7.27	49.89	14.26	2.32
	5.5	8.90	6.99	29.84	10.47	1.83		5.0	10.21	8.01	54.24	15.50	2.30
	6.0	9.61	7.55	31.69	11.12	1.82		5.5	11.14	8.75	58.38	16.68	2.29
60	3.0	5.37	4.22	21.88	7.29	2.02		6.0	12.06	9.47	62.31	17.80	2.27
	3.5	6.21	4.88	24.88	8.29	2.00	73	3.0	6.60	5.18	40.48	11.09	2.48
	4.0	7.04	5.52	27.73	9.24	1.98		3.5	7.64	6.00	46.26	12.67	2.46
	4.5	7.85	6.16	30.41	10.14	1.97		4.0	8.67	6.81	51.78	14.19	2.44
	5.0	8.64	6.78	32.94	10.98	1.95		4.5	9.68	7.60	57.04	15.63	2.43
	5.5	9.42	7.39	35.12	11.77	1.94		5.0	10.68	8.38	62.07	17.01	2.41
	6.0	10.18	7.99	37.56	12.52	1.92		5.5	11.66	9.16	66.87	18.32	2.39
								6.0	12.63	9.91	71.43	19.57	2.38

尺寸/mm		截面面积 A /cm²	每米质量 /(kg/m)	截面特性			尺寸/mm		截面面积 A /cm²	每米质量 /(kg/m)	截面特性		
d	t			I /cm⁴	W /cm³	i /cm	d	t			I /cm⁴	W /cm³	i /cm
76	3.0	6.88	5.40	45.91	12.08	2.58	95	6.5	18.07	14.19	177.89	37.45	3.14
	3.5	7.97	6.26	52.50	13.82	2.57		7.0	19.35	15.19	188.51	39.69	3.12
	4.0	9.05	7.10	58.81	15.48	2.55	102	3.5	10.83	8.50	131.52	25.79	3.48
	4.5	10.11	7.93	64.85	17.07	2.53		4.0	13.32	9.67	148.09	29.04	3.47
	5.0	11.15	8.75	70.62	18.59	2.52		4.5	13.78	10.82	164.14	32.18	3.45
	5.5	12.18	9.56	76.14	20.04	2.50		5.0	15.24	11.96	179.68	35.23	3.43
	6.0	13.19	10.36	81.41	21.42	2.48		5.5	16.67	13.09	197.72	38.18	3.42
83	3.5	8.74	6.86	69.19	16.67	2.81		6.0	18.10	14.21	209.28	41.03	3.40
	4.0	9.93	7.79	77.64	18.71	2.80		6.5	19.50	15.31	223.35	43.79	3.38
	4.5	11.10	8.71	85.76	20.67	2.78		7.0	20.89	16.40	236.96	46.46	3.37
	5.0	12.25	9.62	93.56	22.54	2.76	114	4.0	13.82	10.85	209.35	36.73	3.89
	5.5	13.39	10.51	101.04	24.35	2.75		4.5	15.48	12.15	232.41	40.77	3.87
	6.0	14.51	11.39	108.22	26.08	2.73		5.0	17.12	13.44	254.81	44.70	3.86
	6.5	15.62	12.26	115.10	27.74	2.71		5.5	18.75	14.72	276.58	48.52	3.84
	7.0	16.71	13.12	121.69	29.32	2.70		6.0	20.36	15.98	297.73	52.23	3.82
89	3.5	9.40	7.38	86.05	19.34	3.03		6.5	21.95	17.23	318.26	55.84	3.81
	4.0	10.68	8.38	96.68	21.73	3.01		7.0	23.53	18.47	338.19	59.33	3.79
	4.5	11.95	9.38	106.92	24.03	2.99		7.5	25.09	19.70	357.58	62.73	3.77
	5.0	13.19	10.36	116.79	26.24	2.98		8.0	26.64	20.91	376.30	66.02	3.76
	5.5	14.43	11.33	126.29	28.38	2.96	121	4.0	14.70	11.54	251.87	41.63	4.14
	6.0	15.65	12.28	135.43	30.43	2.94		4.5	16.47	12.93	279.83	46.25	4.12
	6.5	16.85	13.22	144.22	32.41	2.93		5.0	18.22	14.30	307.05	50.75	4.11
	7.0	18.03	14.16	152.67	34.31	2.91		5.5	19.96	15.67	333.54	55.13	4.09
95	3.5	10.06	7.90	105.45	22.20	3.24		6.0	21.68	17.02	359.32	59.39	4.07
	4.0	11.44	8.98	118.60	24.97	3.22		6.5	23.38	18.35	384.40	63.54	4.05
	4.5	12.79	10.04	131.31	27.64	3.20		7.0	25.07	19.68	408.80	67.57	4.04
	5.0	14.14	11.10	143.58	30.23	3.19		7.5	26.74	20.99	432.51	71.49	4.02
	5.5	15.46	12.14	155.43	32.72	3.17		8.0	28.40	22.29	455.57	75.30	4.01
	6.0	16.78	13.17	166.86	35.13	3.15	127	4.0	15.46	12.13	292.61	46.08	4.35

尺寸/mm		截面面积 A /cm²	每米质量 /(kg/m)	截面特性			尺寸/mm		截面面积 A /cm²	每米质量 /(kg/m)	截面特性		
d	t			I /cm⁴	W /cm³	i /cm	d	t			I /cm⁴	W /cm³	i /cm
127	4.5	17.32	13.59	325.29	51.23	4.33	146	5.5	24.28	19.06	599.95	82.19	4.97
	5.0	19.16	15.04	257.14	56.24	4.32		6.0	26.39	20.72	647.73	88.75	4.95
	5.5	20.99	16.48	388.19	61.13	4.30		6.5	28.49	22.36	694.44	95.13	4.94
	6.0	22.81	17.90	418.44	65.90	4.28		7.0	30.57	24.00	740.12	101.39	4.92
	6.5	24.61	19.32	447.92	70.54	4.27		7.5	32.63	25.62	784.77	107.50	4.90
	7.0	26.39	20.72	476.63	75.06	4.25		8.0	34.68	27.23	828.41	113.48	4.89
	7.5	28.16	22.10	504.58	79.46	4.23		9.0	38.74	30.41	912.71	125.03	4.85
	8.0	29.91	23.48	531.80	83.75	4.22		10	42.73	33.54	993.16	136.05	4.82
133	4.0	16.21	12.73	337.53	50.76	4.56	152	4.5	20.85	16.37	567.61	74.69	5.22
	4.5	18.17	14.26	375.42	56.45	4.55		5.0	23.09	18.13	624.43	82.16	5.20
	5.0	20.11	15.78	412.40	62.02	4.53		5.5	25.31	19.87	680.06	89.48	5.18
	5.5	22.03	17.29	448.50	67.44	4.51		6.0	27.52	21.60	734.52	96.65	5.17
	6.0	23.94	18.79	483.72	72.74	4.50		6.5	29.71	23.23	787.82	103.66	5.15
	6.5	25.83	20.28	518.07	77.91	4.48		7.0	31.89	25.03	839.99	110.52	5.13
	7.0	27.71	21.75	551.58	82.94	4.46		7.5	34.05	26.73	891.03	117.24	5.12
	7.5	29.57	23.21	584.25	87.86	4.45		8.0	36.19	28.41	940.97	123.81	5.10
	8.0	31.42	24.66	616.11	92.65	4.43		9.0	40.43	31.74	1 037.59	136.53	5.07
140	4.5	19.16	15.04	440.12	62.87	4.79		10	44.61	35.02	1 129.99	148.68	5.03
	5.0	21.21	16.65	483.76	69.11	4.78	159	4.5	21.84	17.15	652.27	82.05	5.46
	5.5	23.24	18.24	526.40	75.20	4.76		5.0	24.19	18.99	717.88	90.30	5.45
	6.0	25.26	19.83	568.06	81.15	4.74		5.5	26.52	20.82	782.18	98.39	5.43
	6.5	27.26	21.40	608.76	86.97	4.73		6.0	28.84	22.64	845.19	106.31	5.41
	7.0	29.25	22.96	648.51	92.64	4.71		6.5	31.14	24.45	906.92	114.08	5.40
	7.5	31.22	24.51	687.32	98.19	4.69		7.0	33.43	26.24	967.41	121.69	5.38
	8.0	33.18	26.04	725.21	103.60	4.68		7.5	35.70	28.02	1 026.65	129.14	5.36
	9.0	37.04	29.08	798.29	114.04	6.64		8.0	37.59	29.79	1 084.67	136.44	5.35
	10	40.84	32.06	867.86	123.98	4.61		9.0	42.41	33.29	1 197.12	150.58	5.31
146	4.5	20.00	15.70	501.16	68.65	5.01		10	46.81	36.75	1 304.88	164.14	5.28
	5.0	22.15	17.39	551.10	75.49	4.99	168	4.5	23.11	18.14	772.96	92.02	5.78

尺寸/mm		截面面积 A /cm²	每米质量 /(kg/m)	截面特性			尺寸/mm		截面面积 A /cm²	每米质量 /(kg/m)	截面特性		
d	t			I /cm⁴	W /cm³	i /cm	d	t			I /cm⁴	W /cm³	i /cm
168	5.0	25.60	20.10	851.14	101.33	5.77	203	6.0	37.13	29.15	1 803.07	177.64	6.97
	5.5	28.08	22.04	927.85	110.46	5.75		6.5	40.13	31.50	1 938.81	191.02	6.95
	6.0	30.54	23.97	1 003.12	119.42	5.73		7.0	43.10	33.84	2 072.43	204.18	6.93
	6.5	32.98	25.89	1 076.95	128.21	5.71		7.5	46.06	36.16	2 203.94	217.4	6.92
	7.0	35.41	27.79	1 149.36	136.83	5.70		8.0	49.01	38.47	2 333.37	229.89	6.90
	7.5	37.82	29.69	1 220.38	145.28	5.68		9.0	54.85	43.06	2 586.08	254.79	6.87
	8.0	40.21	31.57	1 290.01	153.57	5.66		10	60.63	47.60	2 830.72	278.89	6.83
	9.0	44.96	35.29	1 425.22	169.67	5.63		12	72.01	56.52	3 296.49	324.78	6.77
	10	49.64	38.97	1 555.13	185.13	5.60		14	8313	65.25	3 732.07	367.69	6.70
180	5.0	27.49	21.58	1 053.17	117.02	6.19		16	94.00	73.79	4 138.78	407.76	6.64
	5.5	30.15	23.67	1 148.79	127.64	6.17	219	6.0	40.15	31.52	2 278.74	208.10	7.53
	6.0	32.80	25.75	1 242.72	138.08	6.16		6.5	43.39	34.06	2 451.64	223.89	7.52
	6.5	35.43	27.81	1 335.60	148.33	6.14		7.0	46.62	36.60	2 622.04	239.46	7.50
	7.0	38.04	29.87	1 425.63	158.40	6.12		7.5	49.83	39.12	1 789.96	254.79	7.48
	7.5	40.64	31.91	1 514.64	168.29	6.10		8.0	53.03	41.63	2 955.43	269.90	7.47
	8.0	43.23	33.93	1 602.04	178.00	6.09		9.0	59.38	46.61	3 279.12	299.46	7.43
	9.0	48.35	37.95	1 772.12	196.90	6.05		10	65.66	51.54	3 593.29	328.15	7.40
	10	53.41	41.92	1 936.01	215.11	6.02		12	78.04	61.26	4 193.81	383.00	7.33
	12	63.33	49.72	2 245.84	249.54	5.95		14	90.16	70.78	4 758.50	434.57	7.26
194	5.0	29.69	23.31	1 326.54	136.76	6.68		16	102.04	80.10	5 288.81	483.00	7.20
	5.5	32.57	25.57	1 447.86	149.26	6.67	245	6.5	48.70	38.23	3 465.46	282.89	8.44
	6.0	35.44	27.82	1 567.21	161.57	6.65		7.0	52.34	41.08	3 709.06	302.78	8.42
	6.5	38.29	30.06	1 684.61	173.67	6.63		7.5	55.96	43.93	3 949.52	322.41	8.40
	7.0	41.12	32.28	1 800.08	185.57	6.62		8.0	59.56	46.76	4 186.87	341.79	8.38
	7.5	43.94	34.50	1 913.64	197.28	6.60		9.0	66.73	52.38	4 652.32	379.78	8.35
	8.0	46.75	36.70	2 025.31	208.79	6.58		10	73.83	57.95	5 105.63	416.79	8.32
	9.0	52.31	41.06	2 243.08	231.5	6.55		12	87.84	68.95	5 976.67	487.89	8.25
	10	57.81	45.38	2 453.55	252.94	6.51		14	101.60	79.76	6 801.68	555.24	8.18
	12	68.61	53.86	2 853.25	294.15	6.45		16	115.11	90.36	7 582.30	618.96	8.12

尺寸/mm		截面面积 A /cm²	每米质量 /(kg/m)	截面特性			尺寸/mm		截面面积 A /cm²	每米质量 /(kg/m)	截面特性		
d	t			I /cm⁴	W /cm³	i /cm	d	t			I /cm⁴	W /cm³	i /cm
273	6.5	54.42	42.72	4 834.18	354.15	9.42	325	7.5	74.81	58.73	9 431.80	580.42	11.23
	7.0	58.50	45.92	5 177.30	379.29	9.41		8.0	79.67	62.54	10 013.92	616.24	11.21
	7.5	62.56	49.11	5 516.47	404.14	9.39		9.0	89.35	70.14	11 161.33	686.85	11.18
	8.0	66.60	52.28	5 851.71	428.70	9.37		10	98.96	77.68	12 286.52	756.09	11.14
	9.0	74.64	58.60	6 510.56	476.96	9.34		12	118.00	92.63	14 471.45	890.55	11.07
	10	82.62	64.86	7 154.09	524.11	9.31		14	136.78	107.38	16 570.98	1 019.75	11.01
	12	98.39	77.24	8 396.14	615.10	9.24		16	155.32	121.93	18 587.38	1 143.84	10.94
	14	113.91	89.42	9 579.75	701.81	9.17							
	16	129.18	101.41	10 706.79	784.38	9.10							
299	7.5	68.68	53.92	7 300.02	488.30	10.31	351	8.0	86.21	67.67	12 684.36	722.76	12.13
	8.0	73.14	57.41	7 747.42	518.22	10.29		9.0	96.70	75.91	14 147.55	806.13	12.10
	9.0	82.00	64.37	8 628.09	577.13	10.26		10	107.13	84.10	15 584.62	888.01	12.06
	10	90.79	71.27	9 490.15	634.79	10.22		12	127.80	100.32	18 381.63	1 047.39	11.99
	12	108.20	84.93	11 159.52	746.46	10.16		14	148.22	116.35	21 077.86	1 201.02	11.93
	14	125.35	98.40	12 575.61	853.35	10.09		16	168.39	132.19	23 675.75	1 349.05	11.86
	16	142.25	111.67	14 286.48	955.62	10.02							

注:热轧无缝钢管的通常长度为 3~12 m。

附表 D-12 电焊钢管的规格及截面特征(按 YB242—1963 计算)

I—截面惯性矩;

W—截面抵抗矩;

i—截面回转半径;

尺寸/mm		截面面积 A /cm²	每米质量 /(kg/m)	截面特性			尺寸/mm		截面面积 A /cm²	每米质量 /(kg/m)	截面特性		
d	t			I /cm⁴	W /cm³	i /cm	d	t			I /cm⁴	W /cm³	i /cm
32	2.0	1.88	1.48	2.13	1.33	1.06	40	2.0	2.39	1.87	4.32	2.16	1.35
	2.5	2.32	1.82	2.54	1.59	1.05		2.5	2.95	2.31	5.20	2.60	1.33
38	2.0	2.26	1.78	3.68	1.93	1.27	42	2.0	2.51	1.97	5.04	2.40	1.42
	2.5	2.79	2.19	4.41	2.32	1.26		2.5	3.10	2.44	6.07	2.89	1.40

尺寸/mm		截面面积 A /cm²	每米质量 /(kg/m)	截面特性			尺寸/mm		截面面积 A /cm²	每米质量 /(kg/m)	截面特性		
d	t			I /cm⁴	W /cm³	i /cm	d	t			I /cm⁴	W /cm³	i /cm
45	2.0	2.70	2.12	6.26	2.78	1.52	76	2.5	5.77	4.53	39.03	10.27	2.60
	2.5	3.34	2.62	7.56	3.36	1.51		3.0	6.88	5.40	45.91	12.08	2.58
	3.0	3.96	3.11	8.77	3.90	1.49		3.5	7.97	6.26	52.50	13.82	2.57
51	2.0	3.08	2.42	9.26	3.63	1.73		4.0	9.05	7.10	58.81	15.48	2.55
	2.5	3.81	2.99	11.23	4.40	1.72		4.5	10.11	7.93	64.85	17.07	2.53
	3.0	4.52	3.55	13.08	5.13	1.70	83	2.0	5.09	4.00	41.76	10.06	2.86
	3.5	5.22	4.10	14.81	5.81	1.68		2.5	6.32	4.96	51.26	12.35	2.85
53	2.0	3.20	2.52	10.43	3.94	1.80		3.0	7.54	5.92	60.40	14.56	2.83
	2.5	3.97	3.11	12.67	4.78	1.79		3.5	8.74	6.86	69.19	16.67	2.81
	3.0	4.71	3.70	14.78	5.58	1.77		4.0	9.93	7.79	77.64	18.71	2.80
	3.5	5.44	4.27	16.75	6.32	1.75		4.5	11.10	8.71	85.76	20.67	2.78
57	2.0	3.46	2.71	13.08	4.59	1.95	89	2.0	5.47	4.29	51.75	11.63	3.08
	2.5	4.28	3.36	15.93	5.59	1.93		2.5	6.79	5.33	63.59	14.29	3.06
	3.0	5.09	4.00	18.61	6.53	1.91		3.0	8.11	6.36	75.02	16.86	3.04
	3.5	5.88	4.62	21.14	7.42	1.90		3.5	9.40	7.38	86.05	19.34	3.03
60	2.0	3.64	2.86	15.34	5.11	2.05		4.0	10.68	8.38	96.68	21.73	3.01
	2.5	4.52	3.55	18.70	6.23	2.03		4.5	11.95	9.38	106.92	24.03	2.99
	3.0	5.37	4.22	21.88	7.29	2.02	95	2.0	5.84	4.59	63.20	13.31	3.29
	3.5	6.21	4.88	24.88	8.29	2.00		2.5	7.26	5.70	77.76	16.37	3.27
63.5	2.0	3.86	3.03	18.29	5.76	2.18		3.0	8.67	6.81	91.83	19.33	3.25
	2.5	4.79	3.76	22.32	7.03	2.16		3.5	10.06	7.90	105.45	22.20	3.24
	3.0	5.70	4.48	26.15	8.24	2.14	102	2.0	6.28	4.93	78.57	15.41	3.54
	3.5	6.60	5.18	29.79	9.38	2.12		2.5	7.81	6.13	96.77	18.97	3.52
70	2.0	4.27	3.35	24.72	7.06	2.41		3.0	9.33	7.32	114.42	22.43	3.50
	2.5	5.30	4.16	30.23	8.64	2.39		3.5	10.83	8.50	131.52	25.79	3.48
	3.0	6.31	4.96	35.50	10.14	2.37		4.0	12.32	9.67	148.08	29.04	3.47
	3.5	7.31	5.74	40.53	11.58	2.35		4.5	13.78	10.82	164.14	32.18	3.45
	4.5	9.26	7.27	49.89	14.26	2.32		5.0	15.24	11.96	179.68	35.23	3.43
76	2.0	4.65	3.65	31.85	8.38	2.62	108	3.0	9.90	7.77	136.49	25.28	3.71

尺寸/mm d	t	截面面积 A/cm²	每米质量 /(kg/m)	I/cm⁴	W/cm³	i/cm	尺寸/mm d	t	截面面积 A/cm²	每米质量 /(kg/m)	I/cm⁴	W/cm³	i/cm
108	3.5	11.49	9.02	157.02	29.08	3.70	133	3.5	14.24	11.18	298.71	44.92	4.58
	4.0	13.07	10.26	176.95	32.77	3.68		4.0	16.21	12.73	337.53	50.76	4.56
114	3.0	10.46	8.21	161.24	28.29	3.93		4.5	18.17	14.26	375.42	56.45	4.55
	3.5	12.15	9.54	185.63	32.57	3.91		5.0	20.11	15.78	412.40	62.02	4.53
	4.0	13.82	10.85	209.35	36.73	3.89	140	3.5	15.01	11.78	349.79	49.97	4.83
	4.5	15.48	12.15	232.41	40.77	3.87		4.0	17.09	13.42	395.47	56.50	4.81
	5.0	17.12	13.44	254.81	44.70	3.86		4.5	19.16	15.04	440.12	62.87	4.79
121	3.0	11.12	8.73	193.69	32.01	4.17		5.0	12.21	16.65	483.76	69.11	4.78
	3.5	12.92	10.14	223.17	36.89	4.16		5.5	23.24	18.24	526.40	75.20	4.76
	4.0	14.70	11.54	251.87	41.63	4.14	152	3.5	16.33	12.82	450.35	59.26	5.25
127	3.0	11.69	9.17	224.75	35.39	4.39		4.0	18.60	14.60	509.59	67.05	5.23
	3.5	13.58	10.66	259.11	40.80	4.37		4.5	20.85	16.37	576.61	74.69	5.22
	4.0	15.46	12.13	292.61	46.08	4.35		5.0	23.09	18.13	624.43	82.16	5.20
	4.5	17.32	13.59	325.29	51.23	4.33		5.5	25.31	19.87	680.06	89.48	5.18
	5.0	19.16	15.04	357.14	56.24	4.32							

注:电焊钢管的通常长度:$d = 32 \sim 70$ mm 时,为 $3 \sim 10$ m;$d = 76 \sim 152$ mm 时,为 $4 \sim 12$ m。

附表 D-13 冷弯薄壁焊接圆钢管的规格及截面特征

I—截面惯性矩;

W—截面抵抗矩;

i—截面回转半径。

尺寸/mm d	t	截面面积 /cm²	每米质量 /(kg/m)	I /cm⁴	i /cm	W /cm³
25	1.5	1.11	0.87	0.77	0.83	0.61
30	1.5	1.34	1.05	1.37	1.01	0.91
30	2.0	1.76	1.38	1.73	0.99	1.16
40	1.5	1.81	1.42	3.37	1.36	1.68
40	2.0	2.39	1.88	4.32	1.35	2.16
51	2.0	3.08	2.42	9.26	1.73	3.63

尺寸/mm		截面面积	每米长质量	I	i	W
d	t	/cm²	/(kg/m)	/cm⁴	/cm	/cm³
57	2.0	3.46	2.71	13.08	1.95	4.59
60	2.0	3.64	2.86	15.34	2.05	5.10
70	2.0	4.27	3.35	24.72	2.41	7.06
76	2.0	4.65	3.65	31.85	2.62	8.38
83	2.0	5.09	4.00	41.76	2.87	10.06
83	2.5	6.32	4.96	51.26	2.85	12.35
89	2.0	5.47	4.29	51.74	3.08	11.63
89	2.5	6.79	5.33	63.59	3.06	14.29
95	2.0	5.84	4.59	63.20	3.29	13.31
95	2.5	7.26	5.70	77.76	3.27	16.37
102	2.0	6.28	4.93	78.55	3.54	15.40
102	2.5	7.81	6.14	96.76	3.52	18.97
102	3.0	9.33	7.33	114.40	3.50	22.43
108	2.0	6.66	5.23	93.6	3.75	17.33
108	2.5	8.29	6.51	115.4	3.73	21.37
108	3.0	9.90	7.77	136.5	3.72	25.28
114	2.0	7.04	5.52	110.4	3.96	19.37
114	2.5	8.76	6.87	136.2	3.94	23.89
114	3.0	10.46	8.21	161.3	3.93	28.30
121	2.0	7.48	5.87	132.4	4.21	21.88
121	2.5	9.31	7.31	163.5	4.19	27.02
121	3.0	11.12	8.73	193.7	4.17	32.02
127	2.0	7.85	6.17	153.4	4.42	24.16
127	2.5	9.78	7.68	189.5	4.40	29.84
127	3.0	11.69	9.18	224.7	4.39	35.39
133	2.5	10.25	8.05	218.2	4.62	32.81
133	3.0	12.25	9.62	259.0	4.60	38.95
133	3.5	14.24	11.18	298.7	4.58	44.92
140	2.5	10.80	8.48	255.3	4.86	36.47
140	3.0	12.91	10.13	303.1	4.85	43.29

尺寸/mm		截面面积	每米长质量	I	i	W
d	t	/cm²	/(kg/m)	/cm⁴	/cm	/cm³
140	3.5	15.01	11.78	349.8	4.83	49.97
152	3.0	14.04	11.02	389.9	5.27	51.30
152	3.5	16.33	12.82	450.3	5.25	59.25
152	4.0	18.60	14.60	509.6	5.24	67.05
159	3.0	14.70	11.54	447.4	5.52	56.27
159	3.5	17.10	13.42	517.0	5.50	65.02
159	4.0	19.48	15.29	585.3	5.48	73.62
168	3.0	15.55	12.21	529.4	5.84	63.02
168	3.5	18.09	14.20	612.1	5.82	72.87
168	4.0	20.61	16.18	693.3	5.80	82.53
180	3.0	16.68	13.09	635.5	6.26	72.61
180	3.5	19.41	15.24	756.0	6.24	84.00
180	4.0	22.12	17.36	856.8	6.22	95.20
194	3.0	18.00	14.13	821.1	6.75	84.64
194	3.5	20.95	16.45	950.5	6.74	97.77
194	4.0	23.88	18.75	1 078	6.72	111.1
203	3.0	18.85	15.00	943	7.07	92.87
203	3.5	21.94	17.22	1 092	7.06	107.55
203	4.0	25.01	19.63	1 238	7.04	122.01
219	3.0	20.36	15.98	1 187	7.64	108.44
219	3.5	23.70	18.61	1 376	7.62	125.65
219	4.0	27.02	21.81	1 562	7.60	142.62
245	3.0	22.81	17.91	1 670	8.56	136.3
245	3.5	26.55	20.84	1 936	8.54	158.1
245	4.0	30.28	23.77	2 199	8.52	179.5

附表 D-14　冷弯薄壁方钢管的规格及截面特征

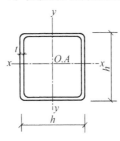

尺寸/mm		截面面积	每米质量	I	i	W
d	t	/cm²	kg/m	/cm⁴	/cm	/cm³
25	1.5	1.31	1.03	1.16	0.94	0.92
30	1.5	1.61	1.27	2.11	1.14	1.40
40	1.5	2.21	1.74	5.33	1.55	2.67
40	2.0	2.87	2.25	6.66	1.52	3.33
50	1.5	2.81	2.21	10.82	1.96	4.33
50	2.0	3.67	2.88	13.71	1.93	5.48
60	2.0	4.47	3.51	24.51	2.34	8.17
60	2.5	5.48	4.30	29.366	2.31	9.79
80	2.0	6.07	4.76	60.58	3.16	15.15
80	2.5	7.48	5.87	73.40	3.13	18.35
100	2.5	9.48	7.44	147.91	3.05	29.58
100	3.0	11.25	8.83	173.12	3.92	34.62
120	2.5	11.48	9.01	260.88	4.77	43.48
120	3.0	13.65	10.72	306.71	4.74	21.12
140	3.0	16.05	12.60	495.68	5.56	70.81
140	3.5	18.58	14.59	568.22	5.53	81.17
140	4.0	21.07	16.44	637.97	5.50	91.14
160	3.0	18.45	14.49	749.64	6.37	93.71
160	3.5	21.38	16.77	861.34	6.35	107.67
160	4.0	24.27	19.05	969.35	6.32	121.17
160	4.5	27.12	21.05	1 073.66	6.29	134.21
160	5.0	29.93	23.35	1 174.44	6.26	146.81

附表 D-15 冷弯薄壁矩形钢管的规格及截面特征

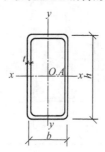

尺寸(mm)			截面面积 /cm²	每米/质量 (kg/m)	x-x			y-y		
h	b	t			I_x /cm⁴	i_x /cm	W_x /cm³	I_y /cm⁴	i_y /cm	W_y /cm³
30	15	1.5	1.20	0.95	1.28	1.02	0.85	0.42	0.59	0.57
40	20	1.6	1.75	1.37	3.43	1.40	1.72	1.15	0.81	1.15
40	20	2.0	2.14	1.68	1.38	4.05	2.02	1.34	0.79	1.34
50	30	1.6	2.39	1.88	7.96	1.82	3.18	3.60	1.23	2.40
50	30	2.0	2.94	2.31	9.54	1.80	3.81	4.29	1.21	2.86
60	30	2.5	4.09	3.21	17.93	2.09	5.80	6.00	1.21	4.00
60	30	3.0	4.81	3.77	20.50	2.06	6.83	6.79	1.19	4.53
60	40	2.0	3.74	2.94	189.41	2.22	6.14	9.83	1.62	4.92
60	40	3.0	5.41	4.25	25.37	2.17	8.46	13.44	1.58	6.72
70	50	2.5	5.59	4.20	38.01	2.61	10.86	22.59	2.01	9.04
70	50	3.0	6.61	5.19	44.05	2.58	12.58	26.10	1.99	10.44
80	40	2.0	4.54	3.56	37.36	2.87	9.34	12.72	1.67	6.36
80	40	3.0	6.61	5.19	52.25	2.81	13.06	17.55	1.63	8.78
90	40	2.5	6.09	4.79	60.69	3.16	13.49	17.02	1.67	8.51
90	50	2.0	5.34	4.19	57.88	3.29	12.86	23.37	2.09	9.35
90	50	3.0	7.81	6.13	81.85	2.24	18.19	32.74	2.05	13.09
100	50	3.0	8.41	6.60	106.45	3.56	21.29	36.05	2.07	14.42
100	60	2.6	7.88	6.19	106.66	3.68	21.33	48.47	2.48	16.16
120	60	2.0	6.94	5.45	131.92	4.36	21.99	45.33	2.56	15.11
120	60	3.2	10.85	8.52	199.88	4.29	33.31	67.94	2.50	22.65
120	60	4.0	13.35	10.48	240.72	4.25	40.12	81.24	2.47	27.08
120	80	3.2	12.13	9.53	243.54	4.48	40.59	130.48	3.28	32.62
120	80	4.0	14.96	11.73	294.57	4.44	49.09	157.28	3.24	39.32
120	80	5.0	18.36	14.41	353.11	4.39	58.85	187.75	3.20	46.94
120	80	6.0	21.63	16.98	406.00	4.33	67.67	214.98	3.15	53.74
140	90	3.2	14.05	11.04	384.01	5.23	54.86	194.80	3.71	43.29
140	90	4.0	17.35	13.63	466.59	5.19	66.66	235.92	3.69	52.43
140	90	5.0	21.36	16.78	562.61	5.13	80.37	283.32	3.64	62.96
150	100	3.2	15.33	12.04	488.18	5.64	65.09	262.26	4.14	52.45

附表 D–16 冷弯薄壁等边角钢的规格及截面特征

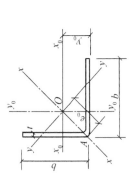

尺寸/mm		截面面积 A/cm²	每米质量/(kg/m)	y₀/cm	x₀–x₀				x–x		y–y		x₁–x₁	e₀/cm	I_t/cm⁴	U_y/cm⁵
b	t	A/cm²	/(kg/m)	y₀/cm	I_{x0}/cm⁴	i_{x0}/cm	W_{x0max}/cm³	W_{x0min}/cm³	I_x/cm⁴	i_{x0}/cm	I_y/cm⁴	i_y/cm	I_{y1}/cm⁴	e_0/cm	I_t/cm⁴	U_y/cm⁵
30	1.5	0.85	0.67	0.828	0.77	0.95	0.93	0.35	1.25	1.21	0.29	0.58	1.35	1.07	0.006 4	0.613
30	2.0	1.12	0.88	0.855	0.99	0.94	1.16	0.46	1.63	1.21	0.36	0.57	1.81	1.07	0.014 9	0.775
40	2.0	1.52	1.19	1.105	2.43	1.27	2.20	0.84	3.95	1.61	0.90	0.77	4.28	1.42	0.020 8	2.585
40	2.5	1.87	1.47	1.132	2.96	1.26	2.62	1.03	4.85	1.61	1.07	0.76	5.36	1.42	0.039 0	3.104
50	2.5	2.37	1.86	1.381	5.93	1.58	4.29	1.64	9.65	2.02	2.20	0.96	10.44	1.78	0.049 4	7.890
50	3.0	2.81	2.21	1.408	6.97	1.57	4.95	1.94	11.40	2.01	2.54	0.95	12.55	1.78	0.084 3	9.169
60	2.5	2.87	2.25	1.630	10.41	1.90	6.38	2.38	16.90	2.43	3.91	1.17	18.03	2.13	0.059 8	16.80
60	3.0	3.41	2.68	1.657	12.29	1.90	1.90	7.42	20.02	2.42	4.56	1.16	21.66	2.13	0.102 3	19.63
75	2.5	3.62	2.84	2.005	20.65	2.39	10.30	3.76	33.43	3.04	7.87	1.48	35.20	2.66	0.075 5	42.09
75	3.0	4.31	3.39	2.031	24.47	2.38	12.05	4.47	39.70	3.03	9.23	1.46	46.26	2.66	0.120 3	49.47

附表 D-17　冷弯薄壁卷边等边角钢的规格及截面特征

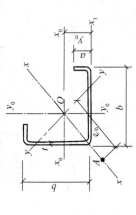

| 尺寸/mm | | | 截面面积 A/cm^2 | 每米质量 $/(kg/m)$ | y_0 /cm | x_0-x_0 | | | | $x-x$ | | $y-y$ | | x_1-x_1 | e_0 /cm | I_t /cm⁴ | I_y /cm⁶ | U_y /cm⁵ |
b	a	t				I_{x_0} /cm⁴	i_{x_0} /cm	W_{x_0max} /cm³	W_{x_0min} /cm³	I_x /cm⁴	i_{x_0} /cm	I_y /cm⁴	i_y /cm	I_{x1} /cm⁴				
40	15	2.0	1.95	1.53	1.404	3.93	1.42	2.80	1.51	5.74	1.72	2.12	1.01	7.758	2.37	0.260	3.88	3.747
60	20	2.0	2.95	2.32	2.026	13.83	2.17	6.83	3.48	20.56	2.64	7.11	1.55	25.94	3.38	0.0394	22.64	21.01
75	20	2.0	3.55	2.79	2.396	25.60	2.69	10.68	5.02	39.01	3.31	12.19	1.85	45.99	3.82	0.0473	36.55	51.84
75	20	2.5	4.36	3.42	2.401	30.76	2.66	12.81	6.03	46.91	3.28	14.60	1.83	55.90	3.80	0.0909	43.33	61.93

附表 D-18 冷弯薄壁槽钢的规格及截面特征

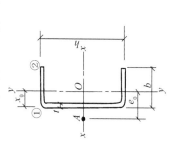

尺寸/mm			截面面积 A/cm²	每米质量 /(kg/m)	x_0 /cm	$x-x$			$y-y$				y_1-y_1	e_0 /cm	I_t /cm⁴	I_w /cm⁶	k /cm⁻¹	$W_{\omega1}$ /cm⁴	$W_{\omega2}$ /cm⁴	U_y /cm⁵
b	b	t				I_x /cm⁴	i_x /cm	W_x /cm³	I_y /cm⁴	i_y /cm	$W_{y\max}$ /cm³	$W_{y\min}$ /cm³	I_{y1} /cm⁴							
40	20	2.5	1.763	1.384	0.629	3.914	1.489	1.957	0.651	0.607	1.034	0.475	1.350	1.255	0.036 7	1.332	0.102 95	1.360	0.671	1.440
50	30	2.5	2.513	1.972	0.951	9.574	1.951	3.829	2.245	0.945	2.359	1.096	4.521	2.013	0.052 3	7.945	0.050 354	3.550	2.045	5.529
60	30	2.5	2.74	2.15	0.883	14.38	2.31	4.89	2.40	0.94	2.71	1.13	4.53	1.88	0.057 1	12.21	0.042 5	4.72	2.51	7.942
70	40	2.5	3.496	2.74	1.202	26.703	2.763	7.629	5.639	1.269	4.688	2.015	10.697	2.653	0.072 8	413.05	0.026 04	9.499	5.439	19.429
80	40	2.5	3.74	2.94	1.132	36.70	3.13	9.18	5.92	1.26	2.23	2.06	10.71	2.51	0.077 9	57.36	0.229	11.61	6.37	26.089
80	40	3.0	4.43	3.48	1.159	42.66	3.10	10.67	6.93	1.25	5.98	2.44	12.87	2.51	0.132 8	64.58	0.028 2	13.64	7.374	30.575
100	40	2.5	4.24	3.33	1.013	62.07	3.83	12.41	6.37	1.23	6.29	2.13	10.72	2.30	0.088 4	99.70	0.018 5	17.07	8.44	42.672
100	40	3.0	5.03	3.95	1.039	72.44	3.80	14.49	7.47	1.22	7.19	2.52	12.89	2.30	0.150 8	113.23	0.227	320.20	9.79	50.247
120	40	2.5	4.74	3.72	0.919	95.95	4.50	15.99	6.72	1.19	7.32	2.18	10.73	2.13	0.098 8	156.19	0.015 6	23.62	10.59	63.644

D-18 续表

尺寸/mm			截面面积 A/cm²	每米质量/(kg/m)	x_0/cm	$x-x$			$y-y$				y_1-y_1	e_0/cm	I_t/cm⁴	I_w/cm⁶	k/cm⁻¹	$W_{\omega 1}$/cm⁴	$W_{\omega 2}$/cm⁴	U_y/cm⁵
b	b	t				I_x/cm⁴	i_x/cm	W_x/cm³	I_y/cm⁴	i_y/cm	$W_{y\max}$/cm³	$W_{y\min}$/cm³	I_{y1}/cm⁴							
120	40	3.0	5.63	4.42	0.944	112.28	4.47	18.71	7.90	1.19	8.37	2.58	12.91	2.12	0.168 8	178.49	0.019 1	28.13	12.33	75.140
140	50	3.0	6.83	5.36	1.187	191.53	5.30	27.36	15.52	1.51	13.08	4.07	25.13	2.75	0.204 8	487.60	0.012 8	48.99	22.93	160.572
140	50	3.5	7.89	6.20	1.211	218.88	5.27	31.27	17.79	1.50	14.69	4.70	29.37	2.74	0.322 3	546.44	0.015 1	56.72	26.09	184.730
160	60	3.0	8.03	6.30	1.432	300.87	6.12	37.61	26.90	1.83	18.79	5.89	43.35	3.37	0.240 8	1 119.78	0.009 1	78.25	38.21	303.617
160	60	3.5	9.29	7.29	1.456	344.94	6.09	43.12	30.92	1.82	21.23	6.81	50.63	3.37	0.379 4	1 264.16	0.010 08	90.71	43.68	349.963
180	60	4.0	11.350	8.910	1.390	510.374	6.705	56.708	39.956	1.779	25.856	7.800	57.908	3.217	0.605 3	1 872.165	0.011 15	135.194	57.111	511.702
180	60	5.0	13.985	10.978	1.440	616.044	6.636	68.44	43.601	1.765	30.274	9.562	72.611	3.217	1.165 4	2 190.181	0.14 30	170.048	68.632	625.549
200	60	4.0	12.150	9.538	1.312	658.605	7.362	65.86	37.016	1.745	28.208	7.896	57.940	3.062	0.648 0	2 424.951	0.010 13	165.206	65.012	644.574
200	60	5.0	14.985	11.763	1.360	796.658	7.291	79.66	44.923	1.731	33.102	9.683	72.674	3.062	1.248 8	2 849.111	0.012 98	209.464	78.322	789.191

附表 D-19 冷弯薄壁卷边槽钢的规格及截面特征

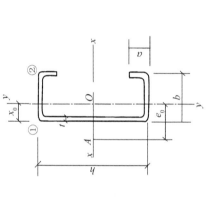

尺寸/mm				截面面积 A/cm²	每米质量 /(kg/m)	x_0 /cm	$x-x$			$y-y$				y_1-y_1	e_0 /cm	I_t /cm⁴	I_ω /cm⁶	k /cm⁻¹	$W_{\omega1}$ /cm⁴	$W_{\omega2}$ /cm⁴
h	b	a	t				I_x /cm⁴	i_x /cm	W_x /cm³	I_y /cm⁴	i_y /cm	W_{ymax} /cm³	W_{ymin} /cm³	I_{y1} /cm⁴						
80	40	15	2.0	3.47	2.72	1.45	34.16	3.14	8.54	7.79	1.50	5.36	3.06	15.10	3.36	0.046 2	112.90	0.012 6	16.03	15.74
100	50	20	2.5	5.23	4.11	1.70	81.34	3.94	16.27	17.19	1.81	10.08	5.22	32.41	3.94	0.109 0	352.80	0.010 9	34.47	29.41
120	50	20	2.5	5.98	4.70	1.70	129.40	4.65	21.57	20.96	1.87	12.28	6.36	38.36	4.08	0.124 6	660.90	0.008 5	51.04	48.36
120	60	20	3.0	7.65	6.01	2.10	170.68	4.72	28.45	37.36	2.21	17.74	9.59	71.31	4.87	0.229 6	1 153.20	0.008 7	75.68	68.84
140	50	20	2.0	5.27	4.14	1.59	154.03	5.41	22.00	18.56	1.88	11.68	5.44	31.86	3.87	0.070 3	794.79	0.005 8	51.44	52.55
140	50	20	2.2	5.76	4.52	1.59	167.40	5.39	23.91	20.03	1.87	12.62	5.87	34.53	3.84	0.092 9	852.46	0.006 5	55.98	56.84
140	50	20	2.5	6.48	5.09	1.58	186.78	5.39	26.68	22.11	1.85	13.96	6.47	38.38	3.80	0.135 1	931.89	0.007 5	62.56	63.56

D-19 续表

尺寸/mm				截面面积 A/cm²	每米质量 /(kg/m)	x_0 /cm	$x-x$			$y-y$				y_1-y_1	e_0 /cm	I_x /cm⁴	I_y /cm⁶	k /cm⁻¹	$W_{\omega 1}$ /cm⁴	$W_{\omega 2}$ /cm⁴
b	b	a	t				I_x /cm⁴	i_x /cm	W_x /cm³	I_y /cm⁴	i_y /cm	$W_{y\max}$ /cm³	$W_{y\min}$ /cm³	I_{y1} /cm⁴						
140	60	20	3.0	8.25	6.48	1.96	245.42	5.45	35.06	39.49	2.19	20.11	9.79	71.33	4.61	0.247 6	1 589.80	0.007 8	92.69	79.00
160	60	20	2.0	6.07	4.76	1.85	236.59	6.24	29.57	29.99	2.22	16.19	7.23	50.83	4.52	0.080 9	1 596.28	0.004 4	76.92	71.30
160	60	20	2.2	6.64	5.21	1.85	257.57	6.23	32.20	32.45	2.21	17.53	7.82	55.19	4.50	0.107 1	1 717.82	0.004 9	83.82	77.55
160	60	20	2.5	7.48	5.87	1.85	288.13	6.21	36.02	35.96	2.19	19.47	8.66	61.49	4.45	0.155 9	1 887.71	0.005 6	93.87	86.63
160	70	20	3.0	9.45	7.42	2.22	373.64	6.29	46.71	60.42	2.53	27.17	12.65	107.20	5.25	0.283 6	3 070.50	0.006 0	135.49	109.92
180	70	20	2.0	6.87	5.39	2.11	343.93	7.08	38.21	45.18	2.57	21.37	9.25	75.87	5.17	0.091 6	2 934.34	0.003 5	109.50	95.22
180	70	20	2.2	7.52	5.90	2.11	374.90	7.06	41.66	48.97	2.55	23.19	10.02	82.49	5.14	0.121 3	3 165.62	0.003 8	119.44	103.58
180	70	20	2.5	8.48	6.66	2.11	420.20	7.04	46.69	54.42	2.53	25.82	11.12	92.08	5.10	0.176 7	3 492.15	0.004 4	133.99	115.73
200	70	20	2.0	7.27	5.71	2.00	440.04	7.78	44.00	46.71	2.54	23.32	9.35	75.88	4.96	0.096 9	3.672.33	0.003 2	126.74	105.15
200	70	20	2.2	7.96	6.25	2.00	479.87	7.77	47.99	50.64	2.52	25.31	10.13	82.49	4.93	0.128 4	3963.82	0.003 5	138.26	115.74
200	70	20	2.5	8.98	7.05	2.00	538.21	7.74	53.82	56.27	2.50	28.18	11.25	92.09	4.89	0.187 1	4 376.18	0.004 1	155.14	129.75
220	75	20	2.0	7.87	6.18	2.08	574.45	8.54	85.22	56.88	2.69	27.35	10.50	90.93	5.18	0.104 9	5 313.52	0.002 8	158.43	127.32
220	75	20	2.2	8.62	6.77	2.08	626.85	8.53	56.99	61.71	2.68	29.70	11.38	98.91	5.15	0.139 1	5 742.07	0.003 1	172.92	138.93
220	75	20	2.5	9.73	7.64	2.07	703.76	8.50	63.98	68.66	2.66	13.11	12.65	110.51	5.11	0.202 8	6 351.05	0.003 5	194.18	155.94

附表 D-20 冷弯薄壁卷边 Z 型钢的规格及截面特征

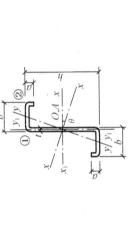

尺寸/mm b	a	t	截面面积 A/cm²	每米质量 (kg/m)	θ	x_1-x_1 I_{x1}/cm⁴	i_{x1}/cm	W_{x1}/cm³	y_1-y_1 I_{y1}/cm⁴	i_{y1}/cm	W_{y1}/cm³	x-x I_x/cm⁴	i_x/cm	W_{x1}/cm³	W_{x2}/cm³	y-y I_y/cm⁴	i_y/cm	W_{y1}/cm³	W_{y2}/cm³	I_{x1y1}/cm⁴	I_x/cm⁴	I_y/cm⁶	k/cm⁻¹	$W_{\omega1}$/cm⁴	$W_{\omega2}$/cm⁴
100	40	20 2.0	4.07	3.19	24°1′	60.04	3.84	12.01	17.02	2.05	4.36	70.70	4.17	15.93	11.94	6.36	1.25	3.36	4.42	23.93	0.054 2	325.0	0.008 1	49.97	29.16
100	40	20 2.5	4.98	3.91	23°46′	72.10	3.80	14.42	20.02	2.00	5.17	84.63	4.12	19.18	14.47	7.49	1.23	4.07	5.28	28.45	0.103 6	381.9	0.010 2	62.25	35.03
120	50	20 2.0	4.87	3.82	24°3′	106.97	4.69	17.83	30.23	2.49	6.17	126.06	5.09	23.55	17.40	11.14	1.51	4.83	5.74	42.77	0.064 9	785.2	0.005 7	84.05	43.96
120	50	20 2.5	5.98	4.70	23°50′	129.39	4.65	21.57	35.91	2.45	7.37	152.05	5.04	28.55	21.21	13.25	1.49	5.89	6.89	51.30	0.124 9	930.9	0.007 2	104.68	52.94
120	50	20 3.0	7.05	5.54	23°36′	150.14	4.61	25.02	40.88	2.41	8.43	175.92	4.99	33.18	24.80	15.11	1.46	6.89	7.92	58.99	0.211 6	1 058.9	0.008 7	125.37	61.22
140	50	20 2.5	6.48	5.09	19°25′	186.77	5.37	26.68	35.91	2.35	7.37	209.19	5.67	32.55	26.34	14.48	1.49	6.69	6.78	60.75	0.135 0	1 289.0	0.006 4	137.04	60.03
140	50	20 3.0	7.65	6.01	19°12′	217.26	5.33	31.04	40.83	2.31	8.43	241.62	5.62	37.76	30.70	16.52	1.47	7.84	7.81	69.93	0.229 6	1 468.2	0.007 7	164.94	69.51
160	60	20 2.5	7.48	5.87	19°59′	288.12	6.21	36.01	58.15	2.79	9.90	323.13	6.57	44.00	34.95	23.14	1.76	9.00	8.71	96.32	0.155 6	2 634.3	0.004 8	205.98	86.28
160	60	20 3.0	8.85	6.95	19°47′	236.66	6.17	42.08	66.66	2.74	11.39	376.76	6.52	51.48	41.08	26.56	1.73	10.58	10.07	111.51	0.2656	3 019.4	0.005 8	247.41	100.15
160	70	20 2.5	7.98	6.27	23°46′	319.13	6.32	39.89	87.74	3.32	12.76	374.76	6.85	52.35	38.23	32.11	2.01	10.53	10.86	126.37	0.166 3	3 793.3	0.004 1	238.87	106.91
160	70	20 3.0	9.45	7.42	23°34′	373.64	6.29	46.71	101.10	3.27	14.76	437.72	6.80	61.33	45.01	37.03	1.98	12.39	12.58	146.86	0.283 6	4 365.0	0.005 0	285.78	124.26
180	70	20 2.5	8.48	6.66	20°22′	420.18	7.04	46.69	187.74	3.22	12.76	473.34	7.47	57.27	44.88	34.58	2.02	11.66	10.86	143.18	0.176 7	4 907.9	0.003 7	294.53	119.41
180	70	20 3.0	10.05	7.89	20°11′	492.61	7.00	54.73	101.11	3.17	14.76	553.83	7.42	67.22	52.89	39.89	1.99	13.72	12.59	166.47	0.301 6	5 652.2	0.004 5	353.32	132.92

附表 D–21　冷弯薄壁斜卷边 Z 型钢的规格及截面特征

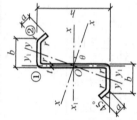

序号	截面代号	尺寸/mm b	a	t	截面面积 A/cm²	每米质量 (kg/m)	θ°	x_1-x_1 I_{x1}/cm⁴	i_{x1}/cm	W_{x1}/cm³	y_1-y_1 I_{y1}/cm⁴	i_{y1}/cm	W_{y1}/cm³	$x-x$ I_x/cm⁴	i_x/cm	W_{x1}/cm³	W_{x2}/cm³	I_y/cm⁴	$y-y$ i_y/cm	W_{y1}/cm³	W_{y2}/cm³	I_{x1y1}/cm⁴	I_x/cm⁴	I_y/cm⁶	k/cm⁻¹	$W_{\omega 1}$/cm⁴	$W_{\omega 2}$/cm⁴
1	Z140×2.0	140	50	2.0	5.392	4.233	21.99	162.07	5.48	23.15	39.37	2.70	6.232	185.96	5.87	29.26	27.67	15.47	1.69	6.22	8.03	59.19	0.071 9	968.9	0.005 3	53.36	67.41
2	Z140×2.2	140	50	2.2	5.909	4.638	22.00	176.81	5.47	25.26	42.93	2.70	6.81	202.93	5.86	32.00	30.09	16.81	1.69	6.80	9.04	64.64	0.095 3	1050.3	0.005 9	58.34	73.57
3	Z140×2.5	140	50	2.5	6.676	5.240	22.00	198.45	5.45	28.35	48.45	2.69	7.66	227.83	5.84	36.04	33.61	18.77	1.68	7.65	10.68	72.66	0.139 1	1 167.2	0.006 8	65.68	82.60
4	Z160×2.0	160	60	2.0	6.192	4.861	22.10	246.83	6.31	30.85	60.27	3.12	8.24	283.68	6.77	38.98	37.11	23.42	1.95	8.15	10.11	90.73	0.082 6	1 900.7	0.004 1	78.75	90.38
5	Z160×2.2	160	60	2.2	6.789	5.329	22.11	269.59	6.30	33.70	65.80	3.11	9.01	309.89	6.76	42.66	40.42	25.50	1.94	8.91	11.34	99.18	0.109 3	2 064.7	0.004 3	86.18	98.70
6	Z160×2.5	160	60	2.5	7.676	6.025	22.13	303.09	6.28	37.89	73.93	3.10	10.14	348.49	6.74	48.11	45.25	28.54	1.93	10.04	13.29	111.64	0.159 9	2 301.9	0.005 2	97.16	110.91
7	Z180×2.0	180	70	2.0	6.992	5.489	22.19	356.62	7.14	39.62	87.42	3.54	10.51	410.32	7.66	50.04	47.09	33.72	2.20	10.34	12.46	131.67	0.093 2	3 437.7	0.003 2	111.10	119.13
8	Z180×2.2	180	70	2.2	7.669	6.020	22.19	389.84	7.13	43.32	95.52	3.53	11.50	448.59	7.65	54.80	52.22	36.76	2.19	11.31	13.94	144.03	0.123 7	3 740.3	0.003 6	121.66	130.18
9	Z180×2.5	180	70	2.5	8.676	6.810	22.21	428.84	7.11	48.76	107.46	3.52	12.96	505.09	7.63	61.86	58.57	41.21	2.18	12.76	16.25	162.31	0.180 7	4 179.8	0.004 1	137.30	146.42
10	Z200×2.0	200	70	2.0	7.392	5.803	19.31	455.43	7.85	45.54	87.42	3.44	10.51	506.90	8.28	54.52	52.61	35.94	2.21	11.32	13.81	146.94	0.098 0	4 348.7	0.002 9	132.47	129.17
11	Z200×2.2	200	70	2.2	8.109	6.365	19.31	498.02	7.84	49.80	95.52	3.43	11.50	554.35	8.27	59.92	57.41	39.20	2.20	12.39	15.48	160.76	0.130 8	4 733.4	0.003 3	145.15	141.17
12	Z200×2.5	200	70	2.5	9.176	7.203	19.31	560.92	7.82	56.09	107.46	3.42	12.96	624.42	8.25	67.42	64.47	43.96	2.19	13.98	18.11	181.18	0.191 2	5 293.3	0.003 7	163.95	158.85
13	Z200×2.0	200	75	2.0	7.992	6.274	18.30	592.79	8.61	53.89	103.58	3.60	11.75	652.87	9.04	63.38	61.42	43.50	2.33	13.08	15.84	181.66	0.106 6	6 260.3	0.002 6	166.31	166.86
14	Z200×2.2	200	75	2.2	8.769	6.884	18.30	648.52	8.60	58.96	113.22	3.59	12.86	714.28	9.03	69.44	67.08	47.47	2.33	14.32	17.73	198.80	0.141 5	6 819.4	0.002 8	182.31	166.86
15	Z200×2.5	200	75	2.5	9.926	7.792	18.31	730.93	8.58	66.54	127.44	3.58	14.50	805.09	9.01	78.41	75.41	53.28	2.82	16.17	20.72	224.18	0.206 8	7 635.0	0.003 2	206.07	187.86

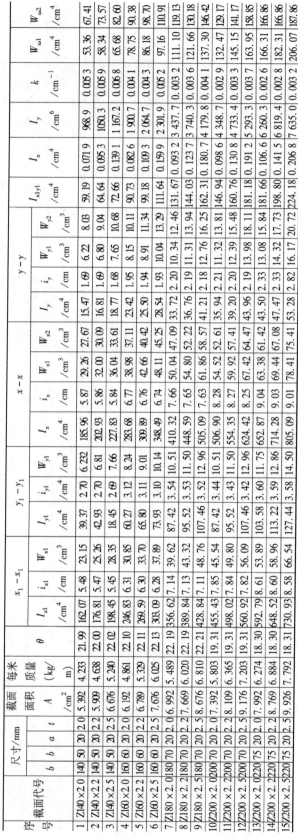

附表 E 轴心受压构件的稳定系数

附表 E－1 a 类截面轴心受压构件的稳定系数 φ

$\lambda\sqrt{\dfrac{f_y}{235}}$	0	1	2	3	4	5	6	7	8	9
0	1.000	1.000	1.000	1.000	0.999	0.999	0.998	0.998	0.997	0.996
10	0.995	0.994	0.993	0.992	0.991	0.989	0.998	0.986	0.985	0.983
20	0.981	0.979	0.977	0.976	0.974	0.972	0.970	0.968	0.966	0.964
30	0.963	0.961	0.959	0.957	0.955	0.952	0.950	0.948	0.946	0.944
40	0.941	0.939	0.937	0.934	0.932	0.929	0.927	0.924	0.921	0.919
50	0.916	0.913	0.910	0.907	0.904	0.900	0.897	0.894	0.890	0.886
60	0.883	0.879	0.875	0.871	0.867	0.863	0.858	0.854	0.849	0.844
70	0.839	0.834	0.829	0.824	0.818	0.813	0.807	0.801	0.795	0.789
80	0.783	0.776	0.770	0.763	0.757	0.750	0.743	0.736	0.728	0.721
90	0.714	0.706	0.699	0.691	0.684	0.676	0.668	0.661	0.653	0.645
100	0.638	0.630	0.622	0.615	0.607	0.600	0.592	0.585	0.577	0.570
110	0.563	0.555	0.548	0.541	0.534	0.527	0.520	0.514	0.507	0.500
120	0.494	0.488	0.481	0.475	0.469	0.463	0.457	0.451	0.445	0.440
130	0.434	0.429	0.423	0.418	0.412	0.407	0.402	0.397	0.392	0.387
140	0.383	0.378	0.373	0.369	0.364	0.360	0.356	0.351	0.347	0.343
150	0.339	0.335	0.331	0.327	0.323	0.320	0.314	0.312	0.309	0.305
160	0.302	0.298	0.295	0.292	0.289	0.285	0.282	0.279	0.276	0.273
170	0.270	0.267	0.264	0.262	0.259	0.256	0.253	0.251	0.248	0.246
180	0.243	0.241	0.238	0.236	0.233	0.231	0.229	0.226	0.224	0.222
190	0.220	0.218	0.215	0.213	0.211	0.209	0.207	0.205	0.203	0.201
200	0.119	0.198	0.196	0.194	0.192	0.190	0.189	0.187	0.185	0.183
210	0.182	0.180	0.179	0.177	0.175	0.174	0.172	0.171	0.169	0.168
220	0.166	0.165	0.164	0.162	0.161	0.159	0.158	0.157	0.155	0.154
230	0.153	0.152	0.150	0.149	0.148	0.147	0.146	0.144	0.143	0.142
240	0.141	0.140	0.139	0.138	0.136	0.135	0.134	0.133	0.132	0.131
250	0.130	—	—	—	—	—	—	—	—	—

附表 E-2 b 类截面轴心受压构件的稳定系数 φ

$\lambda\sqrt{\dfrac{f_y}{235}}$	0	1	2	3	4	5	6	7	8	9
0	1.000	1.000	1.000	0.999	0.999	0.998	0.997	0.996	0.995	0.994
10	0.992	0.991	0.989	0.987	0.985	0.983	0.981	0.978	0.976	0.973
20	0.970	0.967	0.963	0.960	0.957	0.953	0.950	0.946	0.943	0.939
30	0.936	0.932	0.929	0.925	0.922	0.918	0.914	0.910	0.906	0.903
40	0.899	0.895	0.891	0.887	0.882	0.878	0.874	0.870	0.865	0.861
50	0.856	0.852	0.847	0.842	0.838	0.833	0.828	0.823	0.818	0.813
60	0.807	0.802	0.797	0.791	0.786	0.780	0.774	0.769	0.763	0.757
70	0.751	0.745	0.739	0.732	0.726	0.720	0.714	0.707	0.701	0.694
80	0.688	0.681	0.675	0.668	0.661	0.655	0.648	0.641	0.635	0.628
90	0.621	0.614	0.608	0.601	0.594	0.588	0.581	0.575	0.568	0.561
100	0.555	0.549	0.542	0.536	0.529	0.523	0.517	0.511	0.505	0.499
110	0.493	0.487	0.481	0.475	0.470	0.464	0.458	0.453	0.447	0.442
120	0.437	0.432	0.426	0.421	0.416	0.411	0.406	0.402	0.397	0.392
130	0.387	0.383	0.378	0.374	0.370	0.365	0.361	0.357	0.353	0.349
140	0.345	0.341	0.337	0.333	0.329	0.326	0.322	0.318	0.315	0.311
150	0.308	0.304	0.301	0.298	0.295	0.291	0.288	0.285	0.282	0.279
160	0.276	0.273	0.270	0.267	0.265	0.262	0.259	0.256	0.254	0.251
170	0.249	0.246	0.244	0.241	0.239	0.236	0.234	0.232	0.229	0.227
180	0.225	0.223	0.220	0.218	0.216	0.214	0.212	0.210	0.208	0.206
190	0.204	0.202	0.200	0.198	0.179	0.195	0.193	0.191	0.190	0.188
200	0.186	0.184	0.183	0.181	0.180	0.178	0.176	0.175	0.173	0.172
210	0.170	0.169	0.167	0.166	0.165	0.163	0.162	0.160	0.159	0.158
220	0.156	0.155	0.154	0.153	0.151	0.150	0.149	0.148	0.146	0.145
230	0.144	0.143	0.142	0.141	0.140	0.138	0.137	0.136	0.135	0.134
240	0.133	0.132	0.131	0.130	0.129	0.128	0.127	0.126	0.125	0.124
250	0.123	—	—	—	—	—	—	—	—	—

附表 E-3　c 类截面轴心受压构件的稳定系数 φ

$\lambda\sqrt{\dfrac{f_y}{235}}$	0	1	2	3	4	5	6	7	8	9
0	1.000	1.000	1.000	0.999	0.999	0.998	0.997	0.996	0.995	0.993
10	0.992	0.990	0.988	0.986	0.983	0.981	0.978	0.976	0.973	0.970
20	0.966	0.959	0.953	0.947	0.940	0.934	0.928	0.921	0.915	0.909
30	0.902	0.896	0.890	0.884	0.877	0.871	0.865	0.858	0.852	0.846
40	0.839	0.833	0.826	0.820	0.814	0.807	0.801	0.794	0.788	0.781
50	0.775	0.768	0.762	0.755	0.748	0.742	0.735	0.729	0.722	0.715
60	0.709	0.702	0.695	0.689	0.682	0.676	0.669	0.662	0.656	0.649
70	0.643	0.636	0.629	0.623	0.618	0.610	0.604	0.597	0.591	0.584
80	0.578	0.572	0.566	0.559	0.553	0.547	0.541	0.535	0.529	0.523
90	0.517	0.511	0.505	0.500	0.494	0.488	0.483	0.477	0.472	0.467
100	0.463	0.458	0.454	0.449	0.445	0.441	0.436	0.432	0.428	0.423
110	0.419	0.415	0.411	0.407	0.403	0.339	0.395	0.391	0.387	0.383
120	0.379	0.375	0.371	0.367	0.364	0.360	0.356	0.353	0.349	0.346
130	0.342	0.339	0.335	0.332	0.328	0.325	0.322	0.319	0.315	0.312
140	0.309	0.306	0.303	0.300	0.297	0.294	0.291	0.288	0.285	0.282
150	0.280	0.277	0.274	0.271	0.269	0.266	0.264	0.261	0.258	0.256
160	0.254	0.251	0.249	0.246	0.224	0.242	0.239	0.237	0.235	0.233
170	0.230	0.228	0.226	0.224	0.222	0.220	0.218	0.216	0.214	0.212
180	0.210	0.208	0.206	0.205	0.203	0.201	0.199	0.197	0.196	0.194
190	0.192	0.190	0.189	0.187	0.186	0.184	0.182	0.181	0.179	0.178
200	0.176	0.175	0.173	0.172	0.70	0.169	0.168	0.166	0.165	0.163
210	0.162	0.161	0.159	0.158	0.157	0.156	0.154	0.154	0.152	0.151
220	0.150	0.148	0.147	0.146	0.145	0.144	0.143	0.143	0.140	0.139
230	0.138	0.137	0.136	0.135	0.134	0.133	0.132	0.132	0.130	0.129
240	0.128	0.127	0.126	0.125	0.124	0.124	0.123	0.123	0.121	0.120
250	0.119	—	—	—	—	—	—	—	—	—

附表 E-4　d 类截面轴心受压构件的稳定系数 φ

$\lambda\sqrt{\dfrac{f_y}{235}}$	0	1	2	3	4	5	6	7	8	9
0	1.000	1.000	0.999	0.999	0.998	0.996	0.994	0.992	0.990	0.987
10	0.984	0.981	0.9780	0.974	0.969	0.965	0.960	0.995	0.949	0.944
20	0.937	0.927	0.918	0.909	0.900	0.891	0.883	0.847	0.865	0.857
30	0.848	0.840	0.831	0.823	0.815	0.807	0.799	0.790	0.782	0.774
40	0.766	0.759	0.751	0.743	0.735	0.728	0.720	0.712	0.705	0.697
50	0.690	0.683	0.675	0.668	0.661	0.654	0.646	0.639	0.632	0.625
60	0.618	0.612	0.605	0.598	0.591	0.585	0.578	0.572	0.565	0.559
70	0.552	0.546	0.540	0.543	0.528	0.522	0.516	0.510	0.504	0.498
80	0.493	0.487	0.481	0.476	0.470	0.465	0.460	0.454	0.449	0.444
90	0.439	0.434	0.429	0.424	0.419	0.414	0.410	0.405	0.401	0.397
100	0.394	0.390	0.387	0.383	0.380	0.376	0.373	0.370	0.366	0.363
110	0.359	0.356	0.353	0.350	0.346	0.343	0.340	0.337	0.334	0.331
120	0.328	0.325	0.322	0.319	0.316	0.313	0.310	0.307	0.304	0.301
130	0.299	0.296	0.293	0.290	0.288	0.285	0.282	0.280	0.277	0.275
140	0.272	0.270	0.267	0.265	0.262	0.260	0.258	0.255	0.253	0.251
150	0.248	0.246	0.244	0.242	0.240	0.237	0.235	0.233	0.231	0.229
160	0.227	0.225	0.223	0.221	0.219	0.217	0.215	0.213	0.212	0.210
170	0.208	0.206	0.204	0.203	0.201	0.199	0.197	0.196	0.194	0.192
180	0.191	0.189	0.188	0.186	0.184	0.183	0.181	0.180	0.178	0.177
190	0.176	0.174	0.173	0.171	0.170	0.168	0.167	0.166	0.164	0.163
200	0.162	—	—	—	—	—	—	—	—	—

附表 E-5　系数 $\alpha_1, \alpha_2, \alpha_3$

截面类别		α_1	α_2	α_3
a 类		0.41	0.986	0.152
b 类		0.65	0.965	0.300
c 类	$\lambda_n \leqslant 1.05$	0.73	0.906	0.595
	$\lambda_n > 1.05$		1.216	0.302
d 类	$\lambda_n \leqslant 1.05$	1.35	0.868	0.915
	$\lambda_n > 1.05$		1.375	0.432

注:1. 附表 E-1 至附表 E-4 中的 φ 值系按下列公式算得:

当 $\lambda_n = \dfrac{\lambda}{\pi}\sqrt{f_y/E} \leqslant 0.215$ 时

$$\varphi = 1 - \alpha_1 \lambda_n^2$$

当 $\lambda_n > 0.215$ 时

$$\frac{1}{2\lambda_n^2}\left[\alpha_2 + \alpha_3\lambda_n + \lambda_n^2 - \sqrt{(\alpha_2 + \alpha_3\lambda_n + \lambda_n^2)^2 - 4\lambda_n^2}\right]$$

式中，α_1，α_2，α_3 为系数，根据截面分类，按附表 E-5 采用。

2. 当构件的 $\lambda\sqrt{f_y/235}$ 值超出附表 E-1 至附表 E-4 的范围时，则 φ 值按注 1 所列的公式计算。

附录 F 各种截面回转半径的近似值

$i_x=0.305h$ $i_y=0.305b$	$i_x=0.395h$ $i_y=0.20b$	$i_x=0.39h$ $i_y=0.39b$	$i_x=0.28h$ $i_y=0.37b$
$i_x=0.032h$ $i_y=0.28b$	$i_x=0.43h$ $i_y=0.24b$	$i_x=0.36h$ $i_y=0.28b$	$i_x=0.45h$ $i_y=0.235b$
$i_x=0.305h$ $i_y=0.215b$	$i_x=0.385h$ $i_y=0.285b$	$i_x=0.39h$ $i_y=0.19b$	$i_x=0.41h$ $i_y=0.20b$
$i_x=0.32h$ $i_y=0.20b$	$i_x=0.27h$ $i_y=0.23b$	$i_x=0.32h$ $i_y=0.54b$	$i_x=0.43h$ $i_y=0.23b$
$i_x=0.28h$ $i_y=0.235b$	$i_x=0.289h$ $i_y=0.289b$	$i_x=0.31h$ $i_y=0.41b$	$i_x=0.42h$ $i_y=0.29b$
$i_x=0.21h$ $i_y=0.215b$	$i_x=0.385h$ $i_y=0.20b$	$i_x=0.33h$ $i_y=0.47b$	$i_x=0.40h$ $i_y=0.25b$
$i_x=0.215h$ $i_y=0.215b$	$i_x=0.43h$ $i_y=0.21b$	$i_x=0.43h$ $i_y=0.33b$	$i_x=0.37h$ $i_y=0.54b$

$i_x=0.289\ h$ $i_y=0.289\ b$	$i_x=0.385\ h$ $i_y=0.596\ b$	$i_x=0.42\ h$ $i_y=0.40\ b$	$i_x=0.37\ h$ $i_y=0.45\ b$
$i_x=0.289\ \bar{h}\ \cdot\ \sqrt{\dfrac{3A_1+A_0}{A_1+A_0}}$ $i_y=0.289\ \bar{b}\ \cdot\ \sqrt{\dfrac{3A_1+A_0}{A_1+A_0}}$	$i_x=0.385\ h$ $i_y=0.44\ b$	$i_x=0.35\ h$ $i_y=0.56\ b$	$i_x=0.39\ h$ $i_y=0.53\ b$
$i=0.25\ d$	$i_x=0.395\ h$ $i_y=0.505\ b$	$i_x=0.30\ h$ $i_y=0.17\ b$	$i_x=0.29\ h$ $i_y=0.50\ b$
$i=0.29\times\sqrt{D^2+d^2}=0.354\ \bar{d}$	$i_x=0.43\ h$ $i_y=0.43\ b$	$i_x=0.26\ h$ $i_y=0.21\ b$	$i_x=0.29\ h$ $i_y=0.44\ b$

附录 G 结构或构件的变形容许值

附表 G-1 受弯构件挠度容许值

项次	构件类别	挠度容许值	
		$[v_T]$	$[v_Q]$
1	吊车梁和吊车桁架(按自重和起质量最大的一台吊车计算挠度) (1)手动吊车和单梁吊车(含悬挂吊车) (2)轻级工作制桥式吊车 (3)中级工作制桥式吊车 (4)重级工作制桥式吊车	$l/500$ $l/800$ $l/1000$ $l/1200$	—
2	手动或电动葫芦的轨道梁	$l/400$	—
3	有重轨(质量等于或大于 38 kg/m)轨道的工作平台梁 有轻轨(质量等于或大于 24 kg/m)轨道的工作平台梁	$l/600$ $l/400$	—
4	楼(屋)盖梁或桁架、工作平台梁(第3项除外)和平台板 (1)主梁或桁架(包括设有悬挂起重设备的梁和桁架) (2)抹灰顶棚的次梁 (3)除(1)(2)款外的其他梁(包括楼梯梁) (4)屋盖檩条 支承无积灰的瓦楞铁和石棉瓦等屋面者 支承压型金属板、有积灰的瓦楞铁和石棉瓦等屋面者 支承其他屋面材料者 (5)平台板	 $l/400$ $l/250$ $l/250$ $l/150$ $l/200$ $l/200$ $l/150$	 $l/500$ $l/350$ $l/300$ — — — —
5	墙架构件(风荷载不考虑阵风系数) (1)支柱 (2)抗风桁架(作为连续支柱的支承时) (3)砌体墙的横梁(水平方向) (4)支承压型金属板、瓦楞铁和石棉瓦墙面的横梁(水平方向) (5)带有玻璃窗的横梁(竖直和水平方向)	 — — — — $l/200$	 $l/400$ $l/1000$ $l/300$ $l/200$ $l/200$

注:1. l 为受弯构件的跨度(对悬臂梁和伸臂梁为悬伸长度的2倍)。

2. $[v_T]$ 为永久和可变荷载标准值产生的挠度(如有起拱应减去拱度)的容许值;$[v_Q]$ 为可变载标准值产生的挠度的容许值。

附表 G-2 柱顶顶水平位移(计算值)的容许值

项次	位移种类	按平面结构图型计算	按空间结构图型计算
1	厂房柱的横向位移	$H_c/1250$	$H_c/2000$
2	露天栈桥柱的横向位移	$H_c/2500$	—
3	厂房和露天栈桥柱的纵向位移	$H_c/4000$	—

注:1. H_c 为基础顶面至吊车梁或吊车桁架顶面的高度。

2. 计算厂房或露天栈桥的纵向位移是,可假设吊车的纵向水平制动力分配在温度区段内所有柱间支撑或纵向框架上。

3. 在设有 A8 级吊车的厂房中,厂房柱的水平位移容许值宜减小10%。

4. 设有 A6 级吊车的厂房柱的纵向位移宜符合表中的要求。

附表 H　梁的整体稳定系数

H.1 等截面焊接工字型和轧制 H 型钢简支梁

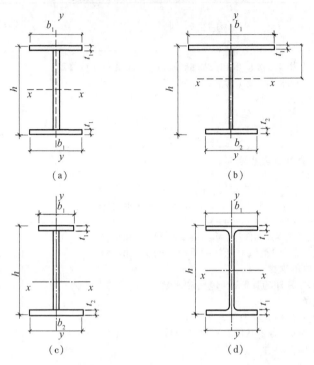

（a）　　　　　　　　　　（b）

（c）　　　　　　　　　　（d）

附图 H.1　焊接工字形截面和轧制 H 型钢截面

（a）双轴对称焊接工字形截面；（b）加强受压翼缘的单轴对称焊接工字形截面；
（c）加强受拉翼缘的单轴对称焊接工字形截面；（d）轧制 H 型钢截面

等截面焊接工字形和轧制 H 型钢简支梁（附图 H.1）的整体稳定系数 φ_b，应按下式计算：

$$\varphi_b = \beta_b \frac{4320}{\lambda_y^2} \cdot \frac{Ah}{W_x} \left[\sqrt{1 + \left(\frac{\lambda_y t_1}{4.4h} \right)^2} + \eta_b \right] \frac{235}{f_y} \qquad （附 H.1.1）$$

式中　β_b—梁整体稳定的等效临界弯矩系数，按附表 H-1 采用；

　　　λ_y—梁在侧向支承点间对截面弱轴 $y-y$ 轴的长细比，$\lambda_y = l_1/i_y$，i_y 为梁毛截面对 y 轴的截面回转半径，l_1 为梁受压翼缘的自由长度；

　　　A——梁的毛截面面积；

　　　h,t_1—梁截面的全高和受压翼缘厚度；

　　　η_b—截面不对称影响系数。

对双轴对称截面（见附图 H.1a,d）：$\eta_b = 0$

对单轴工字形对称截面（见附图 H.1b,c）

加强受压翼缘时：$\eta_b = 0.8(2\alpha_b - 1)$

加强受拉翼缘时：$\eta_b = 2\alpha_b - 1$

$\alpha_b = \dfrac{I_1}{I_1 + I_2}$，$I_1$ 和 I_2 分别为受压翼缘和受拉翼缘对 y 轴的惯性矩。

公式(附 H.1.1)也适用于等截面铆接(或高强度螺栓连接)简支梁,其受压翼缘厚度 t_1 包括翼缘角钢厚度在内。

当按公式(附 H.1.1)算得的 φ_b 值大于 0.6 时,应采用下式计算的 φ'_b 替代 φ_b 值:

$$\varphi'_b = 1.07 - \frac{0.282}{\varphi_b} \leq 1.0 \qquad (附 H.1.2)$$

附表 H-1　H 型钢和等截面工字形简支梁的系数 β_b

项次	侧向支承	荷　载		$\xi \leqslant 2.0$	$\xi > 2.0$	适用范围
1	跨中无侧向支承	均布荷载作用在	上翼缘	$0.69 + 0.13\xi$	0.95	附图 H.1a,b 和 d 截面
2			下翼缘	$1.73 - 0.20\xi$	1.33	
3		集中荷载作用在	上翼缘	$0.73 + 0.18\xi$	1.09	
4			下翼缘	$2.23 - 0.28\xi$	1.67	
5	跨度中点有一个侧向支承点	均布荷载作用在	上翼缘	1.15		附图 H.1 中所有截面
6			下翼缘	1.40		
7		集中荷载作用在截面高度上任意位置		1.75		
8	跨中有不少于两个等距离侧向支承点	任意荷载作用在	上翼缘	1.20		
9			下翼缘	1.40		
10	梁端有弯矩,但跨中无荷载作用			$1.75 - 1.05\left(\dfrac{M_2}{M_1}\right) + 0.3\left(\dfrac{M_2}{M_1}\right)^2$ 但 $\leqslant 2.3$		

注:1. $\xi = \dfrac{l_1 t_1}{b_1 h}$。$b_1$,$l_1$ 是梁受压翼缘的宽度和自由长度。

2. M_1,M_2 为梁的端弯矩,使梁产生同向曲率时,M_1,M_2 取同号,产生反向曲率时取异号,$|M_1| \geqslant |M_2|$。

3. 表中项次 3,4,7 的集中荷载是指一个或少数几个集中荷载位于跨中央附近的情况,对其他情况的集中荷载,应按表中项次 1,2,5,6 内的数值取用。

4. 表中项次 8,9 的 β_b,当集中荷载作用于侧向支承点处时,取 $\beta_b = 1.20$。

5. 荷载作用在上翼缘系指荷载作用点在翼缘表面,方向指向截面形心;荷载作用在下翼缘系指荷载作用点在翼缘表面,方向背向截面形心。

6. 对 $\alpha_b > 0.8$ 的加强受压翼缘工字形截面,下列情况的 β_b 值应乘以相应的系数:

项次 1　当 $\xi \leqslant 1.0$ 时,乘以 0.95;

项次 3　当 $\xi \leqslant 0.5$ 时,乘以 0.90;当 $0.5 < \xi \leqslant 1.0$ 时,乘以 0.95。

H.2　轧制普通工字钢简支梁

轧制普通工字钢简支梁整体稳定系数 φ_b 应按附表 H-2 采用,当所得的 φ_b 值大于 0.6 时,应按公式(附 H.1.2)算得相应的 φ_b' 替代 φ_b 值。

附表 H-2　轧制普通工字钢简支梁的 φ_b

项次	荷载情况		工字钢型号	自由长度 l_1/m								
				2	3	4	5	6	7	8	9	10
1	跨中无侧向支承点的梁	集中荷载作用于	上翼缘	10~20	2.00	1.30	0.99	0.80	0.68	0.58	0.53	0.48	0.43
				22~32	2.40	1.48	1.09	0.86	0.72	0.62	0.54	0.49	0.45
				36~63	2.80	1.60	1.07	0.83	0.68	0.56	0.50	0.45	0.40
2			下翼缘	10~20	3.10	1.95	1.34	1.01	0.82	0.69	0.63	0.57	0.52
				22~40	5.50	2.80	1.84	1.37	1.07	0.86	0.73	0.64	0.56
				45~63	7.30	3.60	2.30	1.62	1.20	0.96	0.80	0.69	0.60
3		均布荷载作用于	上翼缘	10~20	1.70	1.12	0.84	0.68	0.57	0.50	0.45	0.41	0.37
				22~40	2.10	1.30	0.93	0.73	0.60	0.51	0.45	0.40	0.36
				45~63	2.60	1.45	0.97	0.73	0.59	0.50	0.44	0.38	0.35
4			下翼缘	10~20	2.50	1.55	1.08	0.83	0.68	0.56	0.52	0.47	0.42
				22~40	4.00	2.20	1.45	1.10	0.85	0.70	0.60	0.52	0.46
				45~63	5.60	2.80	1.80	1.25	0.95	0.78	0.65	0.55	0.49
5	跨中有侧向支承点的梁(不论荷载作用点在截面高度上的位置)			10~20	2.20	1.39	1.01	0.79	0.66	0.57	0.52	0.47	0.42
				22~40	3.00	1.80	1.24	0.96	0.76	0.65	0.56	0.49	0.43
				45~63	4.00	2.20	1.38	1.01	0.80	0.66	0.56	0.49	0.43

注:1. 同附表 H-1 的注 3,5。

2. 表中的 φ_b 适用于 Q235 钢。对其他钢号,表中数值应乘以 $\dfrac{235}{f_y}$。

H.3　轧制槽钢简支梁

轧制槽钢简支梁的整体稳定系数,不论荷载的形式和荷载作用点在截面高度上的位置,均可按下式计算:

$$\varphi_b = \frac{570bt}{l_1 h} \cdot \frac{235}{f_y}　\qquad (附 H.3.1)$$

式中,h,b,t 分别为槽钢截面的高度、翼缘宽度和平均厚度。

按公式(附 H.3.1)算得的 φ_b 大于 0.6 时,应按公式(附 H.1.2)算得相应的 φ_b' 替代 φ_b。

H.4　双轴对称的工字形等截面(含 H 型钢)悬臂梁

双轴对称的工字形等截面(含 H 型钢)悬臂梁的整体稳定系数,可按公式(附 H.1.1)计算,但式中系数 β_b 应按附表 H.3 查得,$\lambda_y = l_1/i_y$(l_1 为悬臂梁的悬伸长度)。当求得的 φ_b 值大于 0.6 时,应按公式(附 H.1.2)算得相应的 φ_b' 替代 φ_b 值。

附表 H-3　双轴对称工字形等截面（含 H 型钢）悬臂梁的系数 β_b

项次	荷 载 形 式		$\xi = \dfrac{l_1 t_1}{b_1 h}$		
			$0.60 \leqslant \xi \leqslant 1.24$	$1.24 < \xi \leqslant 1.96$	$1.96 < \xi \leqslant 3.10$
1	自由端一个集中荷载作用在	上翼缘	$0.21 + 0.67\xi$	$0.72 + 0.26\xi$	$1.17 + 0.03\xi$
2		下翼缘	$2.94 - 0.65\xi$	$2.64 - 0.40\xi$	$2.15 - 0.15\xi$
3	均布荷载作用在上翼缘		$0.62 + 0.82\xi$	$1.25 + 0.31\xi$	$1.66 + 0.10\xi$

注：1. 本表是按支承端为固定的情况确定的，当用于由邻跨延伸出来的伸臂梁时，应在构造上采取措施加强支承处的抗扭能力。

2. 附表中 ξ 见附表 H-1 注 1。

H.5 受弯构件整体稳定系数的近似计算

均匀弯曲的受弯构件，当 $\lambda_y \leqslant 120\sqrt{235/f_y}$ 时，其整体稳定系数 φ_b 可按下列近似公式计算：

1. 工字形截面（含 H 型钢）

双轴对称时

$$\varphi_b = 1.07 - \frac{\lambda_y^2}{44\,000} \cdot \frac{f_y}{235} \qquad （附 H.5.1）$$

单轴对称时

$$\varphi_b = 1.07 - \frac{W_x}{(2\alpha_b + 0.1)Ah} \cdot \frac{\lambda_y^2}{14\,000} \cdot \frac{f_y}{235} \qquad （附 H.5.2）$$

2. T 形截面（弯矩作用在对称轴平面，绕 x 轴）

（1）弯矩使翼缘受压时：

双角钢 T 形截面

$$\varphi_b = 1.07 - 0.001\,7\lambda_y \sqrt{f_y/235} \qquad （附 H.5.3）$$

部分 T 型钢和两板组合 T 形截面

$$\varphi_b = 1.07 - 0.002\,2\lambda_y \sqrt{f_y/235} \qquad （附 H.5.4）$$

（2）弯矩使翼缘受拉且腹板宽厚比不大于 $18\sqrt{\dfrac{235}{f_y}}$ 时

$$\varphi_b = 1 - 0.000\,5\lambda_y \sqrt{\frac{235}{f_y}} \qquad （附 H.5.5）$$

按公式（附 H.5.1）至（附 H.5.5）算得的 φ_b 值大于 0.6 时，不需按公式（附 H.1.2）换算成 φ_b' H 值，当按公式（附 H.5.1）和公式（附 H.5.2）算得的 φ_b 值大于 1.0 时，取 $\varphi_b = 1.0$。

附录 I   柱的计算长度系数

附表 I-1   无侧移框架柱的计算长度系数 μ

K_1 K_2	0	0.05	0.1	0.2	0.3	0.4	0.5	1	2	3	4	5	$\geqslant 10$
0	1.000	0.999	0.981	0.964	0.949	0.935	0.922	0.875	0.820	0.791	0.773	0.760	0.732
0.05	0.990	0.981	0.871	0.955	0.940	0.926	0.914	0.867	0.814	0.784	0.766	0.754	0.726
0.1	0.981	0.971	0.962	0.946	0.931	0.918	0.906	0.860	0.807	0.778	0.760	0.748	0.721
0.2	0.964	0.955	0.946	0.930	0.916	0.903	0.891	0.846	0.795	0.767	0.749	0.737	0.711
0.3	0.949	0.940	0.931	0.916	0.902	0.889	0.878	0.834	0.784	0.756	0.739	0.728	0.701
0.4	0.935	0.926	0.918	0.903	0.889	0.877	0.866	0.823	0.774	0.747	0.730	0.719	0.693
0.5	0.922	0.914	0.906	0.891	0.878	0.866	0.855	0.813	0.765	0.738	0.721	0.710	0.685
1	0.875	0.867	0.860	0.846	0.834	0.823	0.813	0.774	0.729	0.704	0.688	0.677	0.654
2	0.820	0.814	0.807	0.795	0.784	0.774	0.765	0.729	0.686	0.663	0.648	0.638	0.615
3	0.791	0.784	0.778	0.767	0.756	0.747	0.738	0.704	0.663	0.640	0.625	0.616	0.593
4	0.773	0.766	0.760	0.749	0.739	0.730	0.721	0.688	0.648	0.625	0.611	0.601	0.580
5	0.760	0.754	0.748	0.737	0.728	0.719	0.710	0.677	0.638	0.616	0.601	0.592	0.570
$\geqslant 10$	0.732	0.726	0.721	0.711	0.701	0.693	0.685	0.654	0.615	0.593	0.580	0.570	0.549

注:1. 表中的计算长度系数 μ 值系按下式算得

$$\left[\left(\frac{\pi}{\mu}\right)^2 + 2(K_1+K_2) - 4K_1K_2\right]\frac{\pi}{\mu} \cdot \sin\frac{\pi}{\mu} - 2\left[(K_1+K_2)\left(\frac{\pi}{\mu}\right)^2 + 4K_1K_2\right]\cos\frac{\pi}{\mu} + 8K_1K_2 = 0$$

式中,K_1,K_2 分别相交于柱上端、柱下端的横梁线刚度之和与柱线刚度之和的比值。当梁远端为铰接时,应将横梁线刚度梁乘以 1.5;当横梁远端为嵌固时,则将横梁线刚度乘以 2。

2. 当横梁与柱铰接时,取横梁线刚度为零。

3. 对底层框架柱:当柱与基础铰接时,取 $K_2 = 0$(对平板支座可取 $K_2 = 0.1$);当柱与基础刚接时,取 $K_2 = 10$。

4. 当与柱刚性连接的横梁所受轴心压力 N_b 较大时,横梁线刚度应乘以折减系数 α_N:

横梁远端与柱刚接和横梁远端铰支时:$\alpha_N = 1 - N_b/(2N_{Eb})$

横梁远端嵌固时:$\alpha_N = 1 - N_b/(2N_{Eb})$

式中,$N_{Eb} = \pi^2 EI_b/l^2$,I_b 为横梁截面惯性矩,l 为横梁长度。

附表 I-2　有侧移框架柱的计算长度系数 μ

K_1 $\diagdown$ K_2	0	0.05	0.1	0.2	0.3	0.4	0.5	1	2	3	4	5	$\geqslant 10$
0	∞	6.02	4.46	3.42	3.01	2.78	2.64	2.33	2.17	2.11	2.08	2.07	2.03
0.05	6.02	4.16	3.47	2.86	2.58	2.42	2.31	2.07	1.94	1.90	1.87	1.86	1.83
0.1	4.46	3.47	3.01	2.56	2.33	2.20	2.11	1.90	1.79	1.75	1.73	1.72	1.70
0.2	3.42	2.86	2.56	2.23	2.05	1.94	1.87	1.70	1.60	1.57	1.55	1.54	1.52
0.3	3.01	2.58	2.33	2.05	1.90	1.80	1.74	1.58	1.49	1.46	1.45	1.44	1.42
0.4	2.78	2.42	2.20	1.94	1.80	1.71	1.65	1.50	1.42	1.39	1.37	1.37	1.35
0.5	2.64	2.31	2.11	1.87	1.74	1.65	1.59	1.45	1.37	1.34	1.32	1.32	1.30
1	2.33	2.07	1.90	1.70	1.58	1.50	1.45	1.32	1.24	1.21	1.20	1.19	1.17
2	2.17	1.94	1.79	1.60	1.49	1.42	1.37	1.24	1.16	1.14	1.12	1.12	1.10
3	2.11	1.90	1.75	1.57	1.46	1.39	1.34	1.21	1.14	1.11	1.10	1.09	1.07
4	2.08	1.87	1.73	1.55	1.45	1.37	1.32	1.20	1.12	1.10	1.08	1.08	1.06
5	2.07	1.86	1.72	1.54	1.44	1.37	1.32	1.19	1.12	1.09	1.08	1.07	1.05
$\geqslant 10$	2.03	1.83	1.70	1.52	1.42	1.35	1.30	1.17	1.10	1.07	1.06	1.05	1.03

注:1. 表中计算长度系数 μ 值系按下式算得

$$\left[36K_1K_2 - \left(\frac{\pi}{\mu}\right)^2\right]\sin\frac{\pi}{\mu} + 6(K_1 + K_2)\frac{\pi}{\mu}\cdot\cos\frac{\pi}{\mu} = 0$$

式中, K_1, K_2 分别为相交于柱上端、柱下端的横梁线刚度之和与柱线刚度之和的比值。当横梁远端为

铰接时, 应将横梁线刚度乘以 0.5; 当横梁远端为嵌固时, 则应乘以 1/3。

2. 当横梁与柱铰接时, 取横梁线刚度为零。

3. 对底层框架柱:当柱与基础铰接时, 取 $K_2 = 0$(对平板支座可取 $K_2 = 0.1$); 当柱与基础刚接时, 取 $K_2 = 10$。

4. 当与柱刚性连接的横梁所受轴心压力 N_b 较大时, 横梁线刚度应乘以折减系数 α_N:

横梁远端与柱刚接时: $\alpha_N = 1 - N_b/(4N_{Eb})$

横梁远端铰支时: $\alpha_N = 1 - N_b/N_{Eb}$

横梁远端嵌固时: $\alpha_N = 1 - 1N_b/(2N_{Eb})$

N_{Eb} 的计算式见附表 I-1 注4。

附表 J Q235 钢（Q345 钢）锚栓规格

锚栓直径 d/mm	有效面积 A_e/cm²	抗拉承载力设计值 N_t^a/kN	连接尺寸/mm 单螺母 a	单螺母 b	双螺母 a	双螺母 b	锚固长度 l(mm) 当混凝土的强度等级 C15	C20
16	1.57	$\dfrac{22.0}{28.3}$	40	70	55	85	$\dfrac{580}{740}$	$\dfrac{420}{560}$
18	1.92	$\dfrac{26.9}{34.6}$	45	75	60	90	$\dfrac{650}{830}$	$\dfrac{470}{630}$
20	2.45	$\dfrac{34.3}{44.1}$	45	75	60	90	$\dfrac{720}{920}$	$\dfrac{520}{700}$

锚固长度及细部尺寸（Ⅰ型、Ⅱ型、Ⅲ型、Ⅳ型）；锚板尺寸 c/mm，t/mm

附表 J 续表

1	2	3	4				5		6		7				8	
22	3.03	42.4/54.5	45	75	65	95	790/1010	570/770								
24	3.53	49.4/63.5	50	80	70	100	860/1100	620/840	840/990	720/960	720/960	600/840				
27	4.59	64.3/82.6	50	80	75	105			950/1220	810/1080	810/1080	680/950				
30	5.61	78.5/101.0	55	85	80	110			1050/1350	900/1200	900/1200	750/1050				
33	6.94	97.2/125.0	55	90	85	120			1160/1490	990/1320	990/1320	830/1160				
36	8.17	114.4/147.1	60	95	90	125			1260/1620	1080/1440	1080/1440	900/1260				
39	9.76	136.6/175.7	65	100	95	130			1370/1760	1170/1560	1170/1560	980/1370				
42	11.21	156.9/201.8	70	105	100	135			1470/1890	1260/1680	1260/1680	1050/1470	1260/1680	1050/1470	140	20
45	13.06	182.8/235.1	75	110	105	140			1580/2030	1350/1800	1350/1800	1130/1580	1350/1800	1130/1580	140	20
48	14.73	206.2/265.1	80	120	110	150			1680/2160	1440/1920	1440/1920	1200/1680	1440/1920	1200/1680	200	20
52	17.58	246.1/316.4	85	125	120	160			1820/2340	1560/2080	1560/2080	1300/1820	1560/2080	1300/1820	200	20
56	20.30	284.2/365.4	90	130	130	170			1960/2520	1680/2240	1680/2240	1400/1960	1680/2240	1400/1960	200	20

附表 J 续表

1	2	3	4				5		6		7		8	
60	23.62	330.7/425.2	95	135	140	180	1800/2400	2100/2700	1800/2400	2100/2700	1500/2100	1800/2400	240	25
64	26.76	374.6/481.7	100	145	150	195	1920/2560	2240/2880	1920/2560	2240/2880	1600/2240	1920/2560	240	25
68	30.55	427.7/549.9	105	150	160	205	2040/2720	2380/3060	2040/2720	2380/3060	1700/2380	2040/2720	280	30
72	34.60	484.4/622.8	110	155	170	215	2160/2880	2520/3240	2160/2880	2520/3240	1800/2520	2160/2880	280	30
76	38.89	544.5/700.0	115	160	180	225	2280/3040	2660/3420	2280/3040	2660/3420	1900/2660	2280/3040	320	30
80	43.44	608.2/785.5	120	165	190	235					2000/2800	2400/3200	350	40
85	49.48	692.7/890.6	130	180	200	250					2130/2980	2550/3400	350	40
90	55.91	782.7/1006.4	140	190	210	260					2250/3150	2700/3600	400	40
95	62.73	878.2/1129.1	150	200	220	270					2380/3330	2850/3800	450	45
100	69.95	979.3/1259.1	160	210	230	280					2500/3500	3000/4000	500	45

注：1. 锚栓抗拉承载力设计值按下式算得：$N_t^a = A_e f_t^a$；

2. 连接尺寸中的"a"仅包括垫圈、螺母厚度及预留偏差尺寸，"b"为锚栓螺纹部分的长度；

3. 表中抗拉承载力设计值和锚固长度，分子数为 Q235 钢，分母数为 Q345 钢。

参 考 文 献

［1］中华人民共和国住房与城乡建设部. GB 50017—2003. 钢结构设计规范［S］. 北京：中国
建筑工业出版社，2003.

［2］中华人民共和国住房与城乡建设部. GB 50009—2012. 建筑结构荷载规范［S］. 北京：中
国建筑工业出版社，2012.

［3］中华人民共和国住房与城乡建设部. GB 50011—2010. 建筑抗震设计规范［S］. 北京：中
国建筑工业出版社，2010.

［4］中华人民共和国国家质量监督检验检疫总局. CB/T 5313—2010 厚度方向性能钢板
［S］. 北京：中国标准出版社，2011.

［5］中华人民共和国建设部. JGJ 81—2002 建筑钢结构焊接技术规程［S］. 北京：中国建筑
工业出版社，2003.

［6］中国工程建设标准化协会 CECS200:2006. 建筑钢结构防火技术规范［S］. 北京：. 中国
计划出版社，2006.

［7］中华人民共和国建设部. GB 50205—2001 钢结构工程施工质量验收规范［S］. 北京：中
国建筑工业出版社，2002.

［8］中华人民共和国国家质量监督检验检疫总局. GB/T 324—2008 焊缝符号表示法［S］.
中国标准出版社，2008.

［9］中华人民共和国住房与城乡建设部. JGJ 82—2011 钢结构高强度螺栓连接技术规程
［S］. 北京：中国建筑工业出版社，2011.

［10］陈志华. 钢结构原理［M］. 武汉：华中科技大学出版社，2009.

［11］刘声杨. 王汝恒. 钢结构原理与设计（2 版）［M］. 武汉：武汉理工大学出版社，2010.

［12］陈树华. 钢结构设计［M］. 武汉：华中科技大学出版社，2007.

［13］何延宏，陈树华，张春玉. 钢结构基本原理［M］. 上海：同济大学出版社，2010.

［14］赵根田，赵东拂. 钢结构设计原理［M］. 北京：机械工业出版社，2012.

［15］高等学校土木工程学科专业指导委员会. 高等学校土木工程本科指导性专业规范
［M］. 北京：中国建筑工业出版社，2011.

［16］张庆芳，张志国. 钢结构学习指导［M］. 北京：中国建筑工业出版社，2011.

［17］沈祖炎，陈扬骥，陈以一. 钢结构基本原理［M］. 北京：中国建筑工业出版社，2005.

［18］陈绍蕃，顾强. 钢结构（上册）：钢结构基础（2 版）［M］. 北京：中国建筑工业出版
社，2007.

［19］姚谏，夏志斌. 钢结构：原理与设计（2 版）［M］. 北京：中国建筑工业出版社，2011.

［20］陈骥. 钢结构稳定理论与设计（6 版）［M］. 北京：科学出版社，2014.

［21］张庆芳，申兆武. 一级注册结构工程师专业考试历年试题、疑问解答、专题聚焦［M］. 北
京：中国建筑工业出版社，2013.

［22］兰定筠. 一、二级注册结构工程师专业考试应试技巧与题解（上册）［M］. 北京：中国建
筑工业出版社，2014.